"十三五"国家重点研发计划"超高层建筑工程施工
安全关键技术研究与示范（2016YFC0802000）"项目资助

高层建筑施工安全关键技术及装备研究与应用

组织编写：中建工程产业技术研究院有限公司
（中国建筑股份有限公司技术中心）

主　　编：李景芳
副 主 编：黄　刚　孙金桥

中国建筑工业出版社

图书在版编目（CIP）数据

高层建筑施工安全关键技术及装备研究与应用／中
建工程产业技术研究院有限公司（中国建筑股份有限公司
技术中心）组织编写；李景芳主编；黄刚，孙金桥副主
编. —北京：中国建筑工业出版社，2022.6
　ISBN 978-7-112-27313-3

Ⅰ.①高…　Ⅱ.①中…②李…③黄…④孙…　Ⅲ.
①高层建筑－建筑施工－安全管理－研究　Ⅳ.① TU974

中国版本图书馆 CIP 数据核字（2022）第 063729 号

全书共分 6 篇 20 章，分别是第 1 篇高层建筑施工安全风险评估、第 2 篇超高层
建筑深基坑施工安全保障技术、第 3 篇高层建筑主体结构施工安全保障技术、第 4 篇
高层建筑施工机具与装备安全运行保障、第 5 篇高层建筑施工期消防安全保障技术与
装置、第 6 篇安全逃生技术与装置。本书围绕高层建筑施工安全相关的技术与装备等
方面进行阐述，总结了以上各方面的最新研究和应用成果，希望帮助解决高层和超高
层建筑施工中事故风险控制、主体结构安全诊断、临时支撑失稳、施工平台、施工电
梯、施工期火灾等重大安全问题，降低事故发生，减少人员伤亡。本书可供高层、超
高层建筑施工相关技术及研究人员参考和使用。

责任编辑：高　悦　万　李
责任校对：孙　莹

高层建筑施工安全关键技术及装备研究与应用
组织编写：中建工程产业技术研究院有限公司
（中国建筑股份有限公司技术中心）
主　　编：李景芳
副主编：黄　刚　孙金桥
*
中国建筑工业出版社出版、发行（北京海淀三里河路 9 号）
各地新华书店、建筑书店经销
北京建筑工业印刷厂制版
北京同文印刷有限责任公司印刷
*
开本：850 毫米×1168 毫米　1/16　印张：28¼　字数：795 千字
2022 年 9 月第一版　　2022 年 9 月第一次印刷
定价：**88.00** 元
ISBN 978-7-112-27313-3
（39142）

编　委　会

主　编：李景芳

副主编：黄　刚　孙金桥

编　委（按姓氏笔画排序）：

王存贵　王冬雁　方东平　刘子金

张　琨　郑　刚　钱宏亮　高　飞

编写人员

第1章　超高层建筑施工事故风险源动态仿真与即时评估技术

清华大学：方东平　　郭红领

中国建筑第二工程局有限公司：杨发兵

北京城建集团有限责任公司：张雷

第2章　深基坑施工安全的整体安全评价理论与控制方法

天津大学：郑刚　　刁钰

中国建筑第六工程局有限公司：薛铖　　王岁军

第3章　深基坑变形注浆主动控制机理与关键技术

天津大学：刁钰　　郑刚　　苏奕铭

中国建筑第六工程局有限公司：赵玉波

第4章　超高层建筑深基坑施工安全预警系统

中国建筑科学研究院有限公司：杨斌　　薛丽影　　孙威　　刘丰敏

第5章　基于智能移动终端的便携式监测技术

大连理工大学：赵雪峰

第6章　混凝土浇筑期泵管撞击力确定方法

北京交通大学：谢楠　　秦非非　　武桐

中国建筑第二工程局有限公司：胡杭

第7章　超厚底板钢筋临时支撑稳定控制分析技术

哈尔滨工业大学（威海）：钱宏亮　　王化杰　　陈德坤　　邱枫

第8章　超高层建筑主体结构竖向变形差控制及调整技术

中建工程产业技术研究院有限公司（中国建筑股份有限公司技术中心）：张旭乔

中国建筑第八工程局有限公司：田伟

第9章　超高层主体结构施工安全的监测、诊断、预警集成系统

华中科技大学：高飞　　翁顺

大连理工大学：何政　　赵雪峰

第10章 超高层建筑施工装备集成平台

中国建筑第三工程局有限公司：张琨　　王辉　　王开强　　刘威

第11章 单轨多笼循环运行施工升降机

中国建筑第三工程局有限公司：张琨　　王辉　　李迪　　叶贞

第12章 智能型临时支撑体系设计优化与过程监测技术

中国建筑一局（集团）有限公司：杨晓毅　　赛菡　　李金元　　周冀伟

第13章 重型设备临时支撑监测技术

中建工程产业技术研究院有限公司（中国建筑股份有限公司技术中心）：王冬雁　　晋玉洁　　王军　　彭琳

第14章 临时支撑智能调节技术

中建工程产业技术研究院有限公司（中国建筑股份有限公司技术中心）：王冬雁　　晋玉洁　　李佳　　王军

第15章 液压爬模滑动伸缩承载体

中建工程产业技术研究院有限公司（中国建筑股份有限公司技术中心）：王冬雁　　于光　　晋玉洁　　李佳

第16章 基于BIM-ANSYS的超高层液压爬模结构优化

黑龙江大学：李方慧

第17章 高层建筑消防疏散与预警系统

中国建筑五局华南公司：王成武　　单宏伟　　任烨军　　敖显平

第18章 超高层建筑施工期消防设施永临结合技术

中国建筑科学研究院有限公司：邱仓虎　　季建平　　李宇腾　　朱春玲

第19章 施工期防火、灭火装置

中国建筑科学研究院有限公司：邱仓虎　　赵利宏
中国建筑第五工程局有限公司：李水生　　邹友清

第20章 磁力缓降安全逃生装置

中国建筑第三工程局有限公司：刘志茂　　叶智武　　刘卫军　　夏劲松

统稿：王冬雁
校订：晋玉洁　　李佳

前　言

建筑施工行业属于生产安全事故高发行业，为此，预防为主、安全第一、警钟长鸣、常抓不懈成为建筑业施工人员的座右铭。高层建筑施工具有结构复杂、高度高、工期长、难度大等特点，面临专业多、分包多、人员多和交叉作业频繁等问题，易发生模架临时支撑失稳、起重设备倒塌、施工电梯坠落、施工期火灾、深基坑坍塌等重大安全事故。同时，高层建筑发生安全事故时，应急救援困难，易造成群死群伤，社会关注度高，发生安全事故后造成的生命财产损失较为严重。

针对上述生产安全保障与重大事故防控的发展需求，国家重点研发计划于2016年设立了"超高层建筑工程施工安全关键技术研究与示范（2016YFC0802000）"科研项目，该项目从理论、技术与装置等方面开展研究，拟解决超高层建筑施工中事故风险控制、主体结构安全诊断、临时支撑失稳、施工平台、施工电梯、施工期火灾等重大安全问题，降低事故发生，减少人员伤亡。项目由中国建筑股份有限公司牵头，20个单位参与研究，组成了产、学、研、用联合研发团队，历时4年形成了丰硕的研究成果，其中多项研发成果达到国际领先水平，并获得成功应用。

在科研项目研究基础上，研究团队结合多年的施工实践，进一步总结和提炼完成本书。全书共分6篇20章，围绕高层建筑施工安全相关的技术与装备等方面进行阐述，总结了"高层建筑施工安全风险评估、高层建筑深基坑施工安全保障技术、高层建筑主体结构施工安全保障技术、高层建筑施工机具与装备安全运行保障、高层建筑施工期消防安全保障技术与装置和安全逃生技术与装置"等方面的最新研究成果。第1章阐述了超高层建筑施工事故风险源动态仿真与即时评估技术；第2～4章分别介绍了深基坑施工安全的整体安全评价理论与控制方法、深基坑变形注浆主动控制机理与关键技术和超高层建筑深基坑施工安全预警系统；第5章介绍了基于智能移动终端的便携式监测技术；第6章介绍了混凝土浇筑期泵管撞击力确定方法；第7章介绍了超厚底板钢筋临时支撑稳定控制分析技术；第8章介绍了超高层建筑主体结构竖向变形差控制及调整技术；第9章介绍了超高层主体结构施工安全的监测、诊断、预警集成系统；第10章介绍了超高层建筑施工装备集成平台；第11章介绍了单轨多笼循环运行施工升降机；第12章介绍了智能型临时支撑体系设计优化与过程监测技术；第13～16章分别介绍了重型设备临时支撑监测技术、临时支撑智能调节技术、液压爬模滑动伸缩承载体和基于BIM-ANSYS的超高层液压爬模结构优化；第17章～第19章分别介绍了高层建筑消防疏散与预警系统、超高层建筑施工期消防设施永临结合技术和施工期防火、灭火装置；第20章介绍了磁力缓降安全逃生装置。

本书可供高层、超高层建筑施工相关技术及研究人员参考和使用。编写过程中，得到了各参与单位技术人员的大力支持，在此向各位参与人员深表谢意。由于编者水平所限，不足之处在所难免，希望同行专家和广大读者给予批评指正。

目　　录

第3篇 高层建筑主体结构施工安全保障技术

第6篇 安全逃生技术与装置

第1篇
高层建筑施工安全风险评估

第1章　超高层建筑施工事故风险源动态仿真与即时评估技术

1.1　概述

1.1.1　技术特点

超高层建筑施工事故风险源动态仿真与即时评估技术平台是基于超高层建筑施工事故风险源评估方法研究，采用 B/S（浏览器／服务端）架构，利用计算机技术、网络通信技术、大数据处理技术、分布式存储技术等，形成的联结各工程数据管理中心和数据库系统，形成覆盖网络的分布式应用和集中数据服务平台。平台搭载风险荷载和风险抗力指标体系、各类风险源故障树模型、项目 BIM 模型等多种类型的数据模型，融合风险源评估方法的基础数据，为特定超高层建筑施工项目的不同阶段提供风险评估等功能，对被判定为重大风险源的荷载进行预警，以提升施工安全意识并改善相应风险荷载的风险抗力实施水平，提高超高层建筑施工安全管理水平。

1. 评估技术平台的特点

1）风险源三维可视化。该平台基于项目位和 BIM 模型并结合项目进度，完成对某一项风险源评估后，将会在 BIM 模型中显示对应位置，并通过不同的颜色标识该区域的风险等级，便于项目管理者查看并采取相应管理措施。此外，平台为用户提供了多种二维和三维操作，包括平移、旋转、放大缩小等，保证用户可全面细致地观察到项目的风险信息。

2）计算模型可解释。该平台计算模型具有"可解释性"，计算过程保留中间数据，方便项目管理人员查找风险源头，采取更加具有针对性的风险管控措施。

3）评估模型实时更新。被评价项目可能出现新的重大风险源或者风险事件和风险抗力，且不同项目环境和文化导致了风险源的侧重点不同。本平台对项目管理员开放后台接口，能够针对项目的特殊性调整风险评估模型。此外，平台后续会进行更新，以保证平台的与时俱进和长期适用性。

2. 评估技术平台的优势

1）强化项目对风险的整体把控。通过评估平台帮助现场管理人员理解项目的风险管理水平，辅助查缺补漏，同时可视化的评估结果有助于把控项目的整体风险水平，并进一步获得具体的风险事件源头，从而帮助制订更具有针对性的项目风险管控措施。

2）扩充项目对施工风险的管理手段。评估平台采用行业平均风险水平作为基准，通过对特定项目的抗力水平调整风险事件概率，从而获得该项目的风险等级，其将"荷载"和"抗力"引入风险管理领域，实现风险的评估，丰富了施工风险的管理手段。

3. 评估技术平台的技术局限性

1）项目抗力水平评估数据需手动输入。该评估平台需要项目人员结合项目实际情况和管控措施进行评估打分，并手动录入评估数据，尚未实现传感器自动导入数据。

2）动态评估的局限性。该平台的动态评估是基于超高层项目的高度进行划分，因此合理确定不同阶段的高度区间仍需进一步调研。同时，BIM 模型实时反映施工进度仍有技术瓶颈，结合施工进度反馈风险评估结果只能反应计划进度与风险源风险评估结果的关系。

1.1.2　技术成果

"超高层建筑施工事故重大风险源动态仿真与即时评估平台"已通过第三方软件测试。该平台采用 B/S（浏览器/服务端）架构，搭载了十大类风险源的风险荷载和风险抗力指标、各类风险源的事故树模型、特定项目的 BIM 模型等多种数据模型，融合了风险源评估方法的基础数据。实现了对特定项目特定阶段各类风险源的定量评估，并对被判定为重大风险源的风险荷载进行自动追踪与预警，以有效提升施工安全意识并改善相应风险荷载的风险抗力实施水平；针对不同超高层建筑施工项目安全管理的差异性，开发了可自主定义风险荷载与风险抗力的模块，实现了对新出现或不同风险源的弹性评估。超高层建筑施工事故重大风险源动态仿真与即时评估平台的界面，如图 1.1-1 和图 1.1-2 所示。

图 1.1-1　评估平台登录界面

图 1.1-2　评估结果查看

3

1.2 技术内容

1.2.1 超高层建筑施工事故风险源评估方法

安全风险主要由事故发生的可能性和事件后果的严重性衡量。超高层建筑施工事故风险评估方法是基于风险是损失的不确定性的思想，即项目的风险评估值是项目风险源发生事故的概率和风险发生造成的损失的乘积，即式（1.2-1）：

$$R = PC \tag{1.2-1}$$

式中　R——特定项目的风险源评估值；

　　　P——特定项目风险源发生事故的概率；

　　　C——风险发生后造成的损失。

超高层建筑施工事故重大风险源评估方法的构建过程如下：

1. 基于模糊语言的风险荷载发生概率

基于构件的超高层建筑施工风险荷载和风险抗力指标体系（指标体系节选见表 1.2-1），对应的风险事故故障树如图 1.2-1 所示，共邀请到 54 名超高层建筑领域专家对各故障树的风险荷载底层事件发生的基础概率、风险抗力对风险荷载的作用水平和风险事故后果严重性进行评分，同时获取各专家信息，计算各专家权重（表 1.2-2）。

超高层建筑施工风险荷载和风险抗力指标体系节选（以塔式起重机为例）　　表 1.2-1

风险源	风险源明细				风险荷载（原因）	风险抗力（措施）	后果
	一级明细	二级明细	三级明细	四级明细			
塔式起重机	塔式起重机安装／爬升／拆除	附墙结构	附墙锚固点	建筑结构强度	1. 结构设计承载力不足；2. 结构施工质量施工不符合要求（如混凝土不密实、未按设计要求进行结构加固）	1. 对附墙结构进行专门设计，并严格按照设计要求进行附墙结构施工和过程验收；2. 加强养护；3. 严格按方案要求对结构试块进行试压，对施工质量进行控制，满足要求后方可安装	结构拉裂或破坏，造成塔式起重机倾斜或倒塌
			钢结构埋件	埋件锚固不足		1. 严格按设计要求对埋件材料和加工进行验收；2. 对埋件埋设进行验收	塔式起重机倾斜或倒塌
			附墙杆件	—	1. 杆件截面不足；2. 杆件加工不符合要求；3. 杆件安装不符合要求；4. 杆件与埋件焊接不符合要求	1. 严格按设计要求对杆件材料和加工进行验收；2. 严格按设计要求进行安装、焊接和验收；3. 焊接部位每次按一级焊缝进行探伤检测	1. 杆件变形；2. 塔式起重机倾斜或倒塌

续表

风险源	风险源明细				风险荷载（原因）	风险抗力（措施）	后果
	一级明细	二级明细	三级明细	四级明细			
塔式起重机	塔式起重机安装/爬升/拆除	屋面拆除设备	拆除设备底部结构	建筑结构强度	1. 结构设计承载力不足； 2. 结构施工质量施工不符合要求（如混凝土不密实、未按设计要求进行结构加固）	1. 对底部结构进行专门设计，严格按照设计要求进行结构施工和过程验收； 2. 加强养护； 3. 严格按方案要求对结构试块进行试压，对施工质量进行控制，满足要求后方可安装	结构拉裂或破坏，造成塔式起重机倾斜或倒塌
			拆除设备结构本身	—	1. 拆除超载，设备失衡； 2. 设备本身存在缺陷作业	1. 严格按设计方案要求选型和进场验收； 2. 严格按设备说明书要求操作； 3. 工作前对设备各项装置进行严格检查验收	倒塌
		有限平面内群塔作业	—	—	群塔水平距离过近、高低位塔机垂直距离过近	严格按说明书要求和现场条件进行作业，起吊区和作业区信号工配置充足，采用群塔防碰撞预警系统	塔式起重机倾斜或倒塌

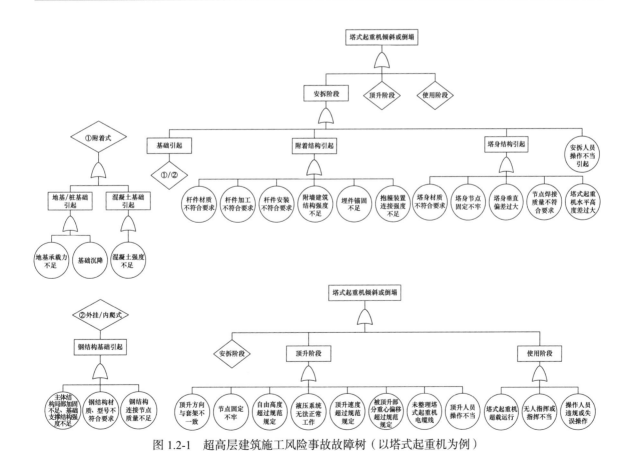

图 1.2-1 超高层建筑施工风险事故故障树（以塔式起重机为例）

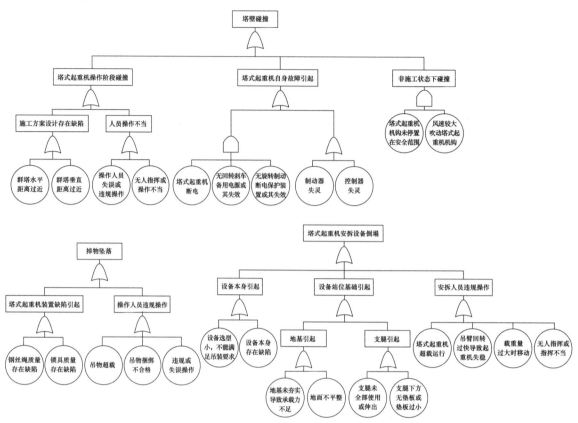

图 1.2-1 超高层建筑施工风险事故故障树（以塔式起重机为例）（续）

专家权重确定 表 1.2-2

权重得分	职称	建筑行业工作年限	参与超高层经验年限	参与超高层数
0.25	正高	20 年以上	15 年以上	5 个及以上
0.20	副高	11～20 年	9～15 年	3、4
0.15	中级	5～10 年	3～8 年	2
0.10	其他	5 年以下	3 年以下	1

采用模糊语言对风险荷载底层事件的基础概率进行描述，分为"极小可能""很小可能""较小可能""中等可能""较大可能""很大可能"和"肯定发生"七级。模糊语言与底层事件基础概率对应值见表 1.2-3。

模糊语言与底层事件基础概率对应值 表 1.2-3

模糊语言	极小可能	很小可能	较小可能	中等可能	较大可能	很大可能	肯定发生
概率值	$[0, 10^{-6}]$	$[10^{-6}, 10^{-5}]$	$[10^{-5}, 10^{-4}]$	$[10^{-4}, 10^{-3}]$	$[10^{-3}, 10^{-2}]$	$[10^{-2}, 10^{-1}]$	$[10^{-1}, 1]$

根据专家权重和专家对某项底层事件发生概率的评价，采用加权平均的方法，得到所有专家对于某故障树下某项风险荷载底层事件的基础概率的评价，结合故障树的"与"门和"或"门的逻辑关系，计算得到风险荷载顶层事件的发生概率。

2. 风险抗力对风险荷载的影响权重

风险荷载的高低决定风险抗力的作用大小，风险抗力的实施水平会抑制或促进风险荷载的发生。风险抗力的实施能够改变风险荷载的发生概率，有效的风险抗力能够达到风险抑制、风险缓解的作用。风险抗力对风险荷载的作用，需要先确定某项风险抗力的实施对某项风险荷载底层事件发生概率的影响权重。根据专家对超高层建筑施工风险抗力对风险荷载的影响程度的评价，结合各专家的权重，采用加权平均的方法，得到风险抗力对具体风险荷载底层事件的影响权重。评价分为 0～5 分六个级别，分别代表该风险抗力对该风险荷载底层事件发生可能性的影响为没有影响、影响很小、影响较小、影响一般、影响较大和影响很大。

3. 风险抗力修正的风险荷载发生概率

对特定的超高层建筑施工项目由现场管理人员进行风险抗力实施水平评价。风险抗力落实水平分为 1～5 分五个层级，分别代表抗力落实很差、落实较差、基本落实、落实较好和落实很好，项目的风险抗力实施水平具体如下：

1 分：明显低于行业内超高层项目的平均水平；

2 分：略低于行业内超高层项目的平均水平；

3 分：与行业内超高层项目的平均水平基本一致；

4 分：略高于行业内超高层项目的平均水平；

5 分：该项目的风险抗力实施水平明显高于行业内超高层项目的平均水平。

在获得特定超高层建筑施工项目的现场风险抗力评价后，结合上述确定的风险荷载发生概论和风险抗力影响权重，计算风险抗力修正作用后的风险荷载底层事件的概率值，如式（1.2-2）所示。

$$F(x) = mP = \begin{cases} \text{Min}\{100P,\ P_{\max}\} & x=1 \\ \text{Min}\{10P,\ P_{\max}\} & x=2 \\ 1P & x=3 \\ \text{Max}\{0.1P,\ P_{\min}\} & x=4 \\ \text{Max}\{0.01P,\ P_{\min}\} & x=5 \end{cases} \qquad (1.2\text{-}2)$$

式中 m——修正系数；

P——风险荷载发生概率；

$P_{\max}$——风险荷载发生概率的最大值，即 $P_{\max}=[10^{-1},\ 1]$；

$P_{\min}$——风险荷载发生概率的最小值，即 $P_{\min}=[0,\ 10^{-6}]$。

当风险抗力落实情况较好时，一定程度下能降低风险荷载的发生概率，但不会低于风险荷载发生的最小概率 $P_{\min}$；当落实情况较差时，会提升风险荷载的发生概率，但不会高于最大概率 $P_{\max}$。

在确定风险荷载底层事件修正概率值的基础上，再根据故障树中的"与"门和"或"门之间的逻辑关系，得到经现场管理措施和技术措施修正后的某一风险荷载顶层事件发生概率。

4. 风险事故后果评估

在得到经过风险抗力修正后的风险荷载顶层事件的发生概率后，结合专家对于风险事故后果严重性的评价，选取人员伤亡、财产损失和工期拖延三者中的最大值作为该事故风险造成的损失 C 进行计算，获得某一风险源的风险等级评估值，进而根据风险等级划分判定其风险等级。风险事故后果评分标准见表 1.2-4，风险等级划分见表 1.2-5。其中，风险事故后果 Ⅰ 至 Ⅵ 分别对应 1 分到 6 分。

1）风险事件发生概率定量化的准确性。目前对项目安全风险进行量化基于专家经验，具有较高的主观性。虽然通过专家数量的增多可有效降低主观性的影响，但无法完全规避。后续将结合客观的数据挖掘等方式，降低风险事件发生概率量化的主观性。

2）风险荷载与风险抗力指标的全面性。本体系从全面性考虑出发，结合各荷载和抗力的重要性，构建风险荷载和风险抗力指标体系，涵盖组织架构、安全培训、技术交底等各方面，但与实际体系相比可能略有某一子项的缺失。下一步将不断完善风险荷载和风险抗力指标的全面性。

风险事故后果评分标准 表 1.2-4

等级因素	因素等级					
	Ⅰ	Ⅱ	Ⅲ	Ⅳ	Ⅴ	Ⅵ
人员伤亡	无人伤亡	重伤 2 人以下	重伤 3～19 人或死亡 2 人以下	重伤 20 人以上或死亡 3～9 人	死亡 10～29 人	死亡 30 人以上
财产损失（万元）	[1, 5]	[5, 10]	[10, 30]	[30, 100]	[100, 300]	300 以上
工期拖延	不影响工期	非关键线路轻微拖延	关键线路轻微拖延	非关键线路转为关键线路	关键线路严重拖延	无法完工

风险等级划分 表 1.2-5

风险评估值	风险等级	风险等级描述
2.3×10^{-1} 以上	特别重大风险（Ⅴ级）	停止作业，一旦发生将产生非常严重的经济或社会影响，如组织信誉严重破坏、严重影响组织的正常经营，经济损失重大、社会影响恶劣
$(7.0 \times 10^{-2}, 2.3 \times 10^{-1}]$	重大风险（Ⅳ级）	立即整改，一旦发生将产生较大的经济或社会影响，在一定范围内给组织的经营和组织信誉造成损害
$(2.0 \times 10^{-2}, 7.0 \times 10^{-2}]$	中等风险（Ⅲ级）	需要整改，一旦发生会造成一定的经济损失、社会或生产经营影响，但影响面和影响程度不大
$(4.5 \times 10^{-3}, 2.0 \times 10^{-2}]$	一般风险（Ⅱ级）	需要注意，一旦发生造成的影响程度较低，一般仅限于组织内部，通过一定手段很快能解决
$[0, 4.5 \times 10^{-3}]$	低风险（Ⅰ级）	稍有危险，一旦发生造成的影响几乎不存在，通过简单的措施就能弥补

5. 小结

该技术基于可靠度思想，以确定的风险荷载与风险抗力指标体系为基础，以风险荷载和风险抗力的量化表达为手段，以专家知识为支撑，实现超高层建筑施工事故风险源的定量评估，辅助项目知悉或追踪施工过程中可能出现的风险以及需要加强的相关技术和管理措施。具体而言，面向超高层建筑施工塔式起重机、施工平台、施工升降机、混凝土泵送、主体结构、幕墙、深基坑、临时支撑、临边防护及消防等十大类风险源，通过专家打分和模糊计算，确定了行业平均水平下某一风险荷载发生的基础概率，以及某项风险抗力对风险荷载发生概率的影响权重；建立了风险抗力对风险荷载的修正公式，以确定特定项目经风险抗力修正后的风险荷载底层事件的发生概率，进而结合事故树的逻辑关系确定特定事故风险源的风险荷载顶层事件发生概率；然后，结合风险事故后果严重程度评价，利用修正后的风险荷载顶层事件的发生概率，测算经量化的特定事故风险源的风险水平，以评价项目事故风险水平。对被判定为重大风险的事故风险源进行预警，以促进施工安全意识并改善相应风险荷载的风险抗力实施水平，提升超高层建筑施工安全管理水平。超高层建筑施工事故风险源定量评估方法及流程如图 1.2-2 所示。

该技术提供了一种量化的超高层建筑施工事故风险评估思路，即通过获取现场风险抗力实施水平，对现场事故风险源的风险等级进行评定，并确定影响较大的抗力措施。通过有效改善重大风险源的有效抗力实施水平，降低重大风险源的风险等级，达到提升现场事故风险管理的作用。据此，将通过搭建超高层建筑施工事故风险评估系统，在不同施工阶段快速识别风险源，实现针对特定超高层建筑施工项目风险源的个性化、定量化即时评估。

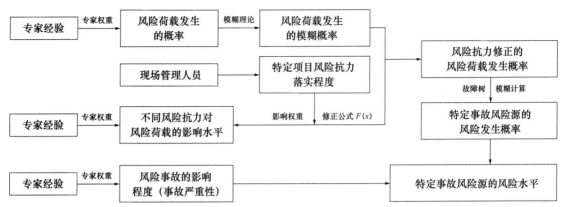

图 1.2-2　超高层建筑施工事故风险源定量评估方法及流程

1.2.2　评估技术平台

1. 评估数据数据库建立

数据库建设的总体目标为建设一套能够融合超高层项目 BIM 模型数据、属性数据、环境数据、评估基础数据和监测数据等的数据库平台，在数据库平台中集成外部业务系统进行三维可视化漫游浏览，能够查看构件的各种数据信息，并提供外部访问接口，为安全评估平台提供三维 BIM 基础数据和安全评估数据。具体目标包含：

（1）建设项目及其周边环境的一体化三维数字模型。

（2）建立项目结构组成构件的数据结构标准，明确各类型构件的属性构成及相关参数。

（3）支持多源数据导入，可导入多种来源的数据，支持的建模软件及数据类型包括：Autodesk Revit 建模软件；3ds Max 真实感建模软件；DEM 地形高程数据；地质数据；地下隐蔽工程数据；影像数据；人工和自动化监测数据。

（4）支持多源模型数据的三维融合展示，能够对合并的模型数据进行检查，支持具有真实感的大场景动态调度。

（5）集成实时视频监控等外部业务系统，在三维场景中对施工建设过程实时监测。

（6）实现三维可视化漫游浏览、属性查询，支持大数量的查询调度。

2. 基于 BIM 技术的多源评估数据即时集成与获取的可行性分析

（1）多源数据建设

多源数据作为评估平台的基础，对平台的功能完成起到至关重要的作用。多源数据建设主要包括多源数据分类、多源数据获取采集和数据处理三个方面，具体如下。

1）多源数据分类。该技术涵盖的数据按应用场景分为空间基础数据和安全评估数据，具体分类见表 1.2-6。

基于 **BIM** 技术的多源评估数据分类　　　　　表 1.2-6

一级分类	二级分类	描述	数据格式
空间数据	工程自身	基坑、主体结构和附属结构设计和施工阶段的所有实体模型	rvt、max、dgn、CATPart 等
	地形地貌	工程实施范围内采用西安 80 或者北京 54 坐标系统的数字正射影像图	tif
		工程实施范围内的地形高程数据	tif、dem

一级分类	二级分类	描述	数据格式
空间数据	地质	工程实施范围内的地下水分层、埋深等数据	doc、dwg、xls
		工程实施范围内的分层信息、土质、土性等数据	doc、dwg、xls
	周边环境	线路外轮廓 50～100m 范围内的建（构）筑物等几何外形	max、rvt 等
业务数据	总包单位和分包单位信息	企业资质和业绩 施工队业绩等信息	doc、xls、pdf、rfa
	动态施工数据	结构的施工进度和施工质量数据	word、xls、pdf
	图纸数据	构件相关的布置图、详图、审批文件等	dgn、dwg、pdf 等
	文档数据	随机资料、安装操作手册、实物照片等	word、pdf、xls、jpg 等
	视频监控数据	视频监控信息的元数据（摄像头编号、网络位置等描述信息）及相关视频文件	元数据 xls 及视频信号
	实时监测数据	监测点元数据（监测点编号、监测指标、描述信息）和监测点运行数据	元数据的 xls 文件及运行数据文件

2）多源数据获取采集。不同类型的数据具有不同的采集方法与技术要求，其具体要求见表 1.2-7。

基于 BIM 技术的多源评估数据的采集方法与技术要求　　　　　表 1.2-7

一级分类	二级分类	采集方法	技术要求
空间数据	工程自身	通过 BIM 建模软件建立工程自身的三维模型	涵盖招标要求的建模范围，建模的精度要保证与现场一致，误差不超过 10cm
	地形地貌	由规划单位和专业的数据服务器商共同提供的方式	地形比例尺达到 1：500，影像图分辨率达到 0.5m
	地质	由勘察单位提供	符合勘察技术要求
	周边环境	规划单位提供的周边建（构）筑物数据、地下管线数据，并结合地形影像数据	主要构件（直径 1m 以上）在外形、位置上与现场一致
业务数据	静态属性数据	由设计单位、施工单位、监理单位、供应商共同提供	涵盖设计、施工过程中的主要静态属性数据
	动态施工数据	由施工单位、监理单位、评估单位共同提供	包含施工过程中的主要动态数据
	图纸数据	由设计单位、施工单位、监理单位、供应商共同提供	涵盖构件在规划、设计、施工阶段的图纸资料
	文档数据	由设计单位、施工单位、监理单位、供应商共同提供	涵盖构件在规划、设计、施工阶段的文档资料
	视频监控数据	对接现场视频监控系统	—
	实时监测数据	对接公司已有监控系统	—

3）数据处理。在模型数据进入数据库之前需要进行处理，数据处理工具将同种类型不同格式的原始数据能够转化为数据库平台支持的统一格式数据，并能够根据勘测数据来生成地质模型，从而保证数据的一致性、准确性。处理后的数据能够直接导入数据库平台。数据处理工具主要由以下六个工具构成：

① Autodesk Revit 模型导出工具：导出 Revit 建立的 BIM 模型，包括模型的几何信息、属性信息、材质纹理贴图，导出为平台支持的自定义文件格式。

② Autodesk 3ds Max 模型导出工具：导出 3ds Max 建立的 max 模型，主要包括模型的几何属性，材质纹理贴图，导出为平台支持的自定义文件格式。

③ 影像地形处理工具：影像地形处理工具对不同格式的影像文件或者地形文件进行处理，将 tiff、jpg、img 等多种格式的影像文件，附加坐标信息转化为统一格式；将 dwg 高程数据、dem、dom 等多种格式的地形文件转化为统一格式。

④ 地质模型生成工具：将勘测单位提供的勘测数据进行拟合来生成地质模型。

⑤ 安全评估数据标准化工具：根据建立的超高层建筑施工事故重大风险源评估模型数据集，建立各类数据模板，并纳入平台数据库。

⑥ 外部系统数据采集工具：通过标准化的采集接口，将外部系统的视频信息、实时运行数据、报警信息采集进入数据库平台中。

（2）采用的关键技术

本平台采用的关键技术主要有多源异构模型数据融合技术，大场景动态调度技术和物联网信息接入技术三种，具体如下。

1）多源异构模型数据融合技术，能够实现不同来源、不同格式、不同时期的结构化和非结构化的多源异构数据的融合集成，通过虚拟空间数据引擎的调度实现多源异构数据的直接访问。

2）大场景动态调度技术，支持大区域范围内的模型管理结合数据精度分级管理、空间索引技术和 LOD 算法优化技术，在数据库平台中对三维场景数据进行动态组织、三维地形地貌数据的动态简化，使平台具备大区域大数据量空间信息的处理能力。

3）物联网信息接入技术，通过视频接入模块，实时将现场视频采集设备采集的多路视频信号接入数据库平台中，实现对现场监控视频的实时接入、显示，对历史视频的查询、点播、回放等需求。还可以通过数据采集接口，接入已有的实时监测系统，并与现场的传感器接口连接，实时获取现场的实时数据、报警信息，在数据库平台中存储、展示，不仅能够查看实时数据，而且还可以查看数据变化趋势图以及报警信息。

3. 平台系统功能需求分析

（1）平台建设目标和整体功能需求

超高层建筑施工事故重大风险源动态仿真与即时评估平台是以超高层建筑施工事故风险源及其评估方法与技术课题中所取得研究成果为基础，内置相关风险源清单明细、故障树等条文，为项目参与各方提供超高层施工风险评估的 B/S 架构（浏览器 / 服务端）工程辅助系统。系统需辅助项目人员在项目各阶段评估特定建筑物的风险部位，并通过 BIM 技术识别特定的风险部位，并根据可靠度理论，对事故风险荷载与抗力实现定量评估。

构建 BIM 展示平台，在特定超高层建筑模型完成的基础之上，将模型与风险源评估平台相结合。在模型中添加数据信息，系统识别数据信息，实现检索查询风险源构件。通过 BIM 模型，结合施工不同阶段，模拟各个施工阶段的风险源表现情况，在时间维度上定位风险源。

将现场感应设备所收集的信息通过网络汇总到系统之中，并存入系统数据库，实现感应数据的即时获取。将感应数据与 BIM 系统原始数据相结合，运用风险源评估方法，在挖掘数据的基础上，实现数据的定量化分析。

（2）平台开发组织结构

系统管理人员：完成系统开发；维护系统基本数据，确保系统正常运行；协助其他参与人员。系统应用人员：根据具体超高层建设项风险管理的需要使用平台进行风险评估与管控。

（3）平台系统功能图

平台系统功能结构，如图 1.2-3 所示。

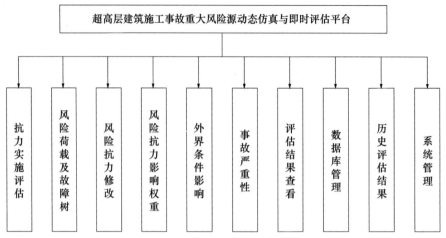

图 1.2-3 评估平台的功能结构

（4）业务流程

1）风险抗力修正：风险抗力即为面对风险时所采取的技术措施和管理措施，根据超高层施工事故风险荷载及风险抗力指标，所有风险抗力都具有相应的影响参数，而不同影响参数也将具备不同的权重值。各个风险抗力在风险荷载中起到的作用可以通过权重值调整。

2）风险荷载修正：风险荷载是工程中客观存在的风险因素，不同风险抗力对风险荷载的作用效果不同。各个超高层工程项目具有不同的风险荷载。系统内将预置风险荷载的平均值。结合特定项目的风险抗力落实情况，进而计算出特定风险抗力实施水平影响下的风险荷载发生修正概率，结合事故后果严重性程度，进而形成超高层风险的总概率。

（5）功能描述

1）系统登录：显示系统基本信息。

2）项目初始化设置：针对特定项目设定项目阶段，按阶段进行风险评估。项目初始化界面主要实现阶段添加及各阶段信息设置等功能。不同阶段可设置不同风险源及顶层事故。

3）抗力实施评估：抗力实施评估的主要功能为根据现场风险抗力实施水平进行评估。该页面列出项目初始化设置阶段选择的风险源和顶层事故，以及各风险源下抗力列表，现场安全员针对每一项抗力按照标准进行评分。待评分结束后进行风险等级计算。同时可下载当次评估报告。

4）风险荷载及故障树维护：风险荷载由公司管理员或者项目管理员统一添加、删除，现场填表人没有该权限。故障树为风险荷载、风险抗力的可视化显示，显示模式需与故障树清单基本类似。风险荷载通过图形化的方式直接在故障树上进行修改。当荷载计算界面中修改了不同的分支内容后，在进入故障树界面时刷新界面，使故障树更新显示。在故障树上可执行的操作有增加事件和删除事件，若选择删除事件则该事件及该事件下子节点均被删除；若是增加事件，则增加到底层风险荷载时弹出选择框，选择该底层荷载项下对应的抗力措施，同时对该荷载项和抗力进行打分计算。

5）风险抗力清单维护：风险抗力清单界面显示情况与荷载计算类似，作用是新增、删除、修改、查询风险抗力。风险荷载与风险抗力构成一对多的关系。风险抗力可新增、删除和修改备注，各个风险抗力的具体权重是由风险抗力影响因素加成决定的。新增抗力完成后弹出打分列表框，选择该抗力影响的荷载项，同时对该抗力进行打分，打分完成后重新计算该抗力所影响的荷载下的所有抗力权重。

6）外界条件影响：该技术故障树中引起顶层事件发生的底层事件均是人因、材料类等因素。

然而实际上某些事故的发生还和一些外界条件比如风荷载等相关。而此类外界条件难以和底层事件直接对应，因此，考虑将这类外界条件的影响作为调整系数，对顶层事件发生的概率进行适当调整。外界条件影响界面可以添加外界影响因素，平台自动计算加上外界条件影响后的顶层事故发生概率。

7）事故严重性维护：事故风险即是事故发生概率乘以发生此事故带来的损失。事故严重性即为发生此事故带来的损失。事故严重性页面显示当前阶段各风险源下顶层事故严重性结果。拥有公司管理员权限或者项目管理员权限的角色可以对该部分进行修改，修改后的结果参与最终计算结果。

8）评估结果查看：评估结果查看部分主要列出各阶段风险评估结果和该项目的 BIM 模型。BIM 模型由项目提供，由管理人员进行处理转成可用的格式发布。

9）数据库管理：数据库管理的主要功能为添加新的问卷。新问卷由两部分组成，专家信息录入和问卷信息录入。专家信息录入界面包括风险源选择和专家信息录入。风险源选择栏列出需要填写问卷信息的风险源。专家信息录入包括专家姓名、职称、建筑行业工作年限、参与超高层经验年限和参与超高层项目数。系统根据输入的内容自动计算每一位专家得分，从而计算专家权重。问卷信息录入部分包括风险荷载问卷、风险抗力问卷和事故严重性问卷三部分。每类问卷下列出上一步中选择的风险源，待所有项目分值录入完成后保存即可。

此外，历史评估结果部分显示历次评估报告信息，同时可下载历次评估报告。

10）系统管理：

① 项目信息。添加、删除、修改、查询工程信息，通过该界面可控制工程的基本数据信息，与关联内容。本功能由系统管理员控制。

② 人员管理。通过该界面可添加、删除、修改、查询人员，添加人员通过单位、人员的层级进行添加，人员查询支持模糊查询。

③ 权限管理。根据人员具体的使用情况分配人员权限，控制人员可见的工程以及控制人员可见的系统功能节点，权限设置见表 1.2-8。

评估平台组织权限设置

表 1.2-8

人员	权限	主要工作
系统管理人员	一级权限	完成系统开发；维护系统基本数据，确保系统正常运行；协助其他课题参与人员
课题参与人员	二级权限	添加必要参数；维护系统基本数据，确保系统正常运行
示范应用配合人员	三级权限、四级权限	根据课题需要使用系统进行示范

（6）平台搭建环境需求

1）硬件配置

服务器主要配置如下：

选型：2U\3U 服务器

处理器：12 核 \16 核（均为双线程）

内存：64G\96G

磁盘容量：1TB\2TB

2）软件环境

架构、语言及数据库选型：B\S 架构，JAVA 开发语言，数据库选型 Sql Server 或 Oracle

服务端：Linux CentOS 7 或 Windows Server2008\2012

客户端：B\S 架构，PC 端通过浏览器直接访问

4. 平台系统架构设计

（1）功能模块介绍

该平台系统的主要功能模块，如图 1.2-4 所示。

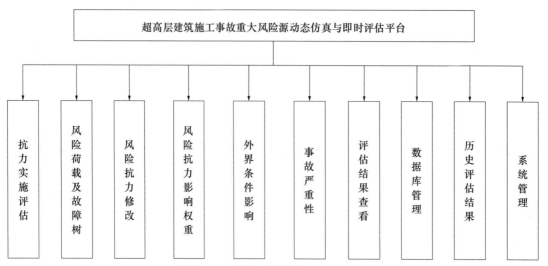

图 1.2-4 评估平台的主要功能模块

（2）关键技术设计

1）数据关系设计。平台系统的数据关系，如图 1.2-5 所示。

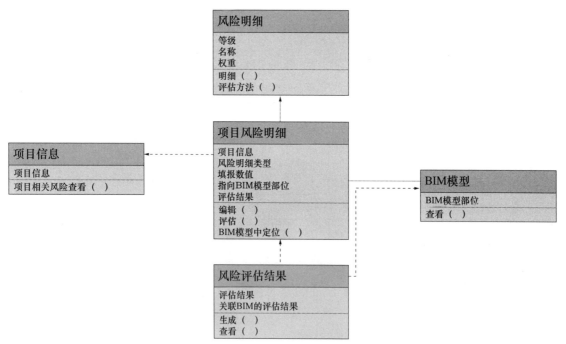

图 1.2-5 评估平台的主要数据关系

2）三维引擎设计。平台系统的三维引擎主要功能，如图 1.2-6 所示。

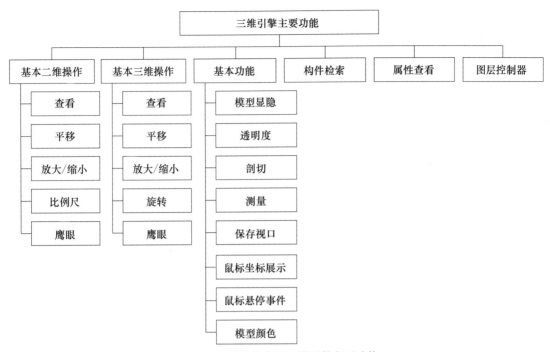

图 1.2-6 评估平台的三维引擎主要功能

1.3 工程应用

1.3.1 示范工程简介

2019 年 5 月至 2019 年 12 月，基于"超高层建筑施工事故风险源评估方法与技术"的技术成果选取 4 个典型的超高层项目进行示范，包括赣江新区鸿信大厦项目、CBD 核心区 Z2a 地块阳光保险金融中心项目、华皓中心项目和民治第三工业区城市更新单元项目，示范范围涵盖基坑、塔式起重机、主体结构、幕墙、钢结构、爬模、施工电梯等内容。

通过对示范工程示范期间内相应的施工阶段进行动态风险评估，以验证超高层建筑施工事故风险源定量化评估方法的有效性、可靠性和先进性，基于项目实际情况，应用和完善超高层建筑施工事故风险源即时评估方法，结合示范工程的具体施工阶段以及工程特点，对施工风险进行评估或预测。

1.3.2 示范效果

该评估平台能够结合特定超高层建筑项目的特异性，为项目提供不同阶段、不同风险源的定制化风险评估模块，提升现场安全管理措施和技术措施的落实程度，并结合可视化的风险评估效果，为超高层建筑施工现场提供安全保障。该技术简化了超高层建筑施工风险评估流程，方便项目人员及时了解项目整体风险状况，并采取针对性的管控措施，提高了施工安全管理水平，降低了事故率。在 BIM 模型中的可视化安全风险等级效果图，给管理人员以及各负责人提供了便捷的风险管理工具，具体的管控措施给建设方和施工方都提供了参考，实际施工中有利于管控超高层项目施工重大风险源，可以针对性地降低施工风险，保障项目施工正常平稳，保障施工人员的生命和财产安全。在社会经济效益方面，一方面，该平台操作简单，应用效果好，节约了风险管理成本，并保证项目按照工期有序推进；另一方面，也将减少因安全事故造成的社会问题，保证社会稳定和谐发展。

以阳光保险金融中心项目为例，在主体结构施工期间对项目存在的风险进行分类和汇总，每周通过平台进行评估、监测与跟踪；对评估平台中风险评估得分较低的风险源项目进行重点监控，在施工现场派负责人对存在的安全风险进行检查和整改，并进行 24h 的监控，在主体结构施工期间保证施工的安全与质量；在评估方法与技术平台示范应用期间，实现了示范工程的安全生产零事故。鸿信大厦示范工程依托 BIM 技术、安全风险评估平台，融合相关安全评估的基础数据和监测数据等多种类型数据，最终建立基于 BIM 的风险源即时评估平台。

总之，该平台操作简单，原理清晰，4 个示范工程项目应用效果良好，初步验证了该评估方法与平台的可行性和有效性，节约了施工安全风险管理成本，保障了施工项目按照工期有序推进。

第 2 篇
超高层建筑深基坑施工安全保障技术

第 2 章　深基坑施工安全的整体安全评价理论与控制方法

2.1　概述

2.1.1　技术特点

"深基坑施工安全的整体安全评价理论与控制方法"技术揭示了悬臂、内撑、桩锚基坑连续破坏的机理，提出了量化的连续破坏判断标准；研究了支护桩局部破坏、支撑局部破坏、锚杆局部破坏及支护桩过大变形对整个支护结构的影响，揭示了局部破坏引发连续破坏的规律，并提出相应的连续破坏控制措施，开发了深基坑工程安全预警与逃生系统；研究了水平支撑体系的连续破坏机理，提出了综合冗余度因子，量化了基坑防连续破坏性能，揭示了荷载传递系数、支护结构安全系数是连续破坏研究的重要指标；形成了保证基坑整体安全性的基坑冗余度理论与设计方法框架，提出了防连续破坏的阻断单元法及其在典型基坑支护体系（悬臂、内撑式及桩锚式）中的具体设计原则。

2.1.2　主要创新点

（1）目前基坑工程深度、面积和长度急剧增大，基坑工程局部破坏容易引发连续破坏的问题，率先提出了基坑工程整体安全的概念，建立了基于冗余度指标的基坑安全分类体系（图 2.1-1、图 2.1-2）。

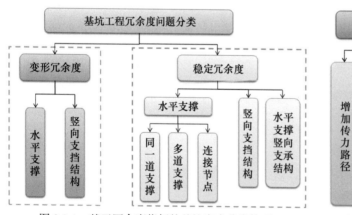

图 2.1-1　基于冗余度指标的基坑安全分类体系

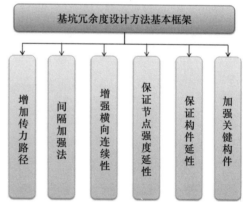

图 2.1-2　基坑冗余度理论与设计方法框架

（2）目前基坑的稳定分析方法多以相对简化的、基于基坑剖面的二维失稳破坏模式为基础，无法反映基坑支护结构局部失效后连续破坏在时间和空间上的物理发展过程。本成果系统揭示了悬臂、内撑、桩锚基坑三维连续破坏的机理，提出了防三维连续破坏的阻断单元法，从而建立了保证基坑整体安全性的基坑冗余度理论与设计方法框架。

（3）目前基坑工程尚无逃生装置，本成果提出了深基坑水平逃生系统安全岛的概念，建立了安全岛位置布置方法，保证了基坑施工人员的生命安全（图 2.1-3）。

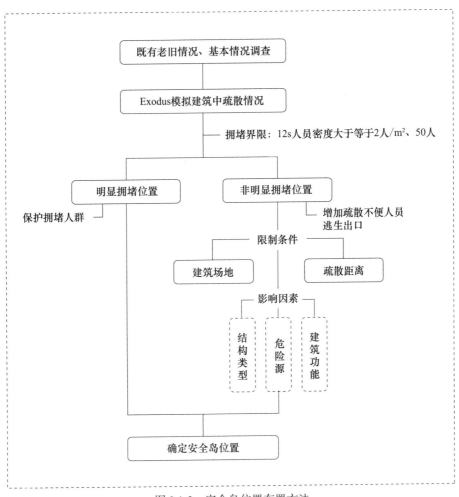

图 2.1-3　安全岛位置布置方法

2.2　技术内容

本研究采用模型试验和数值模拟两种手段，研究内撑排桩和桩锚支护基坑局部破坏引发连续破坏机理及防连续破坏控制措施。

2.2.1　基坑内撑式排桩支护体系局部破坏试验研究

利用天津大学地下工程研究所大型模型箱（模型箱三维尺寸 2.50m×2.46m×1.40m，长 ×宽 × 高）开展内撑排桩支护基坑局部破坏相关模型试验（图 2.2-1、图 2.2-2），研究了支撑设置的高度、基坑开挖的深度以及初始局部破坏的破坏类型（支护桩发生初始局部破坏或者初始局部过大变形、水平支撑发生初始局部破坏）对荷载传递及基坑整体安全性能的影响，并与基坑支护悬臂排桩破坏引发的荷载传递规律进行对比。

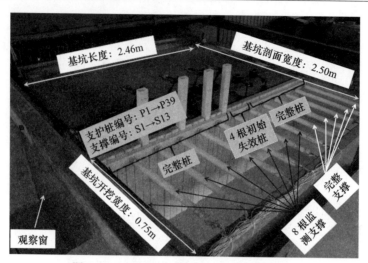

图 2.2-1　大型模型试验装置及基坑模型示意

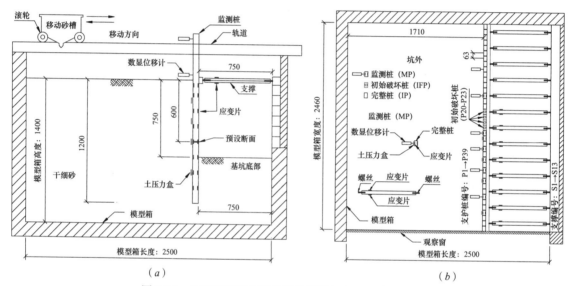

图 2.2-2　基坑模型详细信息及监测设备布置（单位：mm）

（a）模型侧视图；（b）模型俯视图

　　模型试验土体为干细砂，取自河北唐山地区，采用砂雨法形成土体，砂土的物理力学参数见表 2.2-1。通过直剪试验测得试验用砂的峰值临界摩擦角是 31°，该试样处的洒砂高度为模型高度的一半（70cm）。因为洒砂装置的位置是固定的，所以储砂槽中不同深度的砂具有不同的下落高度和孔隙比，如图 2.2-3 所示。

　　采用固结不排水（CU）三轴试验获得试验用砂的稳定状态线，如图 2.2-4 所示，稳定状态线在 e-$\ln p$ 平面上的表达为 $e = -0.0389\ln(p') + 0.8490$，斜率 λ 是 -0.0389。根据相似关系 $e_m = e_p + \lambda\ln(1/n)$，模型中砂土对应的原型孔隙比范围为 0.51～0.65，处于该类砂土的最小和最大孔隙比（0.43～0.85）之间，表明模型中的孔隙比（洒砂高度）是合理的。

试验用干细砂的基本参数　　　　　　　　　　　　　　　　　　表 2.2-1

参数	相对密度 G_s	平均粒径 D_{50}	不均匀系数 C_u	最大孔隙比 e_{max}	最小孔隙比 e_{min}	峰值摩擦角 ϕ
数值	2.67	0.23mm	2.25	0.85	0.43	31°

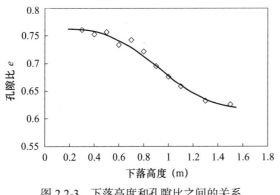

图 2.2-3　下落高度和孔隙比之间的关系

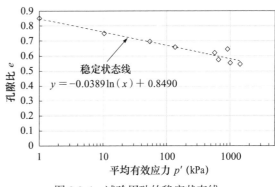

图 2.2-4　试验用砂的稳定状态线

本研究共进行了 6 种工况支护结构局部破坏试验，区别在于水平支撑设置的高度、基坑开挖的深度以及初始局部破坏的破坏类型（支护桩发生初始局部破坏或者初始局部过大变形、水平支撑发生初始局部破坏），各试验工况简介见表 2.2-2 和图 2.2-5。

（1）工况 0。工况 0 模拟悬臂排桩支护基坑开挖 75cm 时，沿基坑长度方向上发生 4 根支护桩破坏的情形，如图 2.2-5（a）所示。

（2）工况 1。工况 1 模拟带支撑支护基坑中部 4 根支护桩发生破坏的情形，如图 2.2-5（b）所示。基坑开挖深度为 75cm，作为基准工况。支护桩按照到观察窗的距离依次编为 P1～P39，其中监测桩的编号为 P4、P7、P10、P12、P14、P16、P18、P19 和 P26，初始破坏桩的编号为 P20～P23。在监测桩桩顶架设数显位移计，用以监测支护桩桩顶部水平位移；在支护桩主动侧粘贴土压力盒，用以监测地表下 40cm 和 60cm 深处土体作用在桩上的水平土压力。同时，距地表 0cm 处，设置 13 根水平支撑，按照距观察窗的距离编为 S1～S13，其中支撑 S1～S8 上设置应变片，用以监测支撑的轴力。

（3）工况 2。工况 2 中桩的布置和基坑开挖深度与工况 1 相同，但支撑的设置高度下移，支撑中心高度在地表以下 15cm 处，以研究支撑设置高度对荷载传递的影响。

（4）工况 3。工况 3 中基坑开挖深度增加至 90cm，其他参数与工况 1 一致，以研究基坑开挖深度对荷载传递的影响，如图 2.2-5（c）所示。

（5）工况 4。工况 4 中在初始断桩位置处设置卡扣，防止支护桩折断后向坑内踢出，模拟基坑局部支护桩局部弯曲破坏而发生过大变形，如图 2.2-6 所示，但不发生完全折断引起基坑垮塌。其他参数与工况 3 一致，以研究支护桩初始局部过大变形对荷载传递的影响。

（6）工况 5。工况 5 中基坑开挖深度和支撑的设置高度与工况 1 一致，基坑的初始破坏方式为支撑破坏（支撑 S7、S6、S5、S8、S9、S10 依次破坏），如图 2.2-5（d）所示，以研究支撑破坏对支护体系和荷载传递的影响。

工况简介　　　　　　　　　　　　　　　　　表 2.2-2

工况类别	开挖深度 H（cm）	支撑设置高度（地表标高为 0cm）	支护结构局部破坏方式
工况 0	75	无支撑	2 根桩破坏（1/2 模型）
工况 1	75	0cm	4 根桩破坏
工况 2	75	$-0.2H$	4 根桩破坏
工况 3	90	0cm	4 根桩破坏
工况 4	90	0cm	4 根桩发生过大变形
工况 5	75	0cm	6 根支撑破坏

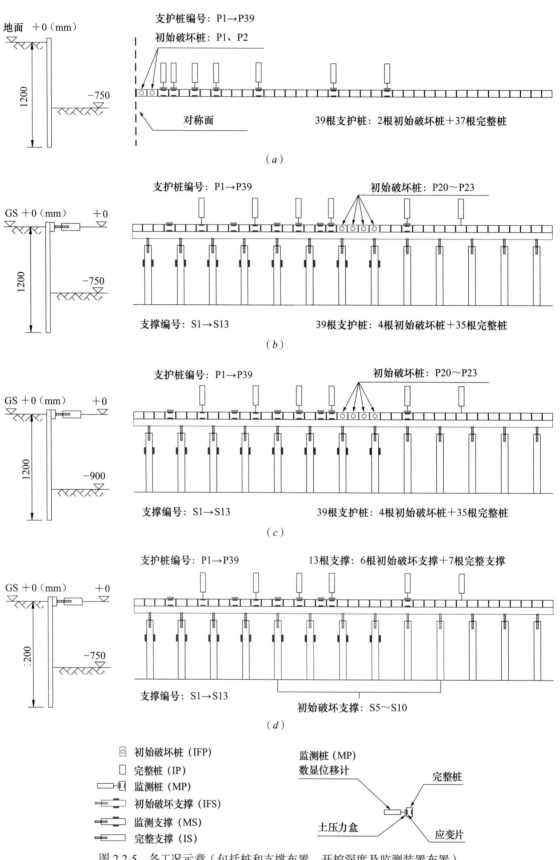

图 2.2-5　各工况示意（包括桩和支撑布置，开挖深度及监测装置布置）

（a）工况 0；（b）工况 1；（c）工况 3；（d）工况 5

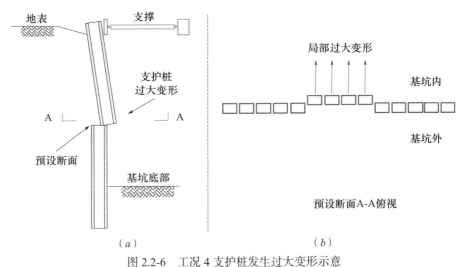

图 2.2-6　工况 4 支护桩发生过大变形示意

（a）支护桩沿基坑剖面变形示意；（b）支护桩沿预设断面 A-A 变形示意

正常开挖阶段时：

（1）桩身弯矩和桩身变形随开挖深度的变化。对桩身弯矩曲线进行二次积分，联合桩顶部位移和转角可以获取桩身位移曲线。开挖过程中，工况 1 桩身弯矩和桩身位移曲线随深度的变化情况如图 2.2-7 所示。由图可见，当开挖超过 50cm 时，桩身最大弯矩位置约在桩身 60cm 深度处，故选择 60cm 深度作为初始失效桩预设断面位置是合理的。

工况 1、3 和 5 开挖到 75cm 时，桩身弯矩最大值分别为 10.84N·m、9.54N·m 和 9.02N·m，平均值为 9.80N·m，最大弯矩与平均值的偏差分别为 10.61%、2.65% 及 7.96%，表明试验具有可重复性。由图 2.2-7 可见，工况 1 中，桩身位移曲线呈现出典型的复合式变形，当开挖深度超过 40cm 时，最大位移随着开挖深度的增加幅度变大。

（2）支撑轴力随开挖深度的变化。工况 1-2 及工况 5 开挖到坑底（开挖深度均为 75cm）但尚未指令围护桩局部破坏发生时，支撑 S1～S8 平均轴力分别为 41.5N、53.3N 和 39.3N；工况 3 和工况 4 开挖到该深度时，支撑平均轴力为 37.4N 和 35.6N。可以发现，工况 2 的支撑轴力比工况 1 支撑轴力大 28%，说明适当降低支撑高度可提高支撑的作用，同时也说明工况 2 中支护体系的综合抗侧移刚度较大〔围护结构的抗侧移刚度与围护结构在外力作用下产生的最大位移成反比，工况 1 和工况 2 开挖 75cm 支护桩的最大水平位移分别为 3.1mm 和 2.6mm，如图 2.2-7（a）所示〕。

工况 1 至工况 3 中，开挖至设计深度待桩身弯矩、桩顶部水平位移及支撑轴力等监测数据稳定后，指令 4 根局部破坏桩（P20～P23）发生折断。局部破坏桩失效后，坑外土体迅速滑塌进基坑内，在坑外形成一个轮廓为圆弧形的塌陷区，如图 2.2-8（a）所示，塌陷区尺寸见表 2.2-3。支护桩初始破坏导致邻近初始局部破坏区的支护桩桩顶发生朝向坑外的位移，远离局部破坏位置的支护桩桩顶位移朝向坑内，但量值很小，如图 2.2-9 所示。而悬臂式基坑支护桩局部破坏后，邻近支护桩桩身和桩顶位移均朝向坑内。与图 2.2-8（b）对比表明，当围护桩（墙）发生向坑外的位移时，实际工程中采用的水平支撑与围护桩（墙）之间连接节点会破坏并导致支撑掉落，从而显著改变了墙体和其他位置水平的受力，并进一步可能引发连续破坏。

工况 4 中，开挖至设计深度后，指令初始局部破坏桩（P20～P23）发生过大变形，支护桩桩顶位移朝向坑内。工况 5 中，初始破坏支撑失效导致桩顶向坑内的移动，失效支撑范围内的桩顶向坑内移动的位移较大，支撑 S5～S7 失效后的桩顶位移如图 2.2-9 所示。

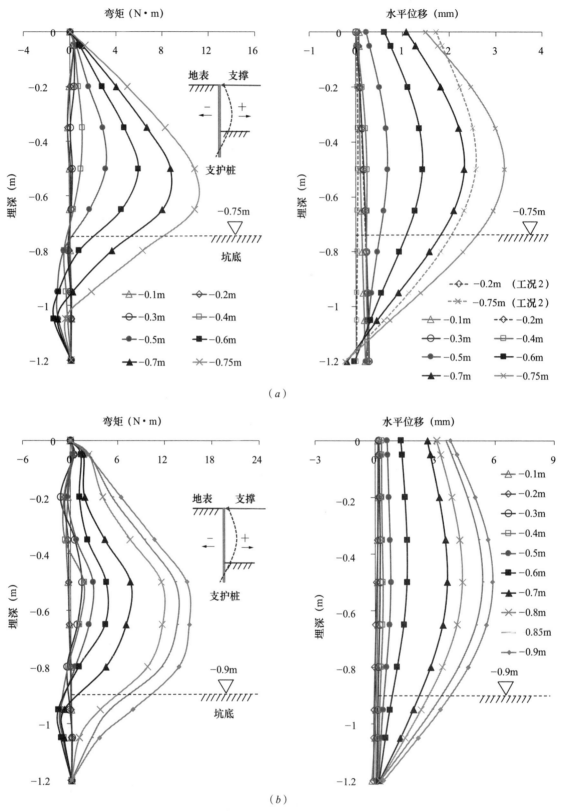

图 2.2-7　桩身弯矩和桩身位移曲线随开挖深度的变化

（a）工况 1；（b）工况 3

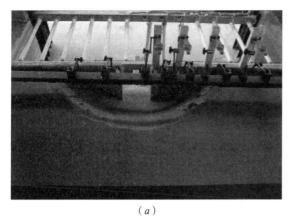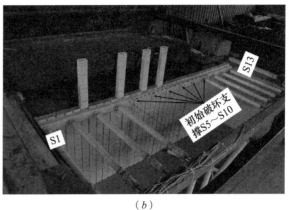

（a）　　　　　　　　　　　　　（b）

图 2.2-8　破坏完成后形成的稳定塌陷区

（a）工况 1；（b）工况 5

垮塌完成后形成的塌陷区大小　　　　　　　　表 2.2-3

工况	长度（cm）	宽度（cm）	深度（cm）	破坏范围（桩）
工况 0	57.0	61.0	37.0	10（P1~P10）
工况 1	135.6	66.0	40.0	22（P11~P32）
工况 2	14.0	59.0	37.0	23（P10~P32）
工况 3	156.0	71.5	45.0	25（P9~P33）

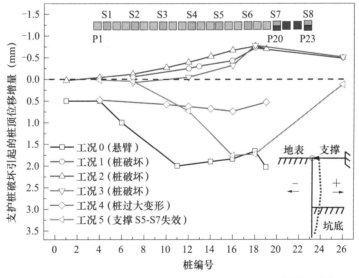

图 2.2-9　局部破坏引起的桩顶位移增量对比（桩向坑外位移为负）

支护结构类型对荷载传递的影响：

土压力变化分析（40cm 和 60cm 深）。工况 1 中，4 根局部破坏桩（P20~P23）折断后，坑外地表下 40cm 处的水平土压力随时间的变化，如图 2.2-10（a）所示。破坏发生瞬间，不同位置处的土压力变化模式不同。邻近破坏位置处的桩 P19，其桩后的水平土压力呈现出先升高后降低的变化规律：上升是由于桩后土压力在支护桩破坏瞬间发生的应力重分布并产生水平土拱，导致初始局部破坏区以外的桩体后的土压力瞬间急剧增加，从而产生加荷效应；下降主要由于土体滑进坑内造成的桩后土体缺失（缺失高度约为 35cm）引起的卸荷效应。桩 P18 后的土体虽然有缺失，但坍塌引起的 40cm 深处土压力增大倍数（土压力增大倍数为局部破坏后与局部破坏前的桩后土压力比值）仍最终稳定在 1.96，证明破坏产生土拱的加载效应大于土体缺失引起的卸载效应。

稍远处的桩（P16 和 P14），其桩后的水平土压力一直处于上升阶段，直至砂土在自然休止状态下完全稳定；远离破坏位置处的桩（P10、P7 和 P4），作用在桩身的水平土压力较初始破坏发生前略微增加或者没有发生变化。至于土压力变化过程中的波动现象，与文献中结论相同，同样为土拱效应产生的加荷效应和土体滑塌产生的卸载效应的动态耦合结果。

坑外地表下 60cm 处的水平土压力随时间的变化与 40cm 深处的变化规律基本接近，如图 2.2-10（b）所示，由于埋深较大，土体缺失的影响所占比例较小，因此土压力变化主要以加荷效应为主，没有观察到明显的卸荷现象。

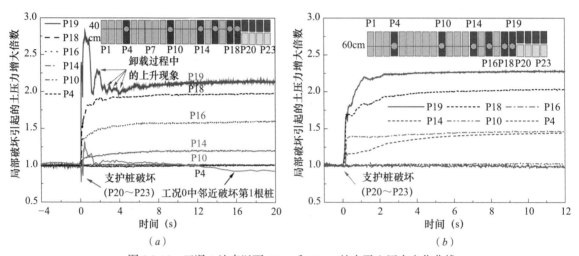

图 2.2-10　工况 1 地表以下 40cm 和 60cm 处水平土压力变化曲线

（a）40cm 处；（b）60cm 处

图 2.2-11 为工况 0 和工况 1 中，局部破坏引起的地表下 40cm 处土压力增大倍数最大值。由图 2.2-11 可见，工况 1 中邻近局部破坏位置地表下 40cm 处的土压力增大倍数显著大于工况 0，但是工况 1 土压力影响范围显著小于工况 0。

造成上述现象的原因主要是工况 1 为内撑式排桩支护基坑，因有水平支撑的侧向支撑作用，整体抗侧移刚度大，而工况 0 为悬臂排桩支护基坑，且入土深度相对较小，抗侧移刚度较低（工况 0 和工况 1 开挖 75cm 支护桩的最大水平位移分别为 56mm 和 3.1mm）。工况 0 中，邻近初始局部破坏区的未失效桩在受到局部垮塌引起的土拱效应作用下将向坑内产生较大的位移，从而使因局部破坏产生的应力重分布（土拱效应）导致作用在这些桩上的附加土压力又产生进一步的应力重分布，并向更远处的桩上转移土压力，即桩身向坑内位移产生的卸荷效应，使作用在这些桩上的、由于局部破坏引发的土压力增量又产生下降。与此形成鲜明对比的是，工况 1 中，由于支撑的作用，在土拱效应产生的加荷效应作用下，邻近初始局部破坏区的桩产生的桩身位移相对小得多，使桩身由此产生的卸荷效应比悬臂支护排桩的卸荷效应小得多，因此破坏区以外桩体上最终土压力增加幅度较悬臂支护桩的土压力增加幅度大得多。甚至在局部破坏发生后，邻近初始破坏区桩顶附近的部分桩身发生向坑外的位移，如图 2.2-10～图 2.2-12 所示，使作用在桩顶附近的土压力更大。

由上述分析可见，因初始局部破坏导致的作用在邻近桩上的土压力增量受到土拱效应产生的加荷效应、土体滑塌进坑内产生的卸荷效应和桩向坑内位移产生的卸荷效应的三重影响。当支护桩抗侧移刚度较低、桩身位移较大时，土拱效应产生的加荷效应将会被显著削弱，邻近初始破坏区的未失效支护桩较大的桩身位移又将使主动区土体产生进一步的应力重分布，将土压力向更远处转移与传递，这也使得工况0中的影响范围较工况1更大。抗侧移刚度不同是内撑式与悬臂式排桩支护基坑支护结构发生局部破坏产生影响不同的主要因素之一。

工况1中，4根初始局部破坏桩折断后，各监测支撑水平轴力相对于破坏前对应的轴力增大倍数随时间的变化曲线，如图2.2-13所示。在支护桩破坏的一瞬间，位于破坏范围内的支撑S8和S7，其水平轴力迅速下降，降至几乎接近于0。这主要因为支撑对应范围的桩发生折断后，原本通过桩传给围檩进而传给支撑的土压力，失去了桩的传递作用，无法作用在围檩上，因此造成支撑轴力大幅降低。同样，支撑S6也由于距局部破坏桩P20～P23较近，失去了部分围檩传递来的荷载，轴力下降显著。

稍远处的支撑S5和S4，则由于局部破坏引发的土拱效应产生的加荷效应增大了其对应范围桩上的土压力，承担的荷载首先略有增加，但随后由于土体滑塌进基坑的卸荷效应，轴力又略有减小。而距局部破坏桩远处的支撑S1～S3，则由于土拱效应的加荷效应，其轴力略有上升直至稳定。此外，由于桩P20～P23发生的初始局部破坏，邻近破坏范围内的冠梁及支撑发生向坑外的位移，如图2.2-10～图2.2-12所示，由此导致水平支撑所受压力大幅降低，甚至可能受拉。此时，若支撑与围护结构连接薄弱，则可能会导致支撑掉落，使得基坑垮塌程度增大。

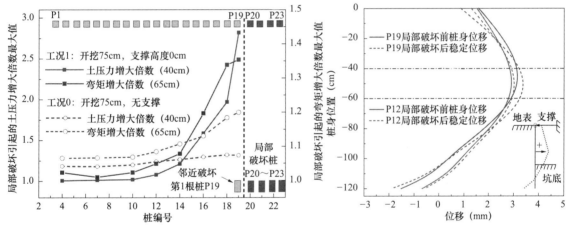

图2.2-11　工况0、工况1中土压力和荷载（弯矩）传递对比　　图2.2-12　工况1局部破坏前后桩身变形情况

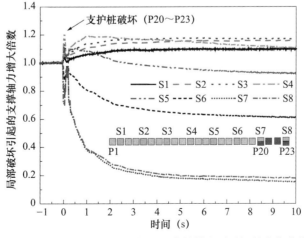

图2.2-13　工况1局部破坏情况下支撑轴力随时间的变化曲线

通过试验研究获得了以下结论：

（1）内撑式排桩支护基坑支护桩发生局部破坏后，引起的土压力重分布对支护结构内力的影响规律与悬臂式排桩支护结构的影响有较大区别，可引起邻近初始破坏区域的支护桩桩身弯矩持续增大直至稳定。而在悬臂基坑中，桩身弯矩迅速达到最大值，随后发生明显的卸载效应。

（2）内撑式排桩支护基坑中，局部支护桩破坏会引发近处的支撑轴力大幅降低，而远处的支撑轴力增加。同时，邻近破坏范围内的冠梁及支撑会发生向坑外的水平位移，由此导致水平支撑所受压力大幅降低，甚至可能受拉。此时，若支撑与围护结构连接不能受拉且不能适应一定的脱开量，则可能会导致支撑掉落。

（3）开挖深度相同时，内撑式排桩的抗侧移刚度远大于悬臂式，局部破坏引发的荷载传递系数较大，但荷载传递系数影响范围较小；支撑设置高度较低时，支护桩的抗侧移刚度较大，局部破坏引发的支撑卸荷量较大，故荷载传递系数和范围也较大。支撑设置高度相同时，基坑开挖深度较大，破坏引发的支撑卸荷量较大，故荷载传递系数和范围也较大。

（4）对于内撑式排桩支护基坑，当支护结构发生局部过大变形，对邻近未破坏支护结构产生的加荷作用虽然小于瞬间破坏产生的加荷，但仍会引起邻近支护桩桩身弯矩大幅度增加。可见支护桩无需彻底折断失效，而是产生较大的桩身位移就能引发桩后土体产生显著的土拱效应并引发应力重分布，进而可能导致基坑连续破坏。

（5）对于单道支撑式排桩支护基坑，因相邻支撑之间相互独立，因此，局部支撑破坏将大部分荷载传递给两侧最近的两个支撑，即支撑失效荷载传递存在就近现象。此现象可能使得局部失效支撑释放的荷载无法相对均衡地转移至邻近多根未失效支撑上，而是集中作用在最近的支撑上，可导致其受力过大而失效，继而引发大范围连续破坏。新加坡 Nicoll Highway 基坑坍塌前，在基坑同一剖面内的不同标高位置的支撑之间也存在类似现象。因此，加强不同方向相邻支撑（水平向、竖向）间的联系可提高支撑体系的冗余度，从而提升基坑整体安全性能。

2.2.2 基坑内撑式排桩支护体系连续破坏机理参数分析研究

通过大型模型试验研究了内撑式排桩支护基坑局部破坏（支护桩和支撑局部破坏）对支护体系的影响，初步揭示了基坑局部破坏在长度上的传递机理。然而，模型试验由于受到尺寸限制，初始破坏范围有限（初始破坏支护桩最多考虑了 4 根，初始破坏支撑为 6 根），破坏范围更大时的连续破坏机理较难揭示。此外，内撑式排桩支护体系较为复杂，其连续破坏机理影响因素较多，例如初始破坏范围、开挖深度、桩长、支撑道数、土体参数等。为了更深入地探索基坑局部破坏引发连续破坏机理，本章节针对内撑排桩支护基坑，采用有限差分数值模拟软件FLAC 3D，首先对模型试验结果进行数值验证，然后建立工程尺度基坑模型对内撑式排桩支护基坑的连续破坏机理进行系统的参数分析。工程尺度基坑模型与模型试验中采用的支护桩和钢支撑原型一致，采用直径 0.8m 的 C30 混凝土灌注桩，以及外径 609mm、壁厚 10mm 的钢支撑。

基于内撑排桩支护基坑局部破坏相关试验结果，运用数值模拟手段，建立工程尺度基坑模型，研究支护桩和支撑发生局部破坏对整个支护桩结构的影响及局部破坏引发连续破坏机理，包括土压力重分布规律，冠梁内力变化规律，荷载（弯矩和支撑轴力）传递规律，并开展多道水平支撑荷载传递规律和荷载传递路径的研究，为防连续破坏提供参考依据。

和模型试验一致，本次模拟采用纯砂性土（黏聚力 $c = 0$kPa，摩擦角取 31°），土体密度为 1610kg/m³，土体本构为摩尔库伦模型。砂土的体积模量和剪切模量沿深度方向线性增加，增长率为 1.5mPa/m，泊松比取 0.3。基坑开挖为卸荷问题，而土体卸荷模量远大于压缩模量，因此在数值计算中采用的模量参数为上述介绍的 3 倍。

基坑沿长度方向共设置 39 根支护桩（P1～P39），其中初始破坏桩 4 根（P20～P23），与模型试验布置一致，图 2.2-14 所示。根据抗弯刚度 EI 等效，支护桩的 EI 为 603mN·m^2（与直径 0.8m 的 C30 混凝土灌注桩的 EI 接近），桩长 19.2m，桩间距 1m。桩土界面采用可以发生相对滑动的接触面单元，界面的剪切破坏符合库伦破坏准则，如图 2.2-14 所示，其切向的剪切刚度取 23mPa，摩擦角为 23°，黏聚力 100kPa。冠梁的抗弯刚度与支护桩一致，沿基坑长度方向的长度为 39m，弹性模量为 30GPa，泊松比为 0.2。

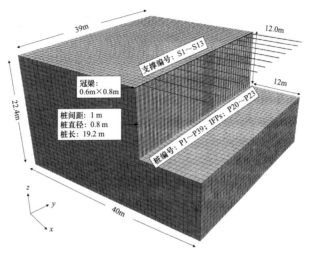

图 2.2-14　有限差分网格及模型

支撑长度为 12m，截面抗压刚度为 3793MN，与实际工程中使用的外径 609mm、壁厚 10mm 的钢支撑抗压刚度接近，泊松比 0.3。由于采用对称模型，对称面上对支撑节点进行约束，限制其沿 x、y 方向的位移，绕 x、z 方向上的转角。支撑与冠梁的连接方式采用固结，模拟实际工程中的焊接作用。锚杆按三桩一支撑的方式布置（和模型试验一致），水平间距 3m，沿基坑长度方向上设置 13 根支撑，如图 2.2-15 所示。

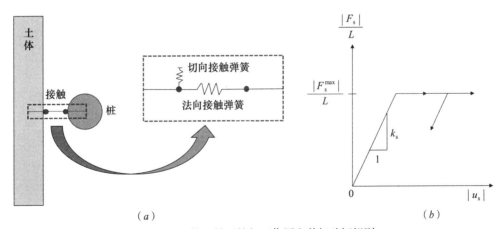

(a)　　　　　　　　　　　　　　　　(b)

图 2.2-15　桩土界面的相互作用和剪切破坏规则

（a）桩间的相互作用示意；（b）切向力／长度与切向变形之间的关系

F_s—桩土界面摩擦力；L—桩截面周长；F_s^{max}—桩土界面最大摩擦力；k_s—桩土界面刚度；u_s—桩土界面相对位移

（1）正常开挖阶段

对工况 1 进行数值验证，开挖阶段支护桩的内力与变形结果如图 2.2-16 所示。数值模型中，基坑开挖到 12m（对应模型试验的开挖深度为 0.75m），桩身最大弯矩为 44.2kN·m，位于桩顶下

6.4m；模型试验开挖到相同深度时，桩身最大弯矩为 44.4kN·m，但最大弯矩对应的位置为桩顶下 8m。数值模型中，基坑开挖到 12m 时，桩顶部水平位移为 21.7mm，而模型试验开挖到该深度桩顶部水平位移为 27.5mm。数值模拟和模型试验中桩身最大弯矩位置和桩顶部水平位移没有严格吻合，笔者认为试验中冠梁放置在牛腿上，而数值模拟中，冠梁是直接浇筑在支护桩顶部导致。

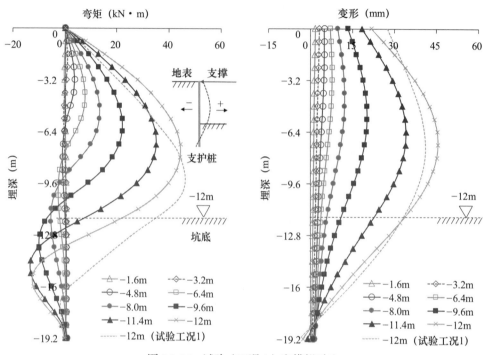

图 2.2-16　试验（工况 1）和模拟对比

（2）破坏阶段

对工况 1 的试验结果进行数值验证，工况 1 为基坑开挖 12m，初始局部破坏为删除支护桩 P20～P23。数值计算中，邻近破坏位置处的桩 P19，其桩后的水平土压力呈现出先降低后升高至稳定的规律，没有出现图 2.2-17（b）中明显的卸载行为，主要因为数值模拟的计算条件是网格畸变到一定程度计算终止，不能完全模拟砂土滑塌进坑内的试验现象，最终土压力增大倍数为 1.88，而模型试验中该值最终稳定在 1.96。

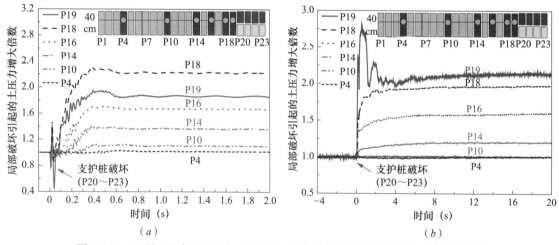

图 2.2-17　工况 1 地表以下 40cm 处水平土压力数值与模型试验结果对比变化曲线

（a）数值计算结果；（b）模型试验结果

支护桩 P20～P23 发生初始破坏后，支撑轴力变化（数值计算结果），如图 2.2-18（a）所示，在支护桩破坏的一瞬间，位于破坏范围内的支撑 S8 和 S7，其水平轴力迅速下降，降至破坏前的 0.2 倍。随着内力重分布过程，支撑 S8 和 S7 的轴力逐渐升高，最终稳定在破坏前的 0.8 倍；而模型试验中，支撑 S8 和 S7 的轴力最终稳定在破坏前的 0.18 倍，如图 2.2-18（b）所示，这是由于模型试验中土体滑塌进坑内造成的卸载效应。

支护桩 P20～P23 发生初始破坏后，未失效支护桩桩身最大弯矩变化（数值计算结果），如图 2.2-19（a）所示，局部破坏发生后，邻近破坏范围内的桩 P19～P10 在初始局部破坏引发的土拱效应产生的加荷效应的作用下，桩身弯矩瞬间迅速增大，局部破坏引起桩 P19 的弯矩增大倍数为 1.54，而模型试验该值为 1.36，如图 2.2-19（b）所示。从支护桩发生局部破坏引起的桩后土压力和支撑轴力变化可以看出，数值计算结果中，破坏引起桩 P19 土压力增大倍数和支撑轴力增大倍数分别为 1.88 和 0.8；模型试验结果中，破坏引起桩 P19 土压力增大倍数和支撑轴力增大倍数分别为 1.96 和 0.2。对单根支护桩进行隔离体受力分析，桩身弯矩变化是轴力和土压力共同作用的结果，所以数值计算结果中支护桩 P20～P23 发生初始破坏引起的 P19 的弯矩增大倍数较大。

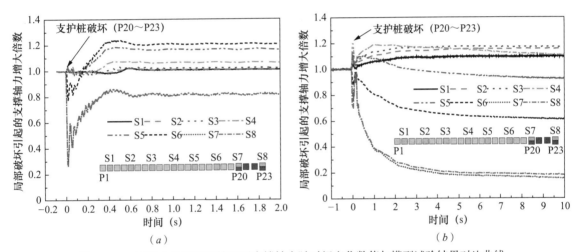

图 2.2-18　工况 1 局部破坏情况下支撑轴力随时间变化数值与模型试验结果对比曲线
(a) 数值计算结果；(b) 模型试验结果

通过对模型试验工况 1 进行数值验证，开挖阶段桩身内力与变形，破坏阶段桩后土压力变化、支撑轴力变化和支护桩桩身最大弯矩变化，数值计算结果和模型试验结果基本吻合。FLAC 数值分析软件是可以用来进行连续破坏机理分析，但由于模型试验沿长度方向的尺寸有限，揭示的连续破坏机理有限，因此，下文建立了工程尺度的基坑模型，研究了支护桩破坏范围和支撑破坏范围对荷载传递规律的影响。

如图 2.2-20 所示，随着基坑开挖深度的增加，支撑对桩顶的约束作用越明显，支护桩水平变形接近弓形。当基坑开挖深度为 8m 时，桩顶水平位移为 2mm，支护桩最大水平位移为 8.37mm，位于开挖面以上 2m 处（悬臂排桩支护基坑开挖深度为 8m 时，桩顶位移为 85mm）；桩顶沿方向剪力达到 81.3kN，此时支撑水平轴力为 351.5kN。冠梁沿 x 方向上的剪力和绕 z 轴方向的弯矩最大值分别为 85kN 和 144.5kN·m。此外，随着开挖深度的加大，桩底朝向坑的位移也越来越大，开挖深度为 8m 时，桩底朝坑内移动了 2.88mm。此工况（基坑开挖深度 8m）为研究支护桩破坏问题的基础工况。

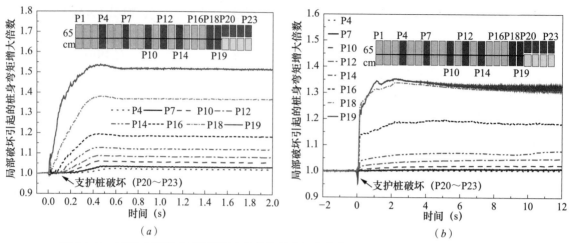

图 2.2-19　工况 4 局部破坏情况下未失效桩的弯矩变化曲线（数值与模型试验结果对比）

（*a*）数值计算结果；（*b*）模型试验结果

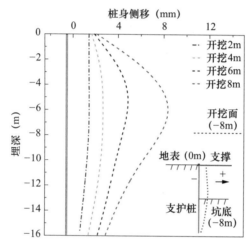

图 2.2-20　基坑开挖阶段桩身侧移曲线

　　如图 2.2-21 所示，支护桩发生初始破坏后，原先由支护桩抵抗的土压力失去约束，桩后土体发生了向坑内的移动，作用在支护桩上的水平土压力降低。1# 支护桩破坏后，作用在支护桩上地表下 5m 深处的水平土压力变化如图 2.2-21 所示。1# 支护桩破坏前该深度桩后主动区水平土压力约为 25kPa，在支护桩发生破坏的瞬间（0.01s），该深度桩后主动区水平土压力瞬间卸载至 2kPa，之后应力重分布过程中土压力又有所增加，桩后土压力又增加到 10.5kPa，约为破坏前的 0.42 倍。至于土体没有滑塌进坑内是因为模型把桩后 0.5m、桩底以上范围内的土体黏聚力提高到 50kPa。邻近破坏范围的支护桩 2～3#，桩顶下 5m 深处水平土压力增加至 33.3kPa，约为破坏前的 1.33 倍。对于远处的支护桩桩后土压力影响小，也即当支护桩初始破坏范围较小时，支护桩破坏影响范围为邻近破坏的两根支护桩。

　　4 根支护桩破坏后，作用在支护桩上 5m 深处的水平土压力变化如图 2.2-22 所示，破坏引起的土压力变化规律与 1 根破坏引起的土压力变化规律类似。破坏发生瞬间 1～3# 桩后土压力迅速降至 0，随后增加并稳定在 2kPa 左右。4# 桩后土压力先下降到 2kPa，之后上升至 12kPa，约为破坏前的 0.48 倍。邻近破坏范围支护桩 5～7#，其桩后土压力缓慢上升，最大分别达到 51kPa，41.5kPa 和 33.8kPa，为上升前的 2.04 倍、1.66 倍和 1.35 倍，按照距离远近受影响程度逐渐减小。

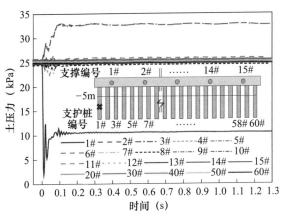

图 2.2-21　1 根支护桩破坏后 5m 深处桩后水平土
压力变化

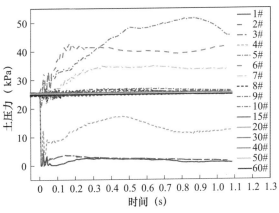

图 2.2-22　4 根支护桩破坏后 5m 深处桩后水平
土压力变化

支护桩失效同样会对冠梁产生影响，不同数量支护桩失效前后，冠梁沿 x 方向的剪力和绕 z 轴方向的弯矩变化分别如图 2.2-23 和图 2.2-24 所示。支护桩破坏前，剪力呈锯齿形分布于冠梁两侧，最大可达 176kN（剪力指向坑内为正值）。随着失效支护桩数量的增加，冠梁最大剪力不再增加，稳定在 300kN 左右，最大弯矩位于邻近破坏的冠梁。破坏范围内的冠梁，随着失效数目的增多，冠梁剪力接近于 0，即支护桩失效范围中部冠梁剪力为 0。

如图 2.2-24 所示，支护桩破坏前，冠梁绕 z 轴方向的弯矩最大约为 120kN·m（冠梁在坑外受拉为正方向），随着失效支护桩数量的增加，破坏范围中部的冠梁最大弯矩先增大（1～3 根）后减小（大于 4 根后），最大可达 124kN·m 左右，主要是破坏范围内支护桩对冠梁支撑力的累积作用。邻近支护桩破坏范围外 5 根支护桩范围内，冠梁弯矩最大值达到 −198kN·m 左右，最大弯矩位于相邻支撑之间，但是弯矩符号与破坏范围内相反。依据国内现行规范对冠梁进行构造配筋，冠梁主筋最小配筋率为 0.21%，该配筋率下冠梁所能承担的极限抗弯承载力为 214kN·m。由此可见，在本例中，支护桩破坏引起的最大弯矩绝对值不超过 200kN·m，因此，支护桩失效不会导致冠梁受弯破坏。

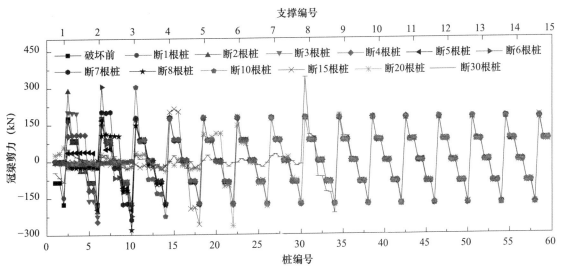

图 2.2-23　不同数量支护桩破坏前后冠梁剪力变化

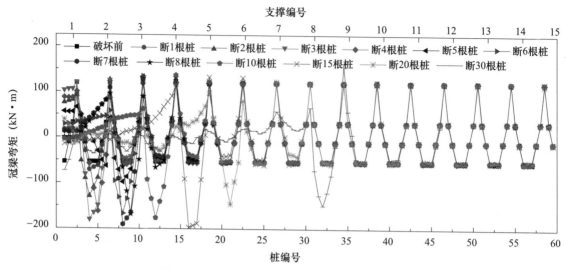

图 2.2-24 不同数量支护桩破坏前后冠梁弯矩变化

图 2.2-25 为 1 根支护桩破坏后其余各桩桩身最大弯矩变化曲线，支护桩失效后，2～5# 支护桩桩身弯矩有明显上升，特别是邻近破坏第一根支护桩，其桩身弯矩上升至 362kN·m，为破坏前的 1.45 倍。邻近破坏范围内的桩 2～5# 在初始局部破坏引发的土拱效应产生的加荷效应作用下，桩身弯矩瞬间迅速增大，极短的时间内（约 0.05s）达到第一个峰值，随后由于土体变形产生的卸荷作用，桩身最大弯矩在达到最大值处出现小幅度下降。距破坏范围远处的支护桩（10～60#），支护桩失效前后桩身弯矩没有发生明显的变化。

图 2.2-26 为 4 根支护桩破坏后其余各桩桩身最大弯矩变化曲线，支护桩失效后，5# 支护桩桩身弯矩最先增加，随后 6～8# 支护桩桩身弯矩也随之增加。但和 1 根支护桩失效引起的桩身弯矩变化有两点不同：① 桩身弯矩上升的速率明显小于 1 根支护桩破坏的情形，这点可以和试验结果进行对比，主要是支护桩破坏数量的增加，导致整个支护结构的抗侧移刚度减小，所以桩身弯矩上升的速率小；② 4 根支护桩破坏引起的邻近支护桩弯矩上升倍数为 2.08，大于 1 根支护桩破坏引起的 1.45，破坏范围越大，引起的土拱加荷效应越强，这与程雪松在悬臂试验中得出的结论也类似，相同的开挖深度，破坏范围越大，引起邻近支护桩的荷载（弯矩）传递系数也越大。此外，1 根桩和 4 根桩破坏的影响范围都为邻近的 4 根支护桩，这与试验稍有不同，内撑试验中部 4 根支护桩破坏影响范围为邻近的 8 根支护桩，而悬臂试验中，靠近边界两根支护桩破坏引起邻近 5～7 根支护桩加载明显。

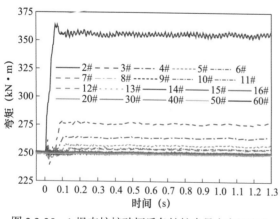

图 2.2-25 1 根支护桩破坏后各桩桩身最大弯矩变化

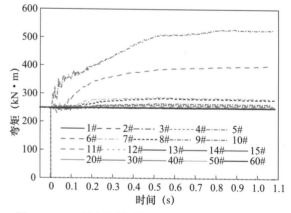

图 2.2-26 4 根支护桩破坏后各桩桩身最大弯矩变化

图 2.2-27 为 1 根支护桩破坏后，其余各支撑水平轴力相对于破坏前随时间的变化曲线。在支护桩破坏的一瞬间，位于破坏范围内的 1# 支撑，其水平轴力降至 237kN，为破坏前的 0.67 倍。稍远处的支撑 2#，则由于局部破坏引发的土拱效应产生的加荷效应增大了其对应范围桩上的土压力，承担的荷载首先略有增加。而距局部破坏桩远处的支撑 3～15#，其轴力较破坏前变化很小。

图 2.2-28 为 4 根支护桩破坏后，其余各支撑水平轴力相对于破坏前随时间的变化曲线，其变化规律和 1 根桩破坏类似。但破坏发生瞬间，出现支撑轴力方向反向（支撑轴力小于 0），说明支撑可能受拉。类似于杭州地铁一号线湘湖站中的支撑掉落现象，使得基坑垮塌程度增大。

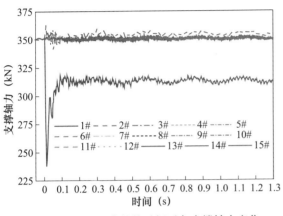

图 2.2-27　1 根支护桩破坏后各支撑轴力变化

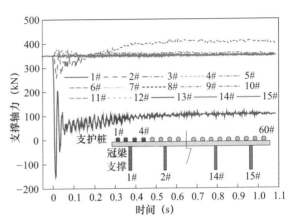

图 2.2-28　4 根支护桩破坏后各支撑轴力变化

定义支护桩的荷载（弯矩）传递系数 I_m 为支护桩破坏后引起邻近完整支护桩桩身最大弯矩与破坏前桩身最大弯矩的比值，当支护桩的抗弯承载力安全系数 K_d 小于 I_m 时，支护桩发生局部破坏后将会引起邻近完整支护桩失效，继而引发基坑发生沿长度方向的连续破坏。如图 2.2-29 所示，随着初始破坏支护桩数量的增加，荷载（弯矩）传递系数 I_m 也随之增加并存在一个增长极限，在本例中，当初始破坏支护桩为 6 根时，荷载（弯矩）传递系数 I_m 达到极限值 2.19，该值通常远大于传统支护桩的安全系数，极易引发连续破坏。

相同的开挖深度，悬臂排桩支护基坑发生 10 根支护桩破坏时，引发的荷载（弯矩）传递系数最大值为 1.63，而内撑式排桩支护基坑 6 根支护桩破坏引起的 I_m 最大值为 2.19，如图 2.2-29 所示，主要是因为内撑式排桩支护基坑的抗侧移刚度大于悬臂排桩支护基坑，相同的开挖深度，桩身最大水平位移分别为 8.37mm 和 85mm。此外，悬臂排桩支护基坑发生支护桩破坏后，局部破坏沿基坑长度方向传递得更远，同样发生 10 根支护桩破坏，导致荷载（弯矩）传递系数 I_m 大于 1.1 的支护桩有 13 根，而内撑式排桩支护基坑中 I_m 大于 1.1 的支护桩有 3 根，因为支撑的存在限制了破坏荷载沿基坑长度方向的传递，所以受影响支护桩数量较少，但引起的荷载传递系数较大。因此，内撑排桩支护基坑发生支护桩破坏后，局部破坏荷载是通过土拱效应和结构内力重分布向远处进行传递，首先土拱的作用范围有限，作用相对集中，但冠梁的存在可以使局部破坏荷载传递得更远；其次，由于支撑的横向约束作用会限制破坏荷载向远方传递。因此，同等条件下，相同的开挖深度，悬臂式支护排桩的桩体局部破坏引起的破坏区两侧的内力最大增量小于带内撑支护的排桩，即悬臂式支护排桩的荷载（弯矩）传递系数小于内撑式支护，内力重分布范围则大于内撑式支护。

与支护桩类似，定义了支撑的荷载（轴力）传递系数 I_p 为支护桩破坏后引起支撑轴力与破坏前支撑轴力的比值。图 2.2-30 为 1～30 根支护桩破坏引起的支撑荷载（轴力）传递系数分布，破坏范围内的支撑轴力普遍减小，当破坏数量较多时，破坏中心的支撑有可能受拉，20 根支护桩破坏引起的荷载传递系数 I_p 为 −0.23。邻近破坏范围内的支撑轴力轻微增加，最大为破坏前的 1.23 倍，这主要因为土拱效应传递给破坏范围外支护桩，再通过冠梁传给破坏范围外的支撑。由此可以对支护桩破坏引起的后续结构破坏路径做一个简单预测，单道支撑支护基坑，当支护桩发生破坏后，首先引起邻近支护桩发生连续破坏；当支护桩破坏到一定数目时，破坏范围内的支撑有可能受拉，如果支撑与围护结构连接薄弱，则可能会导致支撑掉落，最终引发整个基坑的垮塌；破坏范围外的支撑也有可能受拉屈服，但在此过程中，不会发生冠梁的受弯破坏。

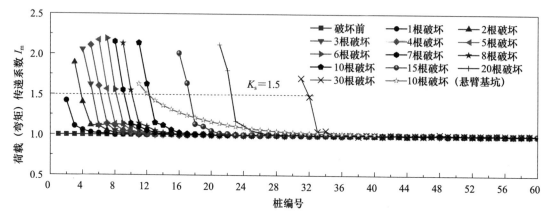

图 2.2-29 不同局部破坏范围情况下荷载（弯矩）传递系数分布

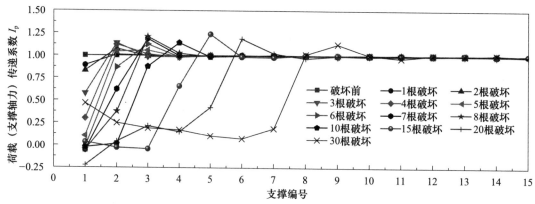

图 2.2-30 不同局部破坏范围情况下荷载（支撑轴力）传递系数分布

通过数值模拟获得了以下结论：

（1）开挖阶段桩身内力与变形，破坏阶段桩后土压力变化、支撑轴力变化和支护桩桩身最大弯矩变化，数值计算结果和模型试验结果基本吻合。FLAC 数值分析软件可以用来进行内撑式排桩支护基坑局部破坏引发连续破坏机理分析。

（2）单道支撑支护基坑，支护桩破坏后，会导致作用在邻近支护桩上的水平土压力增大，主要是土拱的加荷效应造成的；其次，会造成邻近破坏的第一个支护桩桩身弯矩明显升高，这一点和模型试验结果一致，对支撑轴力的影响反映到支护桩破坏范围内的支撑卸荷，邻近破坏范围的支撑轻微加荷；还会引起邻近支护桩弯矩上升，很可能引起发生连续破坏，当支护桩破坏到一定数目时，破坏范围内的支撑有可能受拉，如果支撑与围护结构连接薄弱，则可能会导致支撑掉落，最终引发整个基坑的垮塌，破坏范围外的支撑也有可能受拉屈服，但在此过程中，不会发生冠梁的受弯破坏。

（3）内撑排桩支护基坑发生支护桩破坏后，局部破坏荷载是通过土拱效应和结构内力重分布两个作用向远处传递。土拱的作用范围有限，作用相对集中，冠梁的存在可以使局部破坏荷载传递得更远；但当存在支撑时，由于支撑的横向约束作用会限制破坏荷载向远方传递。因此，对于相同的基坑开挖深度，由于支撑的横向约束作用，相同的初始破坏范围引起的内撑式排桩支护基坑荷载（弯矩）传递系数较悬臂带冠梁排桩支护基坑大，但荷载（弯矩）传递范围较小。

（4）单道支撑支护基坑，当发生支撑破坏时，首先会导致邻近支撑轴力显著增大，1 根和 2 支撑失效引起的荷载（轴力）传递系数分别为 2.13 和 2.99，通常远大于传统支撑的安全系数，极易引发剩余支撑连续破坏。当失效支撑数目超过 3 根时，达到极限荷载（轴力）传递系数，此时，引起支护桩的荷载（弯矩）传递系数也大于传统支护桩的安全系数；冠梁构造配筋不足以抵抗破坏引起的附加弯矩。总之，支撑破坏数量较少时，破坏沿支撑传递；破坏数量较多时，沿支护桩传递。

（5）单道支撑支护基坑，支护桩破坏引起的极限荷载（弯矩）传递系数为 2.19，引起邻近支撑轴力增大倍数最大值为 1.23；而支撑破坏引起的荷载（弯矩和轴力）传递系数极限值分别为 3.09 和 3.33；由此可见，支撑破坏引起的荷载传递系数极限值大于支护桩破坏引起的荷载传递系数极限值。支撑局部破坏更易引发基坑连续破坏，基坑超挖也是一种人为造成的支撑局部破坏（缺失），很容易引发后续支护桩破坏及支撑破坏，进而引发基坑连续垮塌。

（6）三道支撑支护基坑，当发生第三道 n 根支撑破坏时，第一道支撑随着失效支撑数目的增多，支撑逐渐从受压状态转化为受拉状态，受影响范围为 $n+3$ 根支撑；第二道支撑荷载（轴力）传递系数增加最为明显，3 根支撑破坏就能达到极限值 1.82；第三道支撑破坏引起的极限荷载传递系数 $I_t = 1.2$。由此可见，三道支撑支护基坑，第三道支撑发生破坏后，失效荷载主要沿竖向进行传递，水平方向存在荷载就近传递现象，这是因为多道支撑支护体系发生支撑破坏后，失效荷载主要通过支护桩进行竖向传递，加之支护桩水平布置较为密集，支护桩竖向刚度比腰梁的水平刚度大，因此竖向传递的效应更大。

2.2.3　基坑桩锚支护体系锚杆局部破坏及连续破坏试验研究

开展桩锚支护结构局部破坏相关试验，研究基坑开挖深度、锚杆设置高度，锚杆直径和锚杆失效速率对荷载传递规律的影响。主要包括锚杆破坏引起的土压力重分布，对支护结构内力与变形的影响、荷载传递等规律（荷载传递系数、影响范围及荷载传递路径）。此外，对比分析锚杆和支撑破坏对支护结构及土体的不同影响。

试验采用的模型箱尺寸为 2.47m×2.50m×1.40m（长 × 宽 × 高），试验土体选用干细砂，峰值摩擦角为 30.96°，重度 γ 为 1514kg/m³，和研究内撑式支护体系局部破坏模型试验使用的是同一种砂土。模型基坑沿宽度方向共设置 38 根支护桩，监测桩 8 根，普通支护桩 30 根，平均桩间距为 65mm，均采用硬质 PVC 空心矩形管材模拟。支护桩按照到观察窗的距离依次编为 P1~P38。支护桩有效桩长 1.2m，断面规格为 60mm×40mm×2.5mm（长 × 宽 × 壁厚），断面长边方向垂直于基坑剖面，基坑信息如图 2.2-2 所示。模型支护桩的抗弯刚度为 560N·m²，根据抗弯刚度 EI 等效，对应实际工程中直径为 0.8m 的 C30 混凝土灌注桩。此外，通过 I-SCAN 压力分布测试系统（土压力膜），主要对开挖侧和非开挖侧作用在支护桩上的土压力进行实时监测，土压力膜放置的位置是地面下 0.5~0.9m。

本研究共进行了 7 种工况模型试验，研究锚杆直径、锚头设置高度、基坑开挖深度、锚杆道数、锚杆失效数量等参数变化情况下，局部破坏对支护体系的影响。为了和上一节支撑局部破坏试验对比，模型工况编号为工况 6~12（支撑局部破坏试验编号为 1~5，悬臂基坑支护桩局部破坏试验编号为 0）。除工况 8 外，所有工况的最大锚杆破坏数量均为 9 根，工况 8 为连续破坏工况，8 根锚杆失效后导致所有锚杆均连续破坏（表 2.2-4）。

工况简介 表 2.2-4

工况类别	开挖深度（cm）	支撑或锚杆设置高度 （地表标高为 0，cm）	锚杆直径（mm）	支护结构局部破坏方式
工况 6	75	0	2	9 根锚杆依次瞬间破坏
工况 7	90	0	2	9 根锚杆依次瞬间破坏
工况 8	90	0	0.4	9 根锚杆瞬间破坏引发连续破坏
工况 9	90	−15	0.4	9 根锚杆依次瞬间破坏
工况 10	90	0	0.4	9 根锚杆依次缓慢失效
工况 11	105	0	0.4	9 根锚杆依次缓慢失效
工况 12	105	·	0.4	3 道锚杆依次瞬间破坏

工况 6：工况 6 模拟桩锚基坑开挖 75cm 时，沿基坑长度方向上发生 9 根锚杆依次瞬间破坏的情形。锚杆直径选用 2mm 的钢绞线是为了获取较为准确的荷载（轴力）传递系数，为后续锚杆连续破坏设计提供参考，该工况作为基准工况。基坑开挖到指定深度（75cm），待桩顶位移与桩身弯矩等稳定后，控制 9 根锚杆逐一失效，锚杆破坏顺序为 A10、A9、A11、A8、A12、A7、A13、A6 和 A14，通过 BSLM-1 应变式拉压力传感器监测锚杆的轴力。

工况 7：基坑开挖深度增加至 90cm，其他参数与工况 6 一致，锚杆的破坏模式为瞬间破坏。

工况 8：工况 8 中基坑开挖深度为 90cm，锚杆直径为 0.4mm，以研究锚杆直径对荷载传递的影响，如图 2.2-31 所示。在试验过程中，锚杆破坏模式为瞬间破坏。

工况 9：工况 9 中桩的布置和基坑开挖深度与工况 8 相同，但锚杆的设置高度下移 30cm，锚头中心高度在地表以下 15cm 处，如图 2.2-31 所示。锚杆破坏模式为瞬间破坏，以研究锚杆设置高度对荷载传递的影响。

工况 10：工况 10 中基坑开挖深度为 90cm，锚杆直径为 0.4mm，其他参数与工况 9 一致。该工况主要研究锚杆失效速率对荷载传递的影响，缓慢失效锚杆数量为 9 根。

工况 11：开挖深度增加至 105cm，其他参数与工况 9 一致。主要研究开挖深度对荷载传递的影响。

工况 12：工况 12 中基坑开挖深度增加至 105cm，其他参数与工况 11 一致，如图 2.2-31 所示，布置三道锚杆，每层锚杆数量为 19 根，锚杆失效顺序为最上层锚杆失效、中层锚杆失效和最下层锚杆失效，锚杆失效方式为瞬间破坏模式。该工况主要研究锚杆失效后的荷载传递路径及荷载传递规律。

在模型基坑开挖过程中，各工况第一步先挖 10cm 后，安装冠梁并对锚杆施加预应力，然后分层开挖至设计深度。工况 6 最终开挖深度为 75cm，工况 7～10 最终开挖深度为 90cm，工况 11、12 开挖深度为 105cm。各工况桩顶平均位移随开挖深度的变化曲线，如图 2.2-31 所示。工况 6、7 开挖到 75cm 时，桩顶平均位移分别为 1.83mm 和 1.79mm；工况 8～10 开挖到 75cm 时，桩顶平均位移为 2.55mm、2.38mm 和 2.85mm，平均值为 2.59mm，桩顶平均位移与平均值的偏差为 1.7%、8.2% 及 9.9%；工况 8、10 和 11 开挖到 90cm 时，桩顶平均位移为 4.30mm、3.87mm 和 4.32mm，平均值为 4.17mm，桩顶平均位移与平均值的偏差为 3.0%、7.1% 及 3.2%，表明试验具有可重复性。由图 2.2-31 所示，对锚杆施加预应力后，桩顶会向坑内产生微小的移动。当开挖深度超过 40cm 后，最大位移随着开挖深度的增加幅度变大。此外，锚杆位于腰梁处，桩顶的位移明显大于其他工况；工况 12 中，布设三道锚杆，其桩顶位移明显小于其他工况。

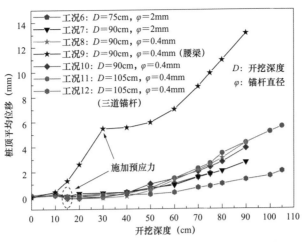

图 2.2-31 基坑开挖过程中桩顶平均位移变化曲线

工况 6、7，锚杆直径为 2mm，开挖深度 75cm 和 90cm；工况 8~10，锚杆直径为 0.4mm，开挖深度 90cm，其中工况 9 在开挖 30cm 后架设腰梁；工况 11、12 锚杆直径为 0.4mm，开挖深度 105cm，其中工况 12 为三道锚杆支护基坑，试验中锚杆预应力设计值为 39N。在实际工程中，锁定锚头时一般会有较大的预应力损失，为了保证预应力的完全施加，通常会对锚杆多次张拉和超张拉，张拉值为 1.1~1.2 倍的预应力设计值。在模型试验中，实际施加的预应力为 46.8N，当锚杆完成张拉并锁定锚头后，锚杆的锁定值为 41.5N 左右（工况 6、7），而其余工况锚杆的锁定值为 38.5N 左右。

锚杆预应力施加完成后，按照预先设计好的开挖顺序进行开挖，锚杆平均轴力随开挖深度的变化，如图 2.2-32 所示。锚杆预应力施加完成后，在开挖 10~40cm 的过程中，锚杆轴力增长较慢，甚至还出现轻微下降的现象，这是因为锚杆施工完成后均有一个锚杆预应力损失和土体应力重分布的过程，虽然在锚头锁止后，所有工况均静置 2h 以上，但是在此过程中存在锚杆预应力损失的现象。锚杆轴力随着开挖深度的增加而逐渐增大，但开挖深度较浅时预应力损失会导致锚杆轴力轻微下降。随着基坑进一步开挖，开挖深度对锚杆轴力变化起主导作用，预应力损失对锚杆轴力的贡献越来越弱，开挖深度超过 50cm 后，锚杆轴力迅速增长。工况 6、7、9、10 和 11 开挖至 75cm 时，锚杆轴力增加至 52.5N、51.7N、53.2N、48.2N 和 52.1N，锚杆轴力均值为 51.5N，锚杆轴力与平均值的偏差为 1.9%、0.4%、3.8%、6.5% 和 1.1%。

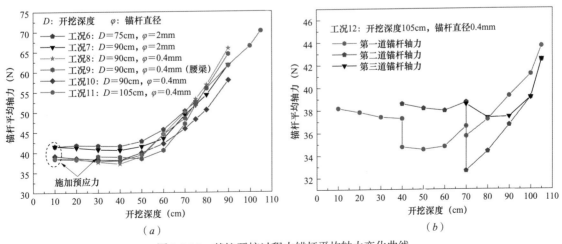

(a) (b)

图 2.2-32 基坑开挖过程中锚杆平均轴力变化曲线
(a) 工况 6~11；(b) 工况 12

锚杆破坏阶段，主要监测了桩顶位移，作用在支护桩上的土压力，桩身内力（弯矩）和锚杆轴力变化。分析开挖深度、锚杆直径、失效速率对荷载传递的影响，并和内撑试验结果进行了对比，研究相同破坏范围下，不同支护结构对荷载传递的影响。此外，得到了锚杆破坏的传递路径（三道锚杆支护体系）。

工况 6 模拟桩锚基坑开挖 75cm 时，沿基坑长度方向上发生 9 根锚杆破坏（破坏模式为瞬间破坏），锚杆破坏顺序为 A10、A9、A11、A8、A12、A7、A13、A6 和 A14。为了获得较为准确的荷载传递系数，以防在模型试验中锚杆提前发生破坏，故选用 2mm 的钢绞线加工锚杆（对应实际工程中的直径 128mm 的锚杆），也为后续锚杆连续破坏设计提供参考。此外，该工况得到的试验结果与内撑破坏试验（工况 5）结果进行了对比，分析支护结构不同对荷载传递的影响。

（1）土压力变化分析（60cm 深）

如图 2.2-33 所示，工况 6 发生 9 根锚杆破坏，锚杆破坏顺序为 A10、A9、A11、A8、A12、A7、A13、A6 和 A14，锚杆失效同样导致桩后土压力重分布。锚杆失效会引起沿基坑长度方向的土压力发生变化，每根锚杆破坏都会使得对应位置围护结构刚度降低，破坏锚杆位于 P14～P29 之间，位于破坏范围内的支护桩发生朝向坑内的位移导致桩后土体卸载，P19、P18 和 P16 桩后土压力随锚杆破坏数目增加而表现出轻微卸载现象，例如作用在 P19 上的土压力在 A8 破坏之后略有下降，当失效锚杆数目达到 7 根时，桩后主动区土压力降低至破坏前的 0.77 倍。位于破坏范围外的支护桩，由于土体在水平方向的差异变形产生了土拱作用，使得作用在其上的土压力增大，例如作用在 P10 及 P4 上的土压力在每个锚杆破坏时均会有轻微上升。

锚杆失效会引起沿基坑深度方向的土压力发生变化，如图 2.2-34 所示。土压力膜位于桩顶下 50～100cm 范围内，长度方向位于 P20～P27 范围内。锚杆破坏导致坑外土体发生卸载，作用在桩上的水平土压力减小；在被动区，锚杆破坏导致坑底下一定范围内的土压力增加（坑底位于桩顶下 75cm），90cm 处的水平水压力超过 Rankin 被动土压力。

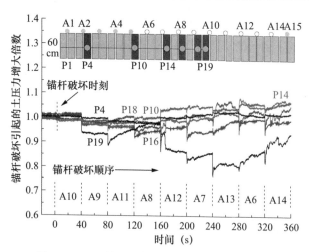

图 2.2-33　工况 6 地表以下 60cm 处水平土压力变化曲线

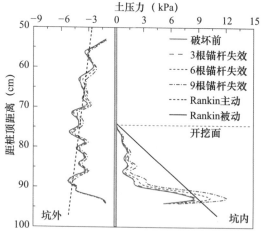

图 2.2-34　作用在桩上水平土压力随锚杆破坏的变化曲线（土压力膜侧）

（2）支撑轴力变化分析

图 2.2-35 为工况 6 中，9 根锚杆逐个破坏引发的锚杆轴力变化。锚杆 A10 首先发生破坏，其承担的荷载通过冠梁的变形协同作用，重新分配给邻近锚杆，其中 A9 和 A11 轴力上升较大，锚杆轴力增大倍数为 1.041 和 1.039（锚杆轴力增大倍数为锚杆破坏后邻近未失效锚杆轴力峰值与破坏前锚杆轴力的比值）。当锚杆 A14 破坏后，邻近锚杆破坏范围的第一根锚杆 A5 轴力升高

至破坏前的 1.49 倍，而邻近第二根和第三根锚杆轴力增大系数为 1.24 和 1.10。每一根锚杆破坏，都会将大部分荷载传递给左右侧最近的两根锚杆，其影响范围为邻近的 3～4 根锚杆，远处的锚杆轴力较破坏前没有发生变化，即距离破坏区越远，锚杆受影响程度越低。和支撑破坏一样，锚杆失效也存在失效荷载就近传递现象。此外，桩锚基坑中锚杆失效的影响范围大于支撑式基坑中支撑失效的影响范围（1～2 根支撑），这可能主要由于锚杆的刚度小于支撑的刚度导致。

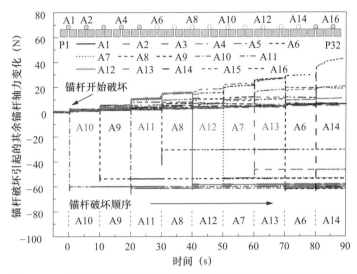

图 2.2-35　局部锚杆破坏情况下未失效锚杆轴力随时间的变化曲线

（3）支护桩内力（弯矩）变化分析

如图 2.2-36 所示，在工况 6 中，锚杆破坏后，同样会导致破坏范围内的桩身弯矩减小。锚杆 A10 破坏后，导致距离较近的桩 P19 和桩 P18 弯矩减小，但幅度较小，荷载传递系数（弯矩）分别为 0.98 和 0.97。随着锚杆破坏范围的增大，位于锚杆破坏范围内的桩 P19 和 P18 桩身弯矩不断减小，当锚杆 A14 破坏后，荷载传递系数（弯矩）分别为 0.37 和 0.33；而位于锚杆破坏范围外的桩 P4 桩身弯矩略有增大，为破坏前的 1.10 倍。这主要是因为随着锚杆破坏数量的增多，桩 P19 受到锚杆和冠梁的支撑作用逐渐减小，桩顶水平剪力也逐渐减小。由此使得桩 P19 的桩身弯矩分布模式发生转变，受力模式从桩锚式向悬臂式过渡，即由桩身几乎全部在开挖侧受拉，逐渐转变为桩身上部开挖侧受拉，下部坑外侧受拉。与此同时桩身上半部最大弯矩逐渐降低，桩身下半部弯矩逐渐增加，但总体上，桩身最大弯矩绝对值较支撑破坏前减小，如图 2.2-37 所示。内撑排桩支护基坑支撑局部失效对邻近支护桩的影响和锚杆失效导致的邻近桩身弯矩变化规律类似。支撑失效同样导致破坏范围内的支护桩桩身变形和受力模式发生改变，桩身上半部分最大弯矩逐渐降低，桩身下半部弯矩逐渐增加。

（4）荷载（轴力）传递规律分析

首先回顾一下锚杆和支撑的布置情况，工况 5 中 39 根支护桩，13 根支撑，每根支撑对应 3 根支护桩，失效 6 根支撑，对应支护范围为 18 根桩。工况 6、7 中总共设置 38 根支护桩，19 根锚杆，每根锚杆对应 2 根支护桩，初始失效范围为 9 根锚杆，对应支护桩的范围同样为 18 根。

图 2.2-38 为不同支护方式、不同开挖深度下荷载（轴力）传递系数对比。由图可见，同一开挖深度下，破坏支撑或锚杆数量越多，荷载传递系数越大。工况 5 和工况 6 的区别在于支护方式不同，工况 5 为内撑式排桩支护，工况 6 为桩锚式支护结构。工况 5 破坏 6 根支撑，工况 6 破坏 9 根锚杆，可以发现 6 根支撑失效引起邻近支撑 S4 轴力增加至开挖完成后的 2.99 倍，而 9 根锚杆失效后，邻近破坏范围锚杆 A5 和 A15，其轴力增大倍数为 1.49 和 1.51。不难发现，相

同的破坏范围更容易引发内撑式支护结构发生支撑连续破坏。这是因为内撑式支护结构整体抗侧移刚度高于桩锚支护结构（工况5和工况6开挖75cm支护桩的最大水平位移分别为3.1mm和5.3mm）。此外，由于支撑的抗压刚度E_A较大，因此支撑对荷载的横向传递限制作用更强，引起的荷载传递范围较小。

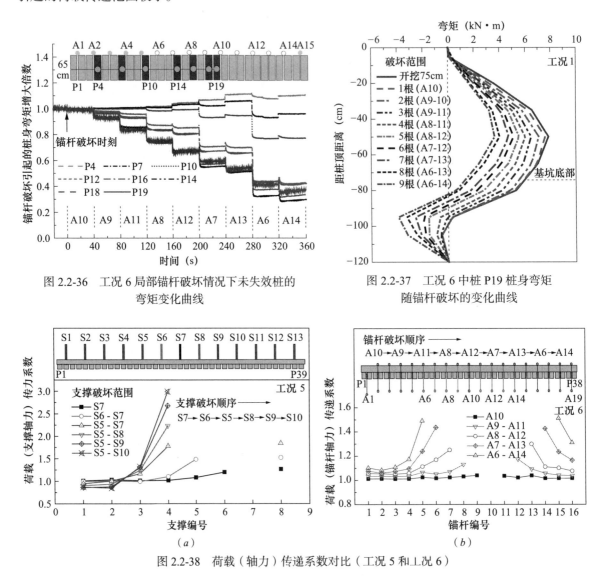

图2.2-36 工况6局部锚杆破坏情况下未失效桩的弯矩变化曲线

图2.2-37 工况6中桩P19桩身弯矩随锚杆破坏的变化曲线

图2.2-38 荷载（轴力）传递系数对比（工况5和工况6）

通过试验研究获得了以下结论：

（1）单道锚杆支护基坑中，锚杆失效导致坑内土压力出现显著增长。对坑外水平土压力的影响主要体现在基坑水平方向和深度方向，水平方向上，位于破坏区内土压力主要由于支护桩变形而表现出卸载行为，距破坏范围较远的支护桩，由于土拱的加荷作用表现出轻微的增加；深度方向上，破坏范围内的水平土压力表现出轻微的卸载。

（2）单道锚杆支护基坑中，锚杆破坏会导致冠梁内力大幅度上升，工况8中破坏范围中部的冠梁最大弯矩增大至43.7kN·m左右，约为开挖完成后桩身最大弯矩的4倍。锚杆破坏范围外，冠梁弯矩也显著增大（坑外受拉）。因此，在本例中，一旦有锚杆失效，失效范围内，冠梁在靠近坑内受拉侧钢筋会屈服，受拉侧混凝土也会开裂退出工作。当冠梁受压区高度不断减小，冠梁的箍筋和受压区混凝土提供的抗剪承载力不足以抵抗锚杆失效时冠梁产生的附加剪力，冠梁会被剪断。因此,应当适当增大冠梁配筋以防止冠梁因锚杆失效发生受弯破坏形成塑性铰,从而被剪断。

(3)单道锚杆支护基坑中,随着失效锚杆数量的增加,位于破坏范围内的支护桩桩身弯矩不断减小,距离锚杆失效区较远的支护桩,其桩身弯矩出现增大现象。

(4)单道锚杆支护基坑,锚杆破坏数目较少时,对邻近未失效锚杆的加荷作用不明显,只有当失效锚杆达到一定数目才会对支护结构产生较大的影响。在此,单根锚杆破坏可能不会引发整个基坑发生垮塌,但一定数目锚杆破坏可能会引起基坑发生连续垮塌。主要因为锚杆提供给支护桩的侧向刚度较小,锚杆对荷载的横向传递限制作用较弱,相同的破坏范围引起邻近锚杆轴力增大系数也较小。

(5)单道锚杆支护基坑中,当锚杆直径相同时,开挖深度加大,失效锚杆的卸荷量也随之增大,荷载(轴力)传递系数也相应增大,如工况 6 开挖 75cm,荷载(轴力)传递系数为 1.5,而工况 7 开挖 90cm 时为 2.0。相同的开挖深度,相同的破坏范围,锚杆直径越小,荷载传递系数越小。例如,工况 7 和工况 8 都发生 7 根锚杆破坏,引起的荷载(轴力)传递系数最大值分别为 1.80 和 1.76。此外,工况 8 的荷载传递影响范围明显大于工况 7 的,工况 8 影响范围约为 6 根(实际上可能更长,试验中基坑长度受限),而工况 7 中锚杆破坏仅对邻近 4 根锚杆加载作用较明显,这可能是因为锚杆直径越小,支护结构的整体抗侧移刚度越小,锚杆对荷载的横向传递限制作用较弱,引起的荷载(轴力)传递系数较小,但影响范围较大。

(6)单道锚杆支护基坑中,在基坑沿长度方向的连续破坏问题中,如果锚杆失效引起的邻近锚杆轴力增大系数大于邻近锚杆的抗拉安全系数,那么锚杆失效就会引起相邻锚杆发生相继破坏,进而引发整个基坑发生连续垮塌,这为实际工程中防桩锚支护基坑连续破坏设计提供参考。

(7)单道锚杆支护基坑中,相同的失效范围,锚杆缓慢失效引发荷载(轴力)传递系数较小,这是因为在缓慢失效过程中,桩后土压力有充足的时间进行应力重分布,土体能够将失效荷载传递得更远。在实际过程中,锚杆的损伤、雨水渗漏发生的土体软化等,都会导致锚杆的轴力降低,对周围邻近锚杆产生加荷作用,一旦超过邻近锚杆的抗拉承载力,同样会引起锚杆的连续破坏。

(8)三道锚杆支护基坑中,锚杆失效会沿水平向和竖向进行传递,当锚杆失效较少时,引起的荷载传递系数也较小,当破坏范围增大时,引起周围未失效锚杆轴力上升也较多,至于水平向和竖向传递的相对密度,还需要进一步研究。

(9)相同的基坑开挖深度,相同的破坏范围,支撑破坏引发的荷载(轴力)传递系数较大,工况 6 为 2.99,而桩锚基坑中锚杆破坏引发的荷载(轴力)传递系数为 1.51。不难发现,相同的破坏范围更容易引发内撑式支护结构发生支撑连续破坏。此外,桩锚基坑中锚杆失效的影响范围大于内撑式基坑中支撑失效的影响范围(1~2 根支撑),这是因为内撑式支护结构整体刚度高于桩锚支护结构,支撑对荷载的横向传递限制作用更强,引起的荷载传递系数更大,但影响范围较小。

2.2.4　基坑桩锚支护体系锚杆连续破坏机理参数分析研究

前一节通过大型模型试验研究了桩锚式排桩支护基坑锚杆失效对支护体系的影响,初步揭示了基坑局部破坏沿长度上的传递机理。然而,模型试验由于受到尺寸限制,初始破坏范围较小(初始破坏锚杆最多为 9 根,而沿基坑长度方向总共布置 18 根锚杆),且模型土体采用的是干砂,因此模型试验仅得到特定条件下的荷载传递规律。虽然国内相关规范明确了临时和永久支护结构中锚杆安全系数的取值范围,但是已有的研究成果鲜有涉及锚杆局部失效对邻近支护结构影响的研究,也未揭示锚杆局部破坏引发连续破坏机理,加之,桩锚支护体系较为复杂,为了更深入地探索基坑局部破坏引发连续破坏机理,本节针对桩锚支护基坑,采用有限差分法分析软件FLAC,建立工程尺度基坑模型(图2.2-39)。

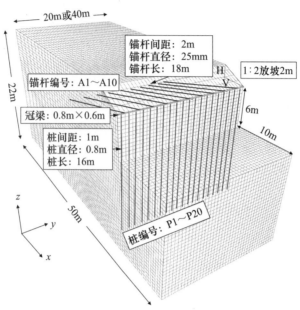

图 2.2-39 有限差分网格及模型

前一节桩锚支护模型试验采用的支护桩的原型为根据抗弯刚度等效到实际工程中直径0.8m的C30混凝土灌注桩,模型试验中采用的锚杆原型为根据抗拉刚度等效对应到实际工程中25mm的锚杆。因此,为了更真实揭示工程中基坑局部破坏引发连续破坏机理,本节利用有限差分法,建立工程尺度数值模型,数值模型中支护桩直径和锚杆直径与模型试验原型保持一致,模拟了单排、双排和三排锚杆支护体系中局部锚杆失效的情况,针对不同数量锚杆失效后的土压力变化、各类支护结构构件的内力及变形发展规律进行了分析,进一步揭示了锚杆失效引发基坑连续破坏的机理,探索了不同基坑开挖深度和土体强度情况下,局部锚杆失效引发的荷载传递规律。

模拟过程分为开挖阶段和局部锚杆破坏两个阶段。开挖阶段采用的静力模式求解,局部锚杆破坏阶段采用的是动力模式求解,该动力分析中求解总时间对应着真实的时间。支护桩沿 y 轴正方向依次编号为1~40#,锚杆编号为1~20#,如图2.2-40所示。本次模拟基准工况的开挖深度为8m,开挖总共分成4层,每层开挖深度均为2m,首层按照1:2放坡进行开挖,首层开挖完成后进行锚杆安装及激活。基坑开挖至设计深度后,通过删除锚杆自由段来研究局部锚杆破断后土体和支护结构的响应,模拟 n 根锚杆失效即删除1~ n# 锚杆。本书中的数值模拟为对称模型,靠近1#锚杆的边界(即 $y=0$ 的边界)为对称面,因此数值模拟中1根锚杆失效相当于全模型的2根锚杆失效。下文描述锚杆失效数量时指数值模型中的失效数量。

首先分析锚杆局部破坏范围对土压力和结构内力的影响。当基坑开挖至地面以下8m时(放坡开挖2m,桩顶以下开挖深度为6m),基坑支护桩水平变形呈弓形,如图2.2-41所示。桩顶水平侧移为5mm,桩顶沿 x 方向的剪力为92.3kN。支护桩桩身最大水平侧移为7.86mm,位于坑底以上2m位置处,此时锚杆轴力达到了229kN。冠梁沿 x 方向上的剪力和绕 z 轴的弯矩最大值分别为110.1kN和40.5kN·m。此工况($\phi=30°$,基坑开挖深度8m)为研究单道锚杆失效问题的基础工况。

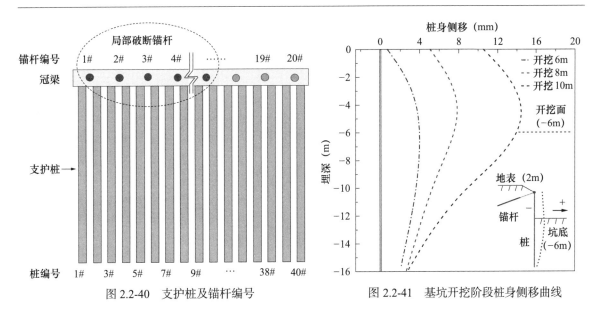

图 2.2-40　支护桩及锚杆编号　　　　　图 2.2-41　基坑开挖阶段桩身侧移曲线

随着失效锚杆数目的增加，作用在支护桩上的土压力、锚杆轴力、冠梁内力、桩顶剪力和桩身弯矩的受影响程度及范围都有所增大，但规律保持一致。本节主要以 1 根和 4 根锚杆失效的情况为例，分析锚杆失效范围对土压力及支护结构内力的影响。

1# 锚杆破坏后，原先由该锚杆提供的拉力消失，锚杆失效区附近的支护桩变形增大，导致 1～7# 桩后土体出现明显的卸载，卸荷区如图 2.2-42 所示，距离破坏区越近，卸载程度越大。1# 锚杆失效后，地表下 5m 深处作用在桩后水平土压力变化曲线如图 2.2-43 所示。当锚杆发生破坏后瞬间（约 0.02s），1# 桩桩后水平土压力从破坏前的 30.5kPa 卸载至 15kPa，之后应力重分布过程中土压力又有所增加，该深度处桩后水平土压力最终稳定在 24kPa 左右，约为破坏前的 0.79 倍。4 根及 4 根以上锚杆破坏引起的桩后土压力变化规律与 1～3 根破坏时情况相似，地表下 5m 深度处作用在支护桩上的水平土压力同样经历先降低后升高这样一个过程，不再赘述。

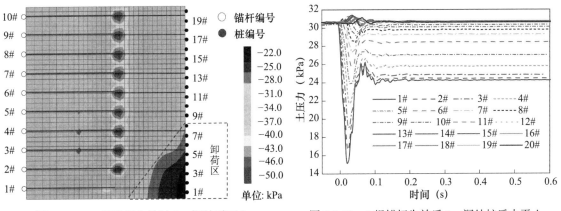

图 2.2-42　1 根锚杆失效时 5m 深处平面上　　图 2.2-43　1 根锚杆失效后 5m 深处桩后水平土
　　　　　　应力云图（σ_{xx}）　　　　　　　　　　　　压力变化曲线

锚杆失效同样会对冠梁产生影响，不同数量锚杆失效前后，冠梁沿 x 方向的剪力和绕 z 轴方向的弯矩变化如图 2.2-44 所示。锚杆破坏前，最大可达 101kN。部分锚杆失效后，锚杆破坏范围内，邻近未失效第一根锚杆位置处的冠梁剪力最大。随着失效锚杆数量的增加，冠梁最大剪力逐渐增大，但失效数量超过 3 根后，最大剪力不再增加，稳定在 250kN 左右。在失效数量大于 5 根后，在锚杆破坏范围内，随着距离邻近未失效第一根锚杆距离的增加，冠梁剪力逐渐减小，超过 5 根锚杆范围后，冠梁剪力接近于 0，即锚杆失效范围中部冠梁剪力为 0。

如图 2.2-44（b）所示，锚杆破坏前，冠梁绕 z 轴方向的弯矩最大约为 40kN·m，随着失效锚杆数量的增加，破坏范围中部的冠梁最大弯矩先增大（1~4 根）后减小（大于 5 根后），最大可达 −520kN·m 左右，主要是破坏范围内支护桩对冠梁支撑力的累积作用。邻近锚杆破坏范围外 5 根锚杆范围内，冠梁弯矩也显著增大，最大弯矩为 500kN·m 左右，但是弯矩符号与破坏范围内相反。

由此可见，在本例中，一旦有锚杆失效，失效范围内，冠梁在靠近坑内受拉侧钢筋会屈服，受拉侧混凝土也会开裂退出工作。应适当增大冠梁配筋，防止冠梁因锚杆失效发生受弯破坏而形成塑性铰，最终被剪断现象发生。冠梁主筋的最小配筋率为 0.5% 时，冠梁所能承担的极限抗弯承载力为 500kN·m。该配筋率仍小于梁的经济配筋率下限 0.6%（梁的经济配筋率 0.6%~1.2%）。

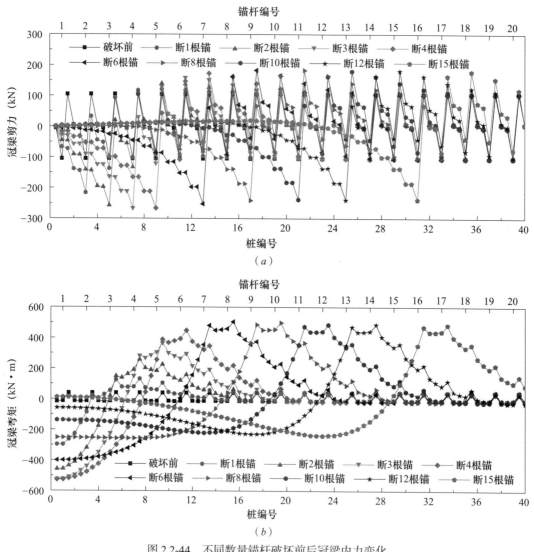

图 2.2-44　不同数量锚杆破坏前后冠梁内力变化
（a）冠梁剪力；（b）冠梁弯矩

图 2.2-45（a）为 1~4 根锚杆破坏前后桩顶沿 x 方向剪力和位移的变化，桩顶剪力为锚杆及冠梁能够为桩顶提供的水平支撑力。锚杆失效首先导致支护桩桩顶发生朝向坑内的位移，1 根和

4 根锚杆失效引起的桩顶位移增量最大值分别为 3.5mm 和 29mm（锚杆破坏引起的 1# 支护桩桩顶的位移增量），冠梁随着锚杆失效范围的增加对桩顶提供的水平支撑力不断降低。4 根锚杆破坏后，1# 桩桩顶剪力降至破坏前的 0.2 倍。此时，冠梁能够为 1# 桩桩顶提供的水平支撑力已经很小，1# 支护桩的变形与受力模式逐渐从单支撑式向悬臂式转变。

1# 锚杆失效会导致 1～11# 支护桩桩身弯矩降低，其中 1# 和 2# 桩身弯矩卸载程度最大，下降至破坏前的 0.82 倍。1 根锚杆失效对桩身弯矩和土压力的影响范围基本相同，影响范围均为 11 根桩。此外，桩身弯矩随时间的变化也与土压力变化一致，均为先降低后升高。不同数量锚杆破坏时 1# 桩桩身弯矩变化情况，如图 2.2-45（b）所示。1 根锚杆破坏后，桩身最大弯矩始终位于坑底以上 2m 位置处。如图 2.2-45 所示，区域 1 范围内，1# 桩后土压力整体较锚杆破坏前减小（距桩顶 4m 范围内，土压力合力降至破坏前的 0.78 倍），与此同时，1# 桩顶剪力降至破坏前的 0.66 倍。

将桩顶以下 x 米范围内的支护桩作为隔离体进行受力分析，当 $x \leqslant 6m$ 时，即 C 点位于 B 点（开挖面）以上，桩身 C 点处弯矩 $M_c = F \cdot x - M1$（F 为桩顶剪力，$M1$ 为主动区土压力在 C 点处产生的弯矩，桩身开挖侧受拉为正）。由于桩顶剪力减小的倍数大于主动区土压力合力减小的倍数，即上式中 $F \cdot x$ 对 M_c 的影响较大，因此坑底以上桩身 C 点处弯矩 M_c（桩身最大弯矩）下降。1 根锚杆失效后 1# 桩身最大弯矩降至破坏前的 0.82 倍，如图 2.2-46 所示。而开挖面以下，作用在支护桩上的土压力基本保持不变，桩身弯矩略有增长。由此可见，位于破坏范围内支护桩桩身弯矩下降主要是由基坑变形增大引起的桩后土压力和桩顶剪力变化共同导致。

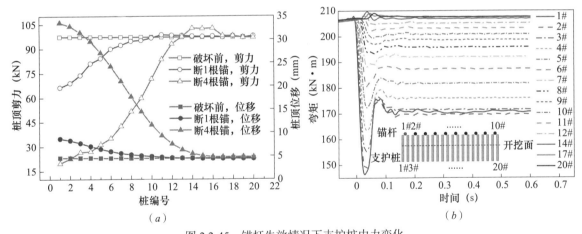

图 2.2-45　锚杆失效情况下支护桩内力变化
（a）桩顶剪力；（b）桩身最大弯矩变化（1 根锚杆失效）

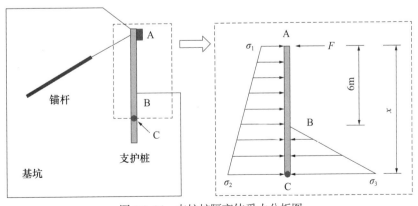

图 2.2-46　支护桩隔离体受力分析图

4 根以上锚杆失效时，桩后土压力变化规律与 1～3 根锚杆失效的情况类似，开挖面以上 1# 支护桩后侧，土压力升高；而在区域 2 范围内（开挖面以下 4m），主动区土压力降低，被动区土压力有所升高。但桩身弯矩变化规律则有了显著差别，如图 2.2-47 所示。4 根锚杆破坏对支护桩的影响范围为 1～14# 支护桩，其中 1～6# 支护桩桩身弯矩较破坏前有明显的升高，1# 桩桩身弯矩增长幅度最大，增至破坏前的 1.53 倍；7～13# 支护桩桩身弯矩较破坏前有明显的降低，9# 桩桩身弯矩下降幅度最大，降至破坏前的 0.59 倍。

随着失效锚杆范围的增加，支护桩最大弯矩位置也发生了相应的改变，从开挖面以上 2m 下移至开挖面以下 3m 位置处。如图 2.2-46 所示，当 $x \leqslant 6m$ 时，即 C 点位于 B 点（开挖面）以上，桩身弯矩下降的原因与 1 根锚杆破坏时的原因相同。而当 $x > 6m$ 时，即 C 点位于开挖面以下时，$M_c = F \cdot x + M_2 - M_1$（$M_2$ 为被动区土压力在 C 点处产生的弯矩）。在 8m 深以下，局部锚杆破坏前，整体弯矩（M_c）较小，这是因为主动区土压力产生的负弯矩（$-M_1$）与桩顶剪力和被动区土压力产生的正弯矩（$F \cdot x + M_2$）相当。随着锚杆失效范围的增加，桩顶剪力提供的正弯矩（$F \cdot x$）逐渐减小，致使主动区土压力产生的负弯矩（$-M_1$）占优，导致负弯矩绝对值逐渐增大，且桩身最大弯矩位置从开挖面以上逐渐转移至开挖面以下。上述分析为锚杆破坏引起破坏范围内支护桩弯矩上升的最主要机理。

图 2.2-48 为 4 根锚杆失效引起的支护桩桩身最大弯矩随时间的变化，1～4# 锚杆发生破坏后，位于破坏范围内的 1～6# 支护桩桩身最大弯矩较破坏前有显著的升高，上升机理均和 1# 桩最大弯矩上升机理一致，距离破坏中心（1# 锚杆）越近的支护桩，其桩身弯矩增大越显著。而距离局部锚杆失效区稍远处的 7～13# 桩桩身最大弯矩较破坏前有一定程度的降低，主要因为这一区域主动区土压力和桩顶剪力（F）降低，但桩顶剪力（F）降幅相对较小。

随着失效锚杆范围的增加，位于破坏区内的支护桩桩顶剪力逐渐降低，该范围内支护桩变形与受力模式由单支撑式逐渐过渡为悬臂式，与此同时，最大弯矩的绝对值先减小后增加，最大弯矩位置也由破坏前位于开挖面以上转移至开挖面以下，如图 2.2-47（b）所示。当 11 根锚杆失效时，1# 桩桩身弯矩最大值增至破坏前的 2.74 倍，如图 2.2-47 所示。但当失效锚杆数量超过 11 根时，1# 桩桩身弯矩最大值基本保持稳定，不再增长。

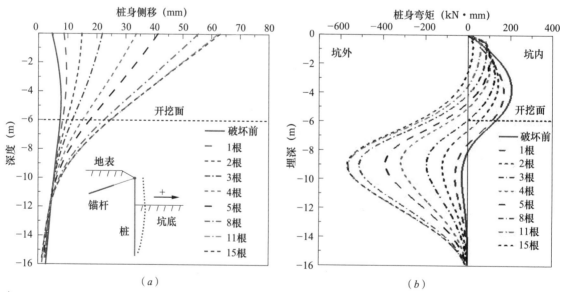

图 2.2-47　不同数量锚杆破坏时 1# 桩桩身弯矩变化

（a）桩身侧移；（b）桩身弯矩

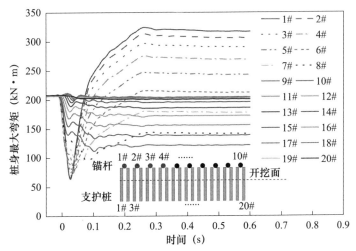

图 2.2-48 4 根锚杆失效情况下支护桩桩身最大弯矩变化

通过数值模拟获得了以下结论：

（1）在单道锚杆支护基坑中，锚杆失效会对邻近未失效锚杆产生明显加载作用，主要是通过结构内力重分布进行传递，由于结构内力重分布的影响范围有限，一般邻近 3~4 根未失效锚杆轴力增加较明显。锚杆荷载（轴力）传递系数 I_t 随着锚杆破断数量的增加而提高，但当局部破坏范围扩大到一定程度后（本书中约为破坏 6 根），I_t 不再继续提高，即存在极限荷载传递系数。本书基础工况中，锚杆极限荷载（轴力）传递系数约为 1.50。

（2）在单道锚杆支护基坑中，局部锚杆失效会引发冠梁剪力与弯矩大幅上升，最大剪力和弯矩位置位于邻近未失效第一根锚杆位置附近。失效锚杆数量较多时，破坏范围中部冠梁剪力和弯矩降至 0，说明其对支护桩的支撑力降低为 0。冠梁按照目前规范的最小配筋率进行构造配筋，不足以抵抗锚杆失效引发的冠梁受弯破坏。

（3）在单道锚杆支护基坑中，随着锚杆失效范围的增加，破坏范围内，支护桩桩顶剪力逐渐降低，桩身变形受力模式由单点支撑式逐渐转变为悬臂式。支护桩桩身最大弯矩先减小（局部锚杆失效 3 根及以内）后增大，并逐渐趋于定值。本书基础工况中，支护桩极限荷载（弯矩）传递系数 I_m 为 2.74，通常远大于传统支护桩的安全系数，极易引发连续破坏。与此同时，随着失效锚杆数量增加，支护桩最大弯矩位置由局部破坏前的坑底以上下移至坑底以下。支护桩最大弯矩及其位置的变化由锚杆失效引发的支护桩桩顶支撑力与桩身土压力变化共同决定。

（4）在单道锚杆支护基坑中，在锚杆破坏数量较少时（基础工况中 3 根及以内），邻近锚杆轴力增大，而支护桩最大弯矩减小，此时最薄弱的连续破坏传递路径为锚杆。而锚杆破坏数量较多时（4 根及以上），支护桩最大弯矩同样增大，且荷载（弯矩）传递系数大于锚杆（轴力）传递系数，支护桩更容易发生破坏，此时连续破坏传递路径将转移至支护桩。

（5）在单道锚杆支护基坑中，相同的开挖深度，相同的破坏范围，内撑式排桩支护基坑支撑破坏引起的极限荷载（轴力）传递系数远大于桩锚支护体系锚杆破坏引起的极限荷载（轴力）传递系数，这是因为锚杆的抗拉刚度一般小于支撑的抗压刚度，例如，数值模型中支撑的抗压刚度是锚杆抗拉刚度的 45 倍，因此内撑支护体系抗侧移刚度较大，相同的破坏范围引起的荷载（轴力）传递系数也较大。

（6）对于同样的桩锚支护结构，开挖深度增大，或者土体强度降低，在局部锚杆失效情况下，桩身净土压力变化幅度增大，锚杆轴力和支护桩弯矩的最大荷载传递系数均逐渐增大，连续破坏发生概率更高。此外,开挖深度增大,或者土体强度降低时,桩的荷载(弯矩)传递系数增长速度大于锚杆,局部锚杆失效更容易引发支护桩的连续破坏。

(7)在两道锚杆支护基坑中,从锚杆失效对支护桩的影响程度来看,整列锚杆失效会引起支护桩弯矩出现较大的增长,与单道锚杆失效引起破坏范围内桩身弯矩变化规律类似;非首道失效会导致支护桩弯矩出现轻微的增长,这是由于支护桩少了一个锚固点,跨度增大,导致桩身最大弯矩增大;首道锚杆失效会导致支护桩弯矩降低,这主要是由于第二道锚杆至桩顶处的支护桩变形与受力模式转变为悬臂式,这一部分桩由坑内受拉转变为坑外受拉,导致整个桩身最大弯矩减小。锚杆失效后会将其承担的荷载沿水平和竖向转移给相邻未失效锚杆,且竖向转移的荷载较多,这是因为多道锚杆支护体系中,支护桩水平布置较为密集,且支护桩竖向刚度比腰梁的水平刚度大,因此竖向传递的效应更大。

(8)在多道锚杆支护基坑中,锚杆失效引发的荷载传递系数具有叠加性。以2根锚杆失效引发的荷载传递系数为例,荷载传递系数由两部分构成,第一部分为第一根失效产生的增量,第二部分为第二根失效产生的增量,以此类推,且由于锚杆失效影响范围为邻近3~4根未失效锚杆,所以当4根失效后,锚杆的荷载传递系数达到定值。故在三层锚杆支护基坑中,锚杆轴力增大系数最大值为4根锚杆失效产生的叠加效应。据此,如果将受影响范围内的锚杆加强,有可能阻止锚杆失效引发后续锚杆的连续破坏。

2.2.5 典型基坑支护体系连续破坏控制理论及研究

通过模型试验和数值模拟,初步揭示了内撑排桩支护基坑和桩锚支护基坑局部破坏引发连续破坏机理。本节基于结构工程中的防连续破坏设计方法和本课题组已有的连续破坏研究成果,针对典型的基坑支护体系:悬臂排桩支护体系、内撑排桩支护体系和桩锚支护体系,开展防连续破坏控制理论研究。

结构工程中,常用的防连续破坏设计方法有三类:事件控制、间接设计和直接设计。间接设计常采用拉结强度法,直接设计采用荷载路径分析结合特殊抗力设计。其中,间接设计法及直接设计法主要可以归纳为以下四类:① 概念设计法,关注定性设计,对于相对不重要的结构,提高整体性及冗余度等,可有效增强结构的抗连续倒塌能力;② 拉结强度设计法,关注构件间的连接强度,可以满足规范要求的最低抗拉强度,且具有连续的直线传力路径;③ 拆除构件法,拆除部分构件后,经过整体受力分析,若结构会发生连续倒塌,则将剩余构件进行加强来解决该问题,因此又称"替代路径设计法";④ 局部加强设计法,如果上述3种方法都难以起效,则将其归类为关键构件,对于关键构件进行独立加强设计,便可改善结构的防连续倒塌性能。

在岩土工程中,也有学者将类似的概念应用在地基工程,隧道工程等。郑刚等对刚性桩支承路堤的稳定性进行分析,并提出关键桩的概念。崔涛等利用离散元提出盾构隧道防连续破坏控制措施。在基坑工程中,郑刚等基于环梁支撑结构的连续破坏问题,提出提高支护结构冗余度和增加传力路径等。

据此,采用数值软件FLAC,建立工程尺度模型,对三类典型基坑的连续破坏控制问题进行研究,控制措施主要是通过加强构件的强度,试图将连续破坏进行阻断或者沿着预定的路径发生破坏。

针对悬臂排桩支护基坑数值模型,模型基坑三维尺寸为长40m(X)、宽20m(或40m)(Y)、高20m(Z),基坑数值模型如图2.2-49所示。模型基坑的边界条件为:在基坑长度方向$X=0$m和$X=40$m限制X方向位移,在基坑宽度方向$Y=0$m和$Y=20$m限制Y方向位移,基坑底部采用固定边界。基坑开挖深度为8m,基坑开挖宽度为10m。当初始破坏桩数量较少时(1~3

根），Y方向长度取 20m；当初始破坏桩数量较多时（4 根及以上），Y方向长度取 40m。此外，本节模拟中基坑初始破坏发生在 Y方向的最左端，因此将 Y方向最左端设为对称边界，根据对称性，冠梁的两端节点约束 Y方向的平动及绕 X 与 Z 轴的转动。

本节将通过删除支护桩的方法来模拟支护桩的失效，通过增加桩体的抗弯承载力或刚度来模拟加强桩，支护桩破坏阶段采用的是动力模式求解。锚杆沿 Y 轴正方向依次编号为 1～20# 或 1～40#（支护桩破坏数量超过 3 根时），如图 2.2-49 所示。本次模拟基准工况基坑开挖深度为 6m，分 3 步开挖，每步开挖 2m。

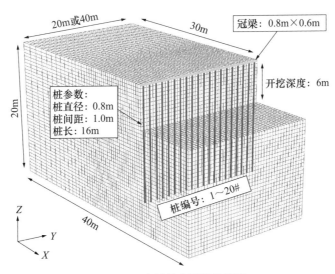

图 2.2-49 有限差分网格及模型

基坑开挖完成后，通过删除不同数量的支护桩来研究支护桩失效后土体和支护结构的响应，模拟 n 根支护桩失效即删除 1～n# 支护桩。同理，从第 $n+1$ 根桩开始每隔若干根普通桩设置一定数量的加强桩，相邻的加强桩组成一组阻断单元，模拟连续破坏控制措施，如图 2.2-50 所示。本节中数值模拟为对称模型，靠近 1# 支护桩的边界（即 $Y=0$ 的边界）为对称面，因此数值模拟中 1 根支护桩失效相当于全模型的 2 根支护桩失效。为了便于描述，下文描述支护桩失效数量时仍然指数值模型中的失效数量。

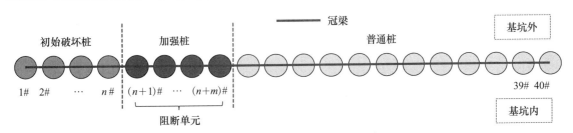

图 2.2-50 防连续破坏阻断单元示意

对于内撑排桩支护基坑数值模型，模型基坑三维尺寸为长 40m（x）、宽 60m（y）、高 20m（z），有限差分网格及模型如图 2.2-51 所示。基坑开挖深度为 8m，基坑开挖宽度为 10m，坑内和桩后 10m 范围内的土体加密网格，模型总共有 144000 个网格。

图 2.2-52 为 1～30 根支护桩失效时支护桩荷载（弯矩）传递系数 I_m 分布。破坏范围内支撑（轴力）传递系数小于 1，支护桩破坏引起轴力增大倍数最大值为 1.23（位于破坏范围外），小于传统支撑的安全系数，也即引起支撑发生连续破坏的可能性比较小，如图 2.2-53 所示。

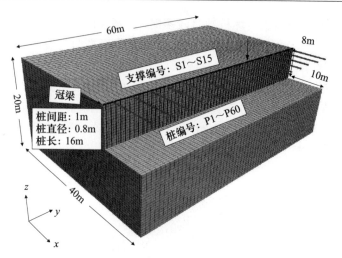

图 2.2-51　有限差分网格及模型

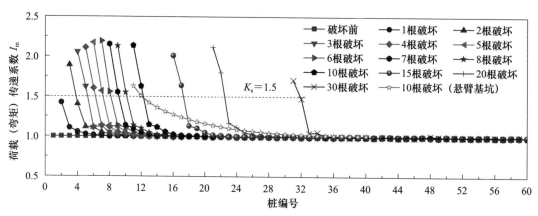

图 2.2-52　不同局部破坏范围情况下荷载（弯矩）传递系数

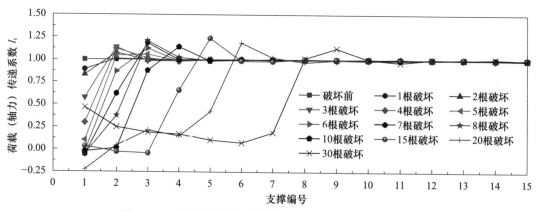

图 2.2-53　不同局部破坏范围情况下荷载（轴力）传递系数

综上所述，当1～6#桩发生初始破坏后，如果后续完整支护桩的抗弯安全系数 K_s 小于2.19，则一定会发生后续支护桩的连续破坏；如果后续完整桩的抗弯安全系数 K_s 大于2.19，则有可能阻止后续连续破坏的发生。据此，确定初始破坏范围后（6根支护桩破坏），设置不同的阻断单元，研究阻断单元对后续连续破坏的控制效果。加强桩的抗弯安全系数为2.5，普通桩的抗弯安全系数为1.5。设置两种工况：① 1～6#为初始破坏桩，7#为加强桩（$K_s = 2.5$），剩余为普通桩（$K_s = 1.5$）；② 1～6#初始破坏桩，7～8#加强桩（$K_s = 2.5$），剩余为普通桩（$K_s = 1.5$）。

工况 1 验证连续破坏及连续破坏跨越传递现象，也即支护桩破坏会引起连续破坏；工况 2 为根据荷载传递系数设置的抗弯安全系数，也即当有两根支护桩抗弯安全系数为 2.5 时，能够阻止连续破坏沿基坑长度方向的传递，故该工况为验证连续破坏控制效果。

桩锚支护基坑数值模型如图 2.2-54 所示。当初始破坏锚杆数量较少时（1～3 根），y 方向长度取 20m；当初始破坏锚杆数量较多时（4 根及以上），y 方向长度取 40m。基坑在垂直于 x 和 y 方向的四个竖向边界上限制法向位移，模型底面采用固定约束。基坑开挖深度为 8m（放坡开挖深度为 2m），基坑开挖宽度为 10m，坑内和桩后 10m 范围内的土体加密网格。

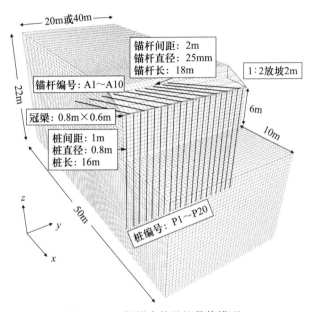

图 2.2-54　桩锚支护基坑数值模型

1～15 根锚杆失效时锚杆荷载（轴力）和支护桩荷载（弯矩）传递系数如图 2.2-55 所示。局部锚杆破断将引起邻近 3～4 根锚杆轴力增大，且当失效锚杆数达到一定值后（本例为 6 根），邻近破坏区的第一根锚杆轴力达到荷载（轴力）传递系数极限值 1.42，如图 2.2-55（a）所示。此外，支护桩的荷载（弯矩）传递系数 I_m 随着局部破坏范围的扩大而增大且同样存在一个增长极限，如图 2.2-55（b）所示，在本例中，11 根以上锚杆失效时，支护桩极限荷载传递系数 $I_m = 2.74$。

在锚杆破坏数量较少时（3 根及以内），邻近 3～4 根锚杆所受影响较大，荷载（轴力）传递系数大于 1，而支护桩受到的影响较小，荷载（弯矩）传递系数小于 1，此时最薄弱的连续破坏传递路径为锚杆。根据前面数值模拟分析结果，而锚杆破坏数量较多时（4 根及以上），支护桩受到的影响更大，荷载（弯矩）传递系数大于 1，且高于锚杆（轴力）荷载传递系数，此时锚杆破坏更容易引发支护桩连续破坏。

如图 2.2-55（a）所示，在单道锚杆支护基坑中，锚杆引起的相邻完整锚杆的轴力增大系数存在极限值，当发生 6 根初始破坏后，荷载（轴力）传递系数 I_t 的最大值为 1.42，因为当大于 6 根锚杆破坏后，其荷载（弯矩）传递系数的最大值也为 1.42，故选择初始破坏范围为 6 根锚杆。首先设计了加强锚杆的安全系数小于 1.42 的工况，1～6# 为初始破坏锚杆，7～20# 为加强锚杆（安全系数 $K_t = 1.3$）。1～6# 锚杆发生破坏后，其余各加强锚杆轴力变化如图 2.2-56 所示。1～6# 锚杆破坏前，锚杆轴力为 228.9kN，破坏发生后失效锚杆将其承担的荷载转移至邻近未失效锚杆，一旦超过其抗拉承载力 297.5kN（安全系数 $K_t = 1.3$），就会被拉断，其轴力降至 0，进而引发其余锚杆发生连续破坏，如图 2.2-56 所示。

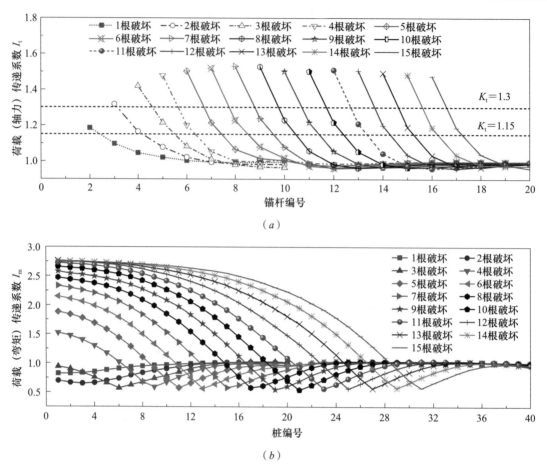

（a）

（b）

图 2.2-55　不同局部破坏范围情况下荷载传递系数（单道锚杆）

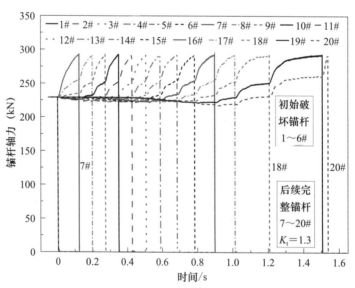

图 2.2-56　1～6# 锚杆破坏引发其余锚杆轴力变化

通过数值模拟获得了以下结论：

（1）对于悬臂排桩支护基坑，可以采用间隔加强法，即连续破坏阻断单元法来控制连续破坏的传递及传递范围。然而，当在一个加强单元内，加强桩的数量较少时，土拱加荷作用是可以绕过加强桩继续沿基坑长度方向传递，从而导致后续未加强桩发生破坏。随着未加强桩失效数目的增加，进而导致加强桩承受更大的土拱加荷作用，直至加强桩达到抗弯极限发生破坏。

（2）悬臂排桩支护基坑，支护桩破坏对邻近支护桩的影响主要是通过土拱效应进行传递，由于土拱效应的影响范围有限，随着局部破坏范围增大，荷载传递系数逐渐增大，但局部破坏增大到一定程度，荷载传递系数不再增大。

（3）悬臂排桩支护基坑，可以根据以下步骤和设计方法来设置阻断单元，从而阻止初始破坏引发后续连续破坏的发生。① 获取开挖完成后初始破坏前的桩身最大弯矩并确定普通桩的抗弯安全系数 K_{as}；② 计算得出不同局部破坏范围情况下其余桩的荷载传递系数，并获取极限荷载传递系数 I_m；③ 由极限荷载传递系数确定阻断单元内加强桩的抗弯安全系数 K_{rs}，$K_{rs} > K_{as}$；④ 荷载传递系数曲线内大于普通桩抗弯安全系数的桩数为 m，则阻断单元内包含的加强桩数量不少于 m。

（4）对于多道支撑支护基坑来说，可以根据以下步骤和设计方法来设置阻断单元，从而阻止支撑初始破坏引发后续连续破坏的发生。① 获取开挖完成后初始破坏前的支撑轴力和桩身最大弯矩，并确定支撑的抗压安全系数 K_{ts} 和普通桩的抗弯安全系数 K_{as}；② 计算得出不同局部破坏范围情况下荷载（轴力和弯矩）传递系数，并获取极限荷载（弯矩和轴力）传递系数 I_t 和 I_m；③ 由极限荷载（轴力和弯矩）传递系数，确定各道支撑阻断单元内加强支撑的抗压安全系数 K_{tr}，$K_{tr} > K_{ts}$，支护桩的加强只需要抗弯安全系数大于 K_{as} 即可；④ 荷载（轴力）传递系数曲线内大于抗压安全系数 K_{ts} 的支撑数目 n，则阻断单元内包含的加强支撑数量不少于 n。

（5）单道锚杆支护基坑中，锚杆破坏引发的荷载（弯矩）传递系数极限值远大于荷载（轴力）传递系数极限值，如果按照荷载传递系数极限值确定初始破坏范围，势必需要设置较大的安全系数。为了避免支护桩的安全系数过大，造成材料和施工成本增加，可以适当减小初始破坏锚杆的范围。

（6）对于多道锚杆支护基坑来说，可以根据以下步骤和设计方法来设置阻断单元，从而阻止锚杆初始破坏引发后续连续破坏的发生。① 获取开挖完成后初始破坏前的桩身最大弯矩和锚杆最大轴力，计算得出不同局部破坏范围情况下荷载（弯矩和轴力）传递系数，并获取极限荷载传递系数 I_m 和 I_t；② 由极限荷载（轴力）传递系数，确定阻断单元内加强锚杆的抗拉安全系数 K_{tr} 和普通锚杆的抗弯安全系数 K_{ts}，$K_{tr} > K_{ts}$；③ 荷载（轴力）传递系数曲线内大于抗拉安全系数 K_{ts} 的锚杆数目 n，则阻断单元内包含的加强锚杆数量为 n；④ 为了避免阻断单元内加强锚杆数目过多导致破坏沿锚杆发展至支护桩，需要根据实际工程调整初始破坏范围；⑤ 由极限荷载（弯矩）传递系数确定桩的抗弯安全系数 K_{rs}。

2.3　经济社会效益

在新加坡、科隆、杭州、上海、北京等地已有的连续倒塌案例表明，基坑的连续倒塌多是由局部构件甚至是局部节点的破坏所引发。已有的基坑连续破坏事故表明，事故一旦发生破坏，破坏规模和程度巨大，并造成周围道路、管线、建筑物及其他重要设施的破坏。新加坡某工程软土中深度超过 30m 的超深基坑由于支撑的局部失效导致沿基坑长度方向发生约 100m 长的连续坍塌，4 人死亡且地铁不得不改线建设，损失巨大；2008 年杭州某工程基坑由于局部破坏引发长达 70m 的连续垮塌，造成重大经济损失和 21 人死亡；2009 年德国科隆某工程基坑由于局部锚杆的失效导致约 50m 长的连续坍塌并引发科隆档案馆整体坍塌，导致大量珍贵历史文物损坏失踪，9 人死亡或失踪；2003 年天津某工程基坑由于局部破坏导致 100m 长基坑整体垮塌等。

岩土工程有其天然的不确定性、复杂性及偶然性，加之基坑支护体系被按照临时结构进行设计，安全储备相对较低，使其在施工及使用过程中往往存在高度的不确定性，主要表现在勘察资料的不确定性、荷载和偶然作用的不确定性以及施工过程的不确定性。软土地基中的深基坑工程已成为公认的具有高风险的工程。国内外都有大量基坑工程破坏的案例。根据统计，仅上海市在近二三十年来，基坑失稳事故就多达几百起，造成了巨大的经济和财产损失。

本研究基于土－结构体系三维续破坏机理的基坑整体安全评价理论与控制方法，可以提高基坑施工的整体安全控制水平，具有重要的社会与经济效益。这里的经济效益不是直接的经济效益，但是从风险分析和全局看，提高基坑的整体安全性，可以间接挽回大量经济损失。

第3章　深基坑变形注浆主动控制机理与关键技术

3.1　概述

1. 技术特点

"深基坑变形注浆主动控制机理与关键技术"研究了基坑外土体结构的注浆主动控制方法。该技术建立了基坑外变形精细化分区方法，实现了基坑外隧道变形的快速预测；进一步研究了注浆量、注浆距离、注浆布置等关键因素的作用，为实现毫米级控制提供理论支撑；提出了胶囊式注浆精细化水平向变形控制技术，进行了胶囊注浆控制隧道水平位移的参数分析及多孔注浆模拟分析，实现了基坑外环境水平变形的纠正和水平应力补偿；该技术对基坑周边环境变形控制精度达到毫米级，变形可控制在5～10mm。

2. 主要创新点

针对常规的被动方法已经不能满足深大基坑引起的环境变形毫米级要求的现状，建立了基坑外土体与结构的注浆主动控制方法，具有便捷灵活，造价低等优势。

目前注浆主要用于抬升技术，对于基坑外卸载条件下的土体和结构，在注浆作用下的变形和受力规律尚未系统研究。本成果系统研究了注浆量、注浆距离、注浆布置等关键因素的作用机制，提出了简化计算公式。

针对传统注浆难以精细化控制，易发生浆液上返现象的难题，提出了胶囊式注浆的方法，具有精细可控、靶向性强、对土体扰动小、稳定快、效率高等特点。

3.2　技术内容

3.2.1　基坑开挖对既有隧道变形预测简化方法

为研究不同条件下坑外隧道的变形，本节提出三种变形预测方法：（1）设计图法；（2）设计表法；（3）公式法。

如需要预测的隧道变形符合限定条件，则只需根据隧道位置并结合图中的变形等值线即可初步预测隧道变形，此方法即设计图，即根据等值线图结合隧道位置预估隧道变形。不同开挖深度条件下，基坑围护结构的变形性状和坑内外土体的变形特点会出现较大差异，因此，将围护结构和隧道变形采用基坑开挖深度进行无量纲化，研究无量纲化条件下的隧道变形性状，对于不同开挖深度条件下的隧道变形预测设计图绘制意义重大。

为检验不同条件下坑外隧道和围护结构归一化后的变形是否独立于基坑开挖深度 H，本章将分析不同开挖深度、不同围护结构最大水平位移条件下基坑开挖引起的不同位置隧道变形情况。我们分析了各种工况下坑外隧道变形，共计算模型1440个。

将不同开挖深度条件下，相同围护结构归一化变形（0.25%H）条件下归一化的水平位移等值线绘制在图 3.2-1 中对比分析。因内凸型和复合型基本重合，故此处未用内凸型归一化等值线图绘出。

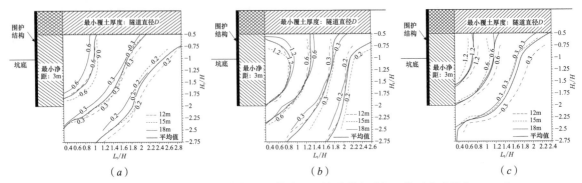

图 3.2-1 不同开挖深度和围护结构变形模式下坑外隧道变形归一化对比（单位：%H）

（a）悬臂型；（b）踢脚型；（c）复合型

由图 3.2-1 可得，在不同围护结构变形模式下，不同开挖深度条件下坑外隧道归一化后的水平位移等值线是基本重合的。因此，可以认为，基坑开挖对坑外不同位置隧道变形影响的水平位移归一化等值线的位置与开挖深度 H 是相互独立的。即在相同的归一化后的围护结构最大水平位移和相同的围护结构变形模式下，坑外不同位置处隧道变形的等值线在不同开挖深度下归一化后可以认为是重合的，可以采用图 3.2-1 中的平均值等值线近似表示。

针对不同开挖深度、不同围护结构最大水平位移和不同围护结构变形模式条件下坑外不同位置处的隧道变形预测，可依照以下步骤进行：

（1）依据基坑设计阶段的计算分析，初步确定基坑围护结构的变形模式，基坑围护结构的最大水平位移 δ_{hmax}。

（2）根据基坑外隧道所处的位置，计算确定 L_t/H 和 H_t/H 两个比值，根据第（1）步得到的围护结构最大水平位移 δ_{hmax} 计算确定比值 δ_{hmax}/H。将 0.167%H，0.25%H，0.333%H 三个值与计算值比较，与计算值最接近的值即为最终估计值。注意，为保证工程安全，取值过程中应保证最终估计值比计算值大。

（3）根据第（2）步中得到的比值，在相关设计图中查出归一化后的隧道水平位移和竖向位移。在此，可根据需要在设计图的等值线图中插值计算。

（4）将第（3）步中得到的归一化后的隧道水平位移和竖向位移使用开挖深度 H 转化为隧道的实际变形值。

因设计图得到的隧道变形值均来自地层和几何均进行简化后的有限元模型计算结果，且计算采用的为天津地区具有代表性的粉质黏土土层，隧道采用的为常见的直径为 6.2m 的地铁混凝土预制管片隧道，故在采用以上设计图法预估坑外隧道变形时，应尽量采用相似条件下的工程案例进行分析。同时，以设计图法进行了高度的简化和近似，故只使用与相似工程条件下隧道变形的初步预测。如需得到较为准确的坑外隧道变形，还应结合具体工程案例进行特殊分析。

因案例 1，2，3，10，18，22 和 25 中围护结构变形模式均为复合型变形模式，故均采用设计图中的复合型模式分析计算。实测数据和采用设计图法得到的预测数据对比见表 3.2-1。由表 3.2-1 可得，采用设计图法得到的坑外隧道变形预测值与现场实测值较为接近，但预测值与实测值相比稍大。这是因为采用设计图法得到的预测值为隧道最大位移值，而实测得到的可能为某一测点的隧道变形，故比最大值要小。结合变形影响区的划分方法，同样可得隧道所处的变形影响区位置。得到的变形影响区与现场实际情况十分接近，如案例 1 和案例 3 中预测得到隧道处于主要影响区，基坑开挖将会对隧道产生较大变形影响，而实际施工过程中，案例 1 和案例 3 中的隧道因受开挖影响较为严重，出现了严重变形甚至破坏。

采用设计图法得到的隧道变形预测值与实测值对比　　　　表 3.2-1

案例编号	δ_{hmax}	实测值（mm）		预测值（mm）		变形影响区
		水平位移	竖向位移	水平位移	竖向位移	
1	0.252%H	27.00	−33.00	36.52	−20.95	Ⅰ
2	0.114%H	9.00	−5.00	14.34	−8.06	Ⅱ
3	0.453%H	50.00		23.68	−10.83	Ⅰ
10-1	0.146%H	—	2.85	10.23	−7.84	Ⅱ
10-2	0.146%H		−2.40	3.41	−1.40	Ⅳ
18	0.043%H	—	−5.00	10.71	−7.88	Ⅱ
22	0.150%H	1.52	−4.11	9.22	−7.19	Ⅲ
25	0.284%H	9.22	5.90	11.71	−7.10	Ⅱ

在案例 3 中，围护结构中测斜管得到的最大水平位移为 50mm，比较接近 0.333%H，则结合设计图 0.333%H 得到隧道变形预测值。但根据有限元分析，测斜管底部出现了大概 10mm 的水平位移，因此实际中的围护结构水平位移可以达到 72mm。得到的案例 3 隧道变形值低估了实际中的隧道变形。

根据变形影响区理论，结合隧道位置与变形影响区的关系，则可以快速判断出隧道预估变形是否符合隧道变形控制标准，从而制订相应的变形控制措施。结合相应的基坑与隧道的条件，可快速确定出变形影响区位置，从而对隧道所处位置的变形进行预判，即称为设计表法。

采用前文确定坑外隧道影响区的方法，将 36 种不同工况条件下的不同变形控制标准得到的变形影响区参数绘制成设计表。因此，可根据实际工程情况，对比设计表中较为接近的工况，查询并绘制出坑外变形影响区，则进一步依据坑外隧道位置，即可对隧道变形是否超标进行快速判断，从而决定是否需要制订相应的隧道保护措施。

依据围护结构的最大水平位移和基坑开挖深度，可得到各个工程案例中隧道变形影响区的位置，如图 3.2-2 所示。图中显示的变形影响区基本可以反映出隧道的实际变形情况。

从图中可得，案例 1 和案例 3 中的隧道均处于主要影响区范围内。实际工程施工过程中，因施工前预判失误，并未对隧道采取任何变形保护措施，最终案例 1 中的隧道变形严重，隧道出现较大变形，甚至造成了道床板的脱落。而案例 3 中的隧道因收敛变形超过了控制值，最终不得不在隧道内架设内支撑骨架来防止隧道进一步变形。分析表明，案例 2 和案例 10 中的隧道处在次要影响区内，而在实际工程中，分别对案例 2 和案例 10 中的隧道采取了相应的变形保护措施。如案例 2 中，采用了在隧道周边打设水泥土搅拌桩（隔离桩）的方法对隧道变形进行了有效控制，而案例 10 中则采用了打设临时地下连续墙的分区开挖法对基坑变形进行了有效控制，从而进一步控制坑外隧道变形。得到的预测结果与采用设计图法得到的变形预测结果是一致的，但采用设计表法得到的预测结果则更为直观，可直接对隧道变形是否超出变形控制标准进行判断。

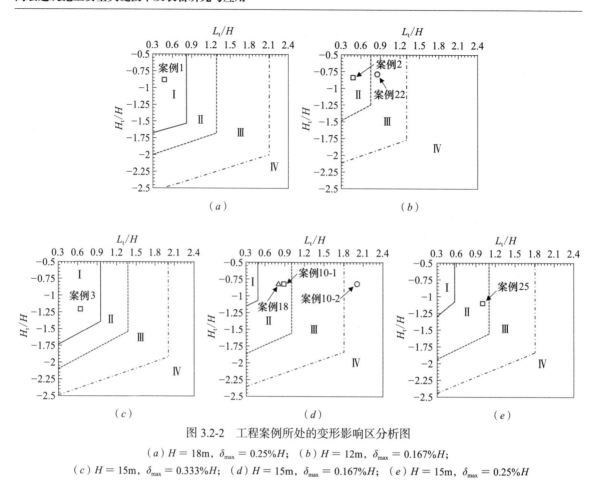

图 3.2-2　工程案例所处的变形影响区分析图

（a）$H = 18$m，$\delta_{max} = 0.25\% H$；　（b）$H = 12$m，$\delta_{max} = 0.167\% H$；

（c）$H = 15$m，$\delta_{max} = 0.333\% H$；　（d）$H = 15$m，$\delta_{max} = 0.167\% H$；　（e）$H = 15$m，$\delta_{max} = 0.25\% H$

　　为更加方便快捷地对坑外隧道最大水平位移进行初步预测，运用有限元软件，采用 HSS（Hardening Small Soil Model）小应变模型模拟天津地区典型粉质黏土场地条件，建立系列数值模型模拟不同条件下坑外隧道的水平位移。在此基础上，采用公式拟合大量数值模拟结果的方法，提出在围护结构变形模式为工程上较为常见的复合型时，同时考虑多变量（围护结构最大水平位移、基坑开挖深度、隧道中心与基坑围护结构距离、隧道中心埋深）间的耦合作用下的隧道最大水平位移计算公式。通过与工程实测数据进行对比，验证本章提出的计算公式准确性。通过本章提出的隧道最大水平位移计算公式，可以更加简便地对由基坑开挖导致的邻近隧道最大水平位移进行计算与预测。

　　为方便进行变参数分析，本书设计一系列有限元模型。现以某基础模型为例进行说明。本计算采用二维平面应变模型进行，模拟围护结构加水平支撑的基坑开挖支护方式。基坑开挖宽度为 60m，考虑模型对称性取 1/2 基坑尺寸，即 30m 进行建模。

　　模型中坑外既有隧道以天津地铁 2、3 号线实际设计为依据，单环隧道由 1 块封顶块 F、2 块邻接块 L 和 3 块标准块 B 构成，管片间采用 2 个 M30 弯曲螺栓连接，管片混凝土强度等级 C50，抗渗等级 S10。本书采用等效刚度法模拟既有隧道，假定混凝土管片在基坑开挖过程中一直处于弹性变形阶段，通过对弹性模量折减的方法，来反映管片间接头存在对既有隧道变形产生的影响。刚度折减方法与第 2 章中应用方法相同，在此不再赘述。隧道外径 6.2m，衬砌厚度 0.35m，基坑围护结构采用弹性模量为 C30，泊松比 0.2，厚度为 0.8m 的地下连续墙，取地下连续墙长度为基坑开挖深度的两倍，共设三道水平支撑。共采用三种基坑深度，12m、15m 及 18m。三种基坑深度的计算模型参数如表 3.2-2 所示。具体模型示意如图 3.2-3 所示。

计算模型相关参数　　　　　　　　　　　　　　　　　表 3.2-2

基坑深度	坑深 12m	坑深 15m	坑深 18m
地下连续墙长度（m）	24	30	36
模型尺寸（m×m）	110×48	130×60	150×72
第一道支撑标高（m）	−1	−2	−1
第二道支撑标高（m）	−5	−7	−5.5
第三道支撑标高（m）	−9	−11	−10
第四道支撑标高（m）	—	—	−14.5

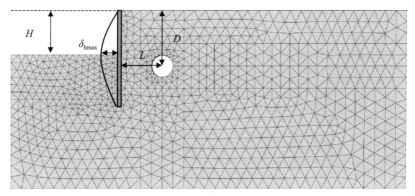

图 3.2-3　计算模型示意图

本次模型计算共设置 4 个变量，基坑开挖深度 H，隧道中心埋深 D，隧道中心距基坑水平距离 L，围护结构最大水平位移值 δ_{hmax}，如图 3.2-3 所示。

由于土层的复杂性、不均匀性、成层性，对隧道变形影响较为复杂，为更清楚地确定上述四个变量对隧道变形的影响，采用单一土层进行计算，该土层为天津市粉质黏土⑧₁层，具体的土体物理力学参数标于表 3.2-3 中。⑧₁层覆土较厚，为大部分隧道所在层，在天津市具有代表性。计算模型中土体模型本构采用小应变硬化模型。

计算模型土体物理力学参数　　　　　　　　　　　　表 3.2-3

土层	γ（kN/m³）	e	c'（kN/m²）	φ'（°）	E_{50}^{ref}（MN/m²）	E_{oed}^{ref}（MN/m²）	E_{ur}^{ref}（MN/m²）	G_0^{ref}（MN/m²）	$\gamma_{0.7}$（10^{-3}）
粉质黏土	19.78	0.7	13.95	25.66	7.21	5.05	36.77	147.1	0.2

为分析不同条件下基坑开挖引起坑外隧道变形的影响，考虑以下参数进行分析。

（1）不同基坑开挖深度

不同基坑开挖深度对坑外土体变形及隧道变形均有较大影响，考虑天津地区常见的地下二层基坑深约 12m，地下三层基坑深约 15m，地下四层基坑深约 18m，故模型中基坑开挖深度 H 分别取 12m、15m、18m 三种情况进行计算。

（2）坑外既有隧道不同位置

隧道水平向距离基坑远近，或是竖直向相对基坑位置都对其变形具有非常明显的影响，本书通过改变参数隧道中心距基坑水平距离 L 和隧道中心埋深 D，以调整隧道在基坑外的位置。《上海市地铁沿线建筑施工保护地铁技术管理暂行规定》规定，地铁两侧邻近 3m 范围内不能进行任何工程；《地铁设计规范》GB 50157—2013 规定，盾构隧道埋深不应小于 1 倍隧道外径。由此可确定对于直径为 6m 的隧道，隧道中心距基坑水平距离 L 最小值取 6m，隧道中心埋深 D 最小值取 9m。本次计算中 L 选取 6m、9m、12m、15m、21m、27m、33m、39m，D 则选取 9m、12m、15m、18m、21m、27m、33m。

（3）不同围护结构最大水平位移

围护结构最大水平位移是坑外隧道变形的主要因素之一。围护结构常见的变形模式通常为内凸、复合、悬臂、踢脚四种模式。实际工程案例中，围护结构变形方式常为复合型或内凸型，以复合型最为常见。故本书根据天津地区工程经验，通过调整不同层水平支撑的刚度，使基坑开挖过程中围护结构变形模式为复合型，同时控制围护结构最大变形值在 15～60mm 之间变化。

综合上述 4 个变量，共建立 504 组模型进行计算，并进行统计分析，建立隧道位置、基坑深度、围护结构变形与隧道最大水平位移的关系公式。

图 3.2-4～图 3.2-7 分别为基坑开挖深度 H、围护结构最大水平位移值 δ_{hmax}、L/H、D/H 对隧道最大水平位移的影响。

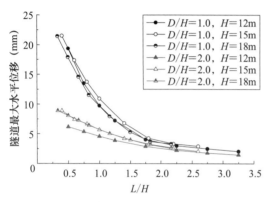

图 3.2-4 归一化后不同工况下隧道最大水平位移与 L/H 关系

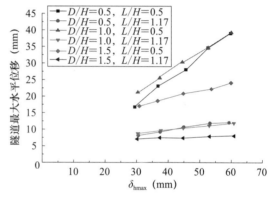

图 3.2-5 隧道最大水平位移与 δ_{hmax} 关系

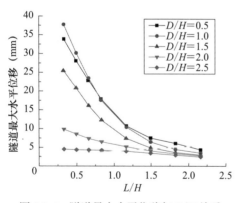

图 3.2-6 隧道最大水平位移与 L/H 关系

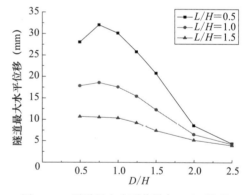

图 3.2-7 隧道最大水平位移与 D/H 关系

由图 3.2-4 可知，采用 H 对 D 及 L 进行归一化后，对于不同开挖深度的基坑，在其他变量相同的条件下，隧道最大水平位移是几乎完全重合的，同时，当 δ_{hmax} 改变时，规律基本一致，因而可以采用 H 对 D 及 L 进行归一化处理的方法，处理后不必再将 H 作为一个变量，从而提高了公式的适用性。

由图 3.2-5 可知，在其他变量相同的情况下，隧道最大水平位移与 δ_{hmax} 呈近似一次线性关系。然而在不同工况下，该比例关系并不相同，且连线并不经过原点，两者之间关系并非正比例关系，因而不能简单通过斜率乘以围护结构最大水平位移来得到隧道最大水平位移。

由图 3.2-6 可知，对于埋深小于 1.5 倍基坑开挖深度的隧道（$D/H < 1.5$），隧道最大水平位移与隧道中心距基坑水平距离大致成反比，且随着隧道中心埋深的增加，反比曲线的曲率呈先增大后减小的趋势，这可能是由于围护结构发生复合型变形模式时，围护结构大致在坑底处发生最大水平位移，该深度土体扰动较大，使得埋深为 1 倍基坑深度时的隧道变形相应较大。当隧道中心埋深大于等于 2 倍基坑开挖深度时，隧道最大水平位移随距离基坑距离变大等比例减小，且当隧道靠近基坑时，最大水平位移也不会明显增大。

图 3.2-7 表示距离基坑不同距离处隧道的最大水平位移随隧道中心埋深的变化。可知当隧道距离基坑较近，隧道中心埋深约为基坑深度 0.75 倍时，隧道水平位移最大；相比而言埋深小于 0.75 倍或大于 0.75 倍基坑深度处的隧道水平位移较小。当距离基坑较远（$L/H = 1.5$ 时），对于不同隧道中心埋深，隧道最大水平位移相差不大，尤其在隧道中心埋深小于基坑开挖深度时，隧道最大水平位移几乎相等。

由上述分析，隧道最大水平位移 h_{sd} 与围护结构最大水平位移 δ_{hmax} 大致呈一次函数关系；隧道最大水平位移 h_{sd} 与距基坑水平距离 L/H 呈反比例关系，但函数的曲率随埋深的不同而不同；隧道最大水平位移 h_{sd} 与隧道埋深 D/H 呈二次及以上的多项式函数关系，但是在距离基坑较远处该规律并不明显。综合以上，并通过计算机试算，确定了式（3.2-1）所示公式。

$$h_{sd} = \frac{\left[\alpha_1 \cdot (L' - \alpha_2 D'^{\alpha_3})^{-1}\right]^{\alpha_4} + \alpha_5}{(\alpha_7 D'^3 + \alpha_8 D'^2 + \alpha_9 D' + \alpha_{10})^2} \cdot \delta_{hmax}^{\alpha_6} \quad （3.2\text{-}1）$$

其中：$L' = \dfrac{L}{H}$，$D' = \dfrac{D}{H}$，$\alpha_1 \sim \alpha_{10}$ 为参数。

图 3.2-8 所示为各工况下得到的隧道最大水平位移模拟值与通过式（3.2-1）计算得到的数值的对比。可以看出公式很好地拟合了各种工况下的隧道水平位移，拟合的决定系数 R_2 高达 0.96626，大多数数据被包裹在了 ±20% 的误差范围内，具有很高的工程精度。

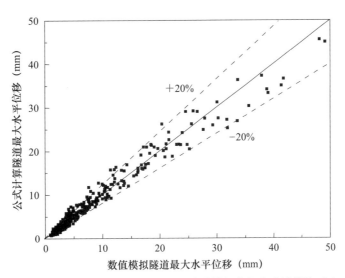

图 3.2-8　不同工况下隧道最大水平位移模拟值与公式计算值对比

3.2.2　土体竖向变形注浆主动控制机理

考虑到天然土层的性质多样性、成层性以及环境复杂性等特点，现场注浆试验进行注浆抬升时是多种影响因素的共同作用，且影响因素定量控制较困难，因此，通过现场注浆试验进行注浆抬升的基础研究存在较大的困难。采用室内模型试验可较为有效地针对单一影响因素进行研究，在明确的试验条件下，研究不同的试验因素对注浆抬升效果的影响，以期从机理上研究注浆抬升的基本力学行为。室内模型试验中，为了反映天然土层的性质多样性，本书进行了重塑土和结构性土中的注浆试验，并采用了不同地区的两种土进行了对比，并进行了欠固结土、正常固结土、超固结土中的注浆试验，反映了土体的不同应力状态；为了反映天然土层的成层性，本书进行了一系列成层土中的注浆试验，研究了不同的注浆位置、土层厚度、土体结构强度对注浆抬升效果的影响；对于注浆工程来说，环境复杂型主要体现在周围建筑物的影响，其中建筑物重量是重要的影响因素，而为了反映环境复杂性，本节研究了不同试验条件下上覆荷载对注浆抬升效果的影响。

为探索研究在不同的试验条件下注浆时，注浆抬升效果的变化规律，本节设计注浆模型试验，通过室内试验达到以下试验目的：

（1）均质粉质黏土中，通过对竖向位移、注浆压力随时间变化的观察，研究上覆荷载对注浆抬升效果的影响并分析其原因。

（2）均质结构性黏土中，通过观察及对主固结时间、次固结沉降的计算，研究结构强度、注浆量等因素对注浆抬升效果的影响，并分析其原因。

（3）均质欠固结黏土中，通过对竖向位移、注浆压力随时间变化的观察，以及对主固结时间、次固结沉降的计算，研究固结度、土体类型等因素对注浆抬升效果的影响，并分析其原因。

（4）成层黏土中，通过对注浆压力随时间变化和竖向位移的观察，以及对主固结时间、次固结沉降的计算，研究注浆位置、土层厚度等因素对注浆抬升效果的影响，并分析其原因。

为了研究注浆抬升的机理，设计加工了一套注浆模型试验装置，如图3.2-9所示，该装置包含三部分：固结设备、注浆设备和监测设备。

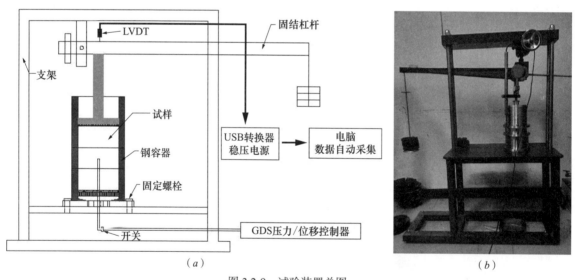

图3.2-9　试验装置总图

（a）剖面图；（b）实物图

利用自行设计的室内注浆模型试验装置进行了一系列室内注浆试验，研究不同注浆条件下注浆抬升长期效果的变化规律。

（1）注浆抬升效果与建筑物重量、注浆方法和注浆位置相关。隧道开挖过程中，隧道不可避免地穿越不同高度的建筑物。当注浆位置相同时，不同高度的建筑物的重量不同，但迄今为止，建筑物重量对注浆抬升效果的影响还鲜少有人系统地从机理上进行研究。通过一系列室内注浆模型试验，研究在不同上覆荷载条件下，正常固结软黏土中注浆抬升长期效果的变化规律，以及注浆间隔时间、土体超固结比对注浆抬升长期效果的影响。

对于均质黏土，主要结论有：

1）连续注浆时，正常固结土在不同上覆荷载作用下，最终注浆率随着上覆荷载的增大呈减小趋势；注浆峰值压力随着上覆荷载的增大而增大，且与上覆荷载呈线性关系。

2）在总注浆量相同的条件下，当上覆荷载小于 100kPa 时，采用分次注浆时最终注浆率均小于一次性连续注浆时最终注浆率；当上覆荷载大于 100kPa 时，分次注浆时最终注浆率大于连续注浆时最终注浆率；相同上覆荷载条件下，间隔时间越长，最终注浆率越小。

3）对于超固结土，注浆抬升长期效果优于正常固结土中注浆抬升长期效果。当超固结比为 1.5 时，最终注浆率在上覆荷载小于 75kPa 时，随上覆荷载的增大而增大，但当上覆荷载大于 75kPa 或者超固结比提高到 2.0 时，最终注浆率几乎不随上覆荷载的变化而变化。

（2）目前，多数的室内注浆试验均采用的是重塑均质黏土，但很多学者认为天然沉积黏土具有一定的结构性，且结构性黏土在岩土工程中广泛存在。结构性土的性质与重塑均质黏土有较大的区别。

注浆量是注浆设计方案中一个重要的参数，也是注浆工程或者注浆试验终止指标之一。但注浆量往往通过理论公式或者依据经验确定，与实际注浆量相差较多。因此，有必要研究土体结构性对注浆抬升长期效果的影响，以及注浆量、上覆荷载在不同结构性土中对注浆抬升长期效果的影响。

对于均质结构性黏土，主要结论有：

1）土体结构性可以有效地提高注浆抬升长期效果，并且在一定范围内，最终注浆率随应力比的增加而增加；峰值注浆压力与应力比呈正比例关系；随应力比的增加，主固结时间和次固结沉降占总沉降量的比例整体均呈减小趋势。

2）对于重塑土和低应力比的人工结构性黏土来说，单位注浆量的增加有助于提高最终注浆率，但对高应力比的人工结构性黏土来说，单位注浆量对最终注浆率的影响很小。

3）在重塑土和人工结构性黏土中注浆时，最终注浆率随上覆荷载的增加而显著降低，且上覆荷载对最终注浆率的影响与应力比无关；峰值注浆压力与上覆荷载呈正比例关系；在重塑土中注浆时，上覆荷载对主固结时间影响较大，对次固结沉降占总沉降量的比例影响较小，而在人工结构性黏土中注浆时，规律相反。

4）在正常固结结构性土和超固结重塑土中注浆时，最终注浆率均是随着屈服应力的增加显著增加，随后达到一个极限值，约为 85%，但在超固结重塑土中注浆时，在较小的屈服应力时即达到最终注浆率极限值；峰值注浆压力与屈服应力和上覆荷载相关，当上覆荷载小于屈服应力时，可采用公式估算峰值注浆压力。

（3）随着沿海城市化建设的高速发展，为缓解用地紧张的问题，大量土地需要通过围海造陆工程而形成。围海造陆面积巨大，比如韩国至 2006 年围海造陆面积达 1550km^2、日本神户至 1995 年围海造陆面积达 23km^2、中国至 2000 年围海造陆面积高达 12000km^2，其中，天津滨海新区已吹填完成的场地总面积约为 477km^2。

天津地区吹填场地一般采用周边港池和航道疏浚土料，经水力吹填完成陆域场地。吹填土一般具有低强度、高压缩性，并且在长时间内持续发生沉降，因此增加了围海造陆区域发生超大沉降的危险性。

注浆是目前应用最广泛的控制沉降的措施之一，目前的研究均集中在正常固结和超固结土中注浆时影响注浆抬升效果的因素。

对于均质欠固结黏土，主要结论有：

1）欠固结土中注浆时，注浆过程对主固结沉降的影响包含三部分：注浆阶段时注浆抬升效果引起的注浆抬升量、由注浆导致的超孔隙水压力的消散产生额外的主固结沉降和由压缩模量提高所引起的与上覆荷载增量相关的主固结沉降的减小量；欠固结土中注浆可以有效地减小主固结沉降，但对次固结沉降无影响。

2）欠固结土中注浆时，注浆过程对主固结时间的影响包含两部分：由排水路径缩短引起的与上覆荷载相关的主固结时间减小量和注浆过程产生超孔隙水压力消散引起的主固结时间增加量；随着固结度的增加，主固结时间增加，主固结阶段的最终注浆率减小。

3）随着超固结比的增加，超固结比＜1.0时，主固结阶段的最终注浆率的最大值可能超过100%，并且随超固结比的增加而减小；超固结比＝1.0时，主固结阶段的最终注浆率达到最小值；超固结比＞1.0时，主固结阶段的最终注浆率显著提高，逐渐达到极限值（约为85%），不再随超固结比的增加而变化；峰值注浆压力与竖向有效应力呈正比例关系。

（4）由于天然土层的成层性、非均质等特点，通过现场注浆试验进行注浆抬升的基础理论研究存在较大的困难，采用室内模型试验可较为有效地针对单一影响因素进行研究。传统的注浆模型试验大多采用均质土样，研究浆液在均匀土体中的发展过程以及注浆抬升效果。但针对工程中土体层状特性来研究相邻土层性质变化对注浆抬升长期效果影响的成果较少，且成层土中如何选择实施注浆的土层以达到最佳注浆抬升效果也同样缺乏理论指导，往往根据经验进行选择。因此，有必要对成层土中注浆抬升长期效果的影响因素进行研究。

本书通过一系列室内注浆模型试验，研究在成层黏土中不同位置处注浆时，注浆抬升长期效果的变化规律，以及注浆点周围土层厚度、土体结构强度对注浆抬升长期效果的影响。

对于成层黏土，主要结论有：

1）成层土中注浆时，注浆点位于强度较高的结构性黏土层中注浆时抬升长期效果较好，且注浆点上覆土层的性质对注浆抬升长期效果的影响较明显；峰值注浆压力主要取决于注浆点周围土体性质；重塑土层的存在会增加主固结时间，并降低主固结沉降占总沉降量的比例。

2）注浆点位于强度较高的结构性黏土层时，随结构性黏土层厚度的增加，最终注浆率呈非线性增长，主固结时间显著降低，主固结沉降占总沉降量的比例则显著增长；注浆点位于重塑土层时，其变化趋势与注浆点位于结构性黏土层时相反。

3）土层分布条件不变的条件下，最终注浆率随注浆点处土层结构强度的增加呈非线性增长趋势；峰值注浆压力与注浆点处土层结构强度具有较强的线性相关性，随结构强度的增加而增加；随着注浆点处土层结构强度的增大，主固结时间呈下降趋势，而主固结沉降占总沉降量的比例则呈上升趋势，但变化程度较小。因此，当注浆点因土体较软、强度较低，导致注浆效果不理想时，可采取对注浆点周围土体进行预先加固，提高其强度的措施，以有效地提高注浆抬升长期效果。

3.2.3 土体水平变形注浆主动控制机理

在本书的研究中，注浆膨胀量通过对选定区域施加体积应变 ε_v 来实现。体积膨胀量的计算由式（3.2-2）表示：

$$\varepsilon_v = \frac{V_g}{V_{c0}} \times 100\% \qquad (3.2\text{-}2)$$

式中　V_g——实际施工中的注浆量；

V_{c0}——模拟中选定的膨胀区域。

有限元软件采用 PLAXIS 2D 2016 软件，模型图如图 3.2-10 所示。

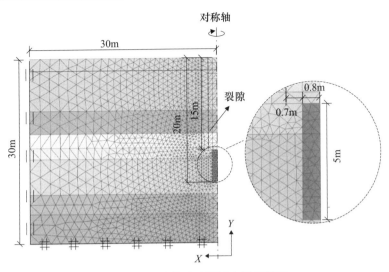

图 3.2-10　注浆试验模拟有限元模型

在进行了数值模拟实测的严格对比之后，进一步研究了土质条件、注浆长度和深度对注浆效果的影响，并进行了注浆周围土体沿深度方向和水平方向的位移场分析。得到了以下结论：

（1）不同土质条件中，土体的强度和土体的刚度是影响注浆效果的主要因素。土体的强度参数和刚度参数相比，前者对注浆效果的影响相对较小；注浆效果主要受土体刚度的影响。

（2）注浆结束后，周围土体会产生沿深度方向的鼓肚型变形，以及沿水平方向的类高斯曲线型变形。其中注浆周围土体的位移最值点会出现在接近于注浆范围顶部的位置，并随着注浆距离的增加而逐渐上移。不同的土质条件和注浆参数下，均呈现一致的结果。

（3）注浆量和注浆周围土体位移之间呈现线性相关的关系。随着注浆量的增加，土体位移线性增加。不同注浆距离、土质参数条件下均呈现一致的结果。注浆距离的增加，会使注浆量和土体位移之间线性关系曲线的斜率迅速减小。

（4）随着注浆距离的增加，同一埋深处的土体位移迅速减小。以注浆距离 2m 处土体的水平位移为基准，土体位移衰减至 50% 时注浆距离为 3m，土体位移衰减至 20% 时注浆距离为 6m。且该规律在不同注浆参数和土质条件下保持一致。

（5）当总注浆量相同、注浆长度不同时，土体位移的规律不变。土体位移最值点随着注浆长度的增加而向下移动；土体位移最值随着注浆长度的增加逐渐减小。不同注浆长度时，注浆量和土体位移依然呈现线性相关的关系，但关系曲线斜率逐渐减小。

（6）注浆深度的改变不会改变注浆周围土体的位移规律。注浆深度的增加会使土体位移最值点出现整体的下移；土体位移最值点位置下移的量值和注浆深度的变化基本一致。

3.2.4　基坑坑外隧道变形注浆主动控制机理

1. 概述

数值模拟采用 PLAXIS 3D AE 建立三维模型，有限元模型俯视图示意如图 3.2-11 所示，部分有限元模型如图 3.2-12 所示（隐藏部分土体）。

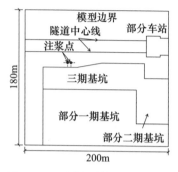

图 3.2-11　有限元模型俯视示意图

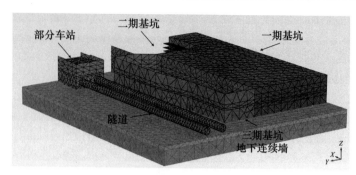

图 3.2-12　部分有限元模型

模型以隧道 X 轴方向为长度，Y 轴方向为宽度，Z 轴方向为土体深度。模型 X 方向取 200m，Y 方向取 180m，Z 方向取 50m。其中底部边界条件为竖向水平约束，顶部为自由边界，四周均为水平方向约束。模型采用 10 节点四面体单元计算，共划分单元 65578 个，节点总数为 101176 个。采用薄壁取土器在现场取得原状土样，并进行相应的室内土工试验，取得如表 3.2-4 所示的土体物理力学参数。模型中，土体参数采用考虑土体小应变效应的 HSS 模型。其中⑨₁ 层及以下土层对模型影响较小，归并为同一层土。

土体的物理力学参数 表 3.2-4

土层	种类	层厚（m）	重度 γ（kN/m³）	有效黏聚力 c'（kN/m²）	有效内摩擦角 ϕ'（°）	参考剪切模量 E_{50}^{ref}（MN/m²）	参考压缩模量 E_{oed}^{ref}（MN/m²）	参考回弹模量 E_{ur}^{ref}（MN/m²）	参考小应变剪切模量 G_0^{ref}（MN/m²）	孔隙比 e
①₁	杂填土	8.4	18.10	5.00	9.00	4.85	3.73	26.89	105.30	0.89
⑥₁	粉质黏土	3.8	19.01	14.15	16.15	4.95	4.27	35.06	139.21	0.87
⑥₄	粉质黏土	2.3	19.18	15.37	18.90	4.71	5.10	47.31	160.85	0.84
⑦	粉质黏土	1.8	19.83	17.39	16.14	5.06	4.47	39.87	156.50	0.73
⑧₁	粉质黏土	5.7	19.82	16.02	20.10	7.57	5.31	38.62	160.51	0.71
⑧₂	粉土	3.2	20.23	10.09	30.19	5.78	8.11	30.33	120.40	0.64
⑨₁	粉质黏土	24.8	19.57	23.65	19.30	3.33	6.43	40.86	155.27	0.75

隧道采用线弹性模型近似模拟，隧道衬砌为 C50 强度混凝土预制管片，隧道外径为 6.2m，管片厚度为 0.35m。定义盾构隧道横向刚度有效率为 75%，用以反映管片间接头存在对既有隧道变形产生的影响；将盾构隧道纵向刚度有效率取为 20%，隧道参数选取见表 3.2-5。其余结构参数根据实际情况进行选取。

既有隧道管片力学参数 表 3.2-5

结构类型	横向弹性模量 E_h（GPa）	纵向弹性模量 E_v（GPa）	泊松比 ν	密度 ρ（kg/m³）
隧道结构	25.875	6.9	0.2	2500

在基坑开挖卸荷的影响下，试验进行前隧道已产生了一定的水平位移。试验结束后，在注浆点位置两侧一定范围内隧道水平位移减小，胶囊注浆体现了水平位移纠偏的效果。对该基坑开挖过程和注浆过程进行完整的有限元模拟。注浆之前隧道的水平位移如图 3.2-13 所示，其和实测结果较为接近。有限元计算注浆之后隧道产生相应的位移恢复，其和实测结果比较接近。具体对比结果如图 3.2-13 所示，其中指向基坑方向的水平位移为负值。由此可以体现该有限元

模拟方法和实际情况能较好地拟合。隧道位置为在有限元模型中的坐标。

将实测结果和有限元计算结果中，注浆前后隧道水平位移增量进行整理，得出如图 3.2-14 的结果，其中正值代表隧道水平位移的恢复值；注浆点对称轴指注浆与隧道的垂线段，与注浆点对称轴距离为沿隧道延伸方向，后文研究中亦是如此。后文研究中将隧道远离注浆点的位移规定为正值。其中，注浆点位于图中坐标原点两侧各 2m 位置处。由图中可以看出，实测隧道最大水平位移恢复值达到 3.13mm 左右，有限元模拟结果为 3.22mm，有限元模拟结果和试验结果的峰值比较接近。同时，位移模型也比较接近，实测和有限元结果的隧道水平位移均呈现出 Guass 曲线型变形。

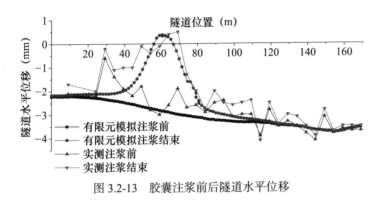

图 3.2-13　胶囊注浆前后隧道水平位移　　　图 3.2-14　隧道位移增量试验结果与有限元模拟结果对比

2. 胶囊注浆法控制隧道位移参数分析

（1）注浆距离对注浆效果的影响

模型以隧道 X 轴方向为长度，Y 轴方向为宽度，Z 轴方向为土体深度。模型 X 方向取 200m，Y 方向取 110m，Z 方向取 50m。约束条件为：底部为竖向水平约束，顶部为自由，四周为水平约束。模型采用 10 节点四面体单元计算。其中，基坑开挖深度为 -15m，隧道中点埋深为 -15m；隧道直径 6.2m，基坑沿隧道长度方向延伸 100m，基坑宽度为 50m（基坑为对称模型）。模型示意如图 3.2-15 所示。

隧道外壁与基坑边缘的净距为 20m。基坑在模型对称位置，基坑距离模型边界左右各 50m。模型尺寸如图 3.2-16 所示。在有限元模拟中，先进行隧道施工。待隧道施工完成后，进行基坑开挖模拟。待基坑开挖至坑底后，进行注浆模拟。注浆点位于基坑地下连续墙与隧道外壁之间，由于注浆位置为变量，遂在模型尺寸图中未标注。注浆模拟方法、隧道和基坑参数与本小节"1. 概述"中的模型方法和参数相同。为对比注浆效果在有无隧道基坑时的差别，将土体取为同一种土层；其中 $E_{50} = 5MPa$、黏聚力为 10kPa、摩擦角为 25°，其余参数和本小节"1. 概述"中模型对应土层参数相同。

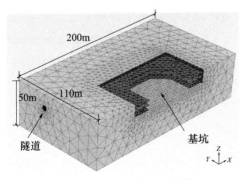

图 3.2-15　模型示意图

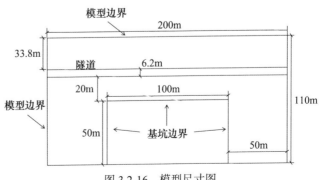

图 3.2-16　模型尺寸图

为了研究注浆距离与隧道位移的关系，选取注浆距离 3m、6m、9m；其中注浆距离指注浆中心点与隧道外壁的净距。将注浆范围顶部埋深取为 −15m，与隧道中心点即最大位移点相同。注浆范围取为 −15～20m。选取注浆量为 1m³，将注浆前隧道位移与注浆后隧道位移进行对比，如图 3.2-17 所示。

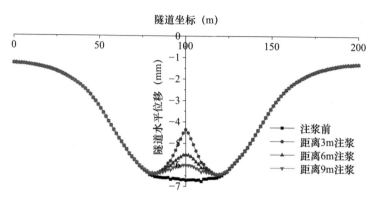

图 3.2-17　不同距离注浆引起的隧道位移

由图 3.2-17 可以看出，注浆前即基坑开挖至坑底时，隧道出现了明显的水平位移，水平位移最大值达到了 6.7mm；在基坑对应的范围内，隧道水平位移均超过了 3mm。其中隧道指向基坑方向的水平位移为负值。分别在距离隧道 3m、6m、9m 位置处注浆，注浆位于坐标 $X=$ 100m 位置，即隧道对称轴处；注浆量均为 1m³。注浆后在注浆点对应位置处隧道出现明显的位移恢复。在注浆点对应位置，注浆距离 3m 时隧道位移恢复至 4.4mm，注浆距离 6m 时隧道位移恢复至 5.5mm，注浆距离 9m 时隧道位移恢复至 6mm。

通过图 3.2-18 可以看出，随着注浆距离的增加，隧道水平位移增量逐渐减小。在注浆距离 3m 时，隧道水平位移增量最大值达到 2.3mm；注浆距离 9m 时，隧道水平位移增量最大值减小到 0.7mm。且注浆距离为 3m 增加到 9m 过程中，隧道位移增量逐渐由集中式向整体式位移过渡。将对应位置处土体的水平位移和隧道位移进行对比，得到图 3.2-19。由图 3.2-19 可以看出，对于注浆纠偏隧道中，注浆距离 3m 时隧道最大水平位移增量为 2.3mm；而对于 Green Field 中注浆情况，对应位置土体最大水平位移为 5.5mm 左右。注浆 6m 时，隧道最大水平位移增量为 1.2mm；对应位置土体最大水平位移为 2mm 左右。注浆 9m 时，最大水平位移增量为 0.7mm；相应位置土体最大水平位移为 1mm 左右。对比有基坑和隧道以及 Green Field 两种情况可以看出，Green Field 中土体位移更为集中；因隧道的存在，其自身刚度使位移增量变平缓。其中，注浆距离较近时（如 3m）最为明显，而注浆距离较远时（如 9m），土体位移和隧道位移较为接近。对三种注浆量 0.5m³、1m³、1.5m³ 的情况进行计算，将隧道位移增量最值和 Green Field 中对应位置土体位移最值进行对比，得到图 3.2-20。

将隧道位移增量最值和 Green Field 中对应位置土体最值的比值定义为注浆效率。图 3.2-20 中左侧纵轴为水平位移最值，右侧纵轴为注浆效率。由图 3.2-20 可以看出，随着注浆距离的增加，隧道位移最值以及土体位移最值均显著减小；其中，隧道位移最值衰减较土体位移最值慢；由于隧道自身刚度的存在，隧道位移最值衰减速度接近于线性相关。随着注浆距离的增加，注浆效率也随之增加。以注浆量 1m³ 为例，注浆距离 3m 时，注浆效率为 0.42 左右；注浆距离 9m 时，注浆效率接近 0.7。

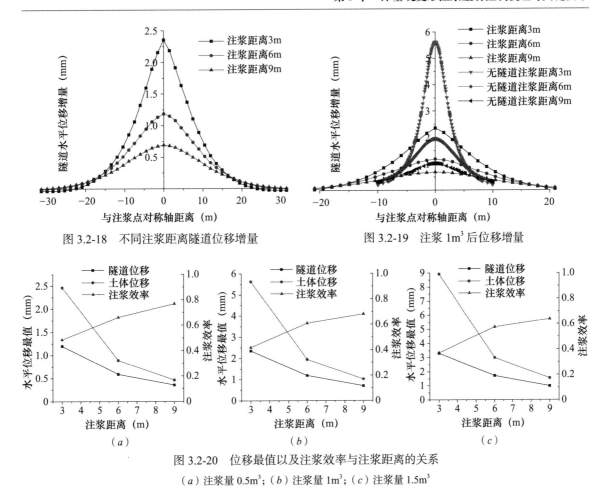

图 3.2-18 不同注浆距离隧道位移增量　　　图 3.2-19 注浆 1m³ 后位移增量

图 3.2-20 位移最值以及注浆效率与注浆距离的关系

（a）注浆量 0.5m³；（b）注浆量 1m³；（c）注浆量 1.5m³

将不同注浆量下注浆效率汇总得到图 3.2-21，由图 3.2-21 可以看出，当注浆量为 0.5m³、注浆距离为 9m 时，注浆效率接近 0.8，而当注浆距离减少为 3m 时，注浆效率仅仅接近 0.5。当注浆量增加到 1.5m³ 时，注浆距离 3m 下注浆效率不到 0.4，当注浆距离增加到 9m 时，注浆效率略大于 0.6。

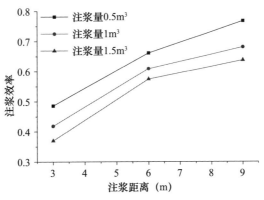

图 3.2-21 注浆效率与注浆距离的关系

（2）注浆量对注浆效果的影响

在上文的模型基础上，对注浆量进行参数分析。分别计算注浆距离为 3m、6m、9m 时，注浆量为 0.5m³、1m³、1.5m³ 的情况。其中，注浆中心点坐标 $X = 100$m。将隧道在注浆前后的水平位移汇总，得到图 3.2-22。

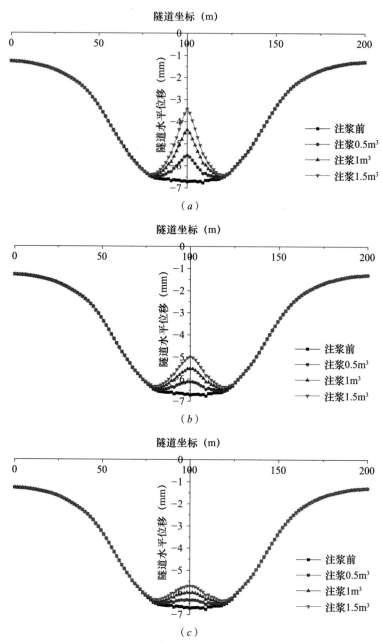

图 3.2-22 不同注浆量时隧道水平位移

（a）注浆距离 3m 时隧道水平位移；（b）注浆距离 6m 时隧道水平位移；（c）注浆距离 9m 时隧道水平位移

通过图 3.2-22 可以看出，随着注浆量的增加，注浆位置影响范围内的隧道位移显著增加。将注浆前后的隧道位移增量整理得到图 3.2-23。并将 Green Field 中对应位置土体位移与隧道水平位移增量进行对比。

由图 3.2-23 可以看出，隧道位移随着注浆量的增加而增加。相应位置处土体水平位移增长速度要大于隧道位移增加速度。对于注浆距离较近时（3m），隧道位移增量和土体水平位移增量差值较大；而对于注浆距离较远时（9m），两者差值较小。在 Green Field 的情况中，注浆量的增加会使注浆点附近土体位移显著增加，而周围土体之间位移差值显著增加；对于隧道而言，注浆量的增加使隧道位移整体增加，而隧道相邻点之间差值增加不太显著。

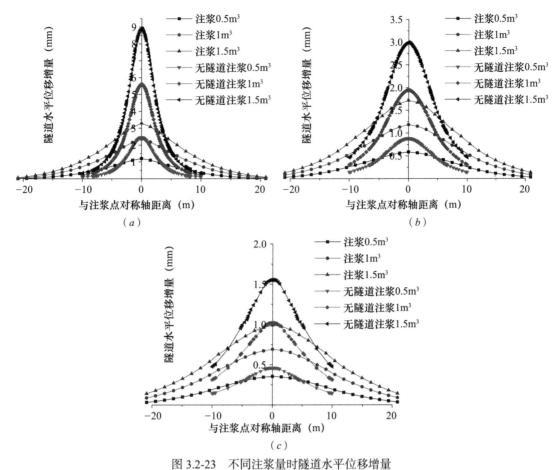

图 3.2-23 不同注浆量时隧道水平位移增量

（a）注浆距离 3m 时隧道水平位移；（b）注浆距离 6m 时隧道水平位移；（c）注浆距离 9m 时隧道水平位移

　　将注浆量与位移最值的关系以及注浆量与注浆效率的关系进行汇总，得到图 3.2-24。图 3.2-24 中左侧纵轴为水平位移最值，右侧纵轴为注浆效率。由结果可以看出，随着注浆量的增加，土体位移和隧道水平位移增量均呈现线性增长。其中，隧道水平位移增量的增长速度小于对应位置处土体位移。注浆距离越大，两者之间的差距越小。随着注浆量的增加注浆效率逐渐降低。在注浆距离 3m 时，注浆效率由 0.5 降低至略低于 0.4；注浆距离 9m 时，注浆效率由 0.75 降低至略大于 0.6。由图 3.2-25 可以看出，随着注浆量的增加，不同注浆距离下注浆效率均有降低。注浆距离 3m 和注浆距离 9m 时，注浆效率差值变化不大，维持在 0.25 左右。

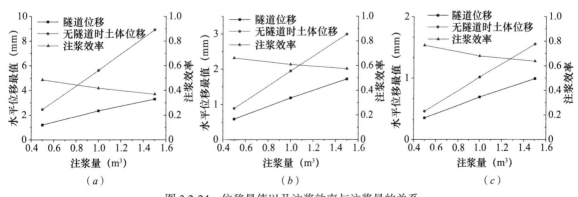

图 3.2-24 位移最值以及注浆效率与注浆量的关系

（a）注浆距离 3m；（b）注浆距离 6m；（c）注浆距离 9m

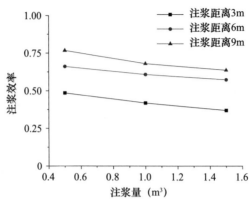

图 3.2-25　注浆效率与注浆量的关系

（3）注浆深度对注浆效果的影响

注浆体周围土体的位移最大值出现在注浆体顶部以下、靠近顶部的位置附近。在基坑开挖过程中，隧道向基坑方向发生水平位移。隧道位移的最大值发生在隧道中点位置，即埋深 -15m 附近。探讨不同注浆深度对隧道位移的影响，并与 Green Field 的情况进行对比。选取三种注浆范围，分别为 -18～-13m、-20～-15m、-22～-17m。以注浆量为 0.5m³ 为例进行分析。将不同注浆范围下的隧道位移进行分析，得到图 3.2-26。

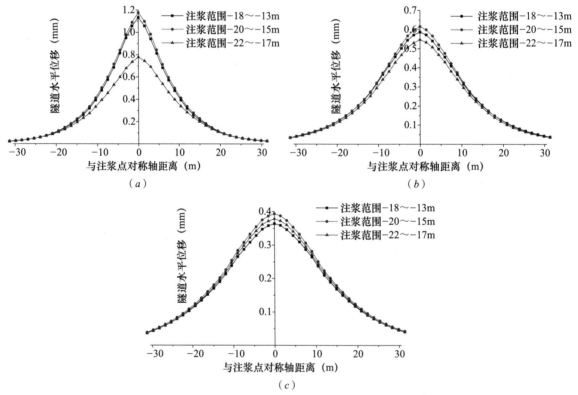

图 3.2-26　不同注浆深度与隧道水平位移增量的关系

（a）注浆距离 3m 处注浆深度与隧道水平位移增量的关系；（b）注浆距离 6m 处注浆深度与隧道水平位移增量的关系；
（c）注浆距离 9m 处注浆深度与隧道水平位移增量的关系

由图 3.2-26 可以看出，当注浆深度不同的时候，隧道水平位移的最大值有所区别。当注浆水平距离 3m 的时候，注浆顶部埋深 -15m 时隧道水平位移大于另外两种埋深；但注浆顶部埋

深 −15m 与 −13m 的情况较为接近，差别不大，而注浆顶部埋深 −17m 时与另外两种情况差距较为明显。通过分析可以看出，在注浆距离较近时，注浆体周围土体位移最大值位于注浆体顶部以下一定范围（对于注浆长度为 5m 的情况，注浆距离 3m 处位移最大值一般在顶部往下 1m 左右位置）。结合周围土体位移情况可以看出，在注浆埋深 −13m 和 −15m 时，隧道对应的土体位移影响范围的包络线较为接近，因此隧道位移相差不大。可以看出，随着注浆距离增加，−15m 埋深处的隧道水平位移与另两种情况差距增加；当注浆距离增加至 9m 时，注浆顶部埋深达到 −15m 时隧道位移增量最大，埋深 −17m 时次之，而埋深 −13m 时隧道位移最小。通过分析，随着注浆距离的增加，周围土体水平位移最值点会出现上移。在注浆距离达到 9m 的时候，位移最值点在注浆体顶部上方。因此可以得知，埋深 −17m 时，隧道对应的土体位移影响范围的包络线要大于埋深 −13m 的情况；因此注浆埋深 −17m 时隧道位移大于注浆埋深 −13m 的情况。由此可知，在注浆对隧道纠偏中，应根据注浆体周围土体的位移情况及最值点分布情况来布置注浆范围。

（4）基坑开挖对注浆效果的影响

在基坑开挖过程中，坑外土体会因围护结构的变形而向坑内产生位移，这一过程会导致坑外土体处于轻度超固结状态。与此同时，坑外隧道会在周围土体位移的带动下向坑内产生位移。当基坑近邻隧道进行开挖时，不同的基坑开挖深度、基坑支撑参数等因素会使基坑产生不同的变形；同时，不同的基坑围护变形会使隧道产生不同的水平位移。当上述因素发生改变的时候，注浆纠偏隧道的效果是否改变是本节研究的内容。本节在上文模型的基础上，设置两种工况进行分析：周围无基坑的情况对隧道进行注浆以及在上文的工况中（基坑开挖至坑底）进行隧道注浆施工。注浆范围为 −20～−15m，注浆量和注浆距离和前文所述中选取相同。将两种工况的隧道位移增量进行汇总，得到如图 3.2-27。

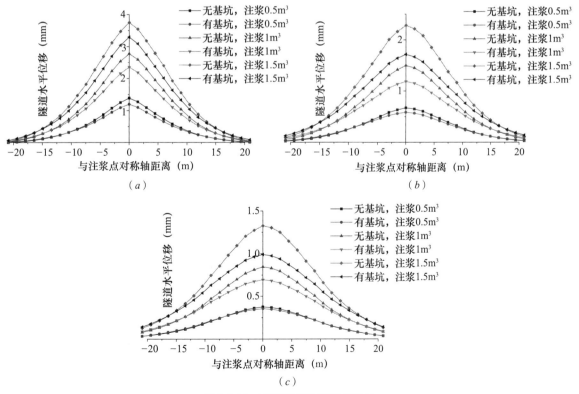

图 3.2-27　有无基坑注浆效果对比

（a）注浆距离 3m 时有无基坑注浆效果对比；（b）注浆距离 6m 时有无基坑注浆效果对比；
（c）注浆距离 9m 时有无基坑注浆效果对比

由图 3.2-27 可以看出，当无基坑情况对隧道进行注浆保护时，其水平位移增量要大于有基坑的情况。注浆量越大，有无基坑隧道位移增量的差距越明显。由此可以推断，基坑围护结构变形不同，即隧道已有水平位移以及基坑外土体卸荷水平不同时，注浆效果将出现差别。当基坑开挖围护结构变形较小时，注浆效果将有提高；其提高的效果在注浆量大的时候较为显著。结合已有的分析可以看出，基坑开挖导致坑外土体产生的超固结现象将使注浆效果降低，土体位移最大值减小；通过本节的分析可以看出，当将注浆应用于隧道纠偏时，土体超固结现象对注浆效果的影响将更为显著。

将不同注浆距离和注浆量下，有无基坑隧道位移最大值汇总得到图 3.2-28。通过图中结果可以看出，当注浆距离较近时（3m），基坑开挖对注浆效果的影响十分显著。无基坑时注浆 0.5m³ 隧道位移最大值为 1.4mm，有基坑影响时为 1.2mm；无基坑注浆 0.5m³ 隧道位移最大值为 3.75mm，有基坑影响时为 3.2mm。由此可以看出，当基坑造成隧道产生水平位移时，应根据基坑开挖卸荷情况和隧道水平位移情况对注浆量进行调整。

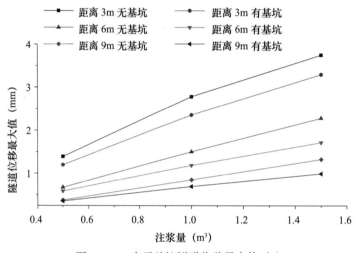

图 3.2-28　有无基坑隧道位移最大值对比

3. 多孔注浆模拟分析

在对隧道进行注浆纠偏过程中，通常需要进行多孔位的注浆来完成对隧道的整体纠偏。本节将分析多孔位注浆的叠加效果。在前模型的基础上，对多孔位注浆的效果进行分析。选取注浆孔与隧道的距离为 4m，单孔注浆量 0.5m³。相邻注浆孔位的水平距离为 4m，注浆范围为埋设 −15～20m。注浆模拟孔位与隧道的相对位置关系如图 3.2-29 所示。从图 3.2-29 中的注浆次序可以看出，本次模拟共进行 7 次注浆。其中第一次注浆的孔位为注浆整体方案的对称位置，且为单孔注浆。第二次至第七次注浆为双孔注浆，在图 3.2-29 中分别编号为 2～7。每孔注浆量均为 0.5m³。注浆过程为连续注浆，每次注浆之间的时间间隔为 1h。模拟计算中，注浆模拟的膨胀过程采用塑性计算；在每次注浆结束后进行固结分析，来模拟两次注浆之间的时间间隔，以及注浆过程中的孔压消散过程。将注浆后隧道整体位移增量和每次注浆后的隧道位移增量进行汇总，得到图 3.2-30 以及图 3.2-31。其中每次注浆后隧道位移增量的结果为塑性计算后的结果。

由图 3.2-30 可以看出，第一次注浆结束后，隧道整体位移增量最大值为 1mm 左右。第二次注浆结束后，隧道整体位移增量最大值增长至 2.5mm 左右。当第五次注浆结束后，隧道整体位移增量最大值增长至 4mm 左右，其后的注浆隧道位移最大值基本不变。第五次至第七次注浆过程，隧道整体位移增量最大值在维持不变的基础上，隧道位移增量范围逐渐扩大，实现了对隧道整体位移纠偏的效果。将每次注浆的隧道位移增量进行提取，得到图 3.2-31。通过对比前三次注浆结果可以看出，第二、三次注浆为双孔注浆，该过程中隧道位移增量大于第一次单孔注浆。通过分析可知，双孔同时注浆，当注浆孔距离较近时两个注浆体之间可以起到侧向的相互约束；注浆体前方水平位移显著增加，从而使隧道位移能显著增加。通过对比第三~七次注浆可以看出，当注浆孔间距逐渐增加，相互之间的侧向约束作用逐渐减小，且注浆对隧道纠偏作用的叠加效果也逐渐较小。第四~七次注浆时，隧道位移增量最大值和单孔基本一致。即当注浆孔间距增加到 20m 左右时，注浆之间侧向约束作用基本消失；且注浆对隧道纠偏作用的叠加也基本可以忽略不计，基本和单孔作用一致。通过第七次注浆可以看出，在双孔之间的区域出现了隧道位移增量为负值的情况。该区域与注浆孔距离较大，超过了注浆的影响范围。隧道位移增量出现负值，是注浆后超孔隙水压力的消散、隧道位移恢复导致的。因此，在注浆纠偏隧道过程中，需要后续的相同位置或者相近位置的重复注浆，对隧道位移恢复值进行控制。

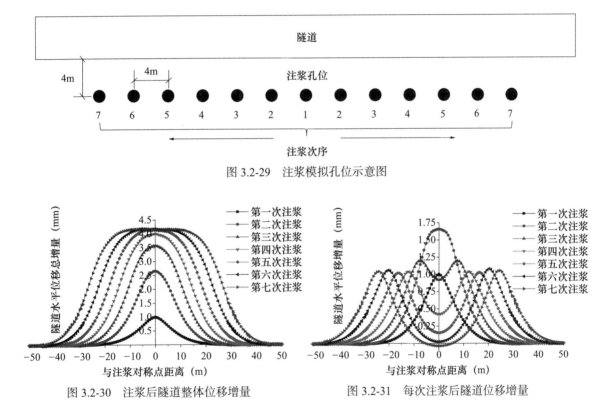

图 3.2-29　注浆模拟孔位示意图

图 3.2-30　注浆后隧道整体位移增量　　　图 3.2-31　每次注浆后隧道位移增量

将有限元结果与注浆控制隧道位移试验做了严格对比，发现可以较好地拟合。经进一步对胶囊注浆法控制隧道位移参数分析，得到了以下结论：

（1）随着注浆距离的增加，单孔注浆后隧道水平位移最大值逐渐减小。与无隧道时的土体位移相比，隧道水平位移最大值的衰减速度较为平缓。提出了不同注浆距离下注浆效率的概念。随着注浆距离的增加，注浆效率逐渐提高。

（2）随着注浆量的增加，隧道水平位移最大值逐渐增加。注浆量与隧道水平位移之间呈线性关系，与无隧道时土体位移的规律一致；但隧道位移的最大值以及随注浆量的增长速度均小于无隧道时的土体位移。提出了不同注浆量时注浆效率的概念，随着注浆量的增加，注浆效率逐渐降低。

（3）通过对不同注浆深度进行分析，证实了注浆周围土体位移最值位置的规律，为注浆深度的布置提供了一定的依据。

（4）分析了隧道近邻基坑对注浆效果的影响。基坑的开挖过程会使周边土体产生超固结现象。该现象会使注浆效果出现一定程度的降低，这与第6章中的结果吻合。且注浆量越大，基坑的存在会使注浆效果降低越明显。

（5）当对隧道进行注浆纠偏后，随着超孔隙水压力的消散，纠偏效果会出现一定程度的恢复。后续相邻孔位的注浆会对超孔压消散带来的恢复进行补偿。在注浆影响范围和隧道自身刚度的影响下，单孔注浆会有一定的影响范围。

3.2.5　基坑坑外隧道变形注浆主动控制简化计算方法

为了便于实际工程应用，减少复杂的数值计算建模过程，本节将介绍一种简要方法，以计算胶囊式注浆对邻近隧道变形的影响。随后对注浆位置、注浆压力等参数进行分析，以研究不同注浆情况下隧道的变形幅值及模式。

Verruijt于1998年给出了半无限平面内圆孔扩张的弹性解答。该解使用复变量，将问题共形映射到圆环上。应力函数的洛朗级数展开式中的系数可以通过从边界条件得到的递推关系系统表示为单一常数。剩余常数可以根据级数收敛的要求来确定。对于空腔边界处径向应力均匀的情况，可给出简单解。

简化方法的计算使用Verruijt理论解答计算胶囊注浆产生的土体位移场；使用Melan理论解答计算土体与隧道结构的相互作用；将圆形隧道结构离散化，用刚度矩阵计算隧道变形与受力关系。计算过程采用隐式算法避免迭代次数。

计算使用参数见表3.2-6，计算示意图如图3.2-32所示。

注浆点位置对隧道形态影响使用参数　　表3.2-6

结构参数					土体参数		注浆参数				
弹性模量 E_c (GPa)	弹性模量折减系数 α_r	衬砌厚度 h (m)	单元个数 n	隧道半径 R (m)	泊松比 μ	弹性模量 E_s (MPa)	注浆深度 h_g (m)	注浆半径 R_p (m)	注浆压力 σ_p (MPa)	水平分量 x	竖直分量 y
30	0.8	0.35	200	3	0.375	7	—	1.5	3	—	—

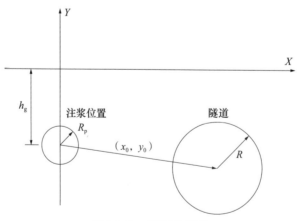

图 3.2-32　计算示意图

图3.2-33中箭头表示隧道位移方向，有箭头的圆表示原隧道，无箭头实线为注浆后隧道形状，该图放大比例为1000。可以看出，注浆结束后隧道并非椭圆形。在靠近注浆一侧，位移模量较大，

而隧道变形在此侧曲率偏小。若注浆位置与隧道位置处于同一水平线，则隧道竖直向半径增加，水平向半径减小；若注浆位置与隧道位置处于同一铅垂线，则隧道竖直向半径减小，水平向半径增加。

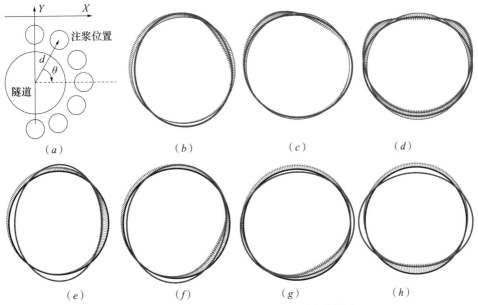

图 3.2-33　注浆点位置对隧道变形形态的影响

（a）注浆点位置示意图；（b）$\theta=\pi/6$；（c）$\theta=\pi/3$；（d）$\theta=\pi/2$；（e）$\theta=0$；（f）$\theta=-\pi/6$；（g）$\theta=-\pi/3$；（h）$\theta=-\pi/2$

为研究注浆点与隧道相对距离对隧道的影响，取 $d=6\sim20$m，$\sigma_p=3$MPa，$R_p=1.5$m。为了将变形量无量纲化，使用以下公式计算隧道每个结点的变形大小：

$$[\Delta x,\ \Delta y]=d_{ef}-d_{ef_{mean}} \tag{3.2-3}$$

$$\Delta=\sqrt{\Delta x^2+\Delta y^2} \tag{3.2-4}$$

之后将同一轴上两个点的 Δ 相加，之后找出最大值，与隧道半径相比，得到无量纲化变形。由计算结果可以得到：当 $-\pi/2\leqslant\theta\leqslant0$ 时，相对距离对隧道的形状大小改变近似呈对数曲线关系，而对隧道形状改变模式没有明显的影响；而当 $0<\theta\leqslant\pi/2$ 时，相对距离对隧道的形状大小改变是存在最低点的曲线，而且对隧道的形状改变模式有着明显影响（图 3.2-34、图 3.2-35）。

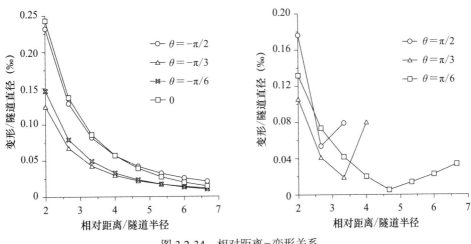

图 3.2-34　相对距离-变形关系

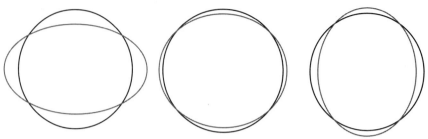

图 3.2-35　相对距离对隧道的影响

（$\theta = \pi/2$，$d = 6\sim20\text{m}$，$\sigma_\text{p} = 3\text{MPa}$，$R_\text{p} = 1.5\text{m}$，scale $= 1000$）

注浆压力对隧道的影响可以由公式推导直接得出。

由于注浆引起的土体位移与圆腔内壁上作用的压力呈正比例，即：

$$\{\rho_\text{e}\} \propto \sigma_\text{p} \tag{3.2-5}$$

结构最终位移 $\{\rho_\text{f}\}$ 与注浆压力成正比。式（3.2-5）给出了计算结果，符合推导得到的结果（图 3.2-36）。

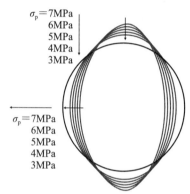

图 3.2-36　注浆压力对隧道的影响

（$\theta = 0$，$d = 6\text{m}$，$\sigma_\text{p} = 3\sim7\text{MPa}$，$R_\text{p} = 1.5\text{m}$，scale $= 1000$）

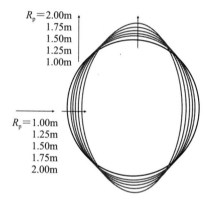

图 3.2-37　注浆半径对隧道的影响

（$\theta = 0$，$d = 6\text{m}$，$\sigma_\text{p} = 3\text{MPa}$，$R_\text{p} = 1\sim3\text{m}$，scale $= 1000$）

由计算结果及理论推导可得：土体的模量对注浆效果影响极小，理由如下。

将 $\{\rho_\text{e}\}$ 与 $[I_\text{s}]$ 中的 E_s 提出，得到：

$$\{\rho_\text{f}\} = [I_{\text{n}\times\text{n}}E_\text{s} + \bar{I}_\text{s}TK_\text{i}]^{-1}\{\bar{\rho}_\text{e}\} \tag{3.2-6}$$

$[I_\text{n}\times n]\times E_\text{s}$ 是主对角线为 E_s，其余元素均为 0 的方阵。实际工程中 E_s 常在 $1\sim100\text{MPa}$ 之间；$[K_\text{i}]$ 是结构的整体刚度矩阵，大约为 10GPa，$[T]$ 对数量级的影响极小。因此，土体的模量对注浆效果影响极小。

注浆半径 R_p 取 $1\sim3\text{m}$。其余参数如下：$\theta = 0$，$d = 6\text{m}$，$\sigma_\text{p} = 3\text{MPa}$，$R_\text{p} = 1.5\text{m}$。

由计算结果可以看出，隧道受到的影响随注浆半径的增大而增大，而且并非线性增加，增加速率随着 R_p 增加而增加（图 3.2-37、图 3.2-38）。

最后得到了以下结论：

（1）注浆点与隧道的相对位置（两者中心连线与水平线的夹角）主要影响隧道的变形形态；注浆压力、相对距离以及注浆弹性区半径主要影响隧道的大小改变。

（2）随着注浆压力增加、相对距离减小、注浆半径增加，隧道大小改变增加；随着注浆压力减小、相对距离增加、注浆半径减小，隧道大小改变减小。

（3）注浆压力对大小改变的影响是线性的，相对距离以及注浆弹性区半径对大小改变的影响是非线性的。

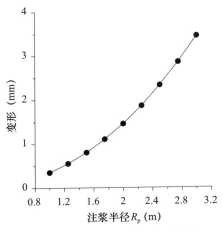

图 3.2-38 注浆半径 R_p-变形关系

3.3 工程应用

本成果的示范工程为珠海横琴金融租赁总部大厦基坑工程。大厦地下部分拟建四层地下室，地上部分为高层办公楼以及公寓楼，总用地面积 11752m²，基坑开挖深度 20m。基坑南侧临近待建广珠城轨隧道中心线金融岛站至横琴站区间的双向隧道，隧道外径 8.4m，壁厚 0.4m，北侧上行隧道中心距基坑 18m，埋深 23m。深基坑的开挖可能会导致土体变形过大，从而导致邻近隧道的变形超过安全值，影响到邻近城轨的运行安全。

现场采用胶囊式注浆技术控制土体位移，结果能达到毫米级控制精度；靶向性强，土体水平位移峰值约为注浆范围的中点对应深度；相对于常规注浆，胶囊式注浆对土体扰动小，稳定快，效率能达到 73%，远高于常规注浆 55% 的注浆效率。如图 3.3-1 所示。

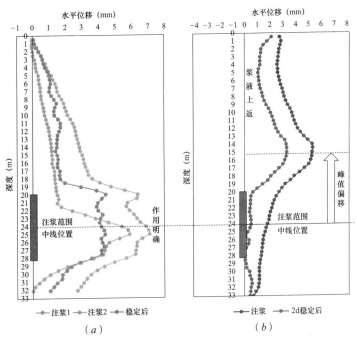

图 3.3-1 胶囊式注浆与袖阀管注浆引起土体位移对比

（a）胶囊式注浆；（b）袖阀管注浆

本成果在天津中心妇产医院改扩建基坑工程进一步得到应用。该基坑邻近天津地铁 3 号线的基坑工程，基坑深度 12.6m；基坑与左线隧道净距 8.9m，距离非常近。

第一次启动注浆后，主动控制将右线隧道最大水平位移从 2.9mm 减小到 1.4mm。多次启动的胶囊式注浆主动控制可以实现主动精细化控制，将隧道变形实时控制在允许值范围内，如图 3.3-2 所示。

两次注浆空歇施工期间，由于基坑开挖的影响，右线隧道最大水平位移从 1.4mm 增大到 3.1mm。第二次注浆，主动控制将右线隧道最大水平位移从 3.1mm 减小到 1.0mm（图 3.3-3）。

综上可知，多次启动的胶囊式注浆可以实现主动精细化控制，将隧道变形实时控制在允许值范围内。

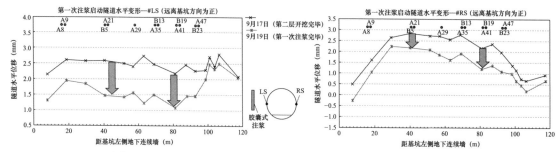

图 3.3-2　天津中心妇产医院基坑第一次启动注浆控制隧道位移效果

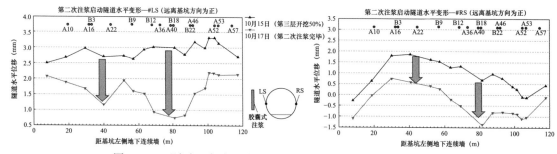

图 3.3-3　天津中心妇产医院基坑第二次启动注浆控制隧道位移效果

随着全国地铁交通和城市地下空间开发的大规模开展，深大基坑临近隧道开挖的工程必然会不断出现，此外由于基坑施工引起邻近既有地铁隧道的变形，目前需要控制在毫米级别。而传统的基坑变形控制理论和方法，是基于邻近既有建筑物、道路、地下管线、立交桥等时的厘米级变形控制，且成本造价高昂。

本研究提出基坑开挖对基坑外既有隧道变形的影响区精细划分，从而对临近既有隧道的基坑施工可能对隧道产生的影响进行预先评估；胶囊式注浆主动控制技术可以有效地控制基坑周边土体位移，从而限制邻近隧道等结构物的变形。因此，采用该技术不仅可以起到有效的控制作用，还可以优化施工工序，取代传统被动控制的工序（分仓开挖、优化支护设计、深层搅拌隔离桩等），显著降低了工程造价。

第 4 章　超高层建筑深基坑施工安全预警系统

4.1　概述

"基坑工程施工及监测预警安全管理系统（ECMC）"作为一种信息化施工管理软件，可替代传统的文件管理方式，适用于建筑与市政工程总承包、基坑支护专业分包、施工监理、第三方监测、支护结构专项设计、政府监管等领域。其目的在于为基坑工程的现场施工管理提供一种可视化的基坑施工安全管理与预警系统工具。这一系统具有下列基本功能：（1）呈现施工图设计的三维可视化的基坑支护结构、地层与周边环境；（2）展现立体化支护结构与施工基坑开挖状态的时间过程及相应的完成工程量，可将施工的各种记录和文件集成在一个系统中；（3）可视化的基坑开挖过程支护结构受力及变形状态、周边环境变形状态的实时监测数据；（4）支护结构受力与变形状态、周围环境变形状态、危险部位和危险程度的自动化安全预警。从而使基坑工程施工管理及安全预警工作做到高效率、可远程控制、方便查找、便于文件储存等。

本章主要内容包括：

（1）建立了一种参数化建模方式的支护结构构件库。设计了种类丰富全面、通用性强的支护结构件集合，几乎涵盖了工程普遍采用的各种支护结构形式，包括各种形式的挡土构件、支撑和锚拉构件、连接构件、标准通用构件、地下水控制构件。创建了以构件库集成和调用构件的方法，建立支护结构体系、地层、周边环境场景的整体模型。

（2）形成了一种基坑监测数据分析判断的安全预警机制。建立了通过分析各种监测数据的关联性，实现自动搜索、筛选和展现相关监测图表并进行风险预警的方法。

（3）提出了高鲁棒性的稀疏钻孔数据三维土层生成及可视化方法。本章提出了一种新的稀疏钻孔土层数据插值算法，并将三维体数据等值面生成算法引入土层生成可视化中，提升了土层生成算法的鲁棒性。

（4）提出了一种基于施工进度数据的分类统计完成工程量清单的方法，支护结构设计与施工差异性对比的方法。

4.2　技术内容

4.2.1　基于数字模型的基坑工程施工过程管理系统

4.2.1.1　目标

目前，我国基坑工程施工项目中信息化管理尚处于起步阶段，对发现基坑安全隐患来说至关重要的基坑监测手段，自动化监测技术也尚未得到普及。本课题研发的"基坑工程施工及监测预警安全管理系统（ECMC）"拟通过编制地层结构可视化、支护结构及周边场景可视化、施工过程可视化、监测数据可视化等模块，形成一个能满足实际工程中辅助质量控制、安全控制、工程进度安排等各项管理任务要求的计算机系统，以实现基坑施工全过程的三维可视化管理。该系统致力于将具体工程项目的支护结构平面设计转化为三维空间可视化的立体设计模型；将平面的工程进度图表转化为随施工进度不断形成的形象化支护结构施工立体模型；将基坑安全监测点位和数据图表立体化呈现并以多种形式表现，直观反映各开挖工况下支护结构受力及变形的实时空间分布状态；将监测的支护结构受力和变形数据与设计给定预警和控制阈值相关联，并建立自动预警机制。

从工程使用角度，"基坑工程施工及监测预警安全管理系统（ECMC）"应涵盖以下内容：

（1）支护结构各构件定位数据、属性参数的输入或导入；

（2）地质钻孔定位坐标、土层参数、土性指标的输入或导入；

（3）地形等高线数据的输入或导入；

（4）基坑周边建筑物、地下管线、地面道路等定位、尺寸、使用特性等数据的输入或导入；

（5）支护结构、地层和周边环境场景数字模型的整体显示、观察视角改变、显示缩放、局部剖切体的显示；

（6）指定的单个支护结构构件的细部构造、内部构造的显示，设计参数及材料属性清单的显示；

（7）各支护结构构件施工参数按施工时间过程的输入或导入，施工记录和其他施工文件的导入；各支护结构构件施工参数、施工记录和其他施工文件的显示和导出；

（8）各类支护结构构件的设计工程量、已完成工程量的统计；

（9）各类监测项目点位的输入或导入，各类监测数据按监测时间过程的输入或导入；

（10）各类监测项目的监测数据的空间分布显示，各类监测数据曲线和表格显示和切换；

（11）监测数据超过预警值、控制值的自动报警显示和相应监测点位的查询。

4.2.1.2 系统总体设计

ECMC 主要由图形用户界面、地层结构可视化模块、支护结构可视化模块、施工过程模拟模块、监测数据可视化模块、结构计算接口、系统数据库等模块组合而成。

ECMC 的系统架构如图 4.2-1 所示，主要包括了 5 层结构：

（1）数据层。包括了系统所需的各类数据，数据源主要以两种方式存在，一种是数据文件，另一种是数据库。数据库主要由本系统自行维护，存放了基坑场景模型、项目信息、系统设置等各类信息。而文件数据源则主要是项目实施过程中的过程数据，一般在项目实施前（如地形数据等）或实施过程中（监控数据等）提供。

（2）通用中间件层。该层主要实现了与业务逻辑关联较小的，系统中的通用地层功能，包括数据库管理、数据文件解析和消息传递、3D场景的可视化和通用交互操作等。

（3）应用模块层。该层次是针对具体用户需求和业务逻辑的模块层，主要模块包括地层可视化、支护可视化、施工过程模拟、监测数据可视化、计算结果可视化等模块。另外针对结构计算的需求还应具备结构计算模块及对该模块的数据准备和数据调用模块。

（4）工具层。为了降低系统的耦合度，本系统最终将形成一个工具集。其中包括四个工具。第一个是施工监测管理及可视化工具。该工具是系统的主要工具，包括了各类 3D 和 2D 可视化功能。第二个是数据管理和数据转换工具。主要用于数据库如支护结构构件库、材质库的管理，对各种数据文件模板进行管理，能够对系统中的各类数据文件进行必要的转换。第三个是计算程序接口，主要提供结构计算模块必要的信息以及将结构计算结果进行读取。第四个是结构计

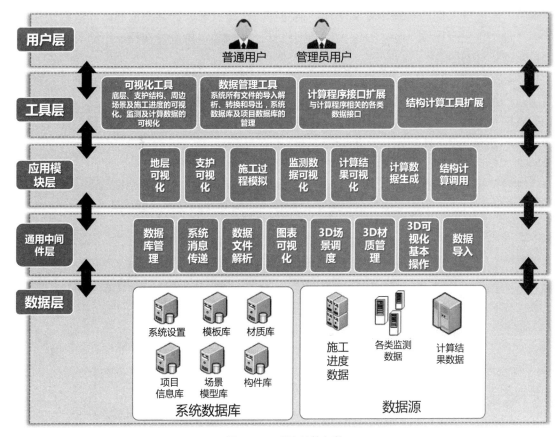

图 4.2-1   系统总体架构

算模块，该模块能够独立地进行结构计算并返回结果。

（5）用户层。该系统主要包括 2 类用户，第 1 类是普通用户，主要是系统的使用者，只有查看的权利而没有修改系统任何数据的权利，第 2 类是管理员用户，能够对系统数据库进行修改。

1）图形用户接口：能够显示主界面，具备菜单栏、工具条、状态栏以及 3D 场景显示窗口；在主界面中包括模型场景树、属性框和基本信息输出框；包含系统各类子界面，具体包括系统属性设置，各类数据导入导出，数据统计及计算结果可视化（2D）子界面；具备针对计算模块的计算参数设置子界面；在三维场景中，能够改变光源并改变对象颜色和透明度，能进行对象显示或消隐，能够通过鼠标对三维场景进行缩放、旋转和平移，能够定位或导航到具体的对象或目标。

2）地块可视化：可以导入并解析钻孔数据等勘测数据文件；具备地面等高线数据导入功能，并根据等高线数据构建地形；利用勘测数据自动建立三维几何地层模型，并用不同颜色或材质对不同地层加以区分；可以导入和导出系统定义的地层模型文件格式；通过剖切位置定义文件导入的方式读取剖切位置和剖切形式；根据定义剖切，生成剖切后三维模型。其中剖切平面支持铅垂面的多平面剖切，一般位置平面的单平面剖切；剖切后的模型能够恢复为剖切之前的状态；通过材质库或颜色配置的方式可以改变不同地层对应的颜色或材质；能够对指定地层进行显示或隐藏，或者透明度的调整；能够在属性窗口中显示地层对应的各种属性和参数；地层显示效果能够导出图片。

3）支护结构可视化：支护结构定义文件的导入及解析，该文件主要定义了各个支护结构对象的类型和位置；支护结构模型的自动生成及显示；以 2D 轮廓进行高度方向拉伸的方式构建周边建筑物，需要导入周边建筑物定义文件；地面等高线数据导入，并根据等高线数据构建周边地形；通过文件进行监测点导入及建模；能够对支护结构的对象进行选择、消隐等操作；能够通过自由浏览对支护结构进行查看；能够查看支护结构的属性。

4）施工过程管理：具备以天为单位的时间轴；能够读取和解析施工进度描述文件；能够根据施工进度描述文件可视化基坑状态，其中施工进度可视化影响的对象包括地层和支护结构，并且两者的状态能在进度描述文件中定义；能够通过时间轴进行施工进度的对比；能够以变更文件的方式对施工进度计划进行变更；能够进行工程算量统计。

5）监测数据可视化：具备监测数据和分析数据导入功能；具备各种必要的统计可视化方式，如曲线图、位移图、仪表图等；能够生成并导出监测数据图表文件，如导出成 excel 格式；能够根据图像模板进行支护结构变形位移图显示；能够以曲线等方式显示分析计算结果。

4.2.1.3 参数化支护结构模型库

支护结构的设计、施工和管理是基坑工程中的关键环节。在工程实践中，支护结构已经有了比较完善的标准化体系。但在计算机仿真环境中，还缺乏完整的支护结构模型库。因此，本项目基于支护结构的标准化体系，采用了参数化建模的思想，构建了参数化支护结构模型库。

根据支护结构的分类特点，设计了可扩展层次结构的参数化模型库，如图 4.2-2 所示。设计人员或施工人员可以对参数化模型库的类别进行增、删、改、查等操作。每个类别下都有若干支护结构参数化构件，每个支护结构构件可以根据实际工程设计要求通过参数化的方式自动生成构件数字三维模型。

模型库分为基本构件库、工程构件库和工程设计管理库三部分，如图 4.2-2 所示。

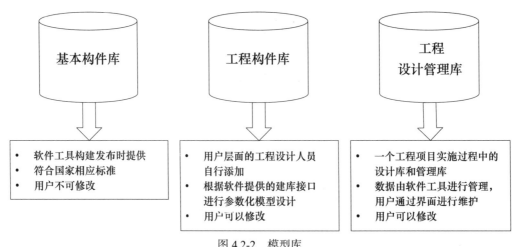

图 4.2-2 模型库

其中基本构件库根据国家标准构件，里面采用层次化的方式存放了多用类型的支护结构构件及其工程属性定义，属于系统预制库，工程人员可以任意调用添加该库定义的各种参数化支护结构构件。

工程构件库可由基坑设计人员按需构建，也可不构建该库只是用标准化的基本构件库。工程设计人员通过系统提供的建库接口来增加定制化的参数化构件。这些参数化构件可以用在特定的基坑项目里。

工程设计管理库存放支护结构的设计结果和施工结果。无论设计结果和施工结果都富含了时间信息，也就是施工进度信息。工程技术人员可以通过该库对支护结构的过程进度进行查看，也可以对比支护结构的设计方案和支护结构的施工结果之间的差异。

　　构件库元数据体系包括了构件参数化模型表达体系。除此之外，还包括了与施工过程管理相关的各种元数据。这些数据存放于工程设计管理数据库中。其主要的数据体系如图4.2-3所示。

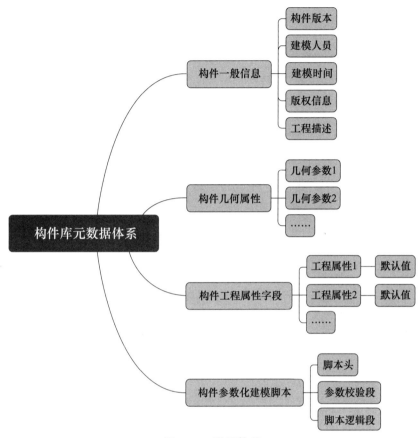

图 4.2-3　数据体系

　　该体系主要包含四个部分，分别是构件一般信息、构件几何属性、构件工程属性字段、构件参数化建模脚本。该体系有效涵盖了支护结构构件库中一个构件从设计到实施的数字化模型中的全部必要元信息。

　　通过建立构件基本完整，能满足各种基坑支护结构形式建模需要的构件库，以实现该体系下的支护结构建模。目前，构件库中已包含的构件见表4.2-1。

构件清单　　　　　　　　　　　　　表 4.2-1

构件类型	编号	名称
挡土构件	1-1	混凝土灌注桩
	1-2	混凝土灌注桩（矩形截面）
	1-3	H 型钢桩
	1-4	搅拌桩内插 H 型钢
	1-5	预应力管桩
	1-6	打入式钢管桩
	1-7	钻孔式钢管桩
	1-8	热轧 U 形钢板桩
	1-9	地下连续墙槽段

续表

构件类型	编号	名称
挡土构件	1-10	地下连续墙（T形槽段）
	1-11	地下连续墙（L形槽段）
	1-12	土钉墙面层
支锚构件	2-1	钢绞线杆
	2-2	钢筋锚杆
	2-3	钢筋土钉
	2-4	钢管（角钢）倒刺式钢管土钉
	2-5	混凝土直杆支撑
	2-6	圆环混凝土支撑
	2-7	混凝土椭圆环支撑
	2-8	混凝土圆弧形（椭圆弧形）支撑
	2-9	钢管支撑
	2-10	钢格构立柱
	2-11	混凝土冠梁（矩形，无锚杆）
	2-12	混凝土冠梁（矩形，有锚杆）
	2-13	混凝土冠梁（梯形，无锚杆）
	2-14	混凝土冠梁（梯形，有锚杆）
	2-15	混凝土腰梁（矩形，无锚杆）
	2-16	混凝土腰梁（矩形，有锚杆）
	2-17	混凝土腰梁（梯形，有锚杆）
	2-18	双拼H型钢腰梁
	2-19	双拼槽钢腰梁
	2-20	双拼工字钢腰梁
连接构件	3-1	桩间护面
	3-2	桩间护面（弧面）
	3-3	锚具
	3-4	锚板
	3-5	混凝土台座
	3-6	混凝土牛腿
	3-7	钢牛腿
	3-8	三角形钢板
	3-9	弧形钢板
	3-10	吊筋
标准构件	4-1	钢筋
	4-2	H型钢
	4-3	角钢
	4-4	槽钢
	4-5	工字钢
	4-6	钢板

构件类型	编号	名称
地下水控制构件	5-1	三轴搅拌桩
	5-2	双轴搅拌桩
	5-3	单轴搅拌桩
	5-4	高压旋喷止水帷幕
	5-5	定喷止水帷幕
	5-6	摆喷止水帷幕
	5-7	水泥土搅拌墙（等厚度）
	5-8	管井
	5-9	排水沟
	5-10	泄水管

4.2.1.4　数据驱动下的基坑工程建模及可视化

土层结构的重建是基坑施工中重要的环节。获取详实的土层信息是进行施工过程预警的必要前提条件。目前，在基坑施工前，会在施工区域进行钻孔勘探，获取局部土层样本，进而得到钻孔数字模型。为了控制成本，钻孔的数量不会太多，因此最终得到的是稀疏钻孔。系统需要通过稀疏钻孔的数字模型来预测整个区域土层的分布情况。在此过程中，主要涉及三个技术环节。

首先是虚拟钻孔生成算法。该算法的主要目的是通过有限的真实钻孔信息来预测构建高密度并且呈规律分布的虚拟钻孔信息，并建立相关的虚拟钻孔数字模型。其核心环节主要包括虚拟钻孔数据结构的设计和定义；土层描述数据结构的设计和定义以及虚拟钻孔插值算法。其中，虚拟钻孔插值算法是关键技术。这是因为真实的稀疏钻孔之间的土层分布并不是拓扑同构且一一对应的。因为土层可能出现断层、尖灭等特殊情况。因此虚拟钻孔的插值算法不仅要考虑稀疏钻孔的分布情况，也要考虑单个钻孔数据的垂直土层分布情况。因此，虚拟钻孔生成算法实际上是多维度数据的影响下的加权插值方法。

虚拟钻孔能够顺利生成表示我们可以通过该方法获取施工区域内任何一点的土层属性预测值。为了能将全局的土层信息可视化供工程技术人员进行查看使用，我们需要将离散的虚拟采样点信息进行聚类，形成块状土层信息。这就又涉及了两个算法，土层体数据等值面生成算法和土层块生成算法。其中等值面生成算法为关键算法。该算法需要求出不同性质土层块之间的分界，并且要保证土块分界为封闭面。根据这些封闭的等值面信息，重构求解区域中的三维土层块数字模型，如图 4.2-4 所示。

目前，从三维土层构造模型形态上主要划分为两类：面元模型和体元模型。面元模型的构建方法侧重于空间目标表面的表示，建模速度快但难以对空间进行分析。体元模型的构建方法侧重于三维空间目标表示，适用于空间分析及操作但数据结构复杂。现如今生成土层的方法分为两大类，一是利用插值算法生成加密数据即虚拟钻孔，二是利用机器学习方法，根据已有数据训练模型来计算土层信息。利用机器学习方法需要有大量的土层数据，现有的数据量不足以使用深度学习方法训练模型，所以本书使用插值算法构造三维模型体数据。

钻孔生成算法流程图如图 4.2-5 所示，在土层生成算法中，已经生成了具有一定格式的土层数据，三维网格的划分已经完成，根据土层分界面的网格坐标得到土层的厚度，其中钻孔的高程值直接来自土层的表面网格高度坐标。

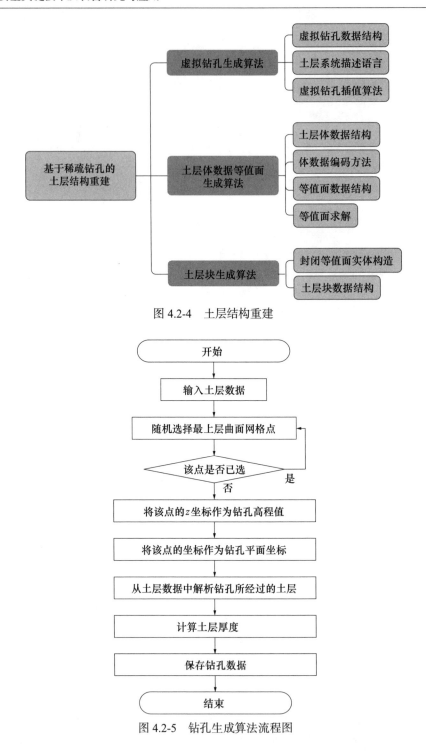

图 4.2-4 土层结构重建

图 4.2-5 钻孔生成算法流程图

通过少量钻孔生成土层模型，采用传统插值算法或者机器学习的方法，生成大量虚拟钻孔，然后获得空间中每一块体素的属性，利用体素聚类算法，形成土层。

如图 4.2-6 所示，对土层数据可视化的过程可概括为：（1）土层结果体数据生成；（2）体数据等值面生成；（3）等值面围成区域生成土层实体块。其中生成等值面采用 Marching Cubes 算法，Marching Cubes 是三维离散数据场中提取等值面的经典算法，算法主要的思想是将体素的每个顶点进行标记并根据不同的顶点状态组合进行分类，如果体素顶点上的值大于或等于该等值面的值，则定义该顶点位于等值面之外，标记为"0"；而如果体素顶点上的值小于该等值面的值，则定义该顶点位于等值面之内，标记为"1"，然后通过线性插值求得立方体各条边上的等值点，最后用一系列三角形拟合出该立方体中的等值面。拟合效果如图 4.2-7 所示。

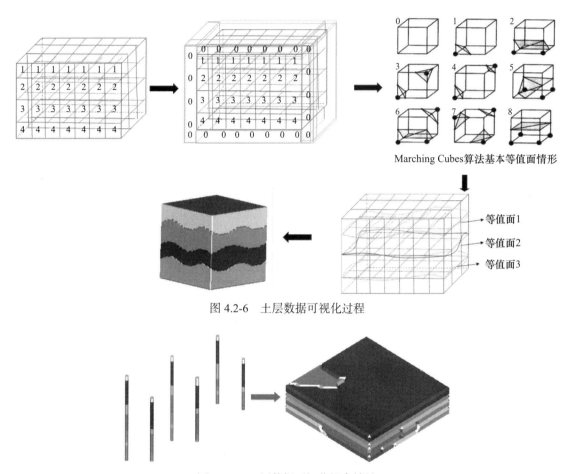

Marching Cubes算法基本等值面情形

等值面1
等值面2
等值面3

图 4.2-6　土层数据可视化过程

图 4.2-7　土层数据可视化拟合效果

　　深基坑施工场景所处整个地块的数字模型可以有两种抽象模式。当施工区域地势平坦，则可抽象为平面地块。当施工区域较为起伏，则需要抽象为地形地块。地形地块的数字化建模需要依赖地形信息的输入。地形信息一般有两种方式，第一种是离散化的数字高程点，另一种是经过数字高程点提取出的等高线模型。无论哪种数据，都需要进行二次算法处理，根据预设的不同精度，求解出基坑施工区域的地形地块。其中地形地块生成算法的核心包括等高线插值算法和离散高程点插值算法两部分。这些算法的目的是按照地形地块分辨率生成规则的高程数据，用于后续的地形建模。

　　如图 4.2-8 所示，支护结构建模主要分为两个阶段，第一个阶段为设计阶段，此阶段将支护结构设计图纸进行三维数字化设计，采用本课题研发系统通过参数化建模完成。针对基坑支护结构的特点，利用体元的几何特征以及模型整体的三维空间分布特点，对支护结构组件的三维参数化建模以及使用构件的参数化模型组织支护结构的方法进行了研究。首先根据支护组件的各类参数，利用实体几何构造法根据模型的主要参数与次要参数进行三维支护结构模型的构建，所得到的表达式与参数可以共同描述一个支护构件，如图 4.2-9 所示。

　　模型库结构可扩展层次，可通过添加不同的层次来满足项目的需求，对支护结构的建模，采用参数化建模方法，设计模型拓扑信息的一致化表达方法，对模型形状特征和拓扑关系进行提取，以拓扑信息为基础，加上构件的特征参数进行建模。

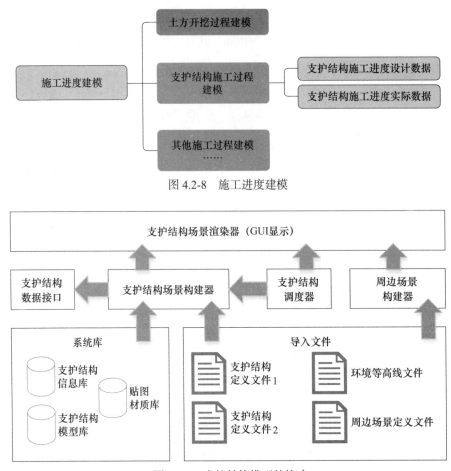

图 4.2-8　施工进度建模

图 4.2-9　支护结构模型的构建

　　模型库由基础构件支撑，通过定义模型的参数（包括形状参数和定位参数）来生成模型，构件采用参数化定制方法，实现快速建模，同时能保留构件的拓扑信息，用户可自定义所需的构件，通过修改参数，可实现模型的快速修改，如图 4.2-10 所示。

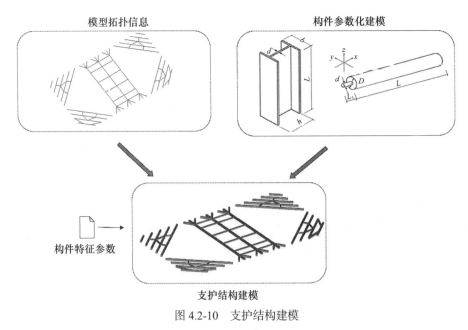

图 4.2-10　支护结构建模

对基坑周边的建筑物以及附属设施进行建模，以建筑物为例，需要知道建筑的底面顶点坐标以及建筑物的高，即可生成建筑物。整个过程均可通过本项目研发系统通过参数化建模完成。

基坑周边有隧道管线等，在本项目系统中也可以实现建模，其中隧道是在地块中挖一个孔洞，在其洞壁上附属一个隧道壁。整个过程均可通过本项目研发系统通过参数化建模完成。

如图4.2-11所示，首先是支护结构施工模拟阶段。此阶段需要将施工过程支护结构不断搭建的情况通过参数化建模录入本项目研发的系统中。支护结构的施工过程建模，展示每一个施工进度的模型，随着施工进度的推进，支护结构的模型会越来越多。为了模拟真实土方开挖的场景，需要对地块进行建模，显示施工过程，每一次施工所挖掉的土块，土块的大小以及位置，直到最后形成完整的基坑。

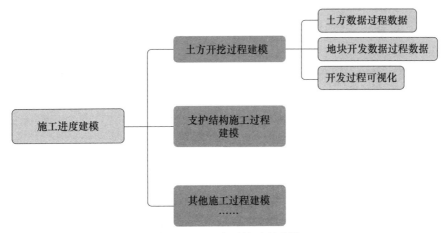

图 4.2-11 土方开挖过程建模

4.2.2 基坑工程施工监测预警可视化系统

4.2.2.1 目标

基坑在开挖过程中随着开挖深度的增大，会出现支护结构应力状态和变形的改变，也会出现地面和周边建筑物的沉降。当受力、位移和沉降比较严重时，则会危及基坑施工和周边环境的安全。采用各种监测方法对基坑实施监测，是施工过程随时掌握基坑受力、变形状态和对环境影响的重要手段。传统的监测数据反馈机制是人工整理汇总、逐级上报的方式。其缺点：第一是工程管理各层级人的不稳定因素，人在这方面的直观认知存在着一定的不足；第二是监测数据反馈时间延迟，而及早发现安全风险征兆，迅速采取应对措施是避免安全事故发生的要务。为使采集到的监测信息做到自动整理统计、实时多方传递，以有效掌控、判断基坑安全状态，数字化、可视化监测方法的引入是必要的。本课题的"基坑工程施工及监测预警安全管理系统（ECMC）"旨在实现 ① 支护结构顶部水平位移和竖向位移、② 挡土结构体挠曲水平位移、③ 地面和建筑物沉降、④ 锚杆和支撑轴力、⑤ 地下水位等监测项目自动化或人工监测数据的集成化存储和处理，以实现以下目标：

（1）监测数据表达形式和提取方式多样化。监测数据表达包括三维空间分布式测点值、测点值在基坑开挖过程数值−时间曲线图、挡土结构位移−深度曲线图、矩阵式仪表盘监控及预警屏显、Excel单次和汇总报表等。提取方式包括任选单测点数值−时间曲线图、多测点数值−时间曲线图、指定时间段数值–时间曲线图、任选测点和时间的平面分布点位数据图、任选单次数据报表、汇总数据报表等。多样化的数据格式提供了选择性查找、对比、切换操作的基础，以利于迅速聚焦危险点。

（2）监测数据表达格式标准化。采用标准格式的数据存储、对接，支持实际基坑工程中常用的几种监测文件格式的数据输入转化，为解决今后基坑工程实际应用的便利性和实现自动化监测打下基础。

（3）形成实现远程预警和会诊的扩展基础。以工程实际应用和未来互联网传输及云平台利用为目标，设计远程传输调用和接口模块。

（4）建立监测数据机器分析的接口。采用绝对值和变化速率大小值的统计排序、数值区间的集中度分布、各监测项数据变化规律关联性等分析手段进行风险分析，在智能化方向上探索发展之路。

4.2.2.2 面向基坑施工过程管理的定制化监测数据库

监测数据可视化主要目的是将传感器的数据进行统计显示，而计算结果可视化是将计算结果数据进行可视化显示，如图 4.2-12 所示。

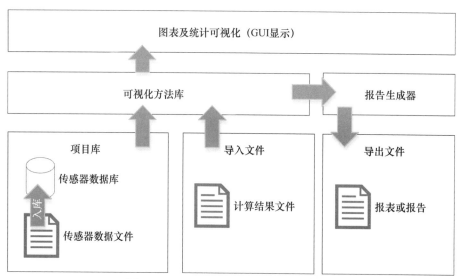

图 4.2-12 基于模板的可定制监测数据库

当前，基坑信息化监管系统中对监测数据的显示多为利用曲线图对监测数据进行可视化，可视化方法单一，同时对于数据的分析不足。对实时监测数据采用多种形象、直观的可视化方式进行呈现，对多维度的历史监测数据采用平行坐标图的方式进行可视化和分析。

对于监测数据，系统设计了一个数据导入的模板，通过这个模板将相应的监测数据导入进去，数据才有统一形式。同时用户可定制数据模板，适应不同的数据可视化。

如图 4.2-13 所示，本项目结合实际工程应用场景，设计了针对复杂传感器数据入库的建模模板和数据导入模板。其中，传感器类别表、传感器实例表、传感器属性表、传感器记录表、传感器采样值表为 5 个核心数据表，另外还有其他辅助数据表若干。

在本项目所建系统中，每个项目均可建立项目自身的个性化传感器数据库。为了适应实际施工现场的需求。项目设计了 Excel 数据表格式的建库模板。工程技术人员可通过修改表格方便建立项目传感器数据库，可添加任意的传感器类型和传感器位号，如图 4.2-14、图 4.2-15所示。

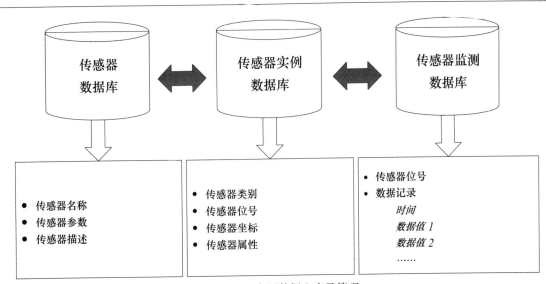

图 4.2-13　多源数据入库及管理

	A	B	C	D	E	F	G
1	TypeName	PropertyName	Des	Unit	ValueType	MaxValue	MinValue
2	SXWY	CSGC	初始高程	mm	float		
3	SXWY	SCGC	上次高程	mm	float	12.1	6.8
4	SXWY	BCGC	本次高程	mm	float		
5	SXWY	CSGC	初始高程	mm	float		
6	SXWY	BCBHL	本次变化量	mm	float		
7	SXWY	LJBHL	累计变化量	mm	float		
8	SXWY	BHSL	变化速率	mm/d	float		
9	MGNL	BCNL	本次内力	KN	float	10000	300
10	MGNL	DCBH	单次变化	KN	float		
11	LZCJ	CSGC	初始高程	mm	float		
12	LZCJ	SCGC	上次高程	mm	float		
13	LZCJ	BCGC	本次高程	mm	float		
14	TTSCSPWY	SPWY	水平位移	mm	float	30	-30
15	TTSCSPWY	SD	深度	m	float		

SensorTypes　SensorProperties　SensorInstances　SensorSafetyBand　+

图 4.2-14　传感器属性建库模板设计实例

监测项目	组号	点号	时间	水平位移 (mm)	深度 (m)
TTSCSPWY		SP1	2017/1/8	20	0
		SP2	2017/1/8	19	1
		SP3	2017/1/8	18	2
		SP4	2017/1/8	17	3
		SP5	2017/1/8	16	4
		SP6	2017/1/8	15	5
		SP7	2017/1/8	14	6
		SP8	2017/1/8	13	7
		SP9	2017/1/8	12	8
		SP10	2017/1/8	11	9
		SP11	2017/1/8	10	10
		SP12	2017/1/8	9	11
		SP13	2017/1/8	8	12
		SP14	2017/1/8	7	13
		SP15	2017/1/8	6	14

图 4.2-15　采样数据导入模板设计实例

本项目数据库主要包括系统库、项目库两类。本段所指的数据库为广义描述，其存在方式可能为文件数据库，也可能是文件系统中的文本或二进制文件。具体见表 4.2-2。

项目数据库

表 4.2-2

名称	内容
系统配置库	系统库，系统的参数设置
用户库	以管理员和普通用户的方式存放用户信息，包括加密的用户密码等
图元库	系统库，存放了系统基本图元
传感器信息库	系统库，定义了常用传感器的元信息
传感器数据库	项目库，保存了项目传感器数据
地层库	系统库，存放了地层的基本元信息和显示配置信息
支护结构库	系统库，存放了所有类型支护结构的元信息和模型信息
基本项目库	项目库，每个项目对应一个库，用于存放所有导入的必要项目数据文件

4.2.2.3 多源监测数据可视化预警

基坑中支护结构的监测数据特点为不同监测点使用不同传感器进行监测，一种传感器只能监测得到一种数据，因此单一传感器或者单一监测点得到的数据仅仅是低维，无法进行有效分析。

首先需要根据项目施工的监测方案将整体基坑分为不相交的多个区域，之后按照具体的工程情况将区域分为多个监测子区域，子区域中监测项目的数值即为平行坐标中对应坐标轴上的点。利用子区域监测数据可以解决基坑中单一监测点数据维度低的问题。首先根据其支护结构设计方案特点，过基坑中点，做两条南北和东西朝向的直线，把基坑分成四部分。由于基坑支护结构施工的监测点大多分布在基坑周边的支护结构上，基坑周边为南北或者东西朝向，所以分别以南北或者东西朝向将区域中每段基坑周边分为一个子区域。最终该基坑分为多个区域，每个区域中的子区域个数不相同。在平行坐标中使用一个轴代表一个支护结构的一个监测项目，每条折线代表一个子区域的监测数据，在同一区域中的子区域使用相同的颜色。

本研究形成了基坑施工监测数据收集分析及可视化的技术流程，可提升过程管理的自动化程度。

监测数据预处埋，重复记录，处理理想情况下每一个时刻一个监测项目对应的只有一个数据记录。现在应用比较广泛的方法是基本最近邻排序算法（Base Sorted Nerghborhood Method，SNM），它首先要选定关键字，然后根据关键字将数据进行排序。然后对相邻的数据比较判断是不重复的，这样可以大大减少相邻数据的相互比较次数。具体步骤如下：

（1）关键字的确定。基坑监测数据的原始格式是以天为单位组织的 Excel 表格，所以在处理基坑数据时关键字即可确定为时间以及测点编号。

（2）排序。使用关键字按照一定规则进行排序，使得在最终的排序结果中重复的数据尽可能在相近或者相邻区域，以减少比较次数。

（3）重复判断。将一个固定大小的窗口放在已经排序好的数据记录上从前向后移动。假设窗口大小可放置 m 条记录，在向前移动过程中，新进来的数据需要和窗口中已存在的所有数据进行比较判断数据的属性值是否重复。窗口按照先进先出原则，在比较完成后最先进入的数据移出窗口队列，下一条数据滑入。重复此过程直至窗口移动到数据集最后。

　　缺失值处理，缺失值是指监测数据在入数据库后记录中不完整的数据，缺失值会影响科学计算的精确性，降低数据集的正确性。合理地处理缺失值对后续工作具有重要意义。通常情况下，监测数据处理缺失值可以使用以下方法：

　　（1）删除缺失值。这种方法适合缺失值占比例较小、缺失的属性重要性比较低的情况（如传感器描述、测点类型）。

　　（2）不做处理。随着基坑开挖的深入，一些点的监测内容也有一定变化，比如桩顶位移，在基坑进行到一定阶段桩顶位移监测就停止，此时数据为空，显示是缺失值。对于这种情况缺失值不做处理。

　　（3）填充缺失值。该方法是通过计算填充不完整的数据而不是直接删掉，避免将不完整数据直接删除时可能把有价值的数据一同删除的情况。对于可计算的参数比如历史值，累计变化等直接计算填充，对于不可计算的参数比如测点值使用平均值插补的方法填充。

4.3　工程应用

4.3.1　工程概况

　　横琴某基坑工程位于珠海市横琴新区，基坑开挖范围内有人工填土、淤泥质砂土、淤泥、黏土等，地质条件复杂。基坑呈六边形，东西向长约 75m，南北向长约 119m，基坑周长 378m，基坑深度约 19.45m。本项目东侧有一栋建筑物，为主群楼结构，有地下室，距离基坑约 35m。南侧有一地铁区间隧道，隧道边缘至基坑最小距离约 15m，隧道内径 8.5m，隧道埋深低于基坑坑底约 5.3m。基坑支护平面布置图如图 4.3-1 所示。

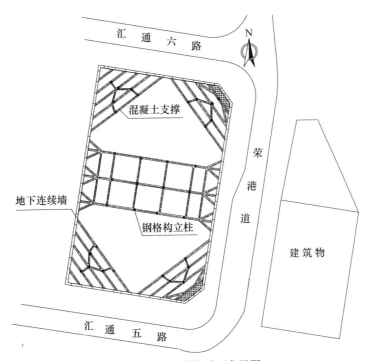

图 4.3-1　基坑支护平面布置图

支护结构采用"钢筋混凝土地下连续墙＋四道钢筋混凝土支撑"，在支撑交叉处设置钢格构立柱，立柱下设置混凝土灌注桩。在地铁区间隧道一侧，距离基坑侧外缘 6m 处设置隧道隔离墙，采用两排 ϕ850@600 的三轴搅拌桩。止水帷幕采用 C35 素混凝土墙穿过承压水层进入全风化岩层或砂质黏性土不小于 1.5m。坑内设置降水井，基坑顶四周设置排水沟。基坑支护剖面图如图 4.3-2 所示。

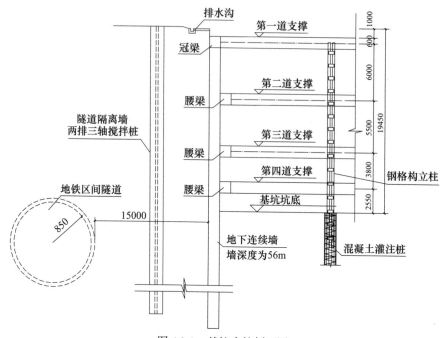

图 4.3-2　基坑支护剖面图

基坑监测的主要项目有：地下连续墙水平及竖向位移、立柱水平及竖向位移、地下连续墙深层水平位移、混凝土支撑轴力、地面水平位移和沉降、地下水位等。

根据基坑安全等级及深度，每种监测项目都设定了预警值与控制值，通常预警值取控制值的 80%，以地下连续墙竖向位移为例，对于南侧地下连续墙区域，竖向位移控制值为 45mm，预警值为 36mm。

4.3.2　创建模型

本工程建模用到的支护结构主要构件有管井、排水沟、地下连续墙、三轴搅拌桩、钢格构立柱、混凝土灌注桩、支撑、混凝土腰梁、混凝土冠梁、钢筋等，均包含在已有构件库中，不需要新建支护结构构件。根据施工图，调用系统中的构件库，建立支护体系模型。建模过程中将属性信息赋予不同的构件，属性信息中不仅包含定位、编号、形状及显示效果等参数，还包含材料选取、施工时间、是否参与计算等信息，这是进一步实现施工进度管理、工程量统计以及完成进一步扩展的结构计算功能的基础。建模构件如图 4.3-3 所示。

如图 4.3-4、图 4.3-5 所示，建立的整体模型包含地层、支护结构、周边环境、监测点布置等。可以通过平移、旋转、放大、缩小、剖切等功能随意浏览基坑支护模型各个部位的外观和细部结构，也可以调出存储在模型中各部位任意一个组成构件的各种属性参数。

基坑南侧的地铁区间隧道、基坑东侧的建筑物以及周边的道路，用系统的周边场景模块的参数化方式完成建模，如图 4.3-6 所示。

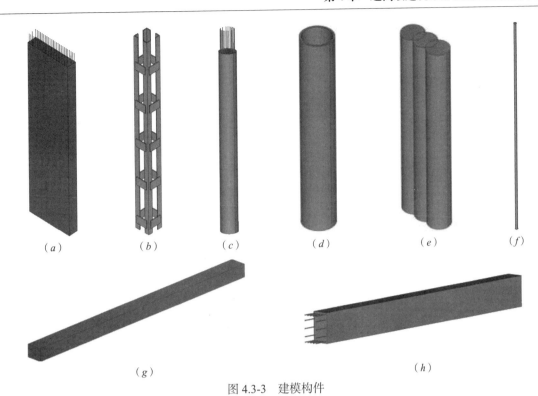

图 4.3-3 建模构件

（a）地下连续墙；（b）钢格构立柱；（c）混凝土灌注桩；（d）管井；（e）三轴搅拌桩；（f）钢筋；
（g）混凝土支撑；（h）混凝土冠梁（腰梁）

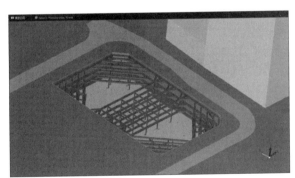

图 4.3-4 整体模型

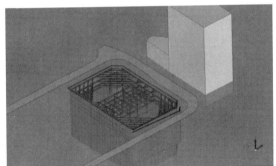

图 4.3-5 整体模型透视图

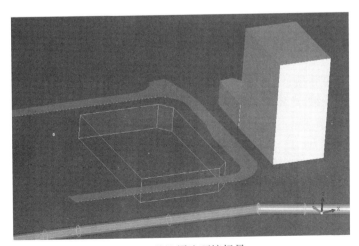

图 4.3-6 基坑周边环境场景

在完成的模型中，可以通过平移、旋转、放大、缩小、剖切等功能随意浏览建筑物、隧道、道路等的外观和细部结构，查看与支护结构的空间关系。也可以调出其存储在模型中的各种属性参数，如：建筑物与基坑的距离、平面尺寸和埋深，隧道断面与埋深，材料性质等。

以下是对本工程支护结构施工与基坑开挖过程进行模拟仿真。工程的施工顺序如下：

第一步：降水井、排水沟施工；

第二步：地下连续墙、三轴搅拌桩、钢格构立柱及立柱下桩基础等项目的施工；

第三步：第一层土方开挖与第一层支撑（包括腰梁）施工；

第四步：第二层土方开挖与第二层支撑（包括腰梁）施工；

第五步：第三层土方开挖与第三层支撑（包括腰梁）施工；

第六步：第四层土方开挖与第四层支撑（包括腰梁）施工；

第七步：土方开挖至基底。

部分施工进度模型展示如图 4.3-7 所示。

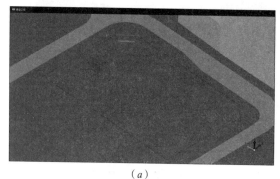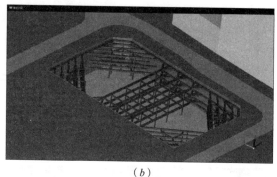

（a）   （b）

图 4.3-7　部分施工进度模型

（a）地下连续墙施工；（b）基坑开挖到底

随工程施工进展，已完成施工内容的工程数据不断录入模型，可以通过平移、旋转、放大、缩小、剖切等功能随意浏览已施工的结构构件的整体布局、外观和细部结构。也可以调出其存储在系统中的各种属性参数，如施工位置、数量、记录的施工参数，施工参数与设计参数的比较等。

4.3.3　监测及预警结果

根据赋予构件的属性，系统能够生成各支护结构构件材料的工程量统计表，既可以统计设计工程量，也可以统计施工过程已完成的工程量。此处仅以地下连续墙为例，该工程地下连续墙混凝土和钢筋的工程量统计分别如图 4.3-8 和图 4.3-9 所示。

1. 基坑监测传感器布置及测试数据入库

本工程的监测内容有地下连续墙水平及竖向位移、地面水平位移和沉降、地下连续墙深层水平位移、混凝土支撑轴力、立柱水平及竖向位移、地下水位等。在建立模型过程中，根据系统提供的 Excel 数据表格式的建库模板，建立本工程监测数据库。数据库信息包含监测类别、监测点编号、监测点位置、监测数据的控制值与预警值等信息。施工阶段随工程进度将每次监测时间的数据输入记录表中。工程进行过程中，可随时添加或删减监测项目类别和监测点号。监测数据库的输入如图 4.3-10 所示。

统计类别	墙数（幅）	混凝土强度等级	地下连续墙厚度（m）	地下连续墙宽度（m）	地下连续墙高度（m）	单幅墙混凝土体积（m^3）	混凝土总体积（m^3）
1-1	11	C35	1.2	6	58	417.6	4593.6
2-2	2	C35	1.2	6	59	424.8	849.6
3-3	9	C35	1.2	6	60	432	3888
4-4	8	C35	1.2	6	59	424.8	3398.4
5-5	4	C35	1.2	6	56	403.2	1612.8
6-6	3	C35	1.2	4	54	259.2	777.6
7-7	4	C35	1.2	4.5	54	291.6	1166.4
8-8	8	C35	1.2	6	56	403.2	3225.6
9-9	4	C35	1.2	5	57	342	1368
10-10	8	C35	1.2	5	59	354	2832
11-11	2	C35	1.2	5	59	354	708
工程分类合计	—	C35	—	—	—	—	24420
工程总合计	63	—	—	—	—	—	24420

图 4.3-8　地下连续墙混凝土工程量统计

统计类别	墙数（幅）	钢筋类型	钢筋根数（个）	钢筋长度（m）	钢筋型号	钢筋直径（mm）	单幅墙钢筋长度（m）	单幅墙钢筋重量（kg）	钢筋总长度（m）	钢筋总重量（t）
5-5	4	水平筋	212	5.84	HRB400	18	1243.9	2487.8	4975.6	10
5-5	4	封口筋	142	1.5	HRB400	18	213.5	427	854	1.7
5-5	4	封口筋	142	1.5	HRB400	18	213.5	427	854	1.7
5-5 分类合计	--	纵筋	118	43.5	HRB400	40	--	--	20532	202.6
5-5 分类合计	--	水平筋	424	5.84	HRB400	18	--	--	9951.2	20
5-5 分类合计	--	封口筋	284	1.5	HRB400	18	--	--	1708	3.4
5-5 总合计	--	--	--	--	--	--	--	--	--	225
6-6	3	纵筋	39	41.5	HRB400	40	1618.5	15974.6	4855.5	47.9
6-6	3	纵筋	39	41.5	HRB400	40	1618.5	15974.6	4855.5	47.9
6-6	3	水平筋	202	3.84	HRB400	18	779.5	1559	2338.5	4.7
6-6	3	水平筋	202	3.84	HRB400	18	779.5	1559	2338.5	4.7
6-6	3	封口筋	135	1.5	HRB400	18	203.5	407	610.5	1.2
6-6	3	封口筋	135	1.5	HRB400	18	203.5	407	610.5	1.2
6-6 分类合计	--	纵筋	78	41.5	HRB400	40	--	--	9711	95.8
6-6 分类合计	--	水平筋	404	3.84	HRB400	18	--	--	4677	9.4
6-6 分类合计	--	封口筋	271	1.5	HRB400	18	--	--	1221	2.4
6-6 总合计	--	--	--	--	--	--	--	--	--	107
7-7	4	纵筋	44	41.5	HRB400	40	1826	18022.6	7304	72.1
7-7	4	纵筋	44	41.5	HRB400	40	1826	18022.6	7304	72.1
7-7	4	水平筋	202	4.34	HRB400	18	881	1762	3524	7
7-7	4	水平筋	202	4.34	HRB400	18	881	1762	3524	7
7-7	4	封口筋	135	1.5	HRB400	18	203.5	407	814	1.6
7-7	4	封口筋	135	1.5	HRB400	18	203.5	407	814	1.6

图 4.3-9　地下连续墙钢筋工程量统计

sensors_db_init_HQ(1)

	A	B	C
1	TypeName	TypeTitle	TypeDes
2	DXSWJCSJ	地下水位监测数据	监测地下水位的高度
3	DLQDSPWY	地下连续墙顶水平位移	地下连续墙顶的水平移动距离
4	DLQDSXWY	地下连续墙顶竖向位移	地下连续墙顶的竖向移动距离
5	LZSPWY	立柱水平位移	立柱水平移动的距离
6	LZSXWY	立柱竖向位移	立柱竖向移动的距离
7	SCSPWY	深层水平位移	深层水平位移
8	ZBDMSPWY	周边地面水平位移	周边道路水平移动的距离
9	ZBDMCJ	周边地面沉降	周边道路沉降距离
10	HNTZCZLJC	混凝土支撑轴力监测	对混凝土支撑轴力的监测
11			

SensorTypes　SensorProperties　SensorInstances　SensorSafetyBand

图 4.3-10　监测数据库——监测类别

2. 监测点布置

根据监测方案，系统采用参数化建模的方式在三维控件中定位监测点。该基坑工程各监测项目的监测点位空间位置用俯视平面图展示，如图 4.3-11 所示。

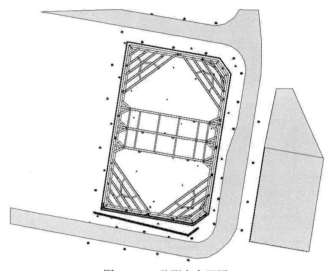

图 4.3-11　监测点布置图

3. 监测数据显示

系统能够显示实时监测数据，可以生成监测数据的曲线和表格。对于同一类监测数据，可以显示全部次数、任选次数、任意一次的监测数据，也可以显示全部监测点、任选某些监测点、任意一个监测点的实时变化曲线和表格，以分析监测数据的变化情况。如图 4.3-12 所示，展示了地下连续墙顶水平位移、支撑轴力监测数据的图形结果。

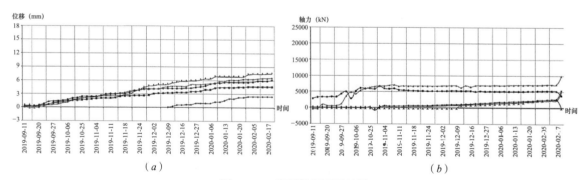

图 4.3-12　监测数据图形结果
（a）地下连续墙顶水平位移图；（b）支撑轴力图

4. 监测预警功能

监测预警功能是该系统的重要功能之一。本系统提供了一种监测数据仪表盘显示方式。每个监测点的显示仪表盘按设计提出的要求设定预警值、控制值。可以在所有监测项目和监测点中任选有代表性、需重点关注的监测点，用仪表盘方式放在监控屏幕上，仪表盘的排列按矩阵方式可任选行数和列数。若监测数据超过预警值，系统能够实现自动报警显示和相应监测点定位查询。

如图 4.3-13 所示，展示了部分监测项目个别监测点的仪表盘显示监测数据的效果。仪表盘中从左至右分别是监测数据的安全值、预警值和控制值区域，指针指向的数据是实时监测的数值，对超过预警值、控制值的监测点能实现自动报警提示，从而直观、方便地实现基坑开挖过程的安全预警。

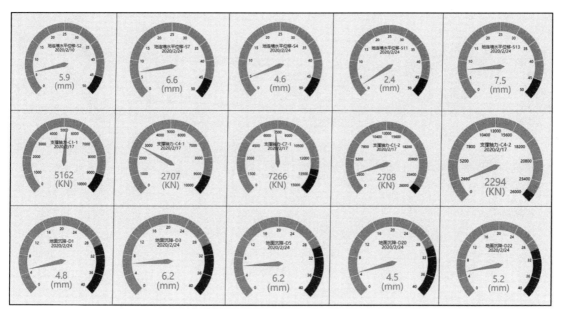

图 4.3-13　实时监测显示结果

　　本课题研发的"基坑工程施工及监测预警安全管理系统"在横琴某基坑工程中的应用，实现了课题中该研究任务的预定功能。该项研究成果可扩展应用在基坑工程监测自动化、远程监控等方面，具有附加的应用价值。随着该系统在基坑工程领域的推广应用，可进一步提高防范基坑施工安全事故的管理和控制水平。

第3篇
高层建筑主体结构施工安全保障技术

第5章　基于智能移动终端的便携式监测技术

5.1　概述

针对建筑施工过程中安全监测与诊断仪器设备难以安装和布置的难题，研究基于智能传感的便携式监测技术，研发多参量、多终端和便携式的建筑主体结构施工监测智能仪器和装备，实现监控与诊断数据的多终端、可视化和网络化发布。针对移动终端内置传感器的性能进行研究，与传统传感器进行对比验证，通过构造误差模型或者数据融合算法等提高其性能；充分利用移动终端高度集成性和传输、存储等优势开发内置或者内外置传感器结合的位移、倾角、裂缝、温度、应变等的监测技术；开展智能终端智能组网技术研究，开展移动智能终端监测数据的实时安全评定与预警技术研究并进行工程示范验证。

本技术将人工智能技术作为超高层建筑施工安全监测的切入点，利用智能手机这一便携式移动终端实现包括位移监测、行为监测、螺栓松弛监测等多项监测，破除了建筑这一传统行业的安全监测瓶颈，实现自动化、信息化、智能化发展。其主要特点在于：

（1）充分发挥智能手机低成本、多传感器、高便携性等众多优势，把智能手机作为一种可穿戴设备、在线传输设备、图像获取设备、自动预警设备，方便快捷地实现建筑施工场景下安全的有效监测，满足了复杂情况下的多种功能需求。

（2）基于深度学习原理，训练图像分类和建立识别模型，让监测设备真正地"学习""认识"施工中的模板位移、螺栓松弛损伤、危险行为等多种监测要点，智能化判断超高层施工中的安全状态，做到及时反应、及时预警。

5.2　技术内容

5.2.1　移动终端应用 APP 的性能测试及误差模型

自 2011 年以来，基于智能移动终端的监测技术逐渐发展并开始应用于建筑结构健康监测领域中，众多的移动智能终端中（PAD、RFID、平板电脑、智能手机等）智能手机因为其出色的运算、存储、传感器集成等特点而备受青睐。内置传感器有很好的物理性能，但是将其应用在结构监测中，仍需要与传统传感器进行对比验证，研究其稳定性、准确性等。

通过设计对比试验，针对同一运动构件同时利用压电式加速度传感器、iphone4s 进行加速度测量，进行快速傅里叶变换后得到频谱图进行对比，图 5.2-1 得到的误差控制在 2.48% 以内，处于很小的水平，再次说明了利用其内置传感器进行结构监测的可行性。

同理通过试验对比 iphone4s 与 iphone6 的角度输出端口信号（orion-cc 课题组研发）、SENSOR KINETICS（美国 Innovention. Inc 公司研发）、倾角仪的检测结果，可以得到手机角度输出端口输出的角度信号存在较为明显的零漂现象，且三个方向（xyz）的零漂误差有明显差异，静止状态在 6min 以内（30hz），零漂误差随时间增长而不断累积，之后该误差逐渐稳定在 0.12 度左右。动态试验中手机两款应用的输出信号与倾角仪稳定性都较差，具体误差还有待进一步确定。

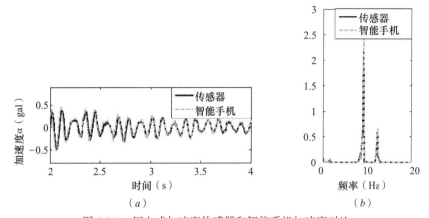

图 5.2-1　压电式加速度传感器和智能手机加速度对比
（a）实测时程曲线对比图；（b）实测频谱对比图

5.2.2　基于视频的位移监测研究和初步应用

选取剪力墙浇筑过程中模板的位移为研究对象，在浇筑过程中常常由于管理或操作不当出现胀模现象，导致现浇件局部厚度增加或出现蜂窝麻面现象，甚至发生爆模事故，使施工成本增加甚至对主体结构产生影响。

产生胀模现象的原因主要有以下几点：

（1）目前泵送混凝土用量较大，为了保证泵送混凝土的可泵性，往往在泵送混凝土中加入适量的引气剂，有的引气剂在混凝土中形成较大的气泡，而且表面能较低，很容易形成连通性大气泡，如果再加上振动不合理，大气泡不能完全排出，会给硬化混凝土结构表面造成蜂窝麻面。

（2）在施工过程中，混凝土一般分层浇筑，但是在实际施工时，往往浇筑厚度都偏高，由于气泡行程过长，即使振捣的时间达到规程要求，气泡也不能完全排出，这样也会给硬化混凝土结构表面造成蜂窝麻面。

（3）目前在施工过程中，通常使用木模板，由于模板在安装过程中固定不牢靠，导致模板在浇筑振捣过程中发生偏移，使剪力墙局部尺寸产生偏差。

胀模发生后，可以通过人工凿平的方法解决，但这样不仅浪费材料，而且施工繁琐，增加施工成本。所以，最好的解决方法是在施工过程中对模板的位移进行实时监测。当模板在浇筑混凝土过程中发生较大位移时，及时停止浇筑并对模板进行处理，从而避免胀模现象的发生。

目前，模板位移的检测方法主要为人工监测，即在剪力墙浇筑过程中，人为到模板位置处进行检查。但这种检测方式存在以下几种问题：人为检测只能检查模板的固定是否牢固，无法观察到模板的微小位移，检查结果不准确；很难做到实时监测，容易错过胀模现象的发生；检测人员的安全无法得到保障。针对以上问题，为了实现对剪力墙浇筑过程中模板位移的实时、高精度检测，探索性地提出一种基于机器视觉的剪力墙模板位移监测方法，实现对施工过程中剪力墙模板位移的监测。

技术方案：该装置主要包括激光发射器、激光投射屏幕、图像采集模块、数据传输系统以及数据处理系统。

将投射屏幕与摄像头置于固定位置，激光器安装在测点。当进行监测时，激光器发射的激光束在投射屏幕上形成光斑。使用摄像头对光斑进行拍摄，并输出视频信号到计算机上。当测点的位置发生移动时，激光器会随之发生位移，使光斑在投射屏幕上也会发生相应位移。通过摄像头拍摄投射屏幕上的激光光斑并输出视频信号到计算机上，然后由计算机软件计算出每一帧图片中激光光斑形心的坐标，从而直观地反映被测物体的位移变化。为了成功监测激光光斑的形心坐标，首先要将激光光斑与周围的环境背景分离开来，这需要对工业相机监测到的图像先进行两步操作，即灰度化和二值化。得到二值化图像后，再通过计算机软件扫描二值化图像得到图像中激光光斑的形心坐标。

为了得到激光光斑形心连续的坐标值，首先需要计算出视频中实际尺寸和像素尺寸的比例 K，为此在屏幕板事先设定两个已知半径的白色圆，计算已知圆形的实际尺寸与像素尺寸的比值并记录存储。同时以两个圆形的圆心连线为基准建立平面参考系，计算并存储每一帧中激光点光斑的形心坐标。

可行性试验验证：为验证该监测方法的可实施性和实用性，在试验室和工程现场分别进行了初步的可行性验证。用手机摄像头记录激光点的变化，利用压电式激光位移传感器进行对比试验，如图 5.2-2、图 5.2-3 所示。

图 5.2-2　试验室内验证示意图　　　　图 5.2-3　现场试验示意图

从试验对比结果得出：基于机器视觉的监测结果与压电式激光传感模块监测结果的幅值变化差值稳定在 10% 以内，但是波形吻合程度稍欠缺，目前推测是因为频率设定（视频摄取频率设定在 30Hz，压电式传感模块为 100Hz）、二值化阈值设定（0.9）及滤波处理的问题，接下来将进一步研究如何降低误差。

为了确定该装置的实用性，同时为了找到现场试验中可能影响监测结果的各种因素，在某剪力墙浇筑现场进行简易装置的监测试验。

数据与浇筑过程的对照：

过程 1——远离装置端的浇筑和振捣过程；

过程 2——靠近装置端的振捣过程；

过程 3——靠近装置端的浇筑过程；

过程 4——靠近装置端的振捣过程；

过程 5——远离装置端的振捣过程。

可以明显看出：装置远端的施工过程对于装置安装处的影响较小，可忽略不计（过程 1）；装置安装处上部进行浇筑及振捣的位移变化均为先增加然后回降至 10～13mm。

5.2.3　基于音频分类识别的螺栓松弛监测技术

首先，利用人手一部的智能手机完成对敲击声的采集；其次利用端点检测算法完成对样本的提取；然后对样本数据提取 20 个主成分作为时域参数，提取 24 个 MFCC 参数作为频域参数，这些参数与标签值构成了数据集；最后利用支持向量机对数据集进行训练，得出检测分类模型，实现螺栓松动的检测，检测方法流程如图 5.2-4 所示。

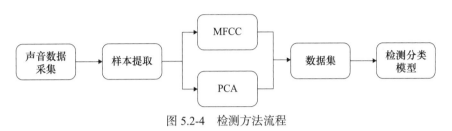

图 5.2-4　检测方法流程

随着智能手机的快速发展，其具有的功能也越来越多。录音作为智能手机一个主要功能之一，其性能也越来越好，对于普通用户而言完全可以代替专业的录音笔。目前，几乎任何一款智能手机都具备了录音功能。因此该检测方法利用智能手机作为采集设备，减少经济的支出，提高便捷性。本书选择了全球普及率最高的一款手机 iphone6 作为采集设备，单个样本数据如图 5.2-5 所示。

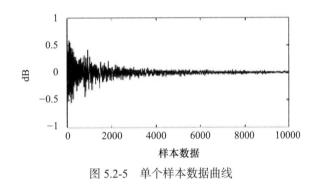

图 5.2-5　单个样本数据曲线

将提取出来的样本数据进行预加重处理，主要是对声音的高频部分进行加重，增强声音的高频部分的分辨率，一般是通过传递函数为 $H(Z)=1-0.98Z-1$ 的滤波器来实现的。然后进行加窗处理，平滑声音帧。然后进行 FFT 变换，得到能量谱，并用一组三角 Mel 带通滤波器对能量谱进行带通滤波。将每个滤波器的输出取对数，得到相应的对数功率谱函数。并进行反离散余弦变化，得到 MFCC 特征参数，计算流程如图 5.2-6 所示。

图 5.2-6　MFCC 特征参数计算流程图

梅尔倒频谱参数（MFCC 特征参数）是将音频信号从频率的角度提取信息特征，而音频信号的时域信息也非常重要，为了更大程度上提高系统的识别性能，本书引入了主成分分析法，将多维的音频时域信号提取出 20 个主成分作为分类识别的特征参数。利用 Matlab 中的 Princomp 函数对音频数据进行主成分分析提取简单快速。最终该方法一共提取了 20 个主成分、12 个 MFCC 特征参数、12 个一阶差分 MFCC 特征参数和一个标签值组成了样本数据集。

二分类试验：将螺栓分别处于松弛和预紧力为 20N•m 的状态，其中松弛状态共采集 284 个样本，后者共采集 270 个样本。将处理后的样本库选取 50 个样本作为测试集，剩余的样本作为训练集。支持向量机的核函数主要分为线性、多项式、高斯 RBF 和 Sigmoid 核函数，为了选定合适的核函数进行分类识别，针对每一种核函数都进行分类处理，得出了不同核函数下的分类识别精度，见表 5.2-1。其中当核函数选为多项式和 RBF 函数时，其识别准确率都达到 92% 以上，远远超过了线性核函数和 Sigmoid 核函数下的识别准确率。

加噪后不同核函数下的螺栓松动识别准确率　　　　表 5.2-1

噪声	类别	线性	多项式	RBF	Sigmoid
5%	松弛	82%	96%	96%	46%
	20N•m	84%	100%	100%	2%
10%	松弛	83%	98%	98%	24%
	20N•m	64%	97%	98%	37%

在上一部分经过提取后的样本数据，分别添加 5% 和 10% 的高斯白噪声。然后对加噪后的样本数据进行参数提取和标签分类，最后对处理后的样本库进行识别分类。虽然在数据中添加了不同程度的噪声，但是对其识别准确率几乎没有任何影响，因此基于音频识别分类的螺栓松弛检测方法的抗噪性好，稳定性好，能够满足工程的需要。

多分类试验：选取一颗螺栓，利用扭矩扳手，分别施加预紧力为 10、20、30、40、50、60N•m 和完全松弛一共七个状态。由于扭矩扳手施加扭矩的范围是 10~200N•m，而螺栓预紧力完全凭借人工手动施加，误差范围在 1~3N•m，因此为了增加各状态之间的区分度，采取以 10N•m 为步长，直至达到人工施加预紧力的最大值即 60N•m。

分别对一个螺栓处于上述七个状态时，进行小锤敲击试验，并用智能手机对敲击声进行采集。每一种类别的样本数、标签值和识别精度见表 5.2-2。结果发现螺栓处于这七种状态下的识别精度很高，特别是在多项式核函数下每一种状态的识别精度都在 92% 以上。虽然 RBF 核函数下的识别精度没有多项式核函数的高，但是 RBF 核函数是将低维数据映射到高维空间中，更利于小样本下的分类划分。因此该检测方法选择 RBF 核函数作为支持向量机分类识别中的核函数。

螺栓松动识别结果准确率　　　　表 5.2-2

类别	样本数	标签值	多项式	RBF
完全松弛	284	7	96%	96%
10N•m	239	1	92%	92%
20N•m	270	2	100%	100%
30N•m	286	3	94%	90%
40N•m	276	4	92%	92%
50N•m	283	5	92%	88%
60N•m	298	6	92%	92%

上述试验显示基于音频分类的螺栓松弛检测方法具有较高的识别精度，且抗噪性强，引入支持向量机作为识别手段，极大地减弱了对专业人员经验的要求，并将螺栓松弛损伤的检测由定性检测变为了定量检测，可以更好地保障具有较多螺栓机械结构的安全。

5.2.4　基于智能手机和机器学习的施工行为识别与动作捕捉

在众多施工现场安全事故中，工人尤其是脚手架工人高空坠落死亡的比例较高。鉴于此，本研究以不同工作条件下工人是否正确使用安全带为例，实现对基于智能手机识别工人危险动作的可行性验证。该研究分为两部分：行为识别和动作捕捉。这里动作识别主要根据工人的运动信息分辨工人在操作过程中是否适当使用安全带（表 5.2-3，图 5.2-7、图 5.2-8），并标记"危险"或者"安全"；动作捕捉目的在于根据运动信息从工人一系列的操作行为中捕捉特定的动作。

安全带使用状态识别试验设定信息表　　　　　　　　　　表 5.2-3

研究主题	定义	工况选择	设备与软件
行为识别	危险动作识别：判别是否正确使用安全带	竖直攀爬	双挂点安全带 App：Orion-CC
		水平移动	
动作捕捉	目标动作捕捉：捕捉悬挂固定挂点的动作	任意动作	单挂点安全带 App：Orion-CC

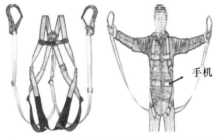

图 5.2-7　双挂点安全带及手机安装示意图　　　图 5.2-8　单挂点安全带示意图

行为识别试验：安全带主要用于高空工作的工人。虽然没有相关具体的国家操作标准或要求，但通过与有经验的现场主管和安全带厂商咨询，我们得知在高空作业过程中至少要确保一个挂点连接到固定设施上，防止工人发生高空坠落等安全事故。竖直攀爬过程中工人根据自己的舒适程度和梯子的间隔高度，在爬升过程中选择每次将挂点移动 1~2 个梯子间隔。以这种方式，选择一个测试对象爬上，最后收集 100 个使用安全带攀爬样本和 101 个没有使用安全带直接攀爬的样本。同样的，在脚手架结构工作平台上水平移动时，安全带的挂点仍需要沿脚手架栅格交替悬挂，收集测试对象水平移动佩戴安全带的 108 个运动样本和 98 个未佩戴安全带的样本。

我们提取了 6 种信号的 21 种特征，即总共 135 个属性值，见表 5.2-4。这里将一个信号的每种特征都视为"属性"，而具有相同定义的属性属于一种特征。例如，将 X 轴上的加速度信号的最大值作为属性，而沿不同轴的加速度或角度信号的最大值被认为属于特征"最大值"。

特征提取种类和序号列表　　　　　　　　　　表 5.2-4

序号	数量	特征	序号	数量	特征
1~15	15	相关系数	28~33	6	低通滤波后平均功率（5Hz）
16~21	6	平均功率			
22~27	6	信号熵	34~39	6	峰值频率

序号	数量	特征	序号	数量	特征
40～45	6	最大值	88～93	6	有效值
46～51	6	最小值	94～99	6	方根幅值
52～57	6	平均值	100～105	6	斜度
58～63	6	绝对平均值	106～111	6	峭度
64～69	6	绝对峰值	112～117	6	波形因子
70～75	6	峰峰值	118～123	6	峰值因子
76～81	6	方差	124～129	6	脉冲指标
82～87	6	标准差	130～135	6	裕度指标

为了构建最佳的属性矩阵，同时尽可能减少属性矩阵的维度，以此在减少内存消耗的同时保证最优的分类性能，本试验分别使用主成分分析和高相关滤波器并进行比较，选择理想属性组。选取分别针对竖直攀爬和水平运动的行为识别最优模型，其性能参数总结见表 5.2-5。

为识别最优模型的性能参数列表　　　　　　　　　　　　　表 5.2-5

最优模型		平均准确率	AUC	F1	时间（s）	内存消耗（MB）
竖直攀爬	SVM＋BF（15）	98.50%	0.97	0.99	3.071	616.63
水平运动	SVM＋BF（27）	98.24%	0.96	0.98	5.522	833.09

运动捕捉试验：该部分研究的主要目的是通过构建分类模型实现对特定目标动作片段的捕捉。这里选择的施工情景是脚手架工人佩戴单挂点安全带沿着脚手架水平移动。使用的应用程序，其位置及参数设置与行为识别试验中的设置完全相同。通过摄像机记录一定时长的连续运动，经观察测试对象完成悬挂挂点的动作需要约为 6s 的时间，设定频率为 50Hz，所以将运动数据每 6s 为一个运动样本，样本间隔设定为 1s，样本覆盖率达 83%。按照这种方式，我们得到 1388 个运动片段作为训练样本，包括 420 个目标片段和 968 个非目标片段。

最终选择基于主成分分析前 15 个主成分组成属性矩阵训练得到的 SVM 分类模型为最优模型。为了验证其适用性，我们使用该分类模型扫描一段约 200s 的新数据样本，包括 6 个目标悬挂动作。结果表明，总体平均准确率可以达到 80%，目标动作的捕获率达到 2/3，如图 5.2-9 所示。

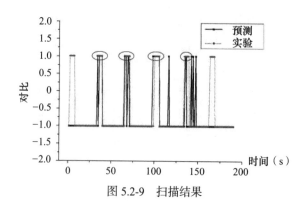

图 5.2-9　扫描结果

5.2.5　基于深度学习和机器视觉的螺栓松弛损伤检测

与传统混凝土结构相比,钢结构具有强度大、重量小等特点。因此,钢结构在土木工程建设中得到了广泛应用。而螺栓作为钢结构中首选的紧固件,一旦发生松弛损伤,直接影响结构的正常使用,甚至可能造成安全事故。综上,针对螺栓松弛损伤的检测是很有必要的。本部分提出了一种基于深度学习和机器视觉的螺栓松弛损伤检测方法,包括螺栓小松弛损伤检测和螺栓大松弛损伤检测两部分。该方法将深度学习和机器视觉相结合,能够无损地检测螺栓的损伤状态。

1. 螺栓小松弛损伤检测

这部分提出了基于 SSD 算法的螺栓小松弛损伤检测方法,主要通过螺栓的旋转角度来判断螺栓的松弛程度。在该方法中整个螺栓被标记为"bolt",螺栓上的数字被标记为"num"。首先,利用 SSD 算法完成对螺栓两个类的识别和分类,同时可以输出各类识别框的两个角点坐标。根据角点坐标获得各类的中心点坐标,进而获得螺栓的状态角。通过状态角的变化得到螺栓的松弛角度,最终完成螺栓的小松弛损伤检测。螺栓状态角的计算过程如图 5.2-10 所示。

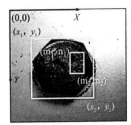

图 5.2-10　螺栓状态角的计算过程

(1)螺栓状态角:计算见式(5.2-1)。

$$\alpha=\begin{cases} \dfrac{180}{\pi} \cdot \arccos\left(\dfrac{-n_4}{\sqrt{m_4^2+n_4^2}}\right) & m_4 \geqslant 0 \\[3mm] 360-\dfrac{180}{\pi} \cdot \arccos\left(\dfrac{-n_4}{\sqrt{m_4^2+n_4^2}}\right) & m_4 < 0 \end{cases} \qquad (5.2\text{-}1)$$

式中　m_4——在新坐标系下,"num"类的中心点横坐标(像素);

$\quad\quad\ n_4$——在新坐标系下,"num"类的中心点纵坐标(像素);

$\quad\quad\ \alpha$——螺栓状态角(°)。

(2)模型训练:本部分采集了 150 张图片作为数据集。其中,80% 作为训练集和验证集,20% 作为测试集。利用 SSD 算法训练数据集,总损失值曲线如图 5.2-11 所示。当迭代次数为20000 时,"bolt"类的平均识别精度为 1,"num"类的平均识别精度为 0.9098,平均识别精度均值为 0.9549。此时,损失曲线已经达到了一个平稳状态,模型已经收敛且识别精度很高,可以将此时的训练模型作为检测模型。检测模型的识别效果如图 5.2-12 和图 5.2-13 所示,该方法能够高精度地完成图片中螺栓两个类的识别和分类。

最小识别角度:检测模型能够准确地识别和定位螺栓中的两个类,同时将识别框的两个角点坐标输出,进而得到螺栓的状态角。为了获得该方法的最小可识别角度,分别将螺栓旋转10°、20° 和 30°,识别结果如图 5.2-13 所示。根据每张图片中各识别框的两个角点坐标计算每个螺栓的状态角,并与初始状态下螺栓的状态角相比,获得螺栓的旋转角度。其中,图 5.2-13 (b) 图中的检测松弛角为 6.33°;图 5.2-13 (c) 图中检测松弛角为 16.20°;图 5.2-13 (c) 图中检测松弛角为 23.05°。尽管图 5.2-13（b）图中检测值与真实值之间的差值已经达到了 3.67°，但是从判断螺栓是否损伤的角度而言，这个结果能够满足工程检测的需要。

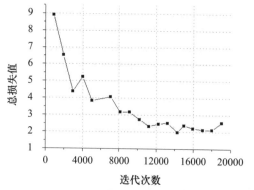

图 5.2-11　总损失值曲线（小松弛）

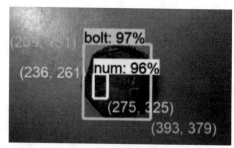

图 5.2-12　识别结果（一）

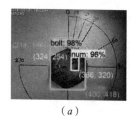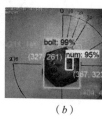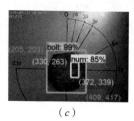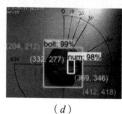

（a）　　　　　　（b）　　　　　　（c）　　　　　　（d）

图 5.2-13　识别结果（二）

（a）初试状态；（b）旋转 10°；（c）旋转 20°；（d）旋转 30°

（3）检测精度：为了进一步验证该方法的检测精度，分别对螺栓旋转 30°、90° 和 270° 后进行检测，识别结果如图 5.2-14 所示。同样方法获得相应状态下螺栓的松弛角。图 5.2-14（b）图中螺栓的检测松弛角为 32.23°，误差为 6.92%；图 5.2-14（c）图中螺栓的检测松弛角为 85.50°，误差为 5.00%；图 5.2-14（d）图中螺栓的检测松弛角为 265.99°，误差为 1.49%。从这个结果可以看出，当旋转角度为 30° 时，误差最大为 6.92%，并且检测误差随着松弛角的增加而减小。这是由于对于每张图片中螺栓的两个类而言，识别框的框选精度在一定范围内波动，而松弛角又是一个差值。因此，旋转角度越大对应的误差就越小，检测结果也符合这一原理。

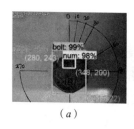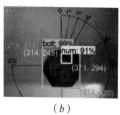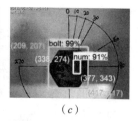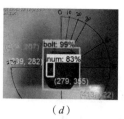

（a）　　　　　　（b）　　　　　　（c）　　　　　　（d）

图 5.2-14　识别结果（三）

（a）初试状态；（b）旋转 30°；（c）旋转 90°；（d）旋转 270°

（4）光照的影响：在实际工程中，螺栓所处的位置是多种多样的。很多螺栓可能会位于各个角度，光照明显不足。为了验证该方法在不同光照条件下的识别效果，四种光照条件比如正常光、阴影、强光和暗光下采集的图片被检测，识别结果如图 5.2-15 所示。同样的，根据图片中识别框的角点坐标计算螺栓的状态角。对比各个螺栓的状态角反映光照条件对该方法的影响。图 5.2-15（a）图中螺栓的状态角为 190.18°；图 5.2-15（b）图中螺栓的状态角为 201.40°，误差为 5.57%；图 5.2-15（c）图中螺栓的状态角为 210.00°，误差为 9.44%；图 5.2-15（d）图中螺栓的状态角为 202.05°，误差为 5.87%。从检测结果可以看出，该方法在阴影和暗光条件下依然有着很高的检测精度。但是在强光下误差较大，这是由于强光源在螺栓一侧形成明显的阴影，误使检测模型将其当作螺栓的一部分，直接造成识别框向右侧扩展，最终造成检测误差激增。为了进一步提高该方法在强光源下的检测精度，可以在原始数据集中添加强光源下的图片。

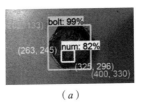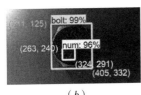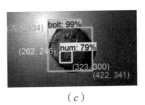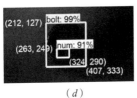

（a）　　　　　　　（b）　　　　　　　（c）　　　　　　　（d）

图 5.2-15　不同光照下的识别结果

（a）正常光；（b）阴影；（c）强光；（d）暗光

2. 螺栓大松弛损伤检测

这部分提出了基于 Faster R-CNN 的螺栓大松弛损伤检测方法。当螺栓的松弛角度大于 360°时，小松弛损伤检测方法就无法完成螺栓的松弛检测。因此，我们提出了螺栓大松弛损伤检测方法，通过判断螺杆是否伸出作为松弛损伤检测的依据。

（1）模型训练：本部分共采集了 300 张图片作为数据集。其中，64% 作为训练集，16% 作为验证集和 20% 作为测试集。数据集共包括两类：损伤和未损伤。然后，利用 Faster R-CNN 对训练集进行训练，总损失值曲线如图 5.2-16 所示。当迭代次数为 10000 时，总损失值曲线已经达到了一个平稳的状态，此时模型的检测精度为 0.9260。

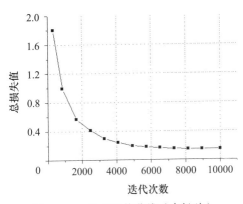

图 5.2-16　总损失值曲线（大松弛）

（2）最小可识别的螺杆高度：该方法通过识别图片中的螺栓，自行判断螺栓是否处于损伤状态。为了获得该方法的最小分辨率，对不同螺杆伸长量的螺栓进行检测，从识别结果可以看出，分类精度随着螺杆伸长量的减少而降低。当螺杆伸长量为 0.4cm 时，螺栓的状态被错误地识别为 "Tight"。因此，该方法的最小分辨率为 0.5cm。

（3）光照条件的影响：为了进一步验证检测模型的稳定性，对不同光照条件下的螺栓状态进行了检测。从检测结果可以看出，该方法能够对螺栓进行大规模、集群式的松弛损伤且识别和分类精度都很高。在暗光条件下，该方法依然有着非常出色的检测效果。虽然对于后排螺栓容易出现个别漏检的情况，但是整体而言实现了螺栓规模式检测。对于正常光和暗光下的检测结果，暗光下的漏检情况高于正常光下的漏检情况。为了进一步提高该方法的实用性，可以在原数据集中添加暗光下的图片。

（4）振动条件的影响：在钢结构中往往存在一定程度的振动，而振动会造成图片的模糊。

为了研究振动对该方法识别精度的影响，完成了基于振动台的螺栓松弛损伤检测。向振动台输入振幅为1cm且频率为2Hz的Sin波。然后，智能手机对振动中的螺栓进行拍摄。最后，利用检测模型对拍摄的图片进行检测。从检测结果可以看出，模糊图像对识别结果有一定的影响。图像的模糊程度随着振动频率的增加而增加。然而，检测模型对模糊图像仍具有一定的识别能力。紧固状态的螺栓所占的像素较小，容易被忽略，在模糊状态下更容易被漏检。

5.2.6 基于深度学习和机器视觉的不同平面内多点位移监测

本部分提出了一种基于全卷积神经网络的多点位移监测方法，能够同时获取多个不同平面内标靶的信息。为了提高位移监测的便捷性，采用智能手机作为采集设备。通过全卷积神经网络对图片中多个标靶进行像素级的识别，之后提取标靶的信息获得各个标靶的实际位移。

（1）监测模型：本部分采集了400张图片作为数据集。其中，20%作为测试集，64%作为训练集和16%作为验证集。数据集中的图片主要来自两个试验：可行性试验和多点位移监测试验。四个标靶分别距离智能手机的距离为2.5m、5m、7.5m和10m。当循环次数为1000时，损失曲线如图5.2-17所示。当轮次为300时，训练集和验证集的损失均达到稳定状态。此时训练集的损失值为0.0021，验证集的损失值为0.0011。在语义分割算法中，平均交并比被广泛应用于准确度评价。测试集中的80张图片被用来计算平均交并比，该模型的平均交并比为0.9774。这个结果表明该监测模型的性能满足工程要求。

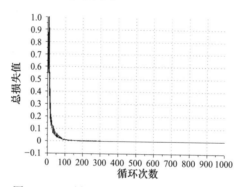

图 5.2-17 总损失值曲线（多点位移监测）

（2）可行性试验：采用四个边长为5cm的黑色矩形作为标靶，标靶分别粘贴在四个混凝土块上，这些混凝土块分别放置在距离智能手机2.5m、5m、7.5m和10m的位置。选择的智能手机为华为P30 Pro，选择7.5倍焦距同时拍摄四个标靶。将获取的图片输入至监测模型中，识别结果如图5.2-18所示。从识别结果可以看出，四个标靶均能被精确地识别和提取。图像中各个标靶的详细参数见表5.2-6。根据标靶的详细信息即可获得标靶移动的真实位移。

（a）

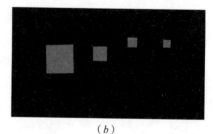

（b）

图 5.2-18 标靶的识别结果

（a）输入图片；（b）输出图片

各标靶的参数 表 5.2-6

图片标号	标靶位置	中心坐标	像素面积
a	2.5m	（470.65，517.57）	51195
	5m	（798.70，469.78）	13283
	7.5m	（1064.42，375.85）	6423
	10m	（1349.82，383.38）	3782
b	2.5m	（330.97，519.47）	51340
	5m	（834.22，470.87）	13413
	7.5m	（1109.26，376.70）	6486
	10m	（1422.68，383.89）	3861

（3）多点位移监测：由于试验设备有限，本试验每次仅监测一个标靶。在试验过程中，混凝土块被移动三次，每次移动 5mm。对每一个标靶位移监测均进行三次平行试验，将拍摄的图片输入至监测模型中，提取标靶参数，计算标靶的实际位移。为了更准确地描述标靶位移的监测效果，计算了每个标靶移动 15mm 时的监测误差，见表 5.2-7。从表中可以看出，2.5m 和 5m 处标靶的位移监测误差均在 1% 以内，7.5m 和 10m 处标靶的位移监测误差分别为 1.696% 和 1.997%。总体而言，该方法对 10m 内标靶的位移监测具有较高的精度，能够满足工程实践要求。

各标靶的位移监测误差 表 5.2-7

标靶位置	编号	监测值	误差	平均误差
2.5m	1	14.9380	0.413%	0.934%
	2	15.0449	0.299%	
	3	15.3137	2.091%	
5m	1	15.0723	0.482%	0.535%
	2	15.1013	0.675%	
	3	14.9327	0.449%	
7.5m	1	15.1397	0.931%	1.696%
	2	14.7978	1.348%	
	3	15.4212	2.808%	
10m	1	15.3510	2.340%	1.997%
	2	15.3738	2.492%	
	3	14.8260	1.160%	

5.2.7 基于深度学习的吊装安全监测

在本书中，两个摄像机从两个不同的垂直方向记录起重场景，在视频窗口中最多只有一个工作人员和／或一个吊块。通过训练基于 Faster R-CNN 的识别模型，可以检测和定位佩戴安全头盔或不戴头盔的工作人员和提起的东西。根据结果，场景可以通过一个句子来理解和描述。

更重要的是，两个预定义的危险场景可以被识别和报警。第一个危险的场景是没有佩戴安全帽的工人走进视频监控范围（施工现场），第二个是工人走进用户预先定义的危险区域。

（1）训练模型：选取某吊装场地进行视频拍摄，东西方向、南北方向分别固定放置一个摄像头，水平拍摄。视频拍摄频率为30FPS，分辨率1920×1280像素。注意拍摄内容尽量包含各种形态的人（正面、侧面、背面、蹲、弯腰、站立、行走等）。同时需要被吊装物体和工人有一定的相对运动，不做固定要求，随机即可。挑选其中的某段视频中600帧图片进行标记："r"代表正确佩戴安全帽的工人；"b"代表未正确佩戴安全帽的工人；"w"代表被吊装物体。

使用Faster R-CNN网络进行训练，得到的每个类别的AP值分别为：r类（正确佩戴安全帽的工人）为0.909；b类（未正确佩戴安全帽的工人）为1.0000；w类（被吊装物体）为0.9941。得到的mAP值为98.05%。可以说该模型能够准确地进行目标定位与追踪，结果如图5.2-19所示。

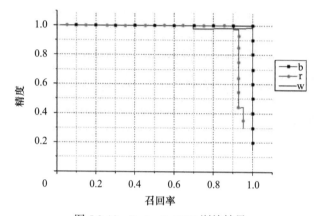

图5.2-19　Faster R-CNN训练结果

（2）监测系统：使用最终确定的训练模型运用至已拍摄好的其他视频中，逐帧或者每秒1帧进行目标检测和定位，并提取检测目标的中心点和范围。对两个摄像头中的画面进行同步处理，建立坐标系，分别以图像窗口左侧为原点，水平向右为正向，建立水平平面直角坐标。坐标系中的点的坐标分别为两图像的水平像素坐标。以工人为例，检测到工人的目标框选范围，同时提取两个图像中水平像素范围，在已建水平坐标系中得到交叉区域即工人所占据的图像平面区域，该区域的中心即为检测目标的图像中心坐标，同理可得到被吊装重物所占据的图像平面区域和图像中心坐标。得到各目标的图像占据区域和中心坐标，通过平面坐标原理即得到两者之间的边缘距离或者中心位置距离。随着时间的变化，两者的平面占据区域和中心坐标发生变化，产生轨迹的同时，发生空间上的互动（靠近或者远离），这就为自动智能地理解吊装场景奠定基础。

两者之间的像素距离计算公式如下：

$$pixel\ distance = \sqrt{(x_1 - x_2)^2 + (y_1 - y_2)^2}$$ （5.2-2）

式中　x_1——工人所占据的图像平面区域的中心点横坐标；

　　　y_1——工人所占据的图像平面区域的中心点纵坐标；

　　　x_2——被吊装重物所占据的图像平面区域的中心点横坐标；

　　　y_2——被吊装重物所占据的图像平面区域的中心点纵坐标。

以上变量单位都为像素。

同时通过目标检测和即时地理解工人和被吊装物体的运动趋势和图像距离，管理者可以设定一定的预警模式，防止事故的发生。本节预定两种预警模式：

（1）自动预警模式。一旦工人的图像占据区域与被吊装物块的图像占据区域有任何接触，将会出现警告信号。

（2）手设预警模式。管理用户可以设置两级警告值，当工人与物块图像中心坐标像素距离达到某一级别的预设警告值时将出现相应的警告提示板。

现通过 Matlab GUI 进行功能集成：

区域 1 是综合系统的标题。

区域 2 是开始或继续按钮。

区域 3 是两台摄像机的实时显示窗口。

区域 4 是检测到的物体的显示面板，其显示了佩戴安全头盔的工作人员的数量，没有头盔的工作人员数量以及在每个摄像头中检测到吊装物块的数量。

区域 5 是实时跟踪工人及被吊装物块的轨迹显示窗口。

区域 6 是工人和吊装物块之间像素距离的实时显示面板。

区域 7 是预警设置面板。有两种预警模式，自动警告和手动设置。

区域 8 是场景描述的实时显示面板，包含诸如工人数量，是否正确佩戴安全头盔以及工人和区块之间的距离的变化等信息，即根据目标检测和轨迹跟踪的结果，形成场景文字描述反馈给管理者。

（3）系统测试：为了简单验证系统的有效性，将计算机与两个摄像头连接，实现实时监控和实时跟踪，这里监控视频的频率需要小于 17 帧 /s。保持重物不动，以其投影的中心为圆心，画出半径为 1.5m 的轨道，然后工人沿着圆形轨道运动。根据视频拍摄的基本原理，人的轨迹在显示窗口应该呈现为椭圆形，通过定性分析，可知开发的智能监控预警系统能够满足实际应用要求。

本成果对超高层结构施工期的结构位移等进行检测和分析，保证了施工期结构的安全性。研究提出的螺栓损伤、塔式起重机安全检测方法，保证了施工机械的安全运行，防止安全事故的发生，可有效节约机械维护费用。本成果完成了成套的监测、诊断、预警集成系统设计，后期可进一步进行安装部署，为便携式监测 / 检测提供技术支持。

第6章 混凝土浇筑期泵管撞击力确定方法

我国普遍采用泵送技术浇筑混凝土，多数建筑工地都采用"泵车＋泵管＋布料杆"的模式浇筑混凝土，在提高施工效率的同时，一些地区发生了与泵管运动有关的模板支架坍塌事故。我国大多数泵车都采用液压驱动双缸往复式活塞，工作时通过分配阀的换向，实现两个油缸的交替作用，推动混凝土缸中的工作活塞压送混凝土。混凝土通过管道依靠压力被输送到指定高度，再通过布料杆将混凝土浇筑到模板内。两活塞缸的交替工作使泵管往复运动、撞击布料杆，使得布料杆受到泵管的撞击荷载。该荷载或逐级传递到模板支架顶部，致使模板支架受到水平动荷载；或直接传递给施工平台，使得平台承受荷载。

泵管撞击荷载是模板支架和施工平台顶部承受水平动荷载的诱发荷载，当前国内外计算标准中没有涉及这一荷载，相关研究也甚少，本书在对我国现有相关施工现状进行调研的基础上，进行力学分析和试验研究，给出泵管撞击荷载的特点和估值。现将现行技术标准中的关于泵送混凝土的要求和课题组取得的技术成果予以介绍。

6.1 现行规范对泵送混凝土的要求

1. 原材料

（1）泵送混凝土用水泥应选用硅酸盐水泥、普通硅酸盐水泥、矿渣硅酸盐水泥和粉煤灰硅酸盐水泥，不宜采用火山灰质硅酸盐水泥。其水泥质量应符合现行国家标准《通用硅酸盐水泥》GB 175 的规定。

（2）粗骨料应符合现行行业标准《普通混凝土用砂、石质量及检验方法标准》JGJ 52 的规定，宜采用连续级配，针片状颗粒含量不宜大于 10%。粗骨料最大粒径与输送管径之比宜符合表 6.1-1 的规定。

粗骨料最大粒径与输送管径之比　　　　　　　　　　表 6.1-1

粗骨料品种	泵送高度（m）	粗骨料最大粒径与输送管径之比
碎石	＜50	≤1：3.0
	50～100	≤1：4.0
	＞100	≤1：5.0
卵石	＜50	≤1：2.5
	50～100	≤1：3.0
	＞100	≤1：4.0

（3）细骨料应符合现行行业标准《普通混凝土用砂、石质量及检验方法标准》JGJ 52 的规定。细骨料宜采用中砂，其通过 0.315mm 筛孔的颗粒不应少于 15%。

2. 配合比

（1）泵送混凝土配合比，除必须满足混凝土设计强度和耐久性的要求外，尚应使混凝土满足可泵性要求。

（2）泵送混凝土配合比设计，应符合现行行业标准《普通混凝土配合比设计规程》JGJ 55及现行国家标准《混凝土结构工程施工质量验收规范》GB 50204、《混凝土强度检验评定标准》GB/T 50107、《预拌混凝土》GB/T 14902 的有关规定。并应根据混凝土原材料、混凝土运输距离、混凝土泵与混凝土输送管径、泵送距离、气温等具体施工条件试配，必要时，应通过试泵送确定泵送混凝土配合比。

（3）泵送混凝土的用水量与胶凝材料总量之比不宜大于 0.6。

（4）泵送混凝土的砂率宜为 35%～45%。

（5）泵送混凝土的胶凝材料总量不宜小于 $300kg/m^2$。

（6）泵送混凝土掺加的外加剂的品种和掺量宜由试验确定，不得随意使用。

（7）掺用引气剂型外加剂的泵送混凝土的含气量不宜大于 4%。

（8）掺粉煤灰的泵送混凝土配合比设计，必须经过试配确定，并应符合现行有关标准的规定。

3. 混凝土性能要求

（1）泵送混凝土的配制强度应符合设计要求和现行国家标准《混凝土强度检验评定标准》GB/T 50107 的规定。

（2）泵送混凝土的可泵性，可按现行国家标准《普通混凝土拌合物性能试验方法标准》GB/T 50080 有关压力泌水试验的方法进行检测，一般 10s 时的相对压力泌水率不宜超过 40%。对于添加减水剂的混凝土，宜由试验确定其可泵性。

（3）泵送混凝土的入泵坍落度不宜小于 10cm，对于各种入泵坍落度不同的混凝土，其泵送高度不宜超过表 6.1-2 的规定。

混凝土入泵坍落度与泵送高度关系表　　　　　　　　　　　　　表 6.1-2

入泵坍落度（cm）	（10，14］	（14，16］	（16，18］	（18，20］	（20，22］
最大泵送高度（m）	30	60	100	400	400 以上

4. 混凝土泵的选型和布置

（1）混凝土泵的选型应根据混凝土工程特点、浇筑工程量大小、最大输送距离、单位时间最大输出量、浇筑进度要求以及施工计划等因素综合考虑确定。

（2）混凝土输送管在不同的布置状态时的水平换算长度可按表 6.1-3 选用。

混凝土输送管水平换算长度　　　　　　　　　　　　　表 6.1-3

管类别或布置状态	换算单位	管规格		水平换算长度（m）
向上垂直管	每米	管径（mm）	100	3
			125	4
			150	5
倾斜向上管（倾角 α）	每米	管径（mm）	100	$cos\alpha + 3sin\alpha$
			125	$cos\alpha + 4sin\alpha$
			150	$cos\alpha + 5sin\alpha$
垂直向下及倾斜向下管	每米	—		

管类别或布置状态	换算单位	管规格		水平换算长度（m）
锥形管	每根	锥径变化（mm）	175→150	4
			150→125	8
			125→100	16
弯管（张角 β≤90）	每只	弯曲半径（mm）	500	$2\beta/15$
			1000	0.1β
胶管	每根	长 3～5m		20

5. 配管和布料设备

（1）管路布置中尽可能减少弯管使用数量，除终端出口处采用软管外，其余部位均不宜采用软管。除泵机出料口处，同一管路中，应采用相同管径的输送管，不宜使用锥管；当新旧管配合使用时，应将新管布置在泵送压力大的一侧。

（2）垂直向上配管时，地面水平管长度不宜小于垂直管长度的 25%，且不宜小于 15m；在混凝土泵机出料口处应设置截止阀。

（3）混凝土输送管规格应根据粗骨料最大粒径、混凝土输出量和输送距离，以及输送难易程度等选择，混凝土输送管应符合现行国家标准《无缝钢管尺寸、外形、重量及允许偏差》GB/T 17395 的有关规定，常用规格可参照表 6.1-4 和表 6.1-5 选用；输送管强度应与泵送条件相适应。

混凝土输送管管径与粗骨料最大粒径的关系　　　　　表 6.1-4

粗骨料最大粒径（mm）		输送管最小管径（mm）
卵石	碎石	
31.5	20	100
40	31.5	125
50	40	150

混凝土输送管规格　　　　　表 6.1-5

管规格（mm）	100	125	150
公称外径（mm）	114	140	159
壁厚（mm）	4.5	5.0	6
内径（mm）	105	130	147

（4）倾斜向下配管时，应在斜管上端设排气阀；当高差大于 20m 时，应在斜管下端设 5 倍高差长度的水平管。如条件限制，可增加弯管或环形管，满足 5 倍高差长度要求。

（5）混凝土输送管应可靠地固定，不得直接支承在钢筋、模板及预埋件上，并应符合下列规定：① 水平管的固定支撑宜具有一定离地高度；② 每条垂直管应有两个或两个以上固定点；③ 不得将输送管固定在脚手架上，如现场条件受限可另搭设专用支承架；④ 垂直管下端的弯管不应作为支承点使用，宜设钢支撑承受垂直管重量；⑤ 管道接头卡箍处不得漏浆。

（6）布料设备应安装牢固和稳定，安装基础应进行结构强度校核，满足布料设备的重量和抗倾覆要求。

6. 混凝土的泵送与浇筑

（1）泵送混凝土结构（构件）的模板和支承件设计，应考虑混凝土泵送浇筑施工所产生的附加作用力，确保模板和支承件有足够的强度、刚度和稳定性。

（2）布料设备不得碰撞或直接搁置在模板上，手动布料杆下的模板和支承件应加固。

（3）泵送混凝土时，混凝土泵的支腿应伸出调平，支撑牢固，并插好安全销。

（4）混凝土泵启动后，应先泵送适量水以湿润混凝土泵的料斗、活塞及输送管的内壁等直接与混凝土接触部位。

（5）开始泵送时，混凝土泵应处于匀速缓慢运行并随时可返泵的状态。泵送速度应先慢后快，逐步加速。同时，应观察混凝土泵的压力和各系统的工作情况，待各系统运转正常后，方可以正常速度进行泵送。

（6）应根据工程结构特点、平面形状和几何尺寸、混凝土供应和泵送设备能力、劳动力和管理能力，以及周围场地大小等条件，预先划分好混凝土浇筑区域。

（7）混凝土的浇筑顺序，应符合下列规定：① 宜由远而近浇筑；② 同一区域的混凝土，应按先竖向结构后水平结构的顺序，分层连续浇筑；③ 当不允许留施工缝时，区域之间、上下层之间的混凝土浇筑间歇时间，不得超过混凝土从搅拌至浇筑完毕所允许的延续时间；④ 当下层混凝土初凝后，浇筑上层混凝土时，应按留施工缝的规定处理。

（8）在浇筑竖向结构混凝土时，布料设备的出口离模板内侧面不应小于 50mm，且不得向模板内侧面直冲布料，也不得直冲钢筋骨架；在浇筑水平结构混凝土时，并不得在同一处连续布料，应在 2～3m 范围内水平移动布料，且宜垂直于模板布料；混凝土落料高度不宜大于 2m。

（9）混凝土浇筑分层厚度，宜为 300～500mm。当水平结构的混凝土浇筑厚度大于 500mm 时，可按 1∶10～1∶6 坡度分层浇筑，且上层混凝土应超前覆盖下层混凝土 500mm 以上；振捣泵送混凝土时，振动棒移动间距宜为 400mm 左右，振捣时间宜为 15～30s，且隔 20～30min 后，进行第二次复振。

6.2　泵送混凝土时产生的泵管撞击力

6.2.1　泵管撞击力的取值方法一

图 6.2-1 所示的布料杆和泵管较为常见，对相应的泵管撞击力进行了动力测试和计算分析。

选择 3 个工地进行测试，工地 1 为剪力墙结构高层住宅，工地 2 为层高 5.0m 的框架结构的图书馆，工地 3 为具有净空 8.1m 共享大厅的框架－剪力墙结构会所，施工单位分别为一级施工企业、特级施工企业和集体所有制企业，基本可以代表我国现有施工装备水平和施工技术水平。

图 6.2-1　模板面上的布料杆和泵管

1. 测试试验

（1）测试工程简介及测试方法

在 3 个工地进行测试，具体如下。

工地 1：剪力墙结构，层高 2.7m，采用碗扣式模板支架，采用"三一重工"生产的 HBT80-13-110 泵车，ϕ125×3.5 泵管，布料杆重约 2.7t，其四个撑脚下方垫有木板，测试时正在浇筑第

13 层顶板；

工地 2：框架结构，地上 5 层，净空 5.0m，采用碗扣式模板支架，泵车的型号为"三一重工"生产的 HBT80-13-110，$\phi125\times3.5$ 泵管，布料杆重约 2.9t，其四个撑脚下方垫有木板，测试时正在浇筑第 2 层顶板。

工地 3：框架－剪力墙结构，共享大厅净空 8.1m，采用扣件式模板支架，泵车的型号为"中联重科"生产的 ZLJ5120THB，$\phi125\times3.5$ 泵管，布料杆重约 2.7t，在浇筑共享大厅顶板时进行测试。

工地 1 和工地 2 均对泵管的往复运动设置约束，其中工地 2 的约束设施符合现行行业标准《混凝土泵送施工技术规程》JGJ/T 10 的要求，为作者看到的最好情况；工地 3 没有对泵管的往复运动设置任何约束，为作者看到的最不利情况。

在每个工地，设 1 个位移测点用以记录混凝土泵管往复运动的位移，其中工地 1 的位移测点距离布料杆 1.0m，工地 2 和工地 3 的位移测点距离布料杆大约 20m 和 50m。

采样频率定为 200Hz，采用 DH3817 动静态信号测试系统。传感器为位移计，采样"0"时刻为开始浇筑混凝土前 5s 左右。

（2）试验数据分析

泵管的位移时程如图 6.2-2 所示。从图中可以看出，泵管运动具有周期性，周期与泵车活塞完成 1 次压送混凝土的时间基本相同；分配阀的换向导致泵管位移发生剧烈变换，致使泵管位移从极大值变为约"−2mm"，又从"−2mm"变为最大值，剧烈变化时间大约 0.6s；泵管运动与泵管受到的约束和测试点到模板面的距离有关，约束越少泵管位移越大，时程图形也越简单，距离模板面越近受施工干扰越大。

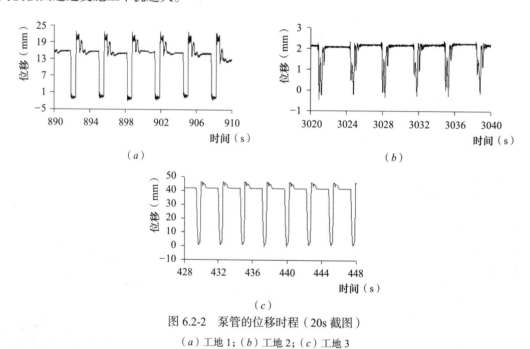

图 6.2-2　泵管的位移时程（20s 截图）
（a）工地 1；（b）工地 2；（c）工地 3

2. 布料杆受力分析

本书做如下假设：

（1）布料杆（包括配重）的重心过底座中心点 O；

（2）将布料杆视为刚体，泵管撞击时，忽略布料杆的材料阻尼和流动混凝土的重量影响；

（3）用一个集中力 $P(t)$ 代表泵管撞击力，假设 $P(t)$ 作用在图 6.2-3 所示位置，在 $P(t)$

作用下，布料杆只有水平运动，无扭转运动。

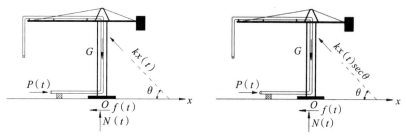

图 6.2-3　t 时刻布料杆的受力

依据以上假设，布料杆的受力如图 6.2-3 所示，其中 G 为布料杆自重；$N(t)$ 为正压力；$kx(t)$ 为由布料杆斜撑提供的弹性支撑力，是布料杆相对位移的线性函数；$f(t)$ 为布料杆撑脚和木垫板间的摩擦力。

根据达朗伯原理，可得布料杆的水平运动方程和竖向力平衡方程，分别为：

$$m\ddot{x}(t)+f(t)+kx(t)=P(t) \tag{6.2-1}$$
$$N(t)=mg-kx(t)\tan\theta \tag{6.2-2}$$

式中　　　　　　m——布料杆的质量；

　　　　　　　　g——重力加速度；

　　$x(t)$ 和 $\ddot{x}(t)$——布料杆的水平位移和加速度；

　　　　　　　　k——布料杆斜撑的水平刚度系数；

$kx(t)$ 和 $kx(t)\tan\theta$——由布料杆斜撑提供的水平力和竖向力。

滑动摩擦力 $f(t)$ 与正压力 $N(t)$ 的关系为：

$$f(t)=\mu N(t) \tag{6.2-3}$$

式中　μ——布料杆撑脚和木垫板间摩擦系数。

将式（6.2-3）和式（6.2-2）代入式（6.2-1），可得：

$$P(t)=m\ddot{x}(t)+kx(1-\mu\tan\theta)+\mu mg \tag{6.2-4}$$

从式（6.2-4）可以看出，估算泵管撞击力用到的主要参数为布料杆自重 m、布料杆的水平加速度 $\ddot{x}(t)$、布料杆的水平位移 $x(t)$、布料杆撑脚和木垫板间摩擦系数 μ、布料杆斜撑的水平刚度系数 k 和其与模板面的角度 θ。其中 m、μ 和 θ 容易获得，$x(t)$ 和 $\ddot{x}(t)$ 需要通过试验得到。

3. 布料杆位移和加速度测试及分析

在上述 3 个工地中，第一个工地对泵管的约束最具代表性，因此选择在该工地完成位移和加速度测试。分别沿两个相互垂直的方向，在布料杆撑脚的布置如图 6.2-4 所示的位移计和加速度传感器。加速度测量的采样频率定为 1000Hz，采用 DH5922 动态信号测试系统；位移测量的采样频率定为 200Hz，采用 DH3817 动静态信号测试系统。位移和加速度的采样 "0" 时刻为开始浇筑混凝土前 5s 左右，同时开始。

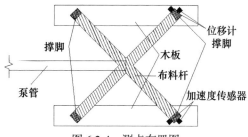

图 6.2-4　测点布置图

（1）布料杆水平位移

对两个位移计的记录数据进行矢量合成后，得到布料杆相对运动时程，如图 6.2-5 所示。

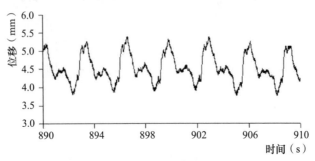

图 6.2-5　布料杆相对运动位移时程（20s 截图）

从图 6.2-5 可以看出：布料杆和斜撑之间有大约 3.9mm 的初始缝隙；泵送混凝土使得布料杆与木垫板间先发生往复相对运动，运动的周期 3s 左右，与泵管往复运动周期一致；布料杆与木垫板的最大相对位移达到了 1.4mm，发生在泵管剧烈运动的末期。

（2）布料杆加速度测试

布料杆水平加速度时程曲线如图 6.2-6 所示。

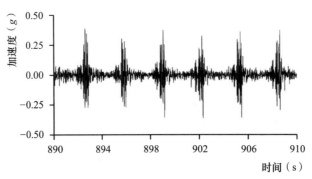

图 6.2-6　布料杆的水平加速度时程曲线（20s 截图）

从图 6.2-6 中可以看出，泵管剧烈运动使得布料杆发生了水平受迫振动，最大加速度为 0.35～0.40g，其加速度变化周期远远小于布料杆运动周期性。

4. 泵管撞击力的估值

在一个泵送周期内，泵管的撞击力随时间变化，本书根据式（6.2-4）估计其最大值。将泵管位移、布料杆位移和加速度时程图放在一起，如图 6.2-7 所示，以便分析。

根据图 6.2-7 和式（6.2-4）可知，在泵送混凝土+分配阀换向的一个典型周期 t_1～t_4 内，泵管撞击力最小值出现在分配阀换向即将完成、另一个混凝土缸即将压送混凝土的 t_1 和 t_4，此时加速度和相对位移接近"0"，泵管撞击力最小值为滑动摩擦力；最大值可能出现在 t_2 和 t_3，在 t_2 布料杆的加速度达到最大值（0.40g），相对位移为 0.7mm，在 t_3 布料杆的相对位移达到最大值（1.4mm），布料杆的加速度接近"0"。

英国相关规范给出了模板支撑体系中常见材料间的摩擦系数，其中未锈蚀钢板和木垫板（软木）间的摩擦系数为 0.3。从英国相关规范还可以看出，多数情况未锈蚀钢材和其他材料间的摩擦系数比锈蚀钢板和其他材料间的摩擦系数小 0.1，因此本书取锈蚀的布料杆撑脚和木垫板间的摩擦系数 μ 为 0.4，由此得 $\mu m g = 10.6$kN。本次测试的布料杆斜撑与模板面的角度为 44.8°。布料杆一侧有 2 根斜撑，长度为 5.02m，钢管截面面积取 4.94cm²，可算得斜撑的刚度系数

$k = 43.9\mathrm{kN/mm}$。

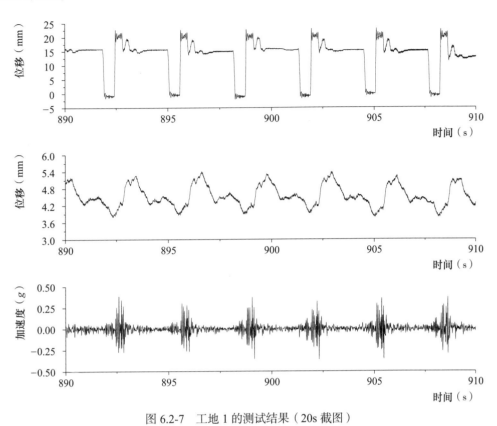

图 6.2-7　工地 1 的测试结果（20s 截图）

根据式（6.2-4）可计算此时 $m\ddot{x}(t_2) = 10.6\mathrm{kN}$，$kx(t_2)(1-\mu\tan\theta) = 18.4\mathrm{kN}$，$kx(t_3)(1-\mu\tan\theta) = 36.9\mathrm{kN}$，泵管撞击力为 $P(t_1) = 10.6\mathrm{kN}$，$P(t_2) = 39.6\mathrm{kN}$，$P(t_3) = 47.5\mathrm{kN}$。

5. 取值建议

（1）泵管撞击荷载为周期性动荷载，周期与泵车活塞完成 1 次压送混凝土的时间基本相同，为 3s 左右；

（2）根据本次测试，泵管撞击荷载幅值最大为 47.5kN，最小为 10.6kN；

（3）建议泵管撞击荷幅值最大值暂取 47.5kN，当有充足的测试数据时再做调整。

6.2.2　泵管撞击力的取值方法二

位于深圳的深湾汇云中心 J 座建筑高度为 349.25m，采用框架＋核心筒束的结构形式。施工时在核心筒束内设有施工平台，其上设置布料机；通过泵车和泵管将商品混凝土泵送到数百米高的布料机上，浇筑核心筒筒壁。在此期间，泵管往复运动，撞击布料机，使得与布料机相连的施工平台承受周期性水平动荷载。

前面的研究对象为搁置在模板面上的布料机，布料机与其垫板间发生了相对位移。而深湾汇云中心 J 座的布料机与施工平台通过螺栓相连，没有相对位移，荷载传递方式与前者不同，无法借鉴早期研究成果，需要进行专门研究。

泵管撞击荷载是作用在超高层建筑施工平台上的重要水平施工动荷载，本书以深湾汇云中心 J 座项目为依托，采用理论分析与现场测试相结合的方式，研究泵管撞击力的特点和取值，为安全合理地设计超高层建筑的施工平台提供借鉴。

1. 布料系统概况

深湾汇云中心 J 座的核心筒束由 9 个筒组成。现场共设两台 HGY24D 型布料机，分别位于核心筒的两个对角上，具体位置如图 6.2-8 所示。布料机底座与施工平台通过螺栓进行固定，如图 6.2-9 所示。使用 SY5123THB-9022C-6GD 泵车泵送混凝土，泵管型号为 $\phi125\times3.5$，泵管与设在核心筒墙体上的预埋件相连，如图 6.2-10 所示。

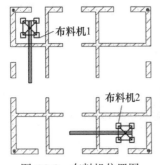
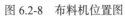

图 6.2-8 布料机位置图 　　图 6.2-9 布料机与施工平台连接图 　　图 6.2-10 泵管与核心筒连接图

2. 泵管撞击荷载的理论估算方法

本书将布料机和施工平台视为同一个结构体系的两部分，如图 6.2-11（a）所示。体系的质量主要集中在施工平台和布料机的顶部，因而将体系简化为 2 个质点的平面运动体系，如图 6.2-11（b）所示。在图中，k_1 为施工平台的侧移刚度，k_2 为布料机的侧移刚度，$P(t)$ 为泵管撞击荷载，m_2 为布料机的平衡杆、转动台、配重及一半布料机格构柱的质量总和，m_1 为布料机底座、平台板、平台梁、一半布料机格构柱和一半施工平台临时支撑的质量总和。

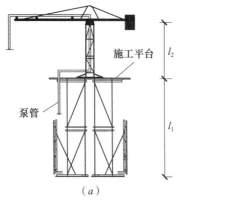
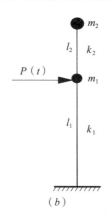

（a）　　　　　　　　　　　　　　　　（b）

图 6.2-11 简化计算模型

（a）结构体系；（b）计算模型

依据图 6.2-11（b），考虑到撞击荷载的持续时间较短，忽略阻尼力的影响，建立结构体系的无阻尼水平运动方程：

$$\begin{pmatrix} m_1 & 0 \\ 0 & m_2 \end{pmatrix} \begin{Bmatrix} \ddot{x}_1(t) \\ x_2(t) \end{Bmatrix} + \begin{pmatrix} k_1+k_2 & -k_2 \\ -k_2 & k_2 \end{pmatrix} \begin{Bmatrix} x_1(t) \\ x_2(t) \end{Bmatrix} = \begin{pmatrix} P(t) \\ 0 \end{pmatrix} \qquad (6.2\text{-}5)$$

式中　$x_1(t)$、$x_2(t)$——施工平台和布料机顶部的位移；

$\ddot{x}_1(t)$、$\ddot{x}_2(t)$——施工平台和布料机顶部的加速度。

由式（6.2-5）得：

$$P(t) = m_1\ddot{x}_1(t) + (k_1+k_2)x_1(t) - k_2x_2(t) \qquad (6.2\text{-}6)$$

由式（6.2-6）可知，$P(t)$ 与施工平台的位移、加速度和布料机顶部的位移有关。由于布料机顶部的位移无法测得，本书假设结构体系可能的变形形状与一阶振型或二阶振型（图6.2-12）相似，相应的泵管撞击力分别为 $P_1(t)$ 和 $P_2(t)$，将 $x_1(t)$ 和 $x_2(t)$ 的比值，代入式（6.2-6）得：

$$P_1(t) = m_1\ddot{x}_1(t) + \left(k_1 + k_2 - \frac{\phi_2^{(1)}}{\phi_1^{(1)}} \times k_2\right) x_1(t) \qquad (6.2\text{-}7)$$

$$P_2(t) = m_1\ddot{x}_1(t) + \left(k_1 + k_2 - \frac{\phi_2^{(2)}}{\phi_1^{(2)}} \times k_2\right) x_1(t) \qquad (6.2\text{-}8)$$

由式（6.2-7）和式（6.2-8）可知，泵管撞击力除了和刚度、质量这些已知量有关外，还和施工平台的位移、加速度等泵管撞击荷载的动力效应有关。

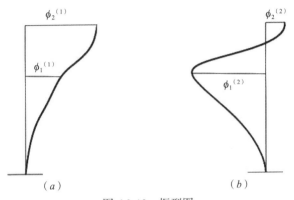

图 6.2-12　振型图

（a）一阶振型；（b）二阶振型

3. 荷载动力效应测试

布料机1所在的施工平台不具备测试条件，测试对象为布料机2所在的施工平台。测试时，施工平台位于12层。

（1）测点的布置

共设2个位移测点和一个加速度测点。位移测点1测试施工平台的水平位移，布置在施工平台顶部的横梁上；位移测点2测试泵管的位移变化，布置在距离施工平台0.5m的泵管上。加速度测点3布置在布料机底座处，测试施工平台沿泵管运动方向的水平加速度（布料机底座和施工平台刚性连接，假设两者加速度相同）。测点的位置如图6.2-13所示。

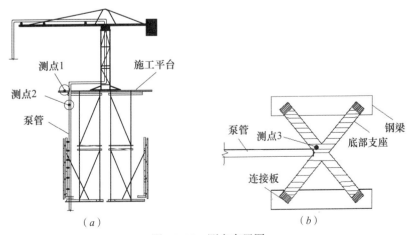

图 6.2-13　测点布置图

（a）位移测点；（b）加速度测点

（2）采样方法

位移的采样频率定为 50Hz，采用 DH3817 动静态信号测试系统，传感器为位移计，采样"0"时刻为开始浇筑混凝土前 5s 左右；加速度的采样频率定为 1000Hz，采用 DH5922 动态信号测试系统，传感器为加速度计，采样"0"时刻为开始浇筑混凝土前 5s 左右。

（3）试结果分析

本次测试共采集了时长 1960s 的数据。从采集的数据可以发现，泵管的位移、施工平台的位移和加速度具有周期性，截取典型的 20s 数据绘出曲线图，如图 6.2-14～图 6.2-16 所示。

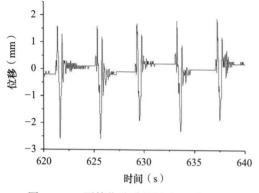

图 6.2-14　泵管位移时程图（20s 截图）

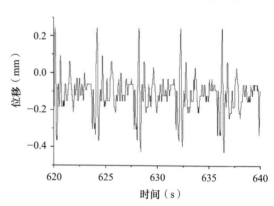

图 6.2-15　施工平台位移时程图（20s 截图）

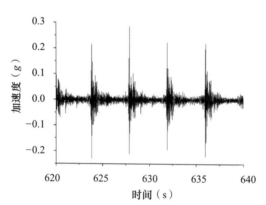

图 6.2-16　施工平台加速度时程图（20s 截图）

由图 6.2-14 可知，泵管位移的变化周期为 4.04s，最大位移为 2.7mm，当往泵车活塞的分配阀换向时，泵管位移变化剧烈，先以较大幅度向前运动，然后以几乎相同的幅度向后运动，再向前运动，持续时间约 0.5s；由图 6.2-15 和图 6.2-16 可知，施工平台位移和加速度的变化周期与泵管位移的周期相同，测点处施工平台最大位移为 0.43mm，加速度峰值为 0.29g。从图 6.2-14 和图 6.2-16 还可以看出，泵管和施工平台的受迫运动均发生在泵车活塞分配阀换向的 0.5s；当分配阀换向结束后，泵管和施工平台做有阻尼自由振动，振幅均有所衰减，其中泵管振幅衰减更为明显。

4. 泵管撞击荷载

根据图 6.2-14～图 6.2-16 可以判定，泵管撞击荷载为周期性荷载，周期与泵管位移的周期相同，施工平台发生了与泵管位移变化相一致的受迫振动。基于泵管位移变化规律，给出如图 6.2-17 所示的泵管撞击荷载的荷载模式。泵管撞击荷载的一个荷载周期为 4.04s，其中荷载集中作用的时间只有 0.5s。在 0.5s 内，荷载先以 P_{max} 为幅值往复变化一次，然后又以 $0.7P_{max}$ 为幅值往复变化半次。

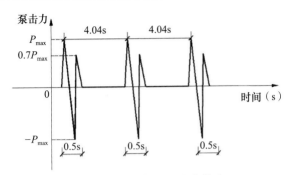

图 6.2-17 泵管撞击荷载模式

根据深湾汇云中心施工单位提供的施工平台搭设方案以及布料机设计参数，计算得 $k_1 = 1.36 \times 10^7 \text{N/m}$，$m_1$ 为 3.3t，$k_2 = 1.68 \times 10^7 \text{N/m}$，第一振型的 $\phi_2^{(1)}/\phi_1^{(1)}$ 为 1.68，第二振型的 $\phi_2^{(2)}/\phi_1^{(2)}$ 为 -0.13。

假设最大荷载可能出现在加速度取最大值或位移取最大值的时刻。根据测试数据，由式（6.2-3）和式（6.2-4）得 $P_1(t)$ 的最大值为 9.6kN，$P_2(t)$ 最大值为 14.2kN，分别对应加速度取最大值的时刻和位移取最大值的时刻。保守起见，取 P_{max} 为 14.2kN。

5. 取值建议

（1）施工平台在泵管撞击荷载的作用下，发生了周期性的受迫运动，周期与泵管运动的周期相同，位移最大为 0.43mm，最大加速度为 0.29g；

（2）泵管撞击荷载为周期性荷载，周期为 4.04s，为了安全，其最大值可取 14.2kN。

需要指出的是，泵管撞击荷载的最大值是依据结构施工到 12 层时的测试结果估算得到的，需要更多的测试研究才能判断本书的结论是否能适用于更高层的施工平台。

6.2.3 泵管撞击力的取值建议

上述研究是以一些具体工程为研究对象进行的，得出的研究结论有一定的局限性。理想的系统性研究是根据混凝土泵车的设计参数，将泵车、布料系统、模板支撑体系或施工平台一起考虑，建立有限元仿真模型，计算泵管撞击荷载，并通过试验测的数据验证仿真计算的精度；在精度满足的条件下，通过大量的仿真计算得出不同工况下的荷载取值。但是泵车的设计参数是企业的技术秘密，目前无法获知，但有参考值终究比没有参考值有助于施工技术的提高，依据上述研究结论给出目前工程中两类泵管撞击荷载的取值建议如下：

（1）对于布料杆底座下方铺有木垫板且设有布料杆斜撑的模板支撑体系，泵管撞击荷载可取 47.5kN；

（2）对于位于核心筒内且布料杆底座与之通过螺栓固定的施工平台，泵管撞击荷载可取 14.2kN。

第7章 超厚底板钢筋临时支撑稳定控制分析技术

7.1 概述

超高层建筑基础工程的筏板厚度一般在 3~4m 之间，一些特殊构造部位甚至会达到 9m。一般建筑物在基础工程施工作业过程中，筏板厚度较小，筏板内上下层钢筋间距也就较小，传统的钢筋马凳就能满足施工作业需求。而对于超高层，底板上下层钢筋间距较大，传统的钢筋马凳满足不了施工需要，这就需要更加稳固、经过设计的支撑体系满足底板钢筋施工的需求，即超厚底板临时支撑结构。超厚底板临时支撑具有以下特点：

（1）面积大：由于超厚底板一般面积较大，相对应的超厚底板临时支撑面积也较大；

（2）重要性：底板钢筋绑扎阶段和混凝土浇筑阶段，会用大量工人在超厚底板临时支撑上面和内部作业，一旦支撑坍塌后果不堪设想；

（3）一次性：超厚底板临时支撑作为底板上层钢筋绑扎的支护构件，会随钢筋一起浇筑在混凝土中，不可重复利用，若支撑设计富余过多，会造成严重浪费。

传统的临时支撑标准对脚手架的设计计算和建造的规定比较完善，但超厚底板施工荷载和作业环境不同于其他施工阶段，且圆钢管需做特殊处理以满足底板防水抗渗需求，因此对超厚底板临时支撑的研究具有重要意义。同时，临时支撑的受力性能和工作状态还受诸多不确定因素影响，例如施工现场场地、几何尺寸、斜撑布置形式、荷载偏心距、杆件初始缺陷等。通过对超厚底板钢筋临时支撑结构开展深入研究，调研现场施工荷载、初始缺陷等情况，为底板临时支撑的设计提供指导性意见。

7.2 技术内容

7.2.1 超厚底板钢筋支撑施工荷载调研

7.2.1.1 深湾汇云中心项目施工荷载

1. 施工荷载数据统计

施工活荷载的数值完全来源于"深湾汇云中心"施工现场。选取临时支撑工作面上的活荷载进行记录及计算，部分时间段由于其他原因暂时停工，故不做记录。由于项目体量大，施工组织明确，在各个时间段内工人的活动位置相对固定，故不考虑工人来回走动对结构造成的影响。

对底板支撑平面进行网格划分，将面积为 3312m² 的八边形底板近似视为边长 60m，面积 3600m² 的正方形，即将超厚底板划分成 100 个网格进行活荷载的统计与计算。各类活荷载计算值见表 7.2-1。

深湾汇云中心底板各类活荷载计算值 表 7.2-1

名称	单位	荷载值	名称	单位	荷载值
C25 钢筋	根	0.0385kN/m	工人	人	0.75kN
C28 钢筋	根	0.0483kN/m	木楞	根	0.072kN
乙炔钢瓶手推车	个	1.4kN	泵管	根	1 kN/m
圆钢管	根	0.08 kN/m	布料机	个	15kN

图 7.2-1 以上午时间阶段为例进行介绍说明:其中图 7.2-1(a)为某时刻施工实况,图 7.2-1(b)为划分网格统计后的活荷载统计值,其单位是 kN。

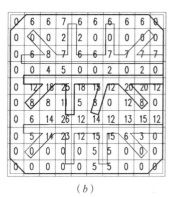

(a)   (b)

图 7.2-1 深湾汇云中心底板施工荷载划分网格统计图

(a)施工实况;(b)施工面上活荷载的统计值

使用 MATLAB 对调研所得与时间、空间相关的数据进行统计分析,将所有 1800 个原始样本数据存入矩阵 A。由于工作面很大,人工、机械设备、材料的聚集往往集中在分散的、较小的区域内,施工荷载具有较大的集聚性,施工面上的很多网格中的荷载值是 0。为了使统计结果充分反映实际施工荷载的集聚效应,将矩阵 A 中等于 0 的数据删去后的数据存入矩阵 B。矩阵 B 可以反映施工面的实际施工工作区域的活荷载分布情况。

在活荷载记录调研中,发现工人大范围走动很少,施工人员主要集中在机械设备、材料堆积荷载较大的地方,荷载大于 0 小于 5 的网格主要是因极少数的人员走动造成的,但这样的网格过多也会拉低最终的活荷载标准值,故删去矩阵 B 中不大于 5 的网格数据后存入矩阵 C。矩阵 C 可以反映剔除人员偶然走动影响后施工面工作区域的活荷载分布情况,即一段时间内较为稳定的活荷载分布情况。表 7.2-2 直观详细地介绍了矩阵 A、B、C 的意义和数据量。

深湾汇云中心底板施工荷载数据矩阵 表 7.2-2

矩阵	数据操作	数据个数	意义
A	无操作	1800	原始活荷载
B	删去＝0 的数据	681	实际工作区域活荷载
C	删去≤5 的数据	464	实际工作区域稳定活荷载

2. 施工荷载概率模型的建立

计算上文统计的样本矩阵 A、B、C 的平均值、方差、标准差等统计参数,见表 7.2-3。

样本统计参数 表7.2-3

	矩阵 A	矩阵 B	矩阵 C
样本平均值 $\bar{x}$	3.6758	9.7159	12.7328
样本方差 S^2	55.4589	87.9511	99.6399
样本标准差 S	7.4471	9.3782	9.9820

（1）参数估计

依据指数分布和伽马分布等经典的概率分布函数，对统计数据进行参数估计和拟合检验。

1）指数分布拟合与检验

用指数分布函数对统计所得的施工活荷载数据进行拟合，如前文所述运用 MATLAB 软件对其进行 *K-S* 检验。经检验，$h=1$，在显著性水平为 0.05 的条件下拒绝假设，即矩阵 A、B、C 的数据分布均不符合指数分布。

2）伽马分布拟合与检验

用伽马分布函数对统计所得的施工活荷载数据进行拟合，发现在显著性水平为 0.05 的条件下拒绝假设，矩阵 A、B、C 的数据分布均不符合伽马分布。

（2）非参数估计

如前文所述采用核密度估计方法对施工荷载统计数据进行非参数估计。

由非参数估计结果绘制样本数据的概率密度曲线，如图 7.2-2 所示。矩阵 A、B、C 的网格施工活荷载的数值分布趋势基本一致，其概率密度均在一个相对较小值（$<0.56\text{kN/m}^2$）达到峰值后迅速下降，矩阵 A、B、C 的概率密度下降速度依次减缓。由于矩阵 A 存在大量数据为 0 的网格，在一定程度上掩盖了其他数据，使非参数估计的峰值出现在 0 附近，且拟合结果存在大量负值，这也说明采用矩阵 A 作为样本是不太合理的。

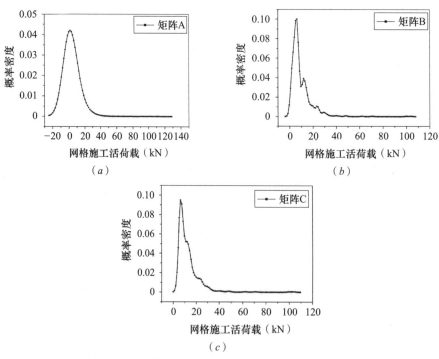

图 7.2-2 深湾汇云中心底板施工荷载概率密度曲线图

（*a*）矩阵 A；（*b*）矩阵 B；（*c*）矩阵 C

3. 施工荷载取值

依据上文的概率密度曲线，参考可靠度和概率密度函数、概率分布函数的定义，画出矩阵A、B、C的概率分布曲线，如图7.2-3所示。

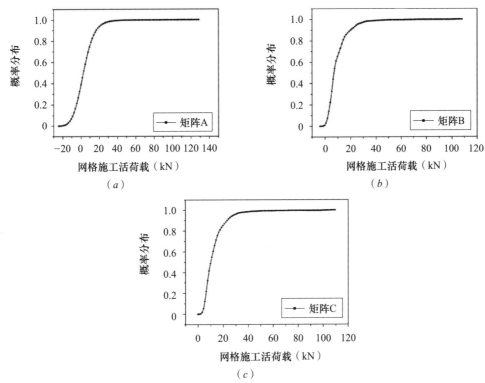

图7.2-3　深湾汇云中心底板施工荷载概率分布曲线图

(*a*) 矩阵A；(*b*) 矩阵B；(*c*) 矩阵C

由概率分布曲线可以得到不同保证率下的施工活荷载取值汇总制表，表7.2-4为90%、95%、99%保证率下矩阵A、B、C分别对应的施工活荷载标准值取值。

深湾汇云中心底板施工活荷载标准值取值（kN/m²）　　　　　　　表7.2-4

矩阵 \ 保证率	90%	95%	99%
A	0.36	0.50	0.86
B	0.58	0.70	1.20
C	0.67	0.81	1.37

由表7.2-4可以看出，矩阵A对应的施工活荷载标准值取值明显小于矩阵B、C，去除了大量的"0荷载"网格后，施工活荷载标准值取值明显增大；矩阵B对应的施工活荷载标准值取值略小于矩阵C，在不考虑短时间的人员走动对整体结构的影响之后，施工活荷载标准值取值进一步增大。考虑到超厚底板支撑施工阶段荷载极小网格过多的特殊性，若采用矩阵A、B得到的荷载取值偏小，不能很好地反映堆积荷载，因此采用删除荷载极小网格矩阵C的数据更加安全合理。

目前工程应用中多依据现行行业标准《建筑施工扣件式钢管脚手架安全技术规范》JGJ 130、《建筑施工碗扣式钢管脚手架安全技术规范》JGJ 166等规范中关于施工荷载的规定进行取值设计。其中《建筑施工扣件式钢管脚手架安全技术规范》JGJ 130—2011 第 4.2 节中规定普通钢结构脚手架施工均布荷载标准值取值为 $3.0kN/m^2$，比本项目调查研究所得到的施工荷载值大很多，这可能与超厚底板钢筋支撑和普通钢结构脚手架工作环境不同有关，直接依据这些相近领域的规范进行设计会使支撑结构富余较大。

7.2.1.2　成都天投国际项目施工活荷载

1. 施工荷载数据统计

施工活荷载的数值完全来源于"天投国际商务中心"项目现场，选取临时支撑工作面上的活荷载进行记录及计算，部分时间段由于其他原因暂时停工，故不做记录，同时不考虑工人来回走动对结构造成的影响。

依据前文介绍过的方法，对底板支撑平面进行网格划分，将 52m×55m 矩形的超厚底板近似视为边长 54m 的正方形，即将超厚底板划分成 81 个 6m×6m 网格进行活荷载的统计与计算。各类活荷载计算值如表 7.2-5 所示。

天投国际商务中心底板支撑各类活荷载计算值　　　　　　　　　　　　表 7.2-5

名称	单位	荷载值	名称	单位	荷载值
C32 钢筋	根	0.0631kN/m	工人	人	0.75kN
C25 钢筋	根	0.0385kN/m	木楞	根	0.08kN
乙炔钢瓶手推车	个	1.4kN	泵管	根	1 kN/m
圆钢管	根	0.08 kN/m	布料机	个	15kN

图 7.2-4 是上午时段的底板支撑施工活荷载统计图，其中数值的单位为 kN。

图 7.2-4　天投国际商务中心底板支撑施工活荷载划分网格统计图

使用 MATLAB 对荷载数值进行统计分析，将所有的 1863 个原始数据存入矩阵 A。同深湾汇云中心项目一样，施工面上的很多网格中的荷载值是 0，0 荷载网格过多会大幅拉低最终的活荷载标准值，不能充分反映实际施工荷载的集聚效应，故将矩阵 A 中等于 0 的数据剔除，剩余的 912 个数据存入矩阵 B。矩阵 B 可以反映施工面的实际施工工作区域的活荷载分布情况。

另外在调研中发现，施工人员主要集中在机械设备、材料堆积较多的地方，活荷载大于 0 小于 5 的网格基本是由个别施工作业人员偶然走动引起的，故删去矩阵 B 中不大于 5 的网格数据后存入矩阵 C。表 7.2-6 直观详细地介绍了矩阵 A、B、C 的意义和数据量。

天投国际商务中心底板支撑荷载数据矩阵　　　表 7.2-6

矩阵	数据操作	数据个数	意义
A	无操作	1863	原始活荷载
B	删去＝0 的数据	912	实际工作区域活荷载
C	删去＜＝5 的数据	412	实际工作区域稳定活荷载

2. 施工荷载概率模型建立

上文统计的样本矩阵 A、B、C 的平均值、方差、标准差等统计参数，计算结果见表 7.2-7。

样本统计参数　　　表 7.2-7

	矩阵 A	矩阵 B	矩阵 C
样本平均值 $\bar{x}$	4.3151	8.7817	16.0988
样本方差 S^2	70.3278	103.8993	130.4118
样本标准差 S	8.3862	10.1931	11.4198

（1）参数估计

初步假定指数分布和伽马分布作为施工活荷载的概率分布模型，对统计数据进行参数估计，并分别进行拟合检验。

1）指数分布拟合与检验

用指数分布函数对统计所得的施工活荷载数据进行参数估计，在显著性水平为 0.05 的条件下拒绝假设，即矩阵 A、B、C 的数据分布均不符合指数分布。

2）伽马分布拟合与检验

用伽马分布函数对统计所得的施工活荷载数据进行拟合，矩阵 A、B、C 的数据分布均不符合伽马分布。

（2）非参数估计

如前文所述采用核密度估计方法对施工荷载统计数据进行非参数估计。

如图 7.2-5 所示，矩阵 A、B、C 的网格施工活荷载的数值分布趋势基本一致，其概率密度均在一个相对较小值峰值（＜0.56kN/m²）后迅速下降，概率密度下降速度依次减缓。由于矩阵 A 存在大量数据为 0 的网格，在一定程度上掩盖了其他数据，使非参数估计的峰值出现在 0 附近，且拟合结果存在大量负值。

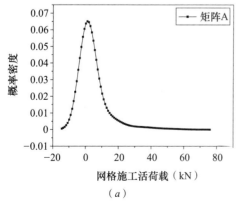 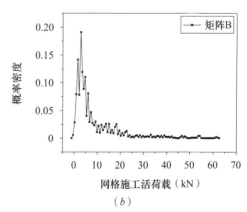

图 7.2-5　天投国际商务中心底板施工活荷载概率密度曲线图

（a）矩阵 A；（b）矩阵 B

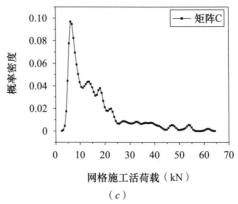

图 7.2-5 天投国际商务中心底板施工活荷载概率密度曲线图（续）

（c）矩阵 C

不同点是：矩阵 B、C 在高荷载区域有局部峰值，这是由于施工现场个别工序所需要的较大荷载临时堆积造成的，但作用时间短，对整体影响有限。

3. 施工荷载取值

矩阵 A、B、C 的概率分布曲线，如图 7.2-6 所示。

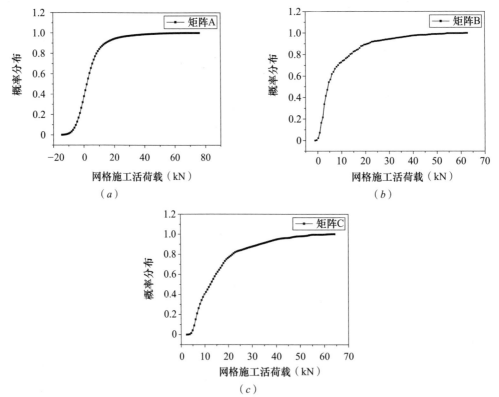

图 7.2-6 天投国际商务中心底板施工活荷载概率分布曲线图

（a）矩阵 A；（b）矩阵 B；（c）矩阵 C

由概率分布曲线可以得到不同保证率下的施工活荷载取值，在 90%、95%、99% 保证率下，天投国际商务中心底板施工荷载取值见表 7.2-8。

由表 7.2-8 可以看出，矩阵 A、B、C 对应的施工活荷载标准值取值大小变化规律和深湾汇云中心项目一致，但不同保证率对应的施工荷载值均比深湾汇云中心项目略大，这应该是不同项目施工工序的差异所导致的，由此可见，单个项目调研结果存在一定的局限性。本项目调查研究所得到的施工荷载值虽然略大，但仍远小于《建筑施工扣件式钢管脚手架安全技术规范》JGJ 130—2011 规定的 3.0kN/m²，由此可见，对超厚底板支撑施工活荷载的研究是非常有必要的。

天投国际商务中心底板施工活荷载标准值取值（kN/m²）　　　　表 7.2-8

矩阵 \ 保证率	90%	95%	99%
A	0.41	0.61	1.20
B	0.60	0.89	1.35
C	0.92	1.13	1.50

7.2.1.3　重庆中迪广场项目施工荷载

1. 统计施工荷载

施工荷载的数值完全来源于"重庆中迪广场"项目现场，选取从临时支撑搭设完毕到混凝土浇筑完毕对应的时间点内临时支撑工作面上的活荷载进行记录及计算。由于本项目施工组织明确，故不考虑工人来回走动对结构造成的影响。

依据前文中介绍过的方法，对底板支撑平面进行网格划分，将 30.5m×30.5m 的超厚底板视为边长 30m 的正方形，将超厚底板划分成 25 个 6m×6m 网格进行活荷载统计与计算。各类活荷载计算值见表 7.2-9。

重庆中迪广场底板各类活荷载计算值　　　　表 7.2-9

名称	单位	荷载值	名称	单位	荷载值
C32 钢筋	根	0.0619kN/m	工人	人	0.75kN
C12 钢筋	根	0.0087kN/m	木楞	根	0.0072kN/m
乙炔钢瓶手推车	个	1.4kN	泵管	根	1 kN/m
圆钢管	根	0.035kN/m	布料机	个	15kN

图 7.2-7 是下午时间段的底板支撑施工荷载统计图。将矩阵 A 中等于 0 的数据剔除，剩余数据存入矩阵 B。矩阵 B 可以反映施工面的实际施工工作区域的活荷载分布情况。另外，施工人员大多集中在机械设备、材料堆积荷载较多的地方，活荷载大于 0 小于 5 的网格过多会拉低的活荷载标准值，故删去矩阵 B 中不大于 5 的网格数据后存入矩阵 C。矩阵 C 可以反映一段时间内较为稳定的活荷载分布情况。表 7.2-10 介绍了矩阵 A、B、C 的意义和数据量。

图 7.2-7　施工荷载统计图

数据矩阵   表 7.2-10

矩阵	数据操作	数据个数	意义
A	无操作	550	原始数据
B	删去＝0 的数据	386	实际工作区域数据
C	删去≤5 的数据	152	集中工作区域数据

2. 建立施工荷载概率模型

经计算，上文统计的样本矩阵 A、B、C 的平均值、方差、标准差等统计参数，如表 7.2-11 所示。

样本统计参数   表 7.2-11

	矩阵 A	矩阵 B	矩阵 C
样本平均值 $\bar{x}$	4.9127	7	13.3290
样本方差 S^2	52.2219	59.8182	83.8778
样本标准差 S	7.2265	7.7342	9.1585

（1）参数估计

初步假定指数分布和伽马分布作为施工荷载的概率分布模型，对统计数据进行参数估计，并分别进行拟合检验。

1）指数分布拟合与检验

用指数分布函数对统计所得的施工荷载数据进行参数估计，数据分布均不符合指数分布。

2）伽马分布拟合与检验

用伽马分布函数对统计所得的施工荷载数据进行拟合，数据分布均不符合伽马分布。

（2）非参数估计

如前文所述采用核密度估计方法对施工荷载统计数据进行非参数估计。

由非参数估计结果绘制样本数据的概率密度曲线，如图 7.2-8 所示。矩阵 A、B 的网格施工荷载的数值分布趋势与前两个项目调研结果基本一致，其概率密度均在一个相对较小值（＜0.15kN/m²）达到峰值后迅速下降，但峰值相对前两个项目小了很多，且矩阵 C 的荷载分布规律显示超过 0.9kN/m² 网格很少，这可能是因为此项目的底板面积大约是前两个项目的 1/4，底板施工作业面积小了很多，施工过程许多重荷载放置在了基坑岸边，由此可见底板支撑的施工荷载可能受工程项目规模的影响很大。

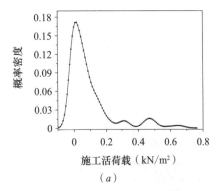
（a）

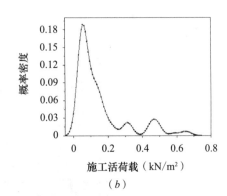
（b）

图 7.2-8　概率密度曲线图

（a）矩阵 A；（b）矩阵 B

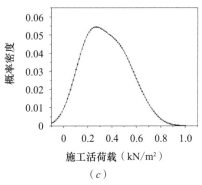

图 7.2-8　概率密度曲线图（续）

（c）矩阵 C

3. 施工荷载取值

依据上文的概率密度曲线图，绘制矩阵 A、B、C 的概率分布曲线，如图 7.2-9 所示。

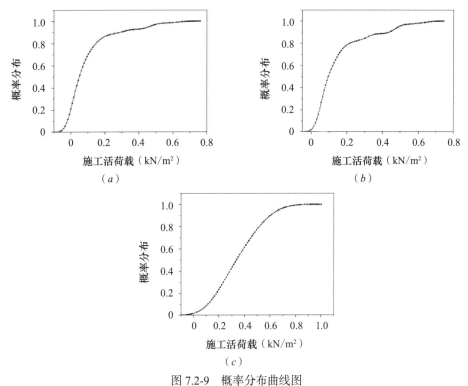

图 7.2-9　概率分布曲线图

（a）矩阵 A；（b）矩阵 B；（c）矩阵 C

表 7.2-12 给出了 90%、95%、99% 保证率下，矩阵 A、B、C 分别对应的施工荷载标准值取值。

施工荷载标准值取值（kN/m^2）　　　　　　　　　　　　　　表 7.2-12

矩阵	保证率		
	90%	95%	99%
A	0.30	0.46	0.64
B	0.44	0.49	0.66
C	0.60	0.67	0.80

由表 7.2-12 可以看出，相对前两个项目，重庆中迪广场项目底板支撑的施工荷载小了很多，这可能是由于底板面积小了很多，局部集中堆积荷载量相应会减少，可以选择性地在基坑岸上堆积，由此可见，单个项目调研结果存在一定的局限性。本项目调查研究所得到的施工荷载值仍远小于《建筑施工扣件式钢管脚手架安全技术规范》JGJ 130—2011 规定的 $3.0kN/m^2$。

综合分析，超厚底板临时支撑会随钢筋网片一起浇筑在混凝土中，属于一次性使用，而传统的临时支撑需要满足不断反复使用的要求，会面临更大的不确定性；另外，传统的临时支撑可能需要上承钢筋混凝土楼板，而超厚底板临时支撑无需承载混凝土荷载，混凝土从下往上浇筑，首先会将支撑体系包裹，对支撑体系是有利的。因此建议超厚底板临时支撑设计验算时，施工荷载按 $1.2kN/m^2$ 的均布荷载考虑。

7.2.2　超厚底板钢筋支撑初始缺陷调研

初始缺陷是指结构在未受荷载作用前即已存在于实际结构中的各种缺陷，包括几何缺陷（初弯曲、扭转）、荷载缺陷（初偏心、初倾斜）和材料缺陷（残余应力、焊接缺陷）。有几何缺陷的轴心受压构件，其侧向挠度从加载开始就会不断增加，构件弯曲产生的附加弯矩大幅降低了构件的稳定承载力，因此对初始缺陷的研究很有必要。初弯曲对大柔度长细杆受压失稳界限影响很大，下文将重点调研分析杆件初弯曲的形态和幅值分布规律。

7.2.2.1　初始弯曲情况现场调研统计

1. 圆钢管

现阶段工程应用中超厚底板钢筋支撑主要有两大类，其一，采用传统的圆钢管脚手架，其二，采用角钢、槽钢等型钢焊接而成。前者由于众多学者已经深入地研究过，并经过工程应用的检验，技术相对成熟，但其缺点也很明显，圆钢管需要做特殊处理以避免影响底板防水抗渗性能，另外脚手架的成本也偏高。工程应用中用到的圆钢管是已经重复应用了好多次了，其初始弯曲值会更大。为了给进一步的研究提供依据，需要对圆钢管初始弯曲进行调研。开展如下现场测量：

圆管试件的初弯曲测量装置如图 7.2-10 和图 7.2-11 所示，参考王誉瑾博士的测量方法：采用钢化玻璃平板和高精度激光位移计，其平面度误差小于 $100\mu m$，激光位移计采用 LK-G85，精度为 $\pm0.02\%$。测量目标是圆管试件外表面等间距的 4 条母线（编号 A、B、C、D）的初始弯曲，每条测线上的测点间距为 150mm。圆管试件的初弯曲测量步骤为：

（1）杆件两端安放于支座上，调整支座高度，使杆件纵轴尽可能平行于标准平台的纵轴，试件两端到标准平台的距离之差控制在激光位移计量程以内；

（2）在杆件上各测点做好标记，旋转圆管试件，使目标测线位于距离标准平台最近的位置；

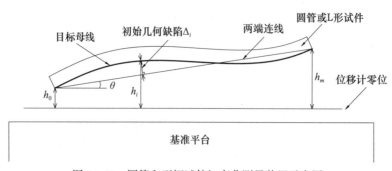

图 7.2-10　圆管和型钢试件初弯曲测量装置示意图

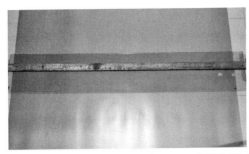

图 7.2-11 圆管试件初弯曲测量装置

（3）置激光位移计于目标测点所在圆周之下；

（4）测量开始时，将激光位移计沿试件横向方向前后各移动一次（图 7.2-12），每次都通过目标测点，同时采集试件外表面到激光位移计零点的距离，某测点的数据采集结果如图 7.2-13 所示，图中最短距离 h_i 是圆周最低点（即测点 i）到激光位移计零点的竖向距离；

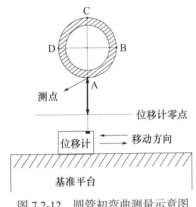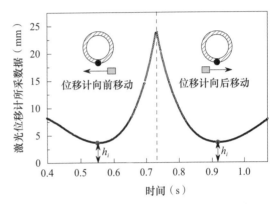

图 7.2-12 圆管初弯曲测量示意图　　图 7.2-13 圆管初弯曲测量某测点的采集数据

（5）移动激光位移计到下一个目标测点所在圆周之下，重复步骤（4），直到测完测线上所有测点，获得一组测点到激光位移计零点的距离（h_0，h_1，h_2，…，h_m）；

（6）重复步骤（2）～（5），直到测完全部 4 条测线。

理论上，初弯曲为测点到试件两端连线的垂直距离，如图 7.2-13 所示，即考虑试件两端测点高差（h_m-h_0）引起的试件倾角 θ，测点 i 处的初弯曲测量的理论值为：

$$\Delta_i = \left[h_i - h_0 - (h_m - h_0) \, i/m \right] \cos\theta \qquad (7.2\text{-}1)$$

式中 θ 为两端连线与标准平台的夹角，由于高差 h_m-h_0 被控制在 2mm 以内，$\cos\theta$ 几乎等于 1，故上式可近似为：

$$\Delta_i = \left[h_i - h_0 - (h_m - h_0) \, i/m \right] \qquad (7.2\text{-}2)$$

2. 槽钢

目前工程应用中，多采用型钢作为主要杆件构成超厚底板钢筋支撑，为了给进一步的研究提供依据，需要对其初始弯曲进行调研。现场测量按如下方法开展：

槽钢试件的初弯曲测量装置与圆管试件的类似，区别是试件测量平台、支座和测量方式略不同，如图 7.2-14 所示，测量平台采用 0 级大理石平板，其平面度误差小于 23μm，支座采用两个简易钢管在标准平台之上，保证试件两端高差在 2mm 以内，将高精度激光位移计直接放置在测点正下方并读取数据。各肢外表面各等间距设置 2 条测线（A1、A2、B1、B2、C1、C2）。依次测量获得每条测线的原始数据 h_i（i 从 0 到 m），h_i 为测点到激光位移计零点位置的距离。

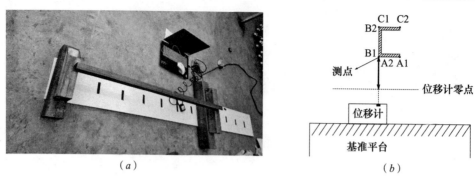

图 7.2-14　槽钢试件初弯曲测量装置及测点布置

（a）测量装置；（b）测点布置及测量示意图

7.2.2.2　杆件初始弯曲研究结果

1. 圆钢管

在施工现场随机选取了 20 根脚手架圆钢管按上文方法进行测量，接下来对数据进行初步处理。首先定义初弯曲值的正负号：以杆件端部两个测点的连线为 0 轴线，当测点高于 0 轴线初弯曲值为正值，反之为负值。然后从测量值中剔除杆件自重挠度的影响，即获得初始数据。

图 7.2-15 为两根圆管试件初弯曲的初始数据，由图做初步分析总结：（1）任意两条正对测线的初弯曲形状相似，在一定程度上说明了测量结果是合理性；（2）圆钢管的初始弯曲形状不一定是简单的半波型，可能会比较复杂；（3）圆钢管的初弯曲最大值可能偏离其跨中。

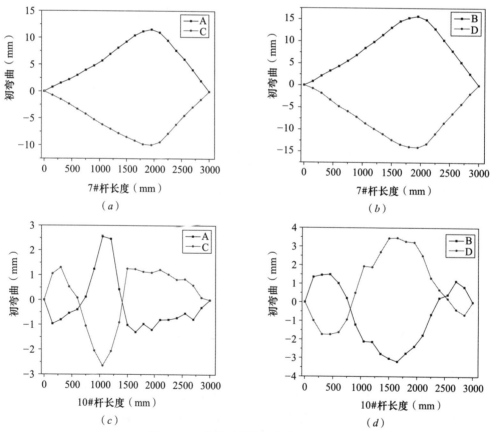

图 7.2-15　圆管试件的初弯曲测量结果

（a）7# 杆 AC 方向初弯曲；（b）7# 杆 BD 方向初弯曲；（c）10# 杆 AC 方向初弯曲；（d）10# 杆 BD 方向初弯曲

2. 槽钢

在施工现场随机选取了20根槽钢按上文所述方法进行测量，接着对数据进行初步处理，每个测点测得原始数值减去两端连线在此测点处的坐标值即为此测点初弯曲，初弯曲值的正负同圆钢管一致，然后从测量值中剔除杆件自重挠度的影响，即获得初始数据。图7.2-16为其中一根槽钢试件初弯曲的初始数据。图7.2-17为试件横截面示意图。

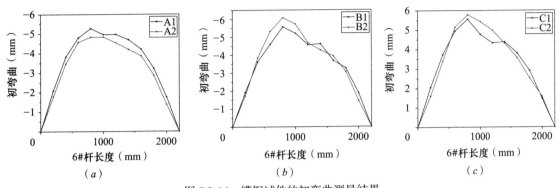

图 7.2-16　槽钢试件的初弯曲测量结果

(a) 槽钢A面；(b) 槽钢B面；(c) 槽钢C面

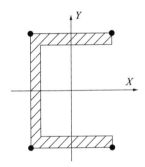

图 7.2-17　试件横截面示意图

对所有数据采用上述办法处理，如图7.2-18所示，得到所用槽钢的各向初弯曲率。传统的结构设计中一般按1‰考虑杆件初始弯曲，由图7.2-18可以看出，X、Y方向的跨中弯曲值基本都超过1‰。槽钢X方向最大弯曲值2.96‰，Y方向最大弯曲值2.30‰，槽钢X方向最大弯曲值离散性较大。

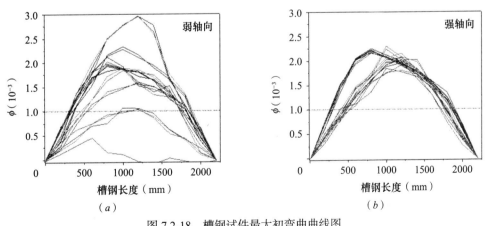

图 7.2-18　槽钢试件最大初弯曲曲线图

(a) X向；(b) Y向

综上可以看出，多次重复利用的脚手架圆钢管的初始弯曲幅值基本上都超过了 1/1000，个别杆件甚至超过了 6/1000，槽钢的初弯曲幅值稍小，但也基本上都超过了 1/1000，处在 1/1000 和 3/1000 之间，现阶段钢结构设计中通常按 1/1000 考虑杆件初弯曲，在对底板支撑体系稳定性研究过程中应充分考虑受压杆件初弯曲的效应。同时在现场调研过程中，也发现有超过 10% 的型钢焊接节点存在不同程度的缺陷，由于受现场加工环境限制，这种缺陷较难避免，在对整个体系的稳定性分析时，应予以足够的重视。

调研团队在项目施工现场针对 20 根 5# 槽钢试件划分了 120 根测线，并利用激光位移计对 720 个测点进行了测量，首先应根据杆件的几何特征划分相应的测线，并在测线上等间距选取测点，将试件通过方钢支座放在大理石平台上方，在平台相应测点位置用记号笔标注，试件纵轴与平台纵轴平行放置，试件两端高差控制在 2mm 以内。

剔除杆件自重挠度和非纯铰接支座对杆件初始弯曲测量的影响后，采用概率统计方法对槽钢杆件初始弯曲幅值进行了处理，给出了一定保证率下的杆件初始弯曲建议取值，统计结果见表 7.2-13。

钢试件初始弯曲统计结果

表 7.2-13

初始弯曲方向	初始弯曲幅值范围	95% 保证率下的建议取值
槽钢弱轴方向	1.0‰～3.0‰	2.81‰
槽钢强轴方向	1.9‰～2.1‰	2.13‰

7.2.2.3 槽钢支撑节点焊接质量现场调研统计

焊接缺陷是指焊接过程中产生于焊接金属或附近热影响区钢材表面或内部的缺陷。焊接缺陷对焊接结构承载力有非常显著的影响，更为重要的是应力和变形与缺陷同时存在。焊接缺陷容易出现在焊缝及其附近区域，而其正是结构中拉伸残余应力最大的地方。焊接缺陷之所以会降低焊接结构的强度，其主要原因是缺陷减小了结构承载横截面的有效面积，并且在缺陷周围产生了应力集中。在一般焊接结构中，由于设计和施工不当也会出现应力集中和承载截面的变化。焊接缺陷一般包括有未焊透、未熔合、裂纹、夹渣、气孔、咬边、焊穿和焊缝成型不良等。焊接缺陷是平面的、立体的，平面类型的缺陷比立体类型的缺陷对应力增加的影响要大得多，因而也危险得多。属于前者的有裂纹、未焊透、未熔合等；属于后者的有气孔和夹渣等。

根据成都"天投国际商务中心"临时支撑节点缺陷施工现场调研结果，节点缺陷形式主要有 4 类，分别为焊缝长度残缺、立杆加垫块、立杆未连接和钢筋焊穿小孔，4 种缺陷形式的现场照片如图 7.2-19 所示。以槽钢杆件为主要受力杆件的超厚底板钢筋临时支撑需要在施工现场进行大量的焊接作业，由于现场焊接受到各种干扰因素影响，导致施工质量往往较差，通过调研发现有约 16.0% 的焊接节点存在节点连接缺陷，其中大部分为焊缝未满焊。

在实际施工过程中无法做到绝对不产生焊接缺陷，而且焊接结构在实际工作中也会由于环境、应力等的影响而出现新的缺陷。焊接缺陷的存在，减少了焊接接头的有效承载面积，造成了局部的应力集中，会明显降低焊接结构的承载能力。考虑到实际情况，在项目部现场只将节点焊接质量分为"好""中""差"三类，如图 7.2-20 所示。"好"类焊接节点为无缺陷或几乎无缺陷，对焊接结构的力学性能无影响或几乎无影响；"中"类节点为有焊接缺陷但仍可以承受部分设计荷载；"差"类节点为断开状态或几乎为断开状态，不承受荷载或几乎不承受荷载。

节点焊接质量的调研方法为拍照记录。在施工现场均匀随机拍摄记录节点焊接情况，拍照位置包括梁梁连接节点、梁柱连接节点、柱与支座连接节点、斜撑与槽钢连接节点、中层钢筋网片与立柱连接节点。然后将获得的 150 张照片分为"好""中""差"三类（表 7.2-14）。

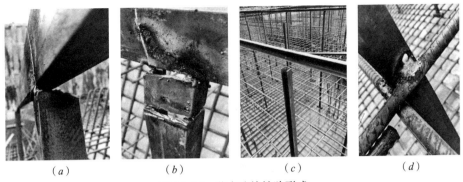

图 7.2-19　节点连接缺陷形式

（a）焊缝长度残缺；（b）立杆加垫块；（c）立杆未连接；（d）钢筋焊穿小孔

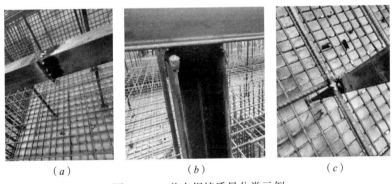

图 7.2-20　节点焊接质量分类示例

（a）"好"类节点；（b）"中"类节点；（c）"差"类节点

各种质量等级所占比例　　　　　　　　　　　　　　　　　表 7.2-14

节点质量等级分类	焊接质量	占全部节点的比例
好	几乎无缺陷	84.0%
中	约 50% 断开	12.7%
差	完全断开	3.3%

根据位于成都的"天投国际商务中心"和位于柬埔寨的"金边富力华府项目"两个工程项目的槽钢型超厚底板临时支撑节点的调研结果，"天投国际商务中心"采用的是横杆搭接连接方式，而"金边富力华府项目"采用的是横杆侧面连接方式，具体槽钢杆件横立杆节点连接构造主要有四种，如图 7.2-21 所示。

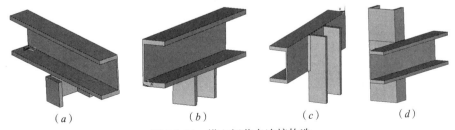

图 7.2-21　横立杆节点连接构造

（a）金边富力华府施工方案（节点 1）；（b）天投国际商务中心施工现场（节点 2）；
（c）金边富力华府施工现场（节点 3）；（d）天投国际商务中心施工现场（节点 4）

7.2.3 超厚底板钢筋支撑构件研究

7.2.3.1 圆管支撑轴压稳定性分析

依据超厚底板临时支撑项目现场调研统计发现，圆管杆件实测初弯曲幅值取值为6.3‰，而现行行业标准《水泥土复合管桩基础技术规程》JGJ/T 330中建议圆管杆件初弯曲采用1‰，显然现场实测得到的圆管杆件初弯曲要大于规范建议的杆件初弯曲取值，为了确定杆件初弯曲对其轴压稳定承载力的影响，采用"重庆中迪广场"工程项目超厚底板临时支撑中杆件形式，圆钢管长度为3.3m，截面规格为φ84×3mm。分别对该种杆件添加0.2‰初弯曲（理想杆件）、1‰初弯曲（规范取值）和实测初弯曲，利用有限元进行分析，弱轴方向初弯曲荷载－位移曲线和稳定承载力分别如图7.2-22和图7.2-23所示。

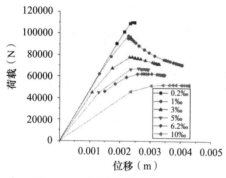

图7.2-22　圆管荷载－位移曲线

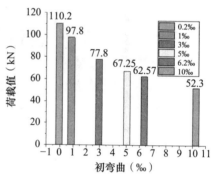

图7.2-23　圆管杆件稳定承载力

支撑失稳破坏时杆件截面边缘均达到屈服应力。由图可以看出，采用规范计算方法得到的承载力为94.8kN，略小于ANSYS计算结果97.8kN，误差在3%以内；相比于理想杆件承载力110.2kN，添加规范规定1‰杆件初弯曲承载力下降11.3%，添加现场实测6.2‰杆件初弯曲承载力下降43.2%。因此圆管杆支撑的稳定承载力计算时应考虑实际杆件初弯曲的影响。

7.2.3.2 槽钢支撑轴压稳定性分析

对于槽钢杆件，调研统计发现，弱轴方向杆件实测初弯曲取值为2.81‰，强轴方向为2.13‰，采用"金边富力华府项目"超厚底板临时支撑施工方案中槽钢杆件形式，槽钢截面腰厚3mm，高80mm，宽43mm，翼缘板厚8mm，杆件长度为2.5m，分别对杆件添加0.1‰初弯曲、1‰初弯曲和实测初弯曲，添加弱轴 Y 方向初弯曲的槽钢杆件荷载－位移曲线和槽钢杆件的稳定承载力分别如图7.2-24和图7.2-25所示。

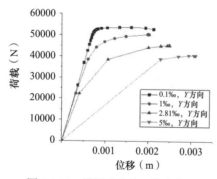

图7.2-24　槽钢的荷载－位移曲线

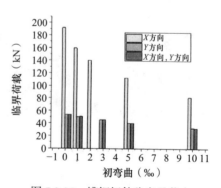

图7.2-25　槽钢杆件稳定承载力

由分析可知，槽钢杆件初弯曲值与初弯曲的方向都对槽钢杆件承载力有较大影响。由图可以看出，对于添加强轴初弯曲的槽钢杆件，相比于理想杆承载力 199.2kN，添加 1‰ 槽钢杆件初弯曲其承载力会下降 11.2%，添加现场实测 2.13‰ 杆件初弯曲承载力下降 18.3%；对添加弱轴初弯曲的槽钢杆件，相比于理想杆件屈曲承载力 54.0kN，添加规范规定 1‰ 杆件初弯曲后其承载力下降 2.8%，添加实测 2.81‰ 杆件初弯曲其承载力下降 7.5%。槽钢支撑的稳定承载力计算时应考虑实际杆件初弯曲的影响。

7.2.3.3　等边角钢支撑轴压稳定性分析

等边角钢的边宽和边厚分别为 70mm 和 5mm。分别绘制杆件添加 0.1‰ 初弯曲、1‰ 初弯曲和其他初弯曲，添加弱轴 Y 方向初弯曲的铰接杆件轴压荷载－位移曲线和杆件的稳定承载力变化规律如图 7.2-26 和图 7.2-27 所示。

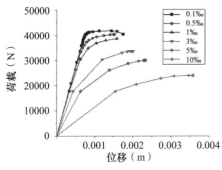
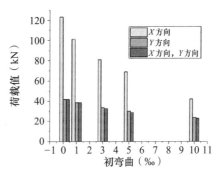

图 7.2-26　角钢杆件的荷载－位移曲线　　　图 7.2-27　角钢杆件稳定承载力

由分析结果可知，角钢杆件初弯曲值与初弯曲的方向都对其承载力有较大影响。由图 7.2-26、图 7.2-27 可以看出，对于添加强轴初弯曲的角钢杆件，相比于理想角钢杆承载力 123.0kN，添加 1‰ 杆件初弯曲承载力下降 17.9%；对添加弱轴初弯曲的角钢杆件，相比于理想角钢杆件屈曲承载力 41.9kN，添加 1‰ 杆件初弯曲后其承载力下降 7.4%。角钢支撑的稳定承载力计算时应考虑实际杆件初弯曲的影响。

7.2.3.4　节点连接构造对节点刚度的影响

对于节点焊接质量调研结果中"好"类节点考虑了节点连接构造的影响，由于梁单元模型节点为全截面理想刚接，与实际工程中节点刚度差别较大，为了研究节点连接构造对节点刚度的影响，进而比较不同连接构造方式的优劣。利用实体单元针对实际工程中四种节点连接构造进行了研究，认为实体单元模型可以较好地反映节点连接构造的影响。

参考金边富力华府项目中杆件截面形式，四个节点均采用非国标 8# 槽钢，腹板截面高80mm，厚度为 3mm（国标 8# 槽钢的腹板厚 5mm），翼缘板截面高度均为 40mm，厚度为 8mm，为了尽量减少杆件挠度的影响，横杆长度均取为 300mm，节点 1 和节点 2 立杆高度为 50mm，节点 3 立杆高度为 100mm，节点 4 立杆高度为 150mm，网格划分尺寸为 5mm。其中节点 1 和节点 2 为横杆搭接到立杆顶部，节点 3 和节点 4 为横杆连接到立杆侧面，对于侧面连接角焊缝均采用构造焊缝，焊脚尺寸为 5mm，模型焊缝材质与母材相同均为 Q235 钢材。有限元模型均采用 Soild186 实体单元，实体单元节点模型相比于梁单元节点模型可以更好地考虑节点连接构造的影响。

对于节点 3 和节点 4，应按照节点的传力顺序依次将横杆与角焊缝，角焊缝与立杆利用软件中的布尔操作粘贴到一起，在有限元模型划分网格时应特别注意焊缝部位单元畸变的影响，对可能存在的应力集中部位应适当细化网格尺寸。分别对各个节点立杆下部施加固端约束，并在横杆一端截面各个节点施加均匀竖向荷载。

结果表明，除节点 1 以外其余三个节点均发生了较大范围的板件屈服，说明节点 2、节点 3 和节点 4 的连接性能较好，节点 1 由于只有立杆一侧腹板部分与横杆连接，节点应力较为集中，该种连接方式节点转动刚度和所能承受的节点极限弯矩过小，不建议在实际工程应用中采用。四个节点压弯作用下节点弯矩－转角曲线如图 7.2-28 所示。

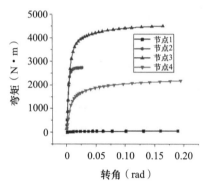

图 7.2-28　压弯作用下节点弯矩－转角曲线

节点 1、节点 2、节点 3 和节点 4 的节点初始刚度分别为 1.8kN・m/rad、476.4kN・m/rad、219.6kN・m/rad 和 862.2kN・m/rad。节点 1 极限弯矩和节点刚度均较小，综合性能较差，不宜采用，后文只对实际工程中应用的节点 2、节点 3 和节点 4 进行了研究。

7.2.3.5　节点焊缝未满焊对节点刚度的影响

对于节点焊接质量调研结果中的"中"类节点，调研发现其节点缺陷大多为焊缝未满焊，这主要是由于空间杆件安装偏差引起的，该类节点大多为部分未连接的连续焊缝。按照焊缝在空间位置的不同可分为平焊焊缝、立焊焊缝、横焊焊缝及仰焊焊缝四种形式，其中仰焊焊缝是消耗工人体力最大，难度最高的一种焊接方法，仰焊容易在焊缝表面产生各种焊接缺陷，因此采用先减少仰焊焊缝，其次减少立焊和横焊焊缝，最后减少平焊焊缝的顺序，逐渐减少整体焊缝长度，焊缝减少顺序如图 7.2-29 所示。本小节研究了焊缝总长度对节点刚度的影响，压弯作用下三种节点的节点刚度随焊缝长度减少的变化规律如图 7.2-30 所示。焊缝长度指理想状况下焊缝的计算长度，实际工程中计算焊缝长度时要考虑起弧和灭弧部分的影响，即减去两倍焊脚尺寸长度的焊缝。

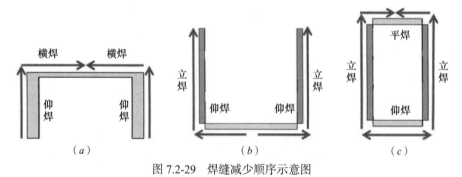

图 7.2-29　焊缝减少顺序示意图

（a）节点 2 焊缝减少示意图；（b）节点 3 焊缝减少示意图；（c）节点 4 焊缝减少示意图

三个节点焊缝总长度分别约为 0.166m、0.24m 和 0.24m，利用 ANSYS 生死单元技术可以较快地进行焊缝部位的删减而不影响模型的收敛，与直接改变焊缝部位模型相比，两者应力差距不大，当焊缝长度较大时，节点性能受焊缝长度影响较小，此时主要受腹板或翼缘板局部板件屈服变形的影响。而当焊缝长度较小时，焊缝部位应力较为集中，此时节点性能受焊缝长度影响较大。

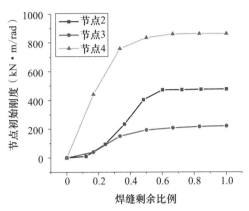

图 7.2-30　节点刚度随焊缝长度变化曲线

通过观察节点刚度变化曲线的形状可以看出，三种节点的仰焊焊缝对节点刚度几乎无影响，考虑工人焊接操作难度，三种节点焊缝长度应尽量控制在 50% 以上，同时应尽量保证两条对称焊缝质量完好。观察节点转动刚度随焊缝长度的变化曲线，可以看出"中"类节点转动刚度随焊缝长度波动较大，翼缘板和腹板焊缝对节点刚度的影响有较大差别。

7.2.3.6　不同长度和位置的连续焊缝对节点刚度的影响

采用删除部分焊缝的方法改变原有焊缝位置和长度，如图 7.2-31 所示分别为三种焊缝位置示意图，黑色表示删除焊缝部分，白色表示保留焊缝部分，节点 2、节点 3、节点 4 焊缝分别沿顺时针、逆时针、逆时针移动，X 表示保留焊缝从右侧移动的距离。不同焊缝长度和不同焊缝位置下的节点刚度分布规律如图 7.2-32 所示。

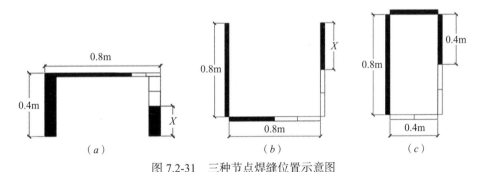

图 7.2-31　三种节点焊缝位置示意图

（a）节点 2 焊缝；（b）节点 3 焊缝；（c）节点 4 焊缝

由图 7.2-32 可以看出，波动幅度随着焊缝长度增加先增大后减小，为了便于统计计算，可以定义当节点刚度小于满焊节点转动刚度的 30% 时为"差"类节点，当大于满焊节点转动刚度的 70% 时为"好"类节点。根据焊缝长度与节点刚度的对应关系，现场调研时，以节点 2 为例，当焊缝总长度大于 0.1m 时，节点刚度大概率在无缺陷节点的节点刚度 30% 以上，可以归类为"中"类节点；当焊缝总长度大于 0.12m 时，节点刚度大概率在无缺陷节点的节点刚度 70% 以上，可以归类为"好"类节点。节点现场调研分类标准见表 7.2-15。

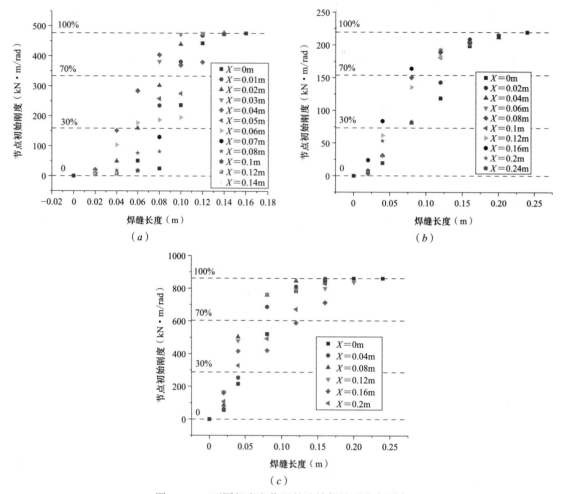

图 7.2-32　不同长度和位置的连续焊缝下节点刚度

（a）节点 2 随机连续焊缝下节点刚度；（b）节点 3 随机连续焊缝下节点刚度；（c）节点 4 随机连续焊缝下节点刚度

节点现场调研分类标准　　　　　　　　　　　　　　　　　表 7.2-15

节点质量	好	中	差
节点 2 剩余比例 L	$L > 3/4$	$5/8 \leqslant L \leqslant 3/4$	$L < 5/8$
节点 3 剩余比例 L	$L > 2/3$	$1/3 \leqslant L \leqslant 2/3$	$L < 1/3$
节点 4 剩余比例 L	$L > 2/3$	$1/3 \leqslant L \leqslant 2/3$	$L < 1/3$

　　三个节点临界焊缝长度时节点刚度随焊缝位置变化曲线如图 7.2-33 所示。

　　三种节点刚度变化大致为先增加后减少，无焊缝缺陷下节点 2、节点 3 和节点 4 的节点初始刚度分别为 476.4kN·m/rad、219.6kN·m/rad 和 862.2kN·m/rad，三个节点剩余比例为 5/8、1/3、1/3 焊缝长度时节点刚度均在 30% 以上，3/4、2/3、2/3 焊缝长度时节点刚度均在 70% 以上，采用该种近似分类方法是可行的。不同焊缝位置下 50% 长度的连续焊缝下的弯矩－转角曲线如图 7.2-34 所示。

　　如图 7.2-34 所示，由于焊缝位置对节点性能影响较大，综合考虑，对于"好"类节点偏于安全采用焊缝满焊时的弯矩转角曲线，对于"差"类节点偏于不安全按照节点未连接进行考虑。认为"中"类节点刚度近似为无缺陷节点刚度的 50%，节点 2、节点 3 和节点 4 分别选取 $X = 0.01m$、$X = 0m$ 和 $X = 0.16m$ 的曲线作为代表曲线。

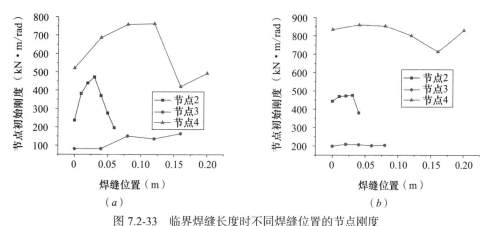

图 7.2-33　临界焊缝长度时不同焊缝位置的节点刚度

（a）5/8、1/3、1/3 焊缝长度时节点刚度；（b）3/4、2/3、2/3 焊缝长度时节点刚度

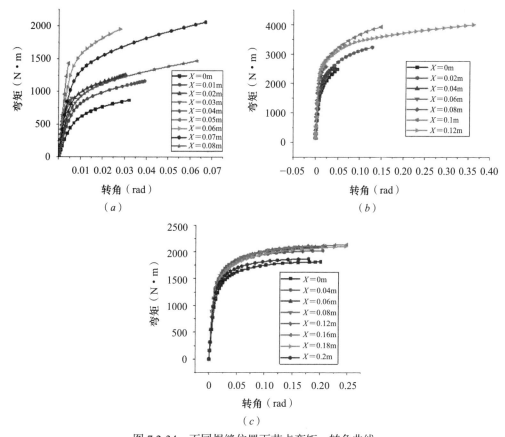

图 7.2-34　不同焊缝位置下节点弯矩－转角曲线

（a）节点 2 弯矩－转角曲线；（b）节点 3 弯矩－转角曲线；（c）节点 4 弯矩－转角曲线

7.2.4　超厚底板钢筋临时支撑标准体系稳定性及失稳机理研究

7.2.4.1　精细化建模

选用成都天投国际商务中心项目施工中采用的底板临时支撑体系作为切入点，依据其临时支撑搭设方式进行精细化建模研究。

1. 建立基础模型

由于电梯井、集水坑的存在，实际工程中底板支撑的形状稍显复杂，直接以整个工程的支撑体系作为研究对象，不仅会使工作量巨大，而且不易通过改变各类参数实现对比分析，以得到有工程应用价值的结论。故本书以成都天投国际商务中心项目中采用的支撑体系为研究依据，抽取最能代表其整体结构布置特点的部分作为主要研究对象。由于斜撑为每14跨布置一道，故有荷载作用于纵横向斜撑交接区域和荷载作用于无斜撑区域两种最具代表性的工况，各类支撑杆件采用的型材如表 7.2-16 所示。

杆件类型 表 7.2-16

杆件类型	立杆	顶部承重横杆	斜撑	中间横杆
型材类型	5# 槽钢	5# 槽钢	C14 钢筋	C14 钢筋

运用 ANSYS 软件中的 Beam188 单元建立临时支撑体系的有限元模型进行分析，Beam188 适用于分析细长的梁，具有扭切变形效果，是一个二节点的三维线性梁，在每个节点上有 6 或 7 个自由度，此单元能很好地应用于线性分析和大偏转、大应力的非线性分析，在进行稳定分析时由 NLGEOM 命令打开应力刚度分析大变形。赋予所有杆件所用 Q235 钢材的材料属性：理想弹塑性模型，屈服强度 235MPa，弹性模量 206GPa，密度 7850kg/m³，泊松比 0.3。关于节点约束设置，在立杆底端施加除弱轴向转动约束外的三个平动约束和两个转动约束，焊接节点按铰接考虑，根据实际情况释放一个转动刚度。关于荷载的施加，考虑到支撑上部钢筋网片间距为 15cm，故以 15cm 为间距在模型中心 10×10 榀区域内的单向承重横杆上均匀施加点荷载，采用改进的非线性弧长法对支撑整体稳定性进行弹塑性分析。

2. 初弯曲引入模型

目前工程设计中，对于受压杆件的初始弯曲一般按杆件总长的 1/1000 考虑，通过对现场调研结果的整理发现杆件各个方向的最大初弯曲大概率超过 1/1000，研究杆件初弯曲对底板临时支撑整体受力性能的影响很有必要。

（1）强轴向初弯曲对槽钢失稳承载力的影响

在不考虑初弯曲的理想状态下，槽钢压弯失稳方向为弱轴向，当槽钢强轴方向有初弯曲，槽钢压弯失稳方向需要进行计算研究。关于杆件的初弯曲幅值，由于初弯曲小于 1/1000 或大于 1/100 均不具有实际研究意义，故选取 1/1000 和 1/100 两种情况，初弯曲形态按半波正弦曲线施加到槽钢抗弯强轴向。杆端约束按铰接考虑，在杆件顶端施加竖向荷载，直至杆件最大水平向位移达到 100mm 停止计算。

当在槽钢强轴向施加 1/1000 的初弯曲，槽钢受压失稳时，在强轴向几乎没有位移，失稳模式仍为弱轴向失稳；当在槽钢强轴向施加 1/100 的初弯曲，槽钢受压失稳时，槽钢在强轴向虽有小幅位移，但远小于弱轴向，失稳模式仍为弱轴向失稳。如图 7.2-35 所示，与弱轴向初弯曲荷载－位移曲线对比，可以看出强轴向初弯曲对杆件承载力的影响很小。综上可见，槽钢强轴向初弯曲对其抗压承载能力影响微小，本书将不再考虑槽钢杆件强轴向初弯曲。

（2）槽钢初弯曲波形对杆件压弯承载力的影响

通过前文杆件初弯曲的现场调研发现：杆件初弯曲并不一定是半波正弦的 C 形曲线，个别杆件弯曲形态为 S 形或双 S 形。为了提高研究效率，简化底板支撑整体模型建模的工作量，需首先对不同形态单杆的抗压承载力进行研究，以确定哪种初弯曲形态对结构受力最为不利。

如图 7.2-36 所示，本书选择三种形式的初弯曲形态进行研究，为了能清楚示意，图中弯曲程度适当放大。杆件初弯曲方向选择杆件弱轴向，弯曲曲线函数为正弦函数。运用 ANSYS 软件中的 Beam188 单元对其进行压杆计算研究，由于初弯曲小于 1/1000 或大于 1/100 均不具有实际研究意义，本书杆件初弯曲幅值选取 1/1000 和 1/100 两种情况，杆件两端约束类型为铰接，在杆件顶端施加竖向荷载，直至杆件最大水平向位移达到 100 mm 停止计算。

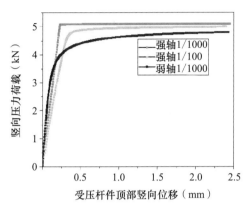

图 7.2-35　初弯曲单杆荷载-位移曲线图

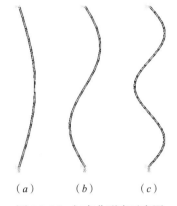

图 7.2-36　初弯曲形态示意图
（a）C 形；（b）S 形；（c）双 S 形

　　从分析结果可以看出，无论杆件初始弯曲是哪一种形态，最后压弯失稳大变形后，杆件变形模态均为 C 形，最大变形均出现在杆件中部。从图上可以看出，C 形初弯曲杆压弯失稳后的变形模态为 C 形、S 形和双 S 形初弯曲杆压弯失稳后的变形模态并不是 C 形。C 形初弯曲杆最大变形出现在杆件中部；S 形初弯曲杆最大变形位置下移；双 S 形初弯曲杆两端出现轻微的反弯倾向，最大变形仍出现在杆件中部，但大变形区域缩小。

　　综合对比我们可以发现，当杆件初弯曲较小时，无论是哪种初弯曲形态，杆件压弯失稳形态均为 C 形，C 形的初弯曲对于杆件受压自然是最不利的；当初弯曲较大时，杆件压弯失稳形态虽然有所差异，但 C 形初弯曲杆极限承载力也是最小，C 形的初弯曲对于杆件受压自然也是最不利的。

　　由图 7.2-37 通过对比荷载-位移曲线可得，杆件 1/1000 和 1/100 两种最大初弯曲取值，C 形初弯曲的极限承载力均最小，这和上文通过变形云图得到的推论是一致的，由此可以合理地认为 C 形初弯曲为杆件最不利的初弯曲形态，在支撑体系整体建模过程中，本书将只考虑 C 形初弯曲一种情况。另外通过图 7.2-37 也发现，S 形和双 S 形初弯曲虽极限承载力略高，但失稳破坏时位移会快速突然增大，延性较差。

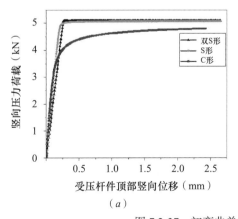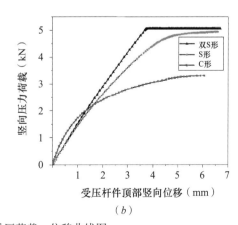

（a）　　　　　　　　　　　（b）

图 7.2-37　初弯曲单杆受压荷载-位移曲线图
（a）初弯曲幅值 1/1000；（b）初弯曲幅值 1/100

本书将通过细分槽钢立杆单元、改变单元节点坐标的形式在槽钢弱轴向施加半波正弦初弯曲，对于每根立杆都有正反两个初弯曲施加方向，本书使所有槽钢初弯曲同向，此种工况是结构受力最不利的工况。

3. 考虑周边支撑约束作用

本书选择抽取实际工程中的一个 10 榀见方的部分作为主要研究对象，单独抽出这一部分进行计算研究不尽合理，因为实际结构中周围支撑的约束作用不能忽略。本小节将通过比较不同榀数外围支撑对模型承载力提高幅度，选用一种合理考虑周围支撑体系约束作用的建模方法，模型榀数按 10×10、15×15、19×19、23×23 四种情况考虑。

图 7.2-38 为不同约束设置情况对应的荷载－位移曲线，由图可以看出，在增加外围约束后，承载力变化规律类似。周围模型的约束作用主要体现在承载后期，增加外围模型榀数开始阶段，对支撑体系的承载力提升更明显，后期基本没有太大差别。

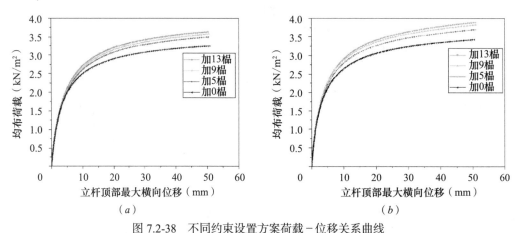

图 7.2-38　不同约束设置方案荷载－位移关系曲线

（a）荷载作用于无斜撑区域；（b）荷载作用于纵横向斜撑交接区域

7.2.4.2　临时支撑结构分析模型斜撑布置方案比选

金边富力华府项目中超厚底板有两种厚度，由于斜撑设置角度不同，5m 厚底板临时支撑体系相比于 2.5m 厚底板临时支撑体系，承受相同水平荷载情况下斜撑拉力更大，更易形成整体扭转破坏。

为了验证双榀面外连接斜撑布置方式具有较好抗扭转能力，本书针对双层铰接临时支撑体系，参照金边富力华府项目中 5m 厚底板部分临时支撑形式，设计了两种双榀面外连接斜撑布置方式，并与先前单榀十字形斜撑布置方式的临时支撑进行了对比，三种模型斜撑布置方式如图 7.2-39 所示。

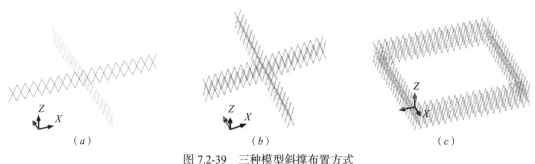

图 7.2-39　三种模型斜撑布置方式

（a）单榀十字形布置斜撑；（b）双榀十字形布置斜撑；（c）双榀井字形布置斜撑

单榀十字形布置斜撑抗扭刚度差，在施工荷载作用下会发生整体扭转破坏。而十字形和井字形双榀斜撑模型在施工荷载作用下最大节点位移分别为 7.7mm 和 5.6mm，不会发生扭转破坏。因此后续研究均采用双榀斜撑的布置方式，建议在实际施工中不要采用单榀斜撑形式。

井字形布置斜撑的临时支撑框架及十字形布置斜撑的临时支撑框架的水平荷载 - 位移曲线如图 7.2-40 所示。

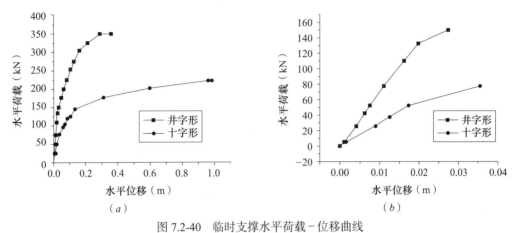

图 7.2-40 临时支撑水平荷载 - 位移曲线

（a）临时支撑水平荷载 - 位移曲线；（b）荷载 - 位移曲线线性段放大

由图 7.2-40 可以看出，井字形布置斜撑的框架和十字形布置斜撑的框架承受最大水平力分别为 350.2kN 和 221.2kN，两种模型均在顶部横梁偏移 20mm 左右发生水平抗侧移刚度下滑。井字形斜撑框架水平抗侧移刚度为 6914.8kN/m，十字形框架水平抗侧移刚度为 3077.4kN/m，井字形斜撑与十字形斜撑数量相差近两倍，临时支撑抗侧移能力与斜撑数量之间近似成正比。

7.2.4.3 临时支撑体系整体稳定性分析

1. 无节点连接缺陷下的支撑体系稳定性分析

根据前期现场调研及实测，超厚底板临时支撑体系主要存在支撑几何缺陷和节点连接缺陷两大类问题，首先分析不考虑节点连接缺陷下的支撑体系稳定性，仅考虑支撑几何缺陷，以金边富力华府项目中底板厚度为 2.5m 的临时支撑框架形式为研究对象，支撑间距 1.2m×1.2m，斜撑采用 C20 的钢筋满焊。采用前期建立的超厚底板临时支撑精细化稳定分析方法，为了简便准确模拟外围支撑情况，在 10×10 榀模型外围增加 9 榀模拟周围约束情况。

（1）施工荷载作用下临时支撑结构力学性能分析

依据金边富力华府项目现场情况，考虑钢筋原材堆载与模板堆载，施工活荷载取为 5.0kN/m²、施工人员体重取 1.0kN/m²，并参考了混凝土浇筑期泵管水平撞击力的研究。添加了立柱的实测杆件初弯曲，分别对模型节点刚接和节点铰接、有斜撑和无斜撑进行了讨论，有限元分析结果见表 7.2-17。

施工荷载下有限元计算结果 表 7.2-17

框架形式	连接形式	中间柱子反力（kN）	最大应力（N/mm²）	部位
无支撑	刚接	12.3	109	柱端
单榀斜撑	刚接	12.9	103	梁端
	铰接	12.4	128	梁端

框架形式	连接形式	中间柱子反力（kN）	最大应力（N/mm²）	部位
井字形斜撑	刚接	12.6	102	梁端
	铰接	11.9	101	梁端

由表 7.2-17 可以看出，仅考虑杆件初弯曲时，无论铰接还是刚接，有斜撑还是无斜撑，对于中间柱子反力及模型最大应力值差别不大，施工荷载作用下，各个临时支撑模型均不会发生破坏，该种临时支撑结构安全度较高。

对两种周围布置斜撑临时支撑的研究发现，单榀斜撑不能很好地抵抗面外水平力，而周围布置双榀面外连接斜撑可以有效避免这种情况的出现。

（2）无节点连接缺陷临时支撑结构稳定性分析

由于单榀斜撑布置形式不合理，重新设计了两种斜撑布置方式，分别为井字形布置斜撑的框架和十字形布置斜撑的框架，两种临时支撑框架均采用双榀面外连接斜撑形式。两种临时支撑框架均为层高 2.5m 的单层框架。

由于临时支撑框架结构在施工荷载作用下不会发生失稳破坏，因此继续成倍施加施工荷载，得到 2 种临时支撑框架破坏状态，分别为梁屈服造成的整体陷落以及柱屈服造成的整体陷落，两种破坏模式的框架临界荷载见表 7.2-18。

不同破坏模式下的临界荷载　　　　　　　　　　　　　　　　　表 7.2-18

斜撑布置形式	荷载形式	临界荷载／施工荷载	破坏模式
井字形布置	梁上点荷载	8.8kN	柱破坏
	梁上线荷载	4.0kN/m	梁破坏
十字形布置	梁上点荷载	8.8kN	柱破坏
	梁上线荷载	4.0kN/m	梁破坏

在梁上方施加均布线荷载（网片刚度为零），由于梁抗弯刚度不足，梁先于柱发生破坏；若在梁上方施加点荷载（网片刚度无限大），柱先于梁发生破坏。两种破坏模式极限荷载差值约一倍。因此，应充分考虑上层网片抗弯作用，并对上层钢筋网片的传力规律进行进一步研究。

由表 7.2-18 可以看出，现场调研得到的施工荷载远远小于模型破坏时的临界荷载，说明该种临时支撑框架结构安全度较高，在没有考虑节点连接缺陷时，正常施工荷载不会出现结构稳定及构件破坏问题，应进一步分析节点连接缺陷影响。

2. 节点连接缺陷下支撑体系稳定性分析

（1）梁柱间节点连接缺陷下稳定性分析

通过现场调研发现，由型钢焊接的底板支撑存在一定程度的节点焊接质量问题，有超过 15% 的节点存在不同程度的节点焊接问题。五种常见的节点未连接缺陷如图 7.2-41 所示，同时在施工区段 100 根立柱中随机选取 15 根立柱添加节点未连接缺陷进行了分析。部分模型有限元计算结果见表 7.2-19。

由于在梁上方施加线荷载，破坏模式仍然是梁端屈服破坏。本书节点缺陷是按完全断开考虑的，其中铰接框架梁柱间添加节点缺陷以后，部分构件按失效处理，而实际情况部分缺陷节点虽连接较差但并未完全断开，故本书计算结果相对保守。

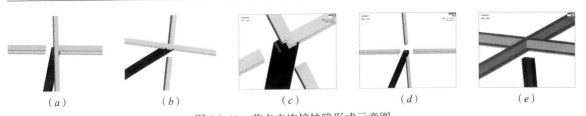

(a)　　　　　(b)　　　　　(c)　　　　　(d)　　　　　(e)

图 7.2-41　节点未连接缺陷形式示意图

(a) 形式一；(b) 形式二；(c) 形式三；(d) 形式四；(e) 形式五

不同节点缺陷形式下的临界荷载　　　　　　　　　　表 7.2-19

连接形式	梁柱间节点缺陷形式	临界荷载 / 施工荷载（kN）	相应最大节点位移（mm）
刚接	无节点缺陷	4.0	11.0
	形式一	1.7	28.9
	形式二	2.0	27.6
	形式三	1.8	25.6
	形式四	1.5	24.0
	形式五	3.0	116.3
	随机 15 个立柱未连接	1.9	17.9
铰接	无节点缺陷	3.7	26.2
	形式一	3.7	30.1
	形式二	3.7	29.7
	形式三	3.7	30.2
	形式四	3.7	27.7
	形式五	3.6	100.1
	随机 15 个立柱未连接	1.7	166.8

由表 7.2-19 可以看出，考虑梁柱间连接缺陷，相比于无节点缺陷模型，会使临时支撑构件破坏的临界荷载明显降低，但临界荷载仍大于施工荷载，即施工荷载作用下，添加一定梁柱间节点连接缺陷的临时支撑不会发生破坏。

对于方案四的节点缺陷形式，构件出现屈服破坏时临界荷载最小，即该种节点缺陷形式的临时支撑梁端最易达到屈服。对于随机 15 个柱子未连接的铰接体系，由于两个柱子随机缺陷相邻出现，使得构件出现屈服时临界荷载值下降明显，上部梁发生的较大局部凹陷，但施工荷载作用下其节点最大节点位移为 81.6mm，不会严重影响临时支撑体系的正常使用。

（2）交叉斜撑节点连接缺陷下稳定性分析

对于严重影响施工安全的整体倒塌，主要是由于临时支撑框架中斜撑设置不足以及混凝土浇筑期水平荷载过大引起的，斜撑节点连接缺陷可能会降低框架抵抗水平荷载的能力，因此具有较大安全隐患，应该对斜撑节点连接缺陷对临时支撑稳定性的影响进行深入研究。

本书依据金边富力华府项目中 5m 厚底板的临时支撑形式，分别建立了双层井字形布置斜撑和十字形布置斜撑的临时支撑铰接体系进行分析，两种双层模型层高均为 2.5m，柱间距为 1.2m，斜撑单杆高度为 5m。

由于超厚底板临时支撑框架体系面积较大，浇筑混凝土往往多根泵管同时工作，参考先前调研结果，将四根混凝土泵管的水平撞击力作为水平荷载，同时考虑了实际工程中立柱可能存在 1% 的杆件倾斜，逐步拆除沿水平力方向的斜撑，斜撑采用从左到右、从上到下的拆除方式，得到了井字形布置斜撑的临时支撑模型和十字形布置斜撑的临时支撑模型斜撑总数分别为 432 根和 224 根，当井字形临时支撑的斜撑存在 24.0% 集中节点缺陷时，可能发生整体倒塌破坏；当十字形临时支撑的斜撑存在 28.6% 集中节点缺陷时，可能发生整体倒塌破坏。为了避免该种临时支撑重大安全隐患，应该将斜撑节点缺陷控制在 24% 以下。

对于两种铰接临时支撑体系，发生整体倒塌破坏时，横梁与立柱均未达到其稳定承载力，模型整体倒塌主要是由于斜撑节点缺陷数量过多造成，因此为防止临时支撑体系发生严重影响施工安全的整体倒塌，可以将临时支撑框架抗侧移能力作为其失稳控制指标。相比于临时支撑体系井字形布置，十字形布置斜撑的临时支撑体系施工安全冗余度较高，较不易发生因节点缺陷引起的整体倒塌。

3. 随机初始缺陷的临时支撑结构稳定性分析

超厚底板钢筋临时支撑结构设计时节点往往多根杆件交汇于一点，而实际临时支撑节点处多根杆件连接时很难达到理想连接，往往需要采用偏心连接或者使用特定的连接件进行连接，为了探讨合理的节点连接方式和连接顺序，结合实际工程节点连接形式，本书对三种可能的节点连接方案进行了分析。三种节点连接方案如图 7.2-42 所示。

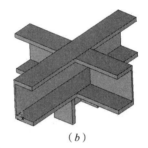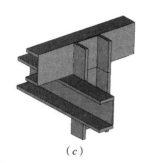

（a）　　　　　　　　　（b）　　　　　　　　　（c）

图 7.2-42　三种可能的节点连接方案

（a）方案一；（b）方案二；（c）方案三

方案一和方案二为纵横向横杆顶部平接的方式，即纵横向两个方向的横杆顶部高度相同，方案一为立杆与通长方向横杆的腹板侧面背靠背通过角焊缝连接，然后将另一个方向的横杆再与通长方向横杆连接；方案二为通长方向水平杆下侧翼缘板搭接到立杆端部，然后另一个方向的横杆再与通长方向横杆连接。对方案一和方案二中两种新构造类型节点进行非线性有限元分析，发现无论是压弯作用下还是水平剪力作用下，节点破坏时腹板或翼缘板发生了较大范围屈服，说明两种节点连接构造性能较好。方案三横向水平杆高度不相同，立杆分别与水平杆的腹板和翼缘板侧面连接。三种方案各有利弊，其中方案一和方案二横杆间连接较为复杂，但两种连接方案对立杆定位要求不高。

对于方案二，由于没有截面偏心，可以方便添加槽钢隅撑。对于方案三，两个方向横杆可以均采用通长杆件，虽然节点连接性能较好，实际施工中很难使各个立杆排列为规则阵列，即无论纵向还是横向两个方向立杆均能排成一排，因此该种连接方案对立杆定位要求较高。结合第 7.2.3 小节分析结果，总的来说，理想状态下三种节点构造连接方式下受力性能均较好，但考虑到节点连接方案应减少焊接量同时便于施工，本书建议节点连接方案采用方案三。其中方案一和方案三的立杆和横杆之间采用腹板背靠背的侧面连接方式，实际工程中可以采用焊接方式或螺栓连接方式，当采用螺栓连接时应按铰接结构进行设计。

　　本书采用基于牛顿－拉普森方法的弧长法进行求解，同时激活大变形效应，材料模型采用双线性的随动强化模型，利用 ANSYS 软件进行具体随机分析时，首先选中所有可能出现节点缺陷的节点，然后对选中节点进行分组并编号，并通过 ANSYS 软件生成随机数组，通过随机数字选中节点生成弹簧单元，进而建立半刚性节点的临时支撑模型。

　　结合节点调研结果，本书对 10×10 榀模型的两类横立杆节点分别添加了约为 84%、12.7%、3.3% 比例的好中差三类节点，同时通过删除斜撑的方式添加了约 16% 的斜撑未连接缺陷，其中节点连接方案采用方案三，纵横向节点分别为节点 3 和节点 4，考虑到网片的下层钢筋主要与上层水平杆相接触，因此只在通长方向的水平杆上方施加均布线荷载，然后对节点半刚性的临时支撑模型进行了随机缺陷下的非线性分析。

　　超厚底板临时支撑结构中随机缺陷分布对临界荷载影响较大，结构失稳时横杆中部发生了较大的侧向扭转变形，立柱及周围约束的框架部分横杆应力水平较低。

　　一般来说，分析次数越多精度越高，如图 7.2-43 所示为临界荷载样本统计量的历史曲线。样本统计量波动幅度随着样本数的增加为减小趋势，样本平均值趋于一条直线，由样本反映的总体统计特征趋于稳定，同时样本方差较小约为 0.01，因此本书认为 100 次随机分析即可满足工程精度要求。对 100 次随机缺陷下稳定承载力分析结果进行统计，其概率密度曲线如图 7.2-44 所示。

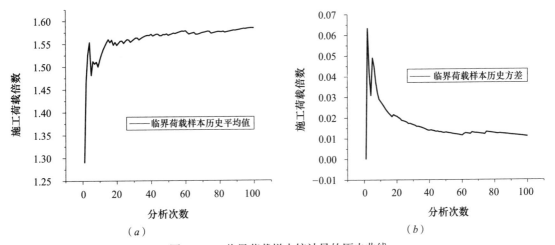

(a) 　　　　　　　　　　　　　　　　　　　　　(b)

图 7.2-43　临界荷载样本统计量的历史曲线

(a) 临界荷载样本平均值的历史曲线；(b) 临界荷载样本方差的历史曲线

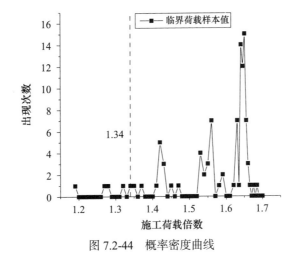

图 7.2-44　概率密度曲线

由图 7.2-44 可以看出，临界荷载概率密度曲线出现了三个较大峰值，结合分析过程中有限元随机缺陷具体分布形式与模拟结果进行对比，发现这是由随机缺陷分布的集中程度造成的，当存在三个相邻的"差"类节点缺陷或缺陷分布较为密集时，其临界荷载约为 1.43 倍的施工荷载，存在两个相邻的"差"类节点缺陷时，其临界荷载约为 1.55 倍的施工荷载，大多数情况下无相邻的"差"类节点缺陷，即缺陷比较分散时，其临界荷载约为 1.65 倍的施工荷载，"差"类节点缺陷的集中程度对临界荷载影响较大，因此施工时因采取措施避免集中节点缺陷的发生。

结构失稳破坏的临界荷载在 95% 保证率下取值约为 1.34 倍施工荷载，无缺陷刚接结构临界荷载取值约为 2.02 倍施工荷载，考虑节点连接构造以及焊接质量后，临时支撑结构稳定承载力降低约 33.7%，因此超厚底板钢筋临时支撑结构为缺陷敏感结构，出于结构安全考虑同时参考现行国家标准《混凝土结构工程施工规范》GB 50666 中相关规定，建议超厚底板钢筋临时支撑按照无节点缺陷结构进行设计验算时，考虑节点连接构造和实际焊接质量的不利影响系数近似为 0.66。

7.2.5 超厚底板钢筋临时支撑体系稳定控制及标准体系设计

影响支撑体系结构稳定承载力的主要因素有：立杆跨距、弱轴向惯性矩和上下水平连系杆的步距、斜撑设置方式等。本书将就支撑体系整体稳定承载力与以上四个因素的关系展开参数分析，得到支撑体系稳定承载力同各参数的关系，并就各参数变化对支撑体系用钢量、失稳模态的影响开展深入研究，以期为底板支撑体系的设计应用提供关键性指导意见，为相关标准规范的编写提供依据。

结合实际工程需求，本书选取了总高 H 为 2m、4m、6m 三个比较有代表性的工况进行研究。分析不同总高支撑结构的失稳模式，可以比较清晰地看出总高为 4m 和 6m 的支撑体系承载后期，立杆顶端发生较大横向位移，结构失稳破坏，立杆对结构破坏起控制作用；总高为 2m 的支撑体系承载后期，立杆顶端虽发生不小的横向位移，但远小于总高 4m、6m 支撑的位移，且直接承受荷载的横杆中部发生较大竖向位移，支撑结构的破坏倾向于由立杆和支撑承重横杆共同控制。

1. 立杆跨距单参数分析

立杆跨距是对立杆在纵横向空间布置密集度定量描述的参数，其是影响支撑体系整体稳定承载力的重要参数，为研究其对支撑体系整体稳定承载力的影响，需要保持其他参数不变，对其单独分析。

支撑体系立杆和顶部直接承重横杆均采用 5# 槽钢。总高 6m 和 4m 模型斜撑中间设置一层纵横向连系杆，总高 2m 模型斜撑中间不设置连系杆，即对于总高 6m、4m、2m 支撑体系对应的步距分别为 3m、2m、2m。纵横向均每隔 14 跨设置一排斜撑，斜撑与中间连系杆均采用 C14 钢筋。立杆跨距 L 选取 1m、1.1m、1.2m、1.3m、1.4m、1.5m、1.6m 七组进行参数分析。有限元模型的建立方法和荷载的施加方式同第 7.2.4.1 小节，立杆初弯曲按 3/1000 考虑。

图 7.2-45 是 2m、4m、6m 高度支撑体系中不同跨距下的荷载－位移曲线图。由图 7.2-45 可知，随着立杆间距的缩短，立杆布置密度提升，支撑体系整体稳定承载力显著提高。由图 7.2-45 还可以看出，随着立杆布置密度提升，支撑体系承载后期变形刚度有所提升，结构延性改善。考虑到立杆发生较大侧向位移会导致支撑大面积连续性倒塌，当立杆顶部横向位移过大时，取横向位移 50 mm 对应的均布荷载作为整个支撑体系的极限承载力，表 7.2-20 汇总了不同跨距模型的极限承载力。

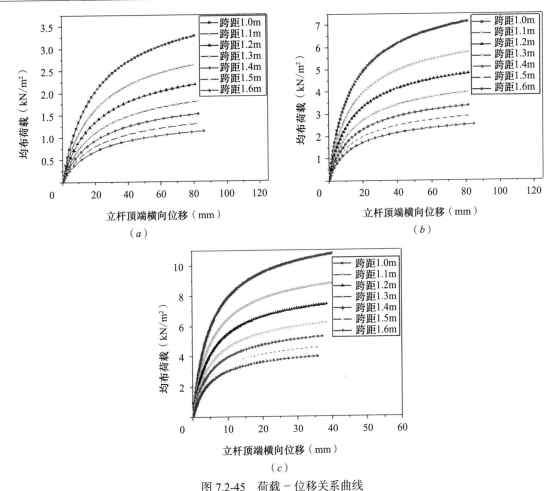

图 7.2-45　荷载－位移关系曲线

（a）6m 高支撑体系；（b）4m 高支撑体系；（c）2m 高支撑体系

不同跨距模型极限承载力 P（kN/m²）　　　　　　　　　表 7.2-20

立杆跨距 L（m）	1.0	1.1	1.2	1.3	1.4	1.5	1.6
6m 支撑承载力	2.912	2.354	1.934	1.614	1.354	1.160	0.989
4m 支撑承载力	6.514	5.271	4.387	3.607	3.057	2.613	2.265
2m 支撑承载力	10.565	8.670	7.345	6.136	5.257	4.571	3.980

2. 水平连系杆步距单参数分析

对于高度较高的超厚底板临时支撑体系，一般可通过在立杆不同高度处设置水平向纵横连系杆件，以减小支撑体系的步距，提高结构整体抗压稳定承载力，因此水平连系杆间步距是影响体系整体稳定性的重要因素，本小节将针对支撑体系稳定承载力与水平连系杆步距的关系展开单参数分析。

考虑到步距小于 1m 不太符合实际工程情况，对于总高 6m 的支撑体系步距 h 取 3m、2m、1.5m、1m 四种情况，对于总高 4m 的支撑体系步距 h 取 4m、2m、1m 三种情况，对于总高 2m 的支撑体系步距 h 取 2m、1m 两种情况，其他参数设置同本小节 "1. 立杆跨距单参数分析"中一致，立杆跨距取 1.4m，有限元模型的建立方法和荷载的施加方式按第 7.2.4.1 小节执行，立杆初弯曲按 3/1000 考虑。

如图 7.2-46 为 2m、4m、6m 高度支撑体系不同步距支撑体系的荷载－位移曲线图。由图可以看出，随着水平连系杆间步距的缩短，支撑体系整体稳定承载力显著提高。表 7.2-21 汇总了不同步距模型的极限承载力。

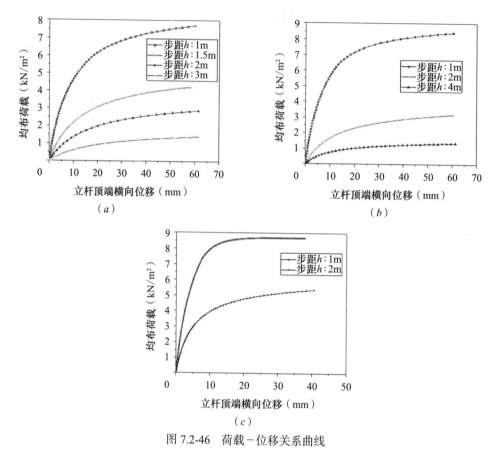

图 7.2-46　荷载－位移关系曲线

（a）6m 高支撑体系；（b）4m 高支撑体系；（c）2m 高支撑体系

不同步距模型极限承载力 *P*（kN）　　　　　　　　　　　表 7.2-21

立杆步距 *h*（m）	1.0	1.5	2	3	4
6m 支撑承载力	7.497	4.089	2.762	1.354	—
4m 支撑承载力	8.271	—	3.057	—	1.312
2m 支撑承载力	8.709	—	5.257	—	—

3. 立杆弱轴向惯性矩单参数分析

对于高度较高的支撑体系，立杆受压失稳是导致结构整体破坏的重要原因，且立杆压弯失稳会导致支撑体系大面积连续倒塌。大柔度细长杆失稳承载力符合欧拉公式，根据欧拉公式可知立杆压弯承载力与立杆惯性矩成正比，通过前文研究结果可知立杆受压失稳均是从弱轴向发生的，因此立杆弱轴向惯性矩是控制支撑体系整体稳定承载力的关键因素，本小节将针对支撑体系稳定承载力与立杆弱轴向惯性矩的关系展开单参数分析。

模型建立过程中，总高 2m 的支撑体系立杆选用 5#、6.3#、8# 槽钢建模，总高 4m 的支撑体系立杆选用 5#、6.3#、8#、10# 槽钢建模，总高 6m 的支撑体系立杆选用 5#、6.3#、8#、10#、12.6# 槽钢建模，立杆跨距取 1.4m，其他参数设置同本小节"1. 立杆跨距单参数分析"中一致，有限元模型的建立方法和荷载的施加方式按第 7.2.4.1 小节执行,立杆初弯曲按 3/1000 考虑。

　　图 7.2-47 为 2m、4m、6m 高度支撑体系不同型号立杆对应的荷载－位移曲线图,由图可以看出随着立杆惯性矩的增加,支撑体系整体稳定承载力显著提高。表 7.2-22 汇总了由不同惯性矩对应模型的极限承载力。

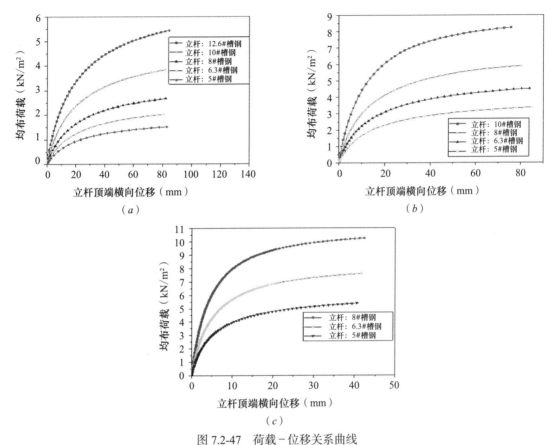

图 7.2-47　荷载－位移关系曲线

(a) 6m 高支撑体系;(b) 4m 高支撑体系;(c) 2m 高支撑体系

不同惯性矩对应模型极限承载力 P(kN)　　　　　　　　　　　　　表 7.2-22

立杆惯性矩 I_z(cm⁴)	8.3	11.9	16.6	25.6	38
6m 支撑承载力	1.354	1.800	2.394	3.400	4.800
4m 支撑承载力	3.057	4.138	5.446	7.816	—
2m 支撑承载力	5.257	7.433	10.043	—	—

4. 斜撑布置间距单参数分析

　　斜撑的设置可使相邻立杆协同作用,提高支撑体系整体的稳定承载力,斜撑布置方式和密度是控制支撑体系整体稳定承载力的关键因素,本小节将针对支撑体系稳定承载力与斜撑布置密度的关系展开单参数分析。

　　模型建立过程中,斜撑纵横向均每 14 跨均匀抽取 1、2、3、4、5 跨布置斜撑,立杆跨距取 1.4m,其他参数设置同本小节"1. 立杆跨距单参数分析"中一致,有限元模型的建立方法和荷载的施加方式按第 7.2.4.1 小节执行,立杆初弯曲按 3/1000 考虑。

　　图 7.2-48 是总高 2m、4m、6m 高度支撑体系不同斜撑布置密度对应的荷载－位移曲线图,

由图可以看出总高 4m、6m 高度支撑体系随着斜撑布置密度的提高，支撑体系整体稳定承载力显著提高，且后期刚度明显提升，结构延性得到明显改善；斜支撑布置密度对总高 2m 的支撑体系稳定承载力影响不明显。表 7.2-23 汇总了不同斜撑布置密度模型的极限承载力。

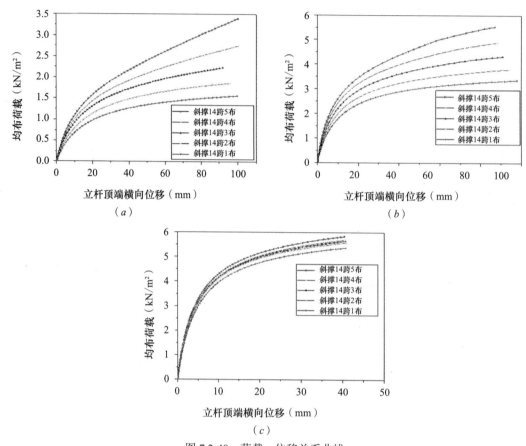

图 7.2-48　荷载－位移关系曲线

（a）6m 高支撑体系；（b）4m 高支撑体系；（c）2m 高支撑体系

不同斜撑布置密度模型极限承载力 P（kN/m^2）　　　　　　　　　　　表 7.2-23

相邻斜撑平均相距跨数（N）	14/1	14/2	14/3	14/4	14/5
6m 支撑承载力	1.354	1.599	1.862	2.120	2.426
4m 支撑承载力	3.057	3.408	3.836	4.280	4.800
2m 支撑承载力	5.257	5.460	5.519	5.587	5.719

5. 支撑整体稳定性控制因素多参数分析

通过前面的单参数分析可知，立杆跨距 L、水平连系杆步距 h 和立杆弱轴向惯性矩 I_z 与支撑体系整体极限承载力的关系可以用幂函数很好地描述，故支撑体系整体极限承载力可以合理地写成如下表达式：

$$P = a \cdot (L)^{\alpha_1} \cdot (h)^{\alpha_2} \cdot (I_z)^{\alpha_3}$$

（7.2-3）

式中　P——支撑体系极限承载力；

　　　L——立杆跨距；

　　　h——水平连系杆步距；

I_z——立杆弱轴向惯性矩。

对式（7.2-4）两边取对数，以便进行多元线性回归拟合：

$$LN(P) = LN(a) + \alpha_1 \cdot LN(L) + \alpha_2 \cdot LN(h) + \alpha_3 \cdot LN(I_z) \quad （7.2-4）$$

对正交模型进行置信度为 95% 的多元线性分析可得各回归系数及其标准误差，见表 7.2-24。

回归系数及标准误差　　　　　　　　　　　　　　　　表 7.2-24

类别	6m		4m		2m	
	回归系数	标准误差	回归系数	标准误差	回归系数	标准误差
$LN(a)$	1.073	0.038	1.085	0.066	0.885	0.020
α_1	−2.278	0.059	−2.207	0.074	−2.077	0.015
α_2	−1.579	0.022	−1.328	0.033	−0.724	0.010
α_3	0.811	0.015	0.821	0.027	0.935	0.009

对正交模型进行回归分析，发现各系数值的标准误差均小于 0.08，且相关系数 R_2 为 0.99807、0.99651 和 0.99964，说明其可较好地描述 P 与 L、h、I_z 之间数量关系，总高 6m、4m 和 2m 支撑体系极限承载力计算式如式（7.2-5）～式（7.2-7）所示。

$$P_6 = 2.924 \cdot (L)^{-2.278} \cdot (h)^{-1.579} \cdot (I_z)^{0.811} \quad （7.2-5）$$

$$P_4 = 2.959 \cdot (L)^{-2.207} \cdot (h)^{-1.328} \cdot (I_z)^{0.821} \quad （7.2-6）$$

$$P_2 = 2.423 \cdot (L)^{-2.077} \cdot (h)^{-0.724} \cdot (I_z)^{0.935} \quad （7.2-7）$$

为对回归分析结果进行进一步检验，验证其合理性，将拟合式计算值与有限元计算得到的结果进行对比，从回归校验结果分析：参数分析计算结果误差最大为 6.43%，其他计算结果误差均在 5% 以内，且大误差多出现在极限承载力过大或过小区间。由前文的荷载统计工作可知，超厚底板 95% 保证率的施工荷载取值为 $1.2kN/m^2$，上层钢筋网片恒载一般在不超过 $1.5kN/m^2$，留出 2 倍左右承载力富余度的情况下，支撑体系的承载力设计值应介于 4～$6kN/m^2$ 之间，在实际施工需求的承载区间内，本书参数分析所得式可以很好地描述立杆跨距 L、水平连系杆步距 h 和立杆弱轴向惯性矩 I_z 支撑体系整体极限承载力之间的关系，本式可为后续工程应用提供参考。对比分析拟合式系数：随着支撑体系总高度 H 的增加，减小立杆间跨距 L 和水平连系杆间步距 h 对支撑体系的承载力影响更加明显，增大立杆惯性矩 I_z 对支撑体系承载力影响减弱。

由于超厚底板支撑属于一次性应用构件，不能重复利用，用钢量在很大程度上影响着工程项目的经济效益，图 7.2-49 给出了从上文四个维度优化过程中，极限承载力随着单位面积用钢量变化的关系曲线。从用钢量的角度分析：对于不同总高 H 的支撑体系，减小横杆间的步距 h 均可以高效地提高结构的极限承载力；随着支撑体系总高 H 的增加，增加杆截面惯性矩 I_z 和减小立杆跨距 L 对于结构极限承载力的提高越来越低效；随着支撑体系总高 H 的增加，增加斜撑布置密度对于结构极限承载力的提高越来越高效。综上，在满足工程实际需求的前提下，对于超过 2m 的超厚底板支撑优先通过增加支撑体系中部水平向连系杆和提高斜撑布置密度，以提高支撑结构稳定承载力，非直接承重水平向连系杆可以选择截面较小杆件。对于低于 2m 的底板支撑体系密集布置斜撑效率较低，水平向连系杆布置过密影响施工作业，因此在合理布置斜撑和水平向连系杆的前提下，可通过增加立杆布置密度和截面面积提高支撑体系极限承载力。

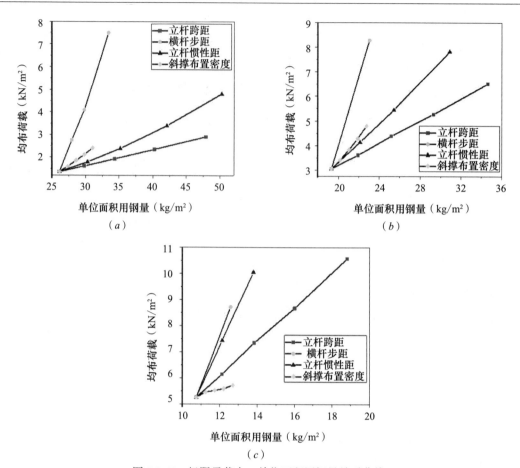

图 7.2-49　极限承载力－单位面积用钢量关系曲线

（a）6m 高支撑体系；（b）4m 高支撑体系；（c）2m 高支撑体系

7.2.5.1　结构体系设计

采用规范方法，并结合现成荷载调研对超厚底板临时支撑进行计算，并与有限元分析相对比，给出不同厚度、不同截面类型的设计建议值，见表 7.2-25。十字形临时支撑及周边临时支撑超厚底板示意如图 7.2-50、图 7.2-51 所示。

不同厚度、不同截面类型的设计建议值　　　　　　　　　表 7.2-25

类型	厚度（mm）	建议型号	面积（cm²）	步距（m）	i_x（cm⁴）	l_0（mm）	λ	ϕ	F（kN）
槽钢	2	8#	8.8	1.2	12.4	2000	161.290	0.273	56.456
	3	8#	8.8	1.2	12.4	3000	241.936	0.132	27.298
	4	12.6#	15.7	1.2	15.6	4000	256.410	0.123	45.381
圆管	2	$\phi45\times3.5$	4.56	1.2	14.7	2000	136.054	0.400	42.864
	3	$\phi45\times3.5$	4.56	1.2	14.7	3000	204.082	0.192	20.575
	4	$\phi60\times4$	7.03	1.2	19.8	4000	202.020	0.196	32.380
角钢	2	∟63×5	6.14	1.2	12.5	2000	160.000	0.276	39.824
	3	∟70×5	6.87	1.2	13.9	3000	215.827	0.163	26.316
	4	∟90×7	12.3	1.2	17.8	4000	224.719	0.150	43.358

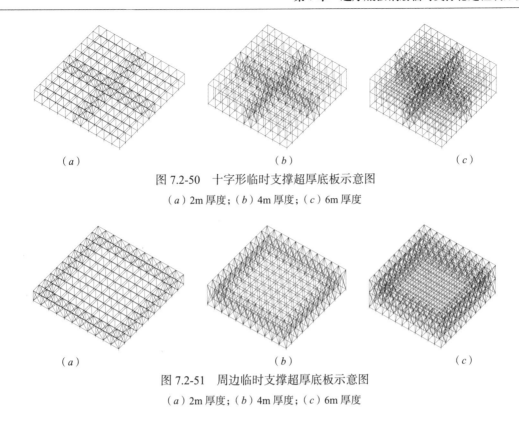

图 7.2-50　十字形临时支撑超厚底板示意图

（a）2m 厚度；（b）4m 厚度；（c）6m 厚度

图 7.2-51　周边临时支撑超厚底板示意图

（a）2m 厚度；（b）4m 厚度；（c）6m 厚度

7.2.5.2　超厚底板钢筋临时支撑结构设计施工建议

（1）由于施工现场四周场地狭窄，无专门材料堆积场地，往往将钢筋通过塔式起重机转运至基坑内钢筋临时加工区，建议现场未加工钢筋尽量不要在临时支撑结构上成捆堆放，必要时应进行相应的堆载试验。同时上层钢筋绑扎时应避免人员和材料的过分集中。

（2）钢筋构件质量应严格检查，必要时对样品进行试验，钢筋连接时可以采用直螺纹连接技术，即对需要连接的钢筋切平端口并滚丝，采用螺纹套筒进行连接。

（3）槽钢杆件各方向初始弯曲幅值应尽量保持在 3‰ 以内，圆管杆件保持在 6‰ 以内；立杆垂直度偏差应尽量小于 1/100，且不宜大于 25mm；立杆横距和纵距均不宜大于 1.2m；可以根据实际需要设置水平连系杆，设置位置一般位于距立杆底部 1/3 高度处。

（4）焊接采用 E43 型焊条，采用现场手工焊方式，焊缝采用构造角焊缝。每个焊接节点应至少保证两条对称焊缝质量完好，并应尽量避免钢筋与型钢焊接部位发生焊穿现象。

（5）横立杆节点连接方式尽量选择腹板背靠背的连接方式，若采用搭接连接方式，应严格控制立杆顶部高度，若立杆顶部高度不够，不应采取加垫块的方式，应采取可靠连接方式，在施工过程中应及时对节点质量进行检查。

7.3　工程应用

金边富力华府项目位于柬埔寨的金边市区 1 号国道与 271 大道交汇处向北 150m，本工程分为 A、B 两栋住宅楼和一个裙房，其中 A、B 栋住宅楼高 174m，裙房设有商业房、配套用房、文化体育用房和车库，总占地面积为 15192m²，总建筑面积约 21.2 万 m²。地上车库共 5 层，其建筑面积为 38833.4m²；地上塔楼共 57 层，建筑面积为 173308.1m²；1~3#、5# 楼建筑高度为

173.5m，4# 楼建筑高度为 177m。本工程基础设计采用桩筏基础，主楼底板总面积为 5382.69m²，其垫层采用 100mm 厚 C15 素混凝土，防水采用结构自防水，底板混凝土采用的是 C35P6，厚度为 3000mm，主楼电梯的地下坑最深处为 2.55m。超厚底板的基础上层钢筋为双层双向 Φ32@150mm，各施工段底板分区情况如图 7.3-1 所示。

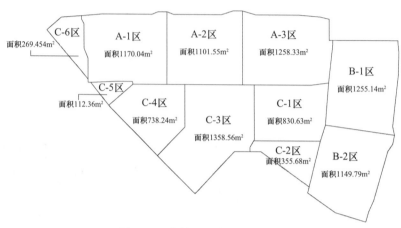

图 7.3-1　各施工段底板分区情况

以 1～3# 楼 A-2 区筏板承台结构中间 1/3 部分为例，通过超厚底板稳定性控制分析技术得到的标准结构，并结合金边富力华府项目当地的实际条件，给出了支撑结构包括斜撑及横立杆布置方案的合理建议，钢筋临时支撑结构施工现场照片如图 7.3-2 所示，应用结果表明，参考该种临时支撑布置方案缩短了设计周期，在保证安全的前提下取得了很好的经济效益。

图 7.3-2　钢筋临时支撑结构施工现场照片

第8章　超高层建筑主体结构竖向变形差控制及调整技术

8.1　概述

1. 超高层建筑主体结构竖向变形带来的主要问题

（1）在施工过程中，由于超高层建筑不断增大的自重对下部结构产生压缩变形，累积到一定程度后，可能使结构不能达到设计的位形与标高，容易对后续结构构件的连接、安装等产生影响，同时也容易对主体结构以外的建筑装饰等二次施工造成不便；

（2）由于超高层建筑多采用钢材、混凝土及两者组合的材料，在结构自重的影响下，不同材料构成的结构构件以及不同类型的结构构件受其影响产生的竖向变形也不尽相同，由此造成结构不同部分存在的变形差会引起附加内力，对结构受力状态造成不利影响，对一些关键受力构件，这部分影响不能忽视；

（3）超高层建筑施工中，由于上部结构自重不断增大，其对下部结构构件产生的竖向压缩变形会使结构构件（框架柱、剪力墙等）处于预受力状态，相较于结构构件设计的最终承载力水平，实际施工完成后，结构下部构件的承载力将有所减损，尤其对于一些重要部位的构件，承载力的减损需要予以考虑。

目前设计、施工领域对超高层建筑结构竖向变形的机理和影响因素缺乏系统研究，尚未形成超高层建筑施工过程变形的计算方法。在我国超高层建筑蓬勃发展的今天，迫切需要对超高层建筑施工过程中的结构变形进行系统研究并提出相应的控制措施。

2. 超高层建筑施工过程中结构竖向变形的主要影响因素

经过国内外学者的研究，引起超高层建筑施工过程中结构竖向变形的主要因素包含：荷载因素、材料因素、温度因素、地基沉降等。

（1）荷载因素

施工期需要考虑的荷载主要包括恒载、活载，部分研究还需考虑风荷载的影响。其中，施工期恒载主要包含各构件的自重以及临时模板支撑体系的重量。而活载主要包括临时的施工设备、材料、人员等。苗吉军等对比了国内外各类文献及规范中对施工活荷载模型及取值的建议，最终建议绑扎阶段的施工活荷载标准值取 $3.0kN/m^2$，支撑阶段和拆模阶段的施工活荷载标准值取 $2.0kN/m^2$，浇筑阶段的施工活荷载标准值取 $1.5kN/m^2$。

（2）材料因素

超高层结构中常用的混凝土材料，其特性会随时间不断变化，由此引起同样荷载条件下结构的变形不同。此外，随着时间增加，混凝土发生收缩徐变，引起额外变形。目前超高层建筑多采用混合结构，混凝土材料的时变特性容易导致结构各部分变形差异，是导致超高层结构内外筒竖向变形差的主要因素。

（3）温度因素

温度的影响分为两个方面。首先，温度会对混凝土的材料特性产生影响。欧洲规范 CEB-FIP（1990）等详细给出温度对混凝土强度、弹性模量、收缩徐变量等的影响和修正系数的具体计算方法。此外，超高层建筑施工阶段维持时间较长，会经历大量昼夜、季节温差的变化。同时，在建筑高度较高时，建筑内外温差也会较为显著，会造成结构内外变形不均匀。

对超高层建筑施工阶段竖向变形的研究中，直接研究温度如何影响其竖向变形值的文献较少，但在王晓蓓、王化杰等对实际工程的分析研究均发现有限元模拟中考虑温度变化影响后的结果才会与实测结果较为符合。故在分析中，必须考虑温度因素对竖向变形的影响。

（4）地基沉降

地基的不均匀沉降会直接引起超高层建筑不同位置的竖向变形差。在以往研究中，对这一因素的考虑较少，均将上部结构作为整体分析，认为基础为完全刚性，不计入地基沉降的影响。

以上四种因素为引起超高层建筑施工过程竖向变形的直接因素，此外，还有一些因素虽不会直接引起变形，却会间接引起变形，如施工中所采取的一些特殊措施及施工顺序的安排，以及结构体系的不同等。

8.2 技术内容

8.2.1 超高层建筑施工过程中竖向变形的有限元分析

8.2.1.1 有限元模型设定与验证

采用 Midas Gen 软件进行施工模拟。计算模型选取主体结构标高 ±0.000 以上，不考虑裙房、地下室的影响。

超高层结构模型中，主要构件包括柱、墙、梁、伸臂桁架和楼板等。其中，柱、梁和伸臂桁架采用梁单元模拟，墙、楼板采用板单元模拟。

主要构件根据设计规定的材料等级定义材料参数，材料特性如密度、强度、弹性模量等根据设计参数设定。在施工过程模拟分析中，考虑混凝土的时变特性。选取欧洲规范 CEB-FIP（1990）模型考虑材料的时变特性，包括混凝土强度随龄期的发展变化，以及施工过程中混凝土的收缩徐变。对于欧洲规范 CEB-FIP（1990）模型中的参数，环境年平均相对湿度取 70%，水泥类型取 N，R：0.25，开始计算混凝土收缩徐变时的混凝土龄期取为 3d。

外框柱采用钢管混凝土时，柱中的混凝土由于被包裹在钢管内，长期不与外界接触，参考钢管混凝土收缩徐变特性研究的结果，计算时取混凝土的构件理论厚度为无穷大。

计算时荷载选取主要考虑结构自重、施工期活荷载以及后续施工二次结构产生的荷载。结构自重通过定义材料参数中的密度施加。施工期活荷载考虑两类：

（1）当前施工楼层处的施工活荷载：作用在当前施工楼层及以下四层，即为当前施工步所激活楼板处。荷载取值参考《建筑结构荷载规范》GB 50009—2012，取为 2kN/m²。当进入下一个施工步后，将上一施工步中此类活荷载钝化。

（2）下部楼层的堆载：按照项目现场施工组织情况施加，数值按 2kN/m²、1kN/m²、0.5kN/m² 酌情选取。

二次结构产生的荷载主要指后续施工砌筑墙、玻璃幕墙等产生的恒载。各类隔墙、玻璃幕墙的荷载取值，若设计有说明的按设计说明选取，若无说明的根据实际使用的墙体材料，参照《建筑结构荷载规范》GB 50009—2012 附录 A 常用材料和构件的自重选取。一般玻璃幕墙荷载取 1.2kN/m²，加气混凝土砌块墙取 6kN/m³。二次结构作用的时间，根据实际施工安排确定。

边界条件设定时，底部边界条件将底层柱及剪力墙底端所有节点固支，即令各节点 X、Y、Z 三向位移及 R_X、R_Y、R_Z 三向转角分别为零；横向梁与竖向构件的刚接／铰接关系，根据图纸及实际情况确定；伸臂桁架、加强层与竖向构件的连接，按照实际施工方案中的施工连接方法确定。

计算时，按每五层一个施工步划分。核心筒领先施工层数、每施工步持续时间根据实际施工进度确定。

使用现场监测数据对以上模型可靠性进行验证。天津周大福项目由于工程进度较早，基本已完成主体结构施工期竖向变形的现场监测，故使用其监测数据对有限元模型进行验证。

图 8.2-1 为天津周大福项目竖向变形有限元模拟与现场监测结果对比，由图可以看出，在此模型设定下，有限元模拟结果基本与实测结果相吻合，只较高层处核心筒的竖向位移模拟结果略大于实测。故可认为该有限元模型设定可靠，可用于后续进一步分析。

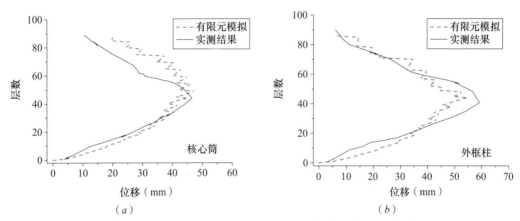

图 8.2-1　天津周大福项目竖向变形有限元模拟与现场监测结果对比
（a）核心筒位移；（b）外框柱位移

8.2.1.2　青岛海天中心

青岛海天大酒店改造项目（青岛海天中心）一期工程位于青岛市香港西路 48 号，共由三座塔楼组成，规划用地面积 32806m²，总建筑面积 494073m²，集超高层办公、酒店、观光、公寓、商业为一体。其中 T2 塔楼建筑高度 369m，地上 73 层，地下 5 层，为钢筋混凝土核心筒＋钢框架结构。建筑效果图及结构示意图如图 8.2-2 所示。

根据结构图纸，使用 Midas Gen 建立青岛海天中心的结构模型。其中，巨柱与梁采用梁单元，剪力墙与楼板采用板单元。各部分结构模型如图 8.2-3 所示。

此结构外框柱采用钢管混凝土，1～6 层为 Q420 钢与 C60 混凝土组合，以上各层为 Q345 钢与 C60 混凝土组合。20 层以下核心筒中设 20mm 厚的内嵌钢板，材料等级为 Q345；全楼核心筒边缘角柱材料等级为 Q345。核心筒剪力墙在 40 层以下采用 C60 混凝土，41～55 层采用 C50 混凝土，55 层以上采用 C40 混凝土。各层型钢梁采用 Q345 钢，混凝土梁与楼板均为 C30。

仅考虑结构的自重，对其进行静力分析，自重荷载下核心筒的最大竖向位移为 35.0mm，外框柱的最大竖向变形为 38.6mm。核心筒与外框柱的最大竖向变形均发生在顶层。在此种工况下，核心筒与外框柱的竖向变形差很小。整体结构的水平位移较小，Y 向位移最大为 16.9mm，X 向最大位移为 17.0mm。结构北侧核心筒高度高于南侧，因此北侧位移略大于南侧。而 X 向的位移主要体现为 S 形曲线变化的外框柱的侧向变形。

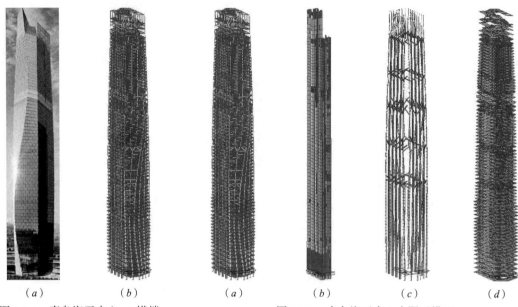

图 8.2-2 青岛海天中心 T2 塔楼

（a）建筑效果图；（b）结构示意图

图 8.2-3 青岛海天中心有限元模型

（a）有限元模型；（b）核心筒；（c）外框柱与伸臂桁架；（d）楼板

在图 8.2-4 中标出核心筒与外框柱并选取 A、F 与 E 这 3 组（其余编号与监测结果对应）分别提取其沿高度的位移变化，如图 8.2-5 所示。图中，实线为核心筒的位移，虚线为外框柱的位移。由图可以看出，北侧（A 组）的位移略大于南侧（F 组与 E 组）。将核心筒的竖向位移 dz（ct）与框架柱的竖向位移 dz（fc）相减，即可得到核心筒与框架柱的竖向位移之差 Δdz，如图 8.2-6 所示。由图可以看出，在静力分析的情况下框筒竖向位移差很小，最大处仅 2.3mm。位移差总体呈现出随着高度增大而增大的趋势。

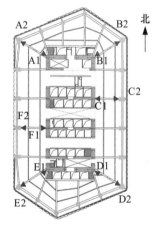

图 8.2-4 所选取核心筒与外框柱的代表位置

施工过程模拟中单元、材料等的选取同上，并以工程的施工进度安排为基础划分施工阶段，全楼共划分 17 个施工阶段，总体上核心筒内钢柱领先核心筒剪力墙两层，核心筒剪力墙领先外框柱五层，水平构件落后于外框柱一层。同时将荷载及边界条件亦对应分组，与对应的结构组在相同的施工阶段内激活（图 8.2-7）。

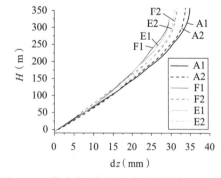

图 8.2-5 代表位置框筒竖向位移沿高度变化

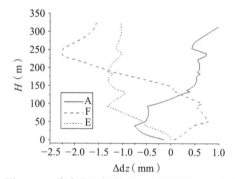

图 8.2-6 代表位置框筒竖向位移差沿高度变化

在施工过程模拟时，核心筒在荷载作用下的最大竖向位移为 26.8mm，而在考虑混凝土的收缩徐变时，核心筒的最大竖向位移为 48.7mm。同时，外框柱在荷载作用下的最大竖向位移为

29.7mm，考虑收缩徐变时外框柱的最大竖向位移为 48.8mm。收缩徐变对竖向变形的贡献大约占到了总体的 1/3。在施工过程模拟中，结构的最大竖向位移不再出现在结构顶部，而是出现在中部。

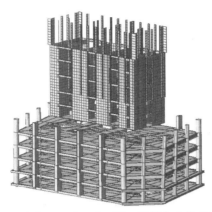

图 8.2-7　青岛海天中心典型施工阶段包含构件示意图

按现场施工情况进行施工过程模拟分析，外框柱与核心筒的变形差要远大于静力分析的工况。此外，核心筒北侧竖向位移大于南侧，而框架柱的竖向位移则是南北两侧大于东西两侧。

施工过程模拟所得的结构水平位移也大于静力分析。Y 向位移在仅荷载作用下最大为 22.9mm，在考虑收缩徐变时最大为 28.5mm，变形形式与静力分析类似，主要体现为结构上部向北侧的倾斜。X 向位移在仅荷载作用下最大为 32.3mm，在考虑收缩徐变时最大为 43.7mm。X 向变形的形式也与静力分析类似，主要体现为 S 形曲线变化的外框柱的侧向变形。

选取图 8.2-4 中标出的 6 组核心筒与外框柱，研究其在施工过程模拟中的位移变化。图 8.2-8 给出了 A1 处核心筒竖向位移沿高度的变化。图中实线为考虑施工过程通过找平补偿结构标高的结果（图中 E_s 与 T_s），虚线为不考虑施工找平的结果（图中 E_t 与 T_t），点线即为标高补偿值（图中 E_u 与 T_u）。其中，实线结果即为结构在施工完成后实际的竖向位移值。由图可以看出，不考虑施工找平的位移变化趋势与静力分析结果相似，均为随结构高度增大而增大，结构顶部达到最大值；而考虑施工找平时，竖向变形最大值发生在结构中部。

图 8.2-9 给出了 A1 处核心筒的竖向位移中，荷载作用产生的竖向位移、收缩产生的竖向位移以及徐变产生的竖向位移分别占总竖向位移的比例。由图可以看出，总体上三者对竖向位移的贡献沿结构高度变化不大，荷载作用的影响占 55%～60%，收缩的影响占 10% 左右，徐变的影响占 30%～35%。因此，混凝土收缩徐变对结构的竖向变形影响较大，在分析中必须考虑。下文分析中，将采用考虑施工找平，并考虑混凝土收缩徐变的竖向位移值作为分析的基础。

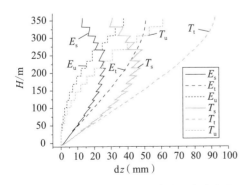

图 8.2-8　A1 处核心筒竖向位移沿高度变化

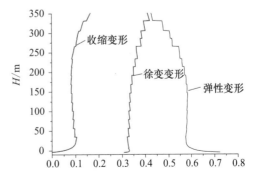

图 8.2-9　A1 处核心筒荷载作用、收缩、徐变对竖向位移的影响

8.2.1.3 天津周大福金融中心

天津周大福金融中心工程位于天津市经济技术开发区内,是集商业、智能办公、超五星级酒店、豪华酒店公寓等多功能为一体的地标性 5A 级商务综合体。整个用地为 L 形,分为塔楼和裙楼,工程总建筑面积 39 万 m^2(地下 98370m^2),由香港周大福集团投资开发,地下室 4 层、地上裙楼 5 层和塔楼 100 层,建筑总高 530m,主楼为钢管混凝土框架+混凝土核心筒+带状桁架结构,裙楼为框架结构,基础为桩筏基础。塔楼外框结构由 8 根角框柱、16 根边框柱、8 根斜撑柱、3 道带状桁架和钢梁等组成,外框钢柱不规则螺旋上升,且分别在 F48M-F51、F71-F73、F88-F89 处布置 3 道带状桁架(环带桁架);核心筒由 12 个规则矩形筒形成的“12 宫格”在经历缩角、收肢、分段收缩等多次变化后逐步变化为“日”字形,在 B4 层至 F22 层剪力墙内嵌钢板墙。核心筒外墙厚度沿结构高度逐渐减小,外墙厚度由 1500mm 逐步分段缩减至 800mm,变化时外墙外侧向内收,内侧不变,内墙厚度则没有变化,其厚度分别为 800mm 和 350mm,水平结构楼面板采用压型钢板组合楼板。项目建筑效果图及结构示意图如图 8.2-10 所示。

图 8.2-10 天津周大福金融中心塔楼
(a)建筑效果图;(b)结构示意图

使用 Midas Gen 建立天津周大福金融中心项目模型。模型中,巨柱与梁采用梁单元,剪力墙与楼板采用板单元。各部分结构模型如图 8.2-11 所示。

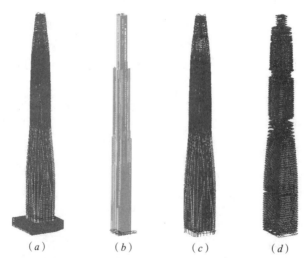

图 8.2-11 天津周大福金融中心有限元模型
(a)有限元模型;(b)核心筒;(c)外框柱与带状桁架;(d)楼板

塔楼结构剪力墙及连梁混凝土强度等级为 C60,钢管混凝土柱的混凝土强度等级为 C40、C60 和 C80,楼面板混凝土强度等级为 C30,钢材为 Q345 和 Q390。仅考虑结构的自重,对其进行静力分析,计算得到结构的竖向及水平位移如图 8.2-12 和图 8.2-13 所示。

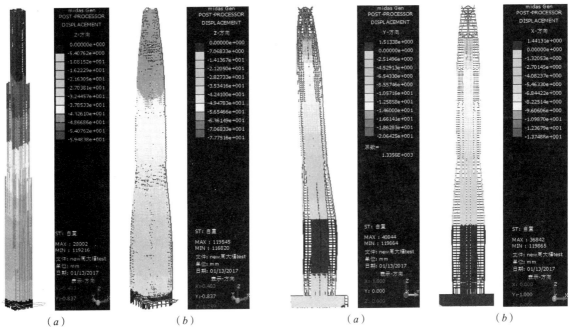

图 8.2-12　天津周大福金融中心自重荷载下竖向位移　　图 8.2-13　天津周大福金融中心自重荷载下水平位移
(a)核心筒竖向位移;(b)外框架竖向位移　　　　　　　　(a)结构 Y 方向位移;(b)结构 X 方向位移

由图可以看出,核心筒与外框架竖向变形差在 20mm。由于天津周大福项目结构较为对称,其水平位移较小。

施工模拟中,按照工程实际的施工速度,将塔楼结构进行结构组划分。由于在施工过程中,塔楼核心筒与外框架施工进度不同步,为了较为精确地进行施工模拟,模拟过程按照实际施工进度进行,与此同时,创建 25 个荷载组,每次结构变化与荷载变化形成一一对应关系。图 8.2-14 为一个典型施工步中所包含的构件。

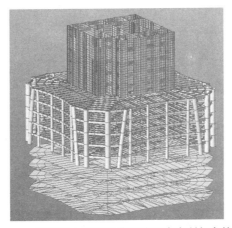

图 8.2-14　天津周大福项目典型施工步中所包含的构件

在模型中考虑核心筒混凝土材料的时变性,考虑混凝土的收缩、徐变的特性。选取图 8.2-15 中所示的 a、b、c、d 四点。图 8.2-16 给出了 a 点外框柱的竖向位移中,荷载作用(弹性变形)

产生的竖向位移、收缩产生的竖向位移以及徐变产生的竖向位移分别占总竖向位移的比例。由图可以看出，混凝土收缩徐变对结构的竖向变形影响较大，在分析中必须考虑。

图 8.2-15　天津周大福项目模型
结果提取点示意图

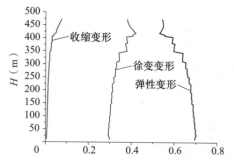

图 8.2-16　天津周大福弹性变形、收缩、徐变
占竖向变形比例

图 8.2-17 和图 8.2-18 分别给出了图 8.2-15 中标出的 4 组不同位置处核心筒与外框柱的竖向位移沿高度变化。由图可以看出，天津周大福项目平面对称性较高，各处核心筒与外框柱的竖向位移非常接近。核心筒竖向位移最大值发生在中间偏上部位，外框柱的竖向位移最大值发生在中间部位。

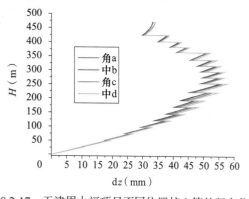

图 8.2-17　天津周大福项目不同位置核心筒的竖向位移　　图 8.2-18　天津周大福项目不同位置框架柱竖向位移

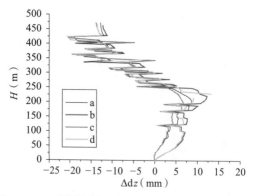

图 8.2-19　天津周大福项目不同位置框筒竖向位移差

图 8.2-19 给出不同位置处核心筒与框架柱的竖向位移差。按照施工步划分，由于核心筒与外框柱位移补偿位置不在同一楼层处，故竖向变形差波动较大。总体上，结构高度较低处外框柱位移较大，高处核心筒位移较大，位移差在 −20cm 到 10cm 之间，变形差最大处位于结构中部及中上部。

8.2.1.4　有限元模型简化

对于超高层建筑施工过程竖向变形的计算，其中起关键作用的构件为竖向受力构件与水平连接构件。其中，竖向受力构件包括核心筒与外框柱；而水平连接构件包括伸臂桁架、框筒间的连系梁以及水平楼板。

以青岛海天中心为例，分别用不同模型计算超高层建筑施工过程竖向变形及竖向变形差，以研究不同水平连接构件对竖向变形及竖向变形差影响的重要性。

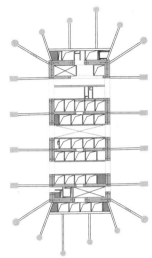

模型一取按照本节中前述模型设定选取，模型按实际项目建立，考虑施工活荷载与二次结构荷载；模型二在模型一基础上，删除施工活荷载与二次结构荷载，即为实际项目结构仅承受自重荷载的模型；模型三为在模型二的基础上将楼板重量转化为荷载作用在梁上而删除楼板，即保留楼板重量而删除楼板刚度；模型四为直接删除所有楼板，即既不保留楼板重量也不保留楼板刚度；模型五在模型四的基础上删除所有环向次梁，仅保留结构竖向受力构件的外框柱、核心筒，以及外框柱与核心筒间的连系主梁与伸臂桁架，平面示意如图 8.2-20 所示。

图 8.2-20　模型五平面示意图

五个模型经过施工过程模拟分析，其完工后在荷载作用下的竖向位移及外框柱-核心筒竖向位移差如图 8.2-21 所示。

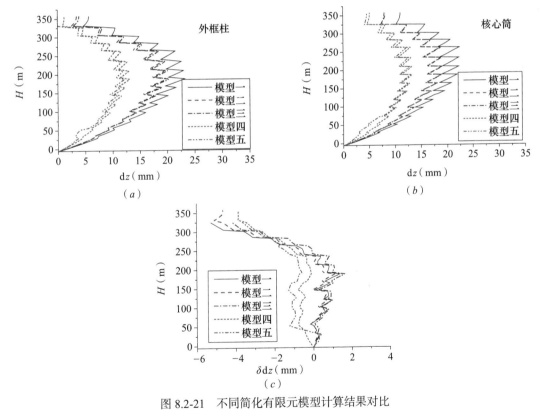

图 8.2-21　不同简化有限元模型计算结果对比

（a）外框柱竖向变形；（b）核心筒竖向变形；（c）外框柱-核心筒竖向变形差

由图可以看出，对于外框柱与核心筒的竖向变形，模型二与模型三计算结果类似，模型四与模型五计算结果相似；而外框柱-核心筒的竖向变形差，模型一、模型二与模型三计算结果类似，模型四与模型五计算结果相似。

由此计算结果说明，楼板的面外刚度在协调外框柱与核心筒的变形方面，所起作用很小，而楼板的自重在结构重量中所占比例较大且影响了重量在平面内的分布，故在计算竖向变形时其刚度可忽略而自重不可忽略。同时，结构的环向次梁在协调外框柱与核心筒变形方面所起作用较小，可以忽略。

综上，在使用有限元软件计算超高层建筑在施工过程的竖向变形时，可建立简化的有限元模型：模型建立时，可只建立核心筒、外框柱以及直接连接外框内筒的连系主梁，环向次梁及楼板均可省略，而将环向次梁及楼板的自重荷载以及施工活荷载、二次结构荷载等按分配原则作用到相关连系主梁上，即可得到较为准确的超高层建筑施工过程竖向变形有限元模拟结果。

8.2.2 超高层建筑施工过程竖向变形影响因素分析

8.2.2.1 结构含钢量对竖向变形的影响

结构含钢量对竖向变形的影响主要体现在三个方面，一是含钢量直接影响结构的竖向刚度，同面积钢材的竖向刚度大于混凝土；二是含钢量影响结构的自重大小；三是含钢量影响混凝土的收缩徐变特性，尤其是采用钢管混凝土时，混凝土不直接与空气接触，收缩徐变较小。

以上述各模型为例，研究结构含钢量对竖向变形的影响。分别改变外框与内筒的含钢量，对其进行施工模拟分析，对比不同模型竖向变形的大小。

以原模型为基础，分别计算原模型（记为 $M\text{-}C_0\text{-}F_0$）、外框柱全部采用混凝土的模型（记为 $M\text{-}C_0\text{-}F_{full}$）、内筒全部采用混凝土的模型（记为 $M\text{-}C_{full}\text{-}F_0$）、内筒外框全部采用混凝土的模型（记为 $M\text{-}C_{full}\text{-}F_{full}$）在施工过程中的竖向位移大小。其中，$M\text{-}C_0\text{-}F_{full}$（外框柱全部采用混凝土的模型）为将外框巨柱改为同截面的混凝土柱；$M\text{-}C_{full}\text{-}F_0$（内筒全部采用混凝土的模型）为将核心筒中所嵌钢板和钢骨柱都变为同截面的混凝土构件；$M\text{-}C_{full}\text{-}F_{full}$（内筒外框全部采用混凝土的模型）为同时将核心筒内所有钢板及钢骨改为同截面混凝土构件，同时将外框柱变为同截面混凝土柱。

青岛海天不同计算模型的含钢量见表8.2-1。表中数据为结构中钢材的重量与结构总重之比。由表中数据可知，分析的基准模型中核心筒与外框柱含钢量接近，核心筒中含钢量略大于外框柱。

青岛海天不同计算模型含钢量 　　　　　　　　　　　　　　　表 8.2-1

$M\text{-}C_0\text{-}F_0$	$M\text{-}C_0\text{-}F_{full}$	$M\text{-}C_{full}\text{-}F_0$	$M\text{-}C_{full}\text{-}F_{full}$
25.77%	20.81%	19.08%	13.42%

以图8.2-4中位置A处的核心筒与框架柱为代表，对比四个模型在施工模拟过程中的位移。图8.2-22为含钢量对外框柱竖向位移的影响。图中给出的是不同含钢量模型计算所得的竖向位移值与原模型（$M\text{-}C_0\text{-}F_0$）竖向位移值之差。

由图8.2-22（a）可以看出，荷载作用下，核心筒含钢量的下降对外框柱位移的影响较小，而外框柱含钢量下降使外框柱位移增大，且结构中部位移增加较大。由图8.2-22（b）可以看出，收缩徐变作用下，依然是外框柱的含钢量减小对外框柱的位移有更大影响，但位移变化在结构中上部都较大。

图8.2-23给出含钢量对A处核心筒竖向位移的影响。图中给出的是不同含钢量模型计算所得的竖向位移值与原模型（$M\text{-}C_0\text{-}F_0$）竖向位移值之差。

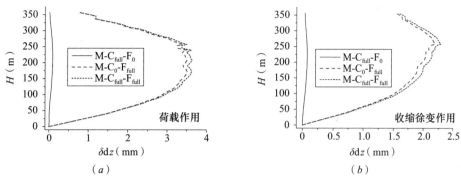

图 8.2-22　青岛海天项目含钢量对 A 处外框柱竖向位移的影响

（a）荷载作用；（b）收缩徐变作用

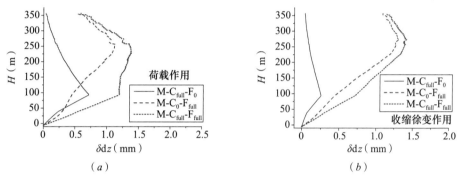

图 8.2-23　青岛海天项目含钢量对 A 处核心筒竖向位移的影响

（a）荷载作用；（b）收缩徐变作用

由图可以看出，核心筒含钢量的变化对结构底层核心筒的位移影响较大，这可能是由于原模型中，核心筒中的钢板主要分布在底层。外框柱含钢量的减小对结构上层处核心筒的位移影响较大，且对收缩徐变作用下的位移影响较大。

从分析结果可以看出，外框柱含钢量的变化对结构位移的影响大于核心筒含钢量的变化。

图 8.2-24 给出不同含钢量下结构外框柱与核心筒竖向位移差的变化。图中给出的是不同含钢量模型计算所得的外框柱－核心筒竖向位移差与原模型（M-C$_0$-F$_0$）框筒竖向位移差之差。由图可以看出，核心筒含钢量的减小，减小了外框柱－核心筒的竖向变形差；而外框柱含钢量的减小，会加大外框柱－核心筒的竖向变形差。这是因为核心筒含钢量的减小使得核心筒刚度减小，而外框柱含钢量增加使外框柱刚度增大，这两者都会减小外框与内筒的刚度差距，使得框筒竖向变形差减小。

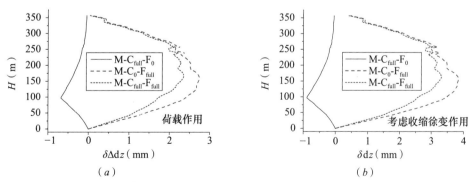

图 8.2-24　青岛海天项目含钢量对 A 处外框柱－核心筒竖向变形差的影响

（a）荷载作用；（b）考虑收缩徐变作用

图 8.2-25 给出了不同含钢量下层重量的统计对比。外框柱与核心筒含钢量的下降使得结构的自重荷载降低，且对于此结构，外框柱与核心筒含钢量对不同高度楼层重量的改变略有差别，但总体上较为接近。图 8.2-26 给出不同含钢量对柱子承担轴力比例的影响。纵轴为结构高度，横轴为每层外框柱所承担轴力之和与该层所承担的总轴力之比。由图可以看出，核心筒降低含钢量后，轴力向外框柱转移，外框柱承担轴力比例升高（M-C_{full}-F_0 柱承担轴力比例高于M-C_0-F_0）。而外框柱降低含钢量后，柱承担轴力比例降低，轴力向核心筒转移。

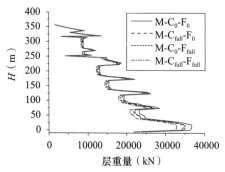

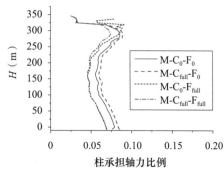

图 8.2-25 青岛海天项目层重量统计　　　图 8.2-26 青岛海天项目含钢量对柱承担轴力的影响

对天津周大福模型变化核心筒与框架柱的钢材情况，得到不同模型下结构含钢量见表 8.2-2。

天津周大福不同计算模型含钢量　　　　　　　　　　　　表 8.2-2

M-C_0-F_0	M-C_0-F_{full}	M-C_{full}-F_0	M-C_{full}-F_{full}
17.21%	12.37%	14.04%	9.02%

以模型西北角部的核心筒与框架柱为代表，对比四个模型在施工模拟过程中的位移。图 8.2-27为含钢量对核心筒与外框柱竖向变形的影响，图 8.2-28 为含钢量对框筒竖向变形差的影响。

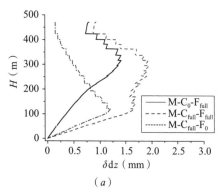

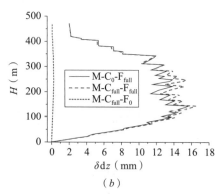

（a）　　　　　　　　　　　　　　　　　（b）

图 8.2-27　天津周大福项目含钢量对竖向变形的影响

（a）核心筒；（b）外框柱

由图可以看出，与青岛海天模型类似，核心筒与外框柱含钢量的下降均使得外框柱在荷载作用下的竖向位移增加。核心筒含钢量变化对中上部高度处的影响更大，而外框柱含钢量变化对中下部高度处的影响更大。外框柱含钢量的变化对外框柱的位移影响更大，核心筒的含钢量变化也对核心筒本身的位移影响更大。

图 8.2-29 给出了不同含钢量下层重量的统计对比。外框柱与核心筒含钢量的下降使得结构的自重荷载降低。

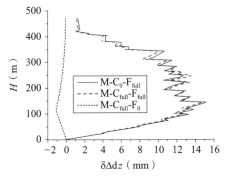

图 8.2-28　天津周大福项目含钢量对框 - 筒
竖向变形差的影响

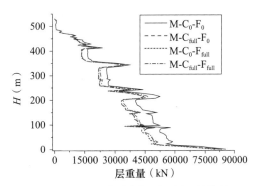

图 8.2-29　天津周大福项目层重量统计

8.2.2.2　施工荷载对竖向变形的影响

施工中活荷载的变化，以及隔墙、玻璃幕墙等二次结构的安装，也是影响竖向变形的因素。

首先，以青岛海天模型为例分析施工活荷载对施工过程竖向变形的影响。有活荷载的模型中在当前正施工的楼层中考虑均布的施工活荷载（模拟中取为当前施工步激活楼板所在层），取为 $2kN/m^2$，无活荷载的模型将模型中施工活荷载去除进行计算。图 8.2-30～图 8.2-32 为考虑收缩徐变作用下，有无活荷载对核心筒竖向位移、外框柱竖向位移、外框柱 - 核心筒竖向变形差的影响。可以看出，施工活荷载由于在总荷载中占比不大，对施工期竖向变形的影响不大。

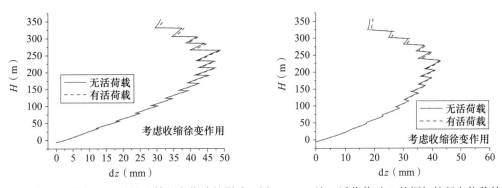

图 8.2-30　施工活荷载对 A 处核心筒竖向位移的影响　图 8.2-31　施工活荷载对 A 处框架柱竖向位移的影响

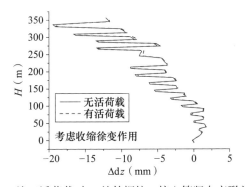

图 8.2-32　施工活荷载对 A 处外框柱 - 核心筒竖向变形差的影响

分析二次结构对竖向变形的影响。分析时考虑的二次结构包括砌块墙体及玻璃幕墙。对于青岛海天模型，根据工程实际情况，取砌块墙体密度为 $6.25kN/m^3$，砌块墙厚 200mm；玻璃幕墙密度为 $1.5kN/m^2$。将二次结构等效为线荷载，作用在各层楼板上隔墙及幕墙所在处位置。二次结构施加的时间点按照工程施工时间计划，隔墙荷载在第六施工步起施加；玻璃幕墙荷载在第九施工步起施加。计算时，为保证收缩徐变对竖向变形所起的作用相同，将不考虑二次结构模型的施工时间延长到与考虑二次结构的模型相同。

由图 8.2-33、图 8.2-34 可以看出，在考虑收缩徐变时，二次结构引起外框柱的竖向变形最大值增大 11.7mm，引起核心筒的竖向变形最大值增大 13.1mm，引起外框内筒竖向变形差变化 2mm。由此可见，二次结构的影响在计算时必须考虑。

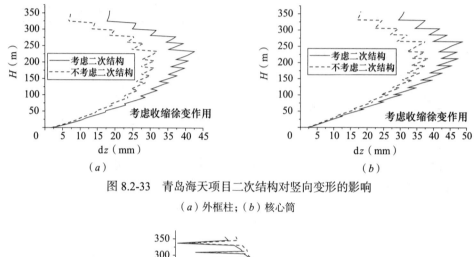

图 8.2-33　青岛海天项目二次结构对竖向变形的影响

(a) 外框柱；(b) 核心筒

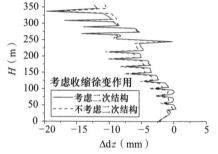

图 8.2-34　青岛海天项目二次结构对外框柱-核心筒竖向变形差的影响

对于天津周大福模型，按照建筑图纸取不同的墙体密度与墙厚，墙体密度有 $10kN/m^3$、$15kN/m^3$ 等，墙厚有 120mm、180mm 等；玻璃幕墙密度为 $1.5kN/m^2$。

计算结果如图 8.2-35、图 8.2-36 所示，由图可以看出，在考虑收缩徐变时，二次结构引起外框柱的竖向变形最大值增大 4.3mm，引起核心筒的竖向变形最大值增大 6.2mm，引起外框内筒竖向变形差变化 1.2mm。由此可见，二次结构的影响在计算时必须考虑。

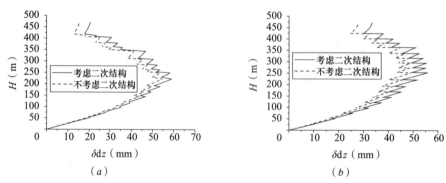

图 8.2-35　天津周大福项目二次结构对竖向变形的影响

(a) 外框柱；(b) 核心筒

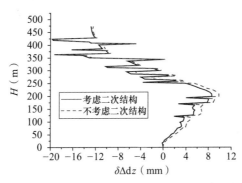

图 8.2-36　天津周大福项目二次结构对外框柱－核心筒竖向变形差的影响

8.2.2.3　材料收缩徐变对竖向变形的影响

混凝土收缩徐变对超高层结构的竖向变形有很大影响，也是引起超高层结构竖向变形差的主要因素之一。

图 8.2-37～图 8.2-39 给出考虑混凝土收缩徐变和不考虑混凝土收缩徐变时，青岛海天模型各层核心筒与外框柱的竖向变形与框筒变形差。材料收缩徐变不仅增大了竖向变形值，而且改变了结构竖向变形沿高度的分布。在此算例下，混凝土的收缩徐变对框筒竖向变形的影响占 20%～30%，计算时不可忽略。而且在考虑收缩徐变时，结构上部位移增大，变形最大值也上移到更大高度处。

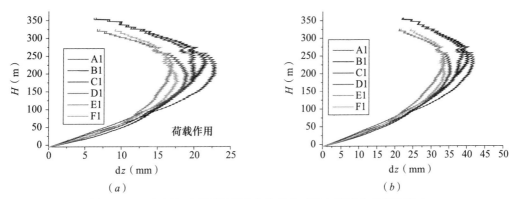

图 8.2-37　青岛海天项目混凝土收缩徐变对核心筒竖向变形的影响

（a）不考虑收缩徐变作用；（b）考虑收缩徐变作用

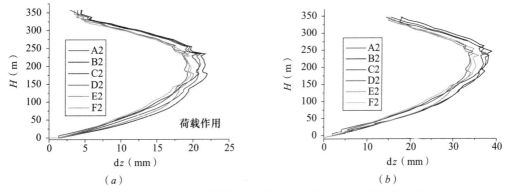

图 8.2-38　青岛海天项目混凝土收缩徐变对外框柱竖向变形的影响

（a）不考虑收缩徐变作用；（b）考虑收缩徐变作用

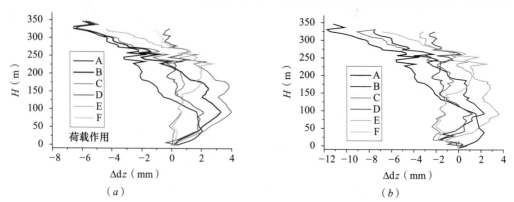

图 8.2-39　青岛海天项目混凝土收缩徐变对框筒竖向变形差的影响

（a）不考虑收缩徐变作用；（b）考虑收缩徐变作用

　　图 8.2-40～图 8.2-42 给出了混凝土收缩徐变对天津周大福项目各层核心筒与外框柱的竖向变形与框筒变形差。在此算例下，混凝土的收缩徐变对框筒竖向变形的影响占 30%～40%，计算时不可忽略。而且在考虑收缩徐变时，结构变形最大处向更高处转移。

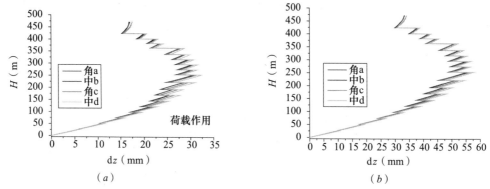

图 8.2-40　天津周大福项目混凝土收缩徐变对核心筒竖向变形的影响

（a）不考虑收缩徐变作用；（b）考虑收缩徐变作用

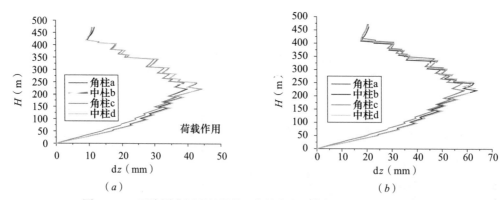

图 8.2-41　天津周大福项目混凝土收缩徐变对外框柱竖向变形的影响

（a）不考虑收缩徐变作用；（b）考虑收缩徐变作用

　　图 8.2-43 给出在完工时、完工三年后及完工十年后，青岛海天模型外框柱的位移变化。图 8.2-44 为不同时点处，结构核心筒与外框柱由收缩徐变引起的位移大小。由图可知，完工后收缩徐变作用继续发展，对结构高层处变形影响更大。收缩徐变早期发展较大，完工时与十年后相比基本已完成 50%，完工后三年与十年后相比完成约 80%。图 8.2-45 为完工时及完工后三年时，

外框柱和核心筒的位移差。高层处位移差变化较明显。这是由于收缩徐变引起的变形随时间增长会沿结构高度累积。

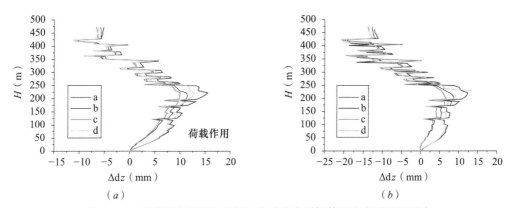

（a）　　　　　　　　　　　　　　（b）

图 8.2-42　天津周大福项目混凝土收缩徐变对框筒竖向变形差的影响

（a）不考虑收缩徐变作用；（b）考虑收缩徐变作用

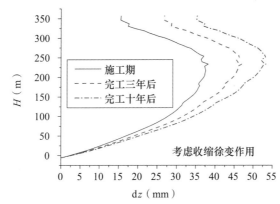

图 8.2-43　混凝土收缩徐变对外框柱竖向变形的影响随时间变化曲线

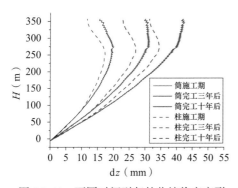

图 8.2-44　不同时间引起的收缩徐变变形

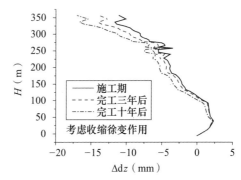

图 8.2-45　框筒竖向变形差随时间变化曲线

8.2.2.4　施工速度对竖向变形的影响

以青岛海天项目为例，将每标准施工步的持续时间变长，从 35d 增加到 50d（总工期从 570d 增加到 870d），计算其在施工结束后的框筒竖向位移差，如图 8.2-46 所示。由图可以看出，施工速度的变化对施工过程框筒竖向变形差的影响不大。

将天津周大福模型每标准施工步的持续时间变长，从 35d 增加到 50d 时，外框柱、核心筒位移及框筒变形差变化不大，施工速度对变形影响总体较小。

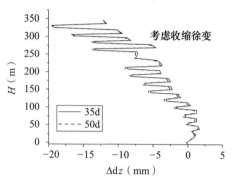

图 8.2-46　施工速度对青岛海天项目框筒竖向变形差的影响

8.2.2.5　核心筒领先施工层数对竖向变形的影响

基于超高层建筑的结构特点，其在施工中往往采用核心筒领先外框柱的施工方法，这样扩大了作业面范围，并有利于塔式起重机、模架等系统的支承及工作。施工过程中，核心筒领先外框柱的层数对结构竖向位移的影响主要表现为当核心筒领先层数较多时，外框梁连接时核心筒的竖向压缩已经发生较多，后续可能引起的压缩变形差将较小。

同样以青岛海天中心模型为例，研究核心筒领先施工层数对竖向变形的影响。初始模型分析时按照现场进度计划安排，核心筒领先外框架五层（记为 M-P$_5$）。在此基础上改变模型参数，分别计算核心筒不领先外框架施工（记为 M-P$_0$）、领先十层（记为 M-P$_{10}$）、领先十五层（记为 M-P$_{15}$）时施工过程竖向位移的大小，进行对比分析。为便于对比，认为核心筒中钢骨与墙体同时施工，水平构件与外框同时施工。

图 8.2-47 为核心筒领先施工层数对外框柱、核心筒竖向位移与框-筒竖向变形差的影响。图中给出的是不同领先层数模型计算所得的竖向位移值与原模型（M-P5）竖向位移值之差。由图可以看出，领先层数增加时，外框柱位移减小，核心筒位移增大。这是由于当领先层数增加时，相当于核心筒已经施工一段时间后才开始外框柱的施工。外框柱施工时，核心筒的位移已经发生，但后续又需要继续承担外框柱引起的位移，因此核心筒的竖向位移增大。而外框柱的位移可由已经施工的核心筒承担一部分，故其竖向位移减小。

而对于外框柱-核心筒竖向变形差，由于其在底层为正，高层为负，故核心筒领先层数的增多对其影响随高度变化亦不同。在较低楼层处，核心筒领先层数增加，外框柱-核心筒竖向变形差减小；在较高楼层处，核心筒领先层数增加，外框柱-核心筒竖向变形差绝对值增大。实际施工中，核心筒领先施工有利于工作面的扩大和充分利用。可结合现场施工机械的布置情况合理选择核心筒领先施工层数。

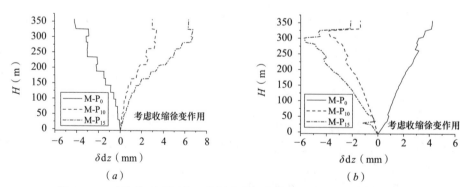

图 8.2-47　青岛海天项目核心筒领先施工层数对竖向变形的影响（一）
（a）核心筒竖向位移受到的影响；（b）框架柱竖向位移受到的影响

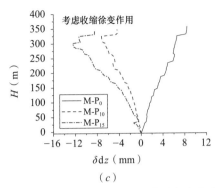

图 8.2-47 青岛海天项目核心筒领先施工层数对竖向变形的影响（二）

（c）外框柱－核心筒竖向变形差受到的影响

实际施工中，核心筒领先施工有利于工作面的扩大和充分利用。可结合现场施工机械的布置情况合理选择核心筒领先施工层数。

8.2.2.6 伸臂桁架安装时间对竖向变形的影响

目前许多超高层结构施工中，为减小外框柱与核心筒的变形差对伸臂桁架的影响，往往采用在主体施工结束后，再将伸臂桁架连接的施工方案。这种方案可使外框柱与核心筒的竖向变形相对独立地各自发展一段时间后，再将两者相连，可减小外框－内筒变形差引起的伸臂桁架内的附加应力。然而，此种施工方法降低了施工过程中结构受力的整体性，削弱了结构的抗侧力体系，不利于结构在施工期间抵抗可能发生的强风或强烈地震作用。同时，伸臂桁架后连接会直接影响后续楼板铺装、二次结构砌筑及装修等的施工，影响工期，增加成本。

此前分析中，均假设伸臂桁架随着施工的进行同步进行安装。例如，27～28 层为伸臂桁架层，此层的伸臂桁架与此层的普通水平构件，如框架梁、楼板等同步施工。以青岛海天中心为例，分别计算伸臂桁架同步施工，以及伸臂桁架最后安装两种工况下结构的位移与内力。

伸臂桁架的安装时间对外框柱与核心筒的竖向位移及外框柱－核心筒竖向位移差的影响均不大。这是由于在原施工方案下，外框柱－核心筒竖向位移差值本身绝对值较小，伸臂桁架对位移起到的协同作用有限。需要特别说明的是，此处外框柱－核心筒竖向变形差是指同一楼层位置处。

当伸臂桁架同步安装时，其在后续施工过程中即作为结构的一部分参与受力，相当于提升了结构内筒与外框的整体性，但伸臂桁架在施工完成后即存在较大的初始内力，最大应力可达到 68MPa，对于伸臂桁架后续受力非常不利；而伸臂桁架最后安装可大大减小伸臂桁架内初始内力的大小，有利于后续伸臂桁架参与结构受力。

8.2.3 超高层建筑施工过程竖向变形现场监测研究

监测方案

结构压缩变形的监测，可以通过考虑材料时变效应的分析技术实现预测包括收缩徐变和基础沉降的长期变形量，作为施工预调标高补偿的基础。

以青岛海天中心 T2 塔楼为例，将 T2 塔楼分成如图 8.2-48 所示的 14 段，在图中标识层的东侧外框柱的外侧焊接棱镜（或粘贴全站仪反射片）如图 8.2-49 所示。同时，在地面适宜位置设置固定棱镜。预埋件埋设详图如图 8.2-50 所示。

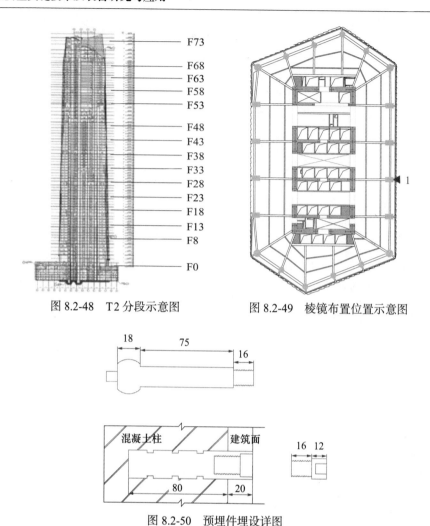

图 8.2-48　T2 分段示意图　　　　图 8.2-49　棱镜布置位置示意图

图 8.2-50　预埋件埋设详图

测量时，将全站仪架设在 T3 塔楼 13 层、26 层、39 层，以地面固定位置为基准点，分别测量各层棱镜，得出垂直高度 H_{F0}、H_{F8}、H_{F13}、H_{F18}、H_{F23}、H_{F28}、H_{F33}、H_{F38}、H_{F43}、H_{F48}、H_{F53}、H_{F58}、H_{F63}、H_{F68}、H_{F73}。

以 F0 层和 F8 层为例，则第 i-1 次测量相邻两层高差 $\Delta H^{i-1} = H_F^{i-1} - H_F^{i-1}$，第 i 次测量相邻两层高差 $\Delta H^i = H_{F8}^i - H_{F0}^i$，压缩变形 $\Delta h = \Delta H^i - \Delta H^{i-1}$。

采用高精度数字水准仪配合钢钢尺进行监测。后期拟结合静力水准方法进行后续监测。

测量时将外接钢柱与埋件连接至固定位置，根据现场情况设计两种测量路线：（1）以 A1、B1、C1、D1、E1、F1 六点为闭合水准路线基点，其余六点为支线测点。测量时在两基点之间架设仪器，前后视距差不得大于 1.5m，观测顺序为后－前－前－后，之后再对左右两支点进行观测，以 A1-B1-C1-D1-E1-F1 顺序观测，如图 8.2-51（a）所示，闭合差不大于 1.26mm。（2）以 A1、A2、B1、B2、C1、C2、D1、D2、E1、E2、F1、F2 十二点为闭合水准路线基点，仪器架设在合适位置，前后视距差不得大于 1.5m，观测顺序为后－前－前－后，以 A1、A2、B2、B1、C1、C2、D2、D1、E1、E2、F2、F1、A1 顺序观测，如图 8.2-51（b）所示，闭合差不大于 1.26mm。

由于后期二次结构的施工，各水准点之间难以保证相互通视，改用静力水准测量。每区段顶层框架梁柱施工完成时，进行本区框筒标高差的第一次测量，并同时对下方所有区段的框筒标高差进行一次测量。此外，在伸臂桁架连接前后，对伸臂桁架临近区段进行框筒标高差的测量。施工中，在测点处设置标识，避免人为破坏，测点在不使用时应旋进保护螺母，避免异物进入螺栓孔。

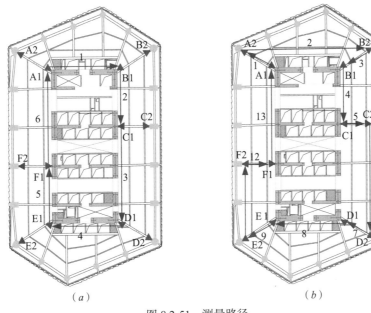

（a）　　　　　　　　　（b）

图 8.2-51　测量路径

（a）测量路径 1；（b）测量路径 2

运用振弦应变传感器来测量构件某一方向应变变化时，传感器的轴线方向务必平行于应力测量方向。当采用埋入式时，用细钢丝缠住定位，绑在与应力测量方向一致的钢筋上；当采用表面式传感器时，在监测点上，沿着混凝土应变监测的方向，要使得传感器牢牢地固定在混凝土表面上。

在 F0、F8、F18、F28、F38、F48、F58、F68、F73 的核心筒与外框设置测点，监测核心筒与外框柱的竖向应力应变。应变计埋设位置如图 8.2-52 所示，现场埋设照片如图 8.2-53 所示。由监测结果可知，随着施工进展，外框柱－核心筒竖向位移差逐渐增大。其中，一层位移差代表了地板的不均匀沉降。在 8～33 层范围内，竖向位移差在 －1.5～6mm 之间。

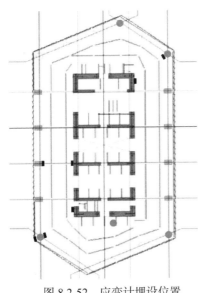

图 8.2-52　应变计埋设位置

图 8.2-53　现场埋设应变计

8.2.4　超高层建筑施工过程竖向变形控制方法

8.2.4.1　伸臂桁架安装的策略选择

适当地提前伸臂桁架的安装时间，既能减小伸臂桁架的内力，又能降低伸臂桁架后安装对后续施工的影响，对结构性能及施工都有很大好处。

以青岛海天中心为例，分别计算伸臂桁架不同时间安装时，主体施工结束后伸臂桁架的内力。选取伸臂桁架同步安装、伸臂桁架延迟一段安装、伸臂桁架延迟二段安装、伸臂桁架延迟三段安装、伸臂桁架待主体施工完成后安装五种不同的策略。其中，伸臂桁架同步安装为在主体结构施工到该层时，同步安装该层的伸臂桁架；伸臂桁架延迟一段安装为当主体结构施工到下一伸臂桁架所在层时，安装该层伸臂桁架（即当主体结构施工到 38 层时，连接 27 层处的伸臂桁架）；伸臂桁架延迟二段安装与延迟三段安装的工况依此类推，见表 8.2-3。

伸臂桁架安装策略　　　　　　　　　　　　　　　　　　　表 8.2-3

当前施工步	同步安装	延迟一段安装	延迟二段安装	延迟三段安装	完工后安装
27 层	27 层伸臂桁架	—	—	—	—
38 层	38 层伸臂桁架	27 层伸臂桁架	—	—	—
49 层	49 层伸臂桁架	38 层伸臂桁架	27 层伸臂桁架	—	—
57 层	57 层伸臂桁架	49 层伸臂桁架	38 层伸臂桁架	27 层伸臂桁架	—
69 层	69 层伸臂桁架	57 层伸臂桁架	49 层伸臂桁架	38 层伸臂桁架	—
主体完工	—	69 层伸臂桁架	57 层、69 层伸臂桁架	49 层、57 层、69 层伸臂桁架	27 层、38 层、49 层、57 层、69 层伸臂桁架

分别对这几种伸臂桁架安装策略进行施工过程模拟，得到其完工后伸臂桁架内最大应力。伸臂桁架越晚安装，完工后伸臂桁架内的应力越小，越有利于伸臂桁架参与后续结构受力。不同安装时间下，伸臂桁架内最大应力如图 8.2-54 所示，最大应力下降百分比如图 8.2-55 所示。由图可以看出，当伸臂桁架延迟二段安装时，伸臂桁架内应力最大 / 最小值在 ±20～30MPa 之间，应力最大 / 最小值比同步安装下降 50%～60%，延迟安装引起应力水平的降低较大。故可认为，伸臂桁架延迟二段安装是较好的安装策略。

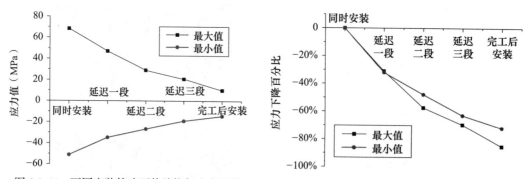

图 8.2-54　不同安装策略下伸臂桁架应力极值　　图 8.2-55　不同安装策略下伸臂桁架应力极值下降比例

由分析可知，伸臂桁架的安装可以在施工过程中择机进行，不必待主体结构全部施工完成后再进行。这样，更有利于后续工序的顺利进行，有利于缩短工期，节省成本。

8.2.4.2　竖向构件变形预调方法

根据前述分析,青岛海天项目的框筒竖向变形差在 −12~4mm 之间;天津周大福项目的框筒竖向变形差在 −20~10mm 之间。框筒变形差除会引起核心筒与外框柱间连系梁的附加内力外,在表观上主要会带来核心筒与外框柱之间连系梁及楼板的不平整。

根据《混凝土结构工程施工质量验收规范》GB 50204—2015 第 8.3.2 条,现浇结构表面平整度允许偏差为 ±8mm,两个项目框筒竖向变形差的最大值均超过此限值,故需进行调整。

对于青岛海天项目,其外框柱采用钢管混凝土柱,可通过控制连接部位宽度控制其实际标高,并且各柱互相独立高度更易控制,故选择对外框柱进行变形预调来实现框筒竖向变形差的控制。

考虑两种预调方案。预调方案一为将结构分为三段,分别在高度三分之一处与三分之二处进行调整,每处减小 10mm。预调方案二考虑外框柱 − 核心筒竖向变形差的特点,在结构高度二分之一以下时,分两段进行调整(四分之一处增加 2mm、二分之一处减小 2mm);结构高度二分之一以上时,每十层调整一次,每处减小 3mm。两种预调方案下各层标高变化如图 8.2-56所示。使用两种方式预调后,外框柱 − 核心筒的变形差如图 8.2-57 所示。

对比两种预调方案,方案一操作简单,仅需在两处调整构件高度即可,方案二操作较复杂,需要在五处调整构件高度。但预调方案二充分考虑了结构变形特点,可以将变形差控制在更精确的范围内。

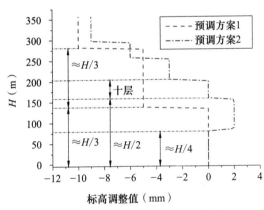

图 8.2-56　青岛海天项目外框柱变形预调方案

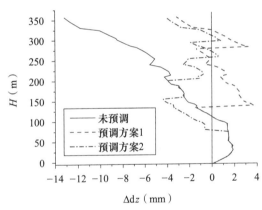

图 8.2-57　青岛海天项目变形预调后框筒变形差

对于天津周大福项目,同样选择对外框柱进行变形预调来完成框筒竖向变形差的控制。由于其高度较高,框筒变形差变化范围较大,无法再采用只分三段的预调方案将变形差控制在较小范围,故选择与上述方案二类似的,考虑外框柱 − 核心筒竖向变形差特点的调整方式,即在结构高度二分之一时,分两段进行调整(四分之一处增加 4mm、二分之一处减小 4mm);结构高度二分之一以上时,每十层调整一次,每处减小 4mm。预调方案下各层标高变化如图 8.2-58所示。预调后,外框柱 − 核心筒的变形差如图 8.2-59 所示。由图可以看出,预调方案可较好地控制竖向变形差。

根据对青岛海天和天津周大福项目的预调方案计算可知,对外框柱进行变形预调可较好地控制外框柱 − 核心筒的竖向变形差。变形预调可根据结构变形特点沿高度分段进行。在结构高度较低处(高度二分之一以下),分为两段调整;在结构高度较高处(高度二分之一以上),每十层调整一次,即可将竖向变形差控制在一定范围内。每段具体调整值可根据变形差计算结果确定。

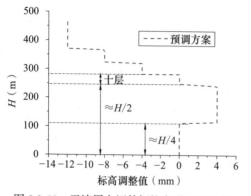

图 8.2-58 天津周大福外框柱变形预调方案

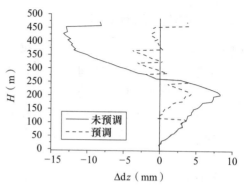

图 8.2-59 天津周大福变形预调后框筒变形差

通过对超高层建筑施工过程中的竖向变形进行分析、计算和控制，可减小施工误差，促进施工顺利进行，同时也减少由于竖向变形累积对结构完成标高和形态的不利影响，避免施工反复造成的工期延误和经济损失。本研究能够提高我国在超高层建筑施工过程结构竖向变形领域的技术水平，增强我国施工企业在该领域的竞争力。

第9章 超高层主体结构施工安全的监测、诊断、预警集成系统

9.1 概述

超高层主体结构施工安全的监测、诊断、预警集成系统采用 B/S（Browse/Server）模式架构，即浏览器、Web 服务器、数据库服务器组成的计算模式。系统框架分为数据库层、Web 服务器层和终端用户层三个层级，如图 9.1-1 所示。终端用户通过浏览器发送 HTTP 请求，服务器接收到 HTTP 请求后与后端的传感器数据库进行交互，并把数据通过 HTTP 回应给终端用户。

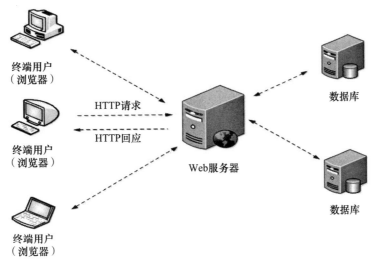

图 9.1-1 系统框架

系统主要包括以下功能模块：登录主界面、项目管理、监测管理、日照分析、安全诊断与预警、系统设置。用户可以通过该操作系统实现对结构的各种监测信息的实时监测，并且具有安全诊断和预警功能。系统执行其功能时，响应和处理时间及资源消耗均在用户可接受范围内；系统操作界面简洁易懂，各种信息易于理解，具有严重后果的功能执行前有明显的警告并要求确认。各功能模块描述如下。

（1）登录主界面。按照运营管理原则，将软件用户进行分组管理，给每个用户授予不同的操作权限，保证数据的安全。软件采用模块化设计方法，用户对每个功能模块以及监测传感器都有自己的访问权限，只有对某个功能模块以及监测传感器具有访问权限的用户才能访问该模块。

进入用户登录界面，如图 9.1-2 所示，输入用户名和密码，点击"登录"按钮即可进入系统。

用户登录后，进入系统主界面，它包括如下部分：

1）导航菜单。位于主界面左侧，采用下拉式方式显示，主要显示系统的功能菜单，包括监测管理、日照分析、安全诊断与预警、系统设置以及每项菜单下面的二级菜单。

图 9.1-2　登录界面

2）主显示区（主界面的中心区域）。位于主界面的中部，是监测系统的主要信息显示区域。用户初始登录系统时，该区域显示的是超高层的三维模型、监测系统的总体布置图以及所监测楼层的传感器测点布置情况。

（2）项目管理。点击导航菜单的"项目管理"子菜单时，进入超高层项目管理页面，其中点击"项目管理"，可以显示项目管理的内容。点击"项目用户管理"，可以管理项目用户信息，如图 9.1-3 所示。

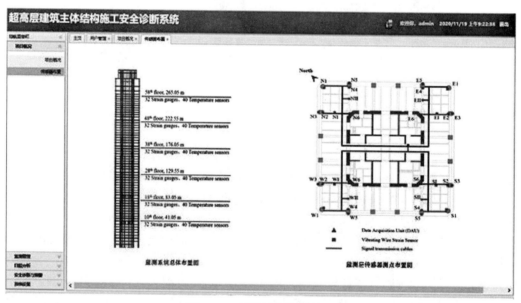

图 9.1-3　项目用户管理页面

（3）监测管理。点击左侧"监测管理"，进入传感器实时监测数据显示界面。在下拉菜单中选择"结构温度"，在"传感器信息"中选择"第 18 层断面"，主界面会显示结构第 18 层传感器布置图，图中圆球即为传感器位置，如图 9.1-4 所示。点击需要查看的传感器（蓝色圆球），会跳出数据显示窗口，显示实时监测数据。可以选择"数据查看"或者"曲线查看"两种方式查看监测数据。

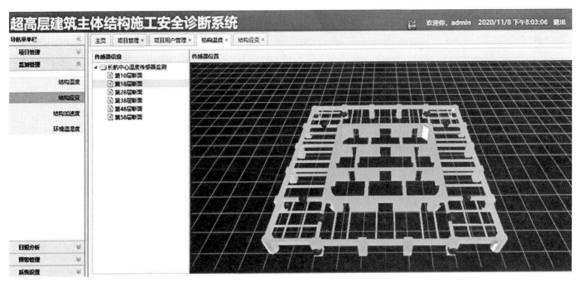

图 9.1-4　监测层传感器位置显示

在"数据查看"模式中，在时间框中选择需要查看数据的时间段，例如 2017 年 9 月 26 日到 2018 年 7 月 28 日，然后点击"查询"即可。点击窗口右上角的"导出为 Excel 文件"，可将所需的监测数据导出为 Excel 文件。

在"曲线查看"中，可以通过窗口下方的区间缩放键放大或缩小查看区间，还可以将鼠标转移到曲线上面，可查看各个时间点的数据，如图 9.1-5 所示。

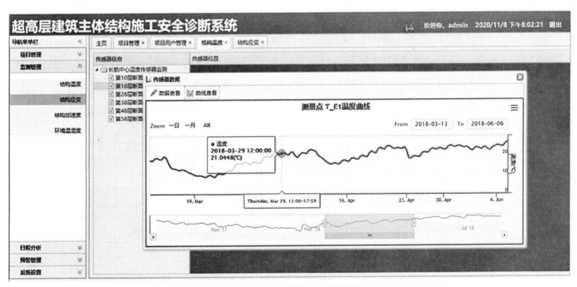

图 9.1-5　监测数据显示页面

（4）日照分析。用于进行超高层施工期结构的日照分析，具体操作如下。

1）温度数据管理。用于处理温度数据，删除、添加、查询数据以及数据显示，如图 9.1-6 所示。

2）ANSYS 日照分析计算。用于分析日照数据。选择"ANSYS 日照分析"，选择计算时间，例如时间选择"2017-04-02"，点击"计算"，则会在右边窗口中显示那一天的太阳辐射量和大气温度数据。在"分析计算结果"框架内分别点击"顶点变形轨迹曲线""顶点位移曲线"，然后点击需要查看的位置（蓝色球），可以查看分析结果，如图 9.1-7 和图 9.1-8 所示。

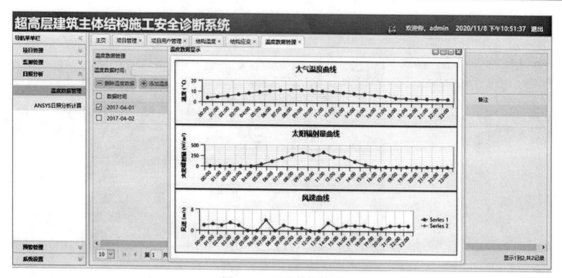

图 9.1-6　温度数据管理

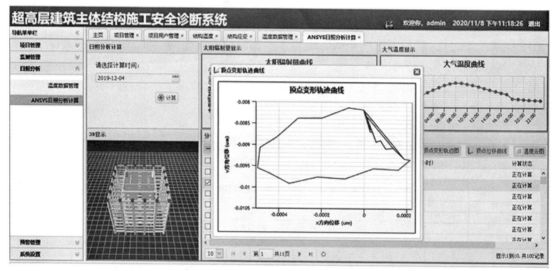

图 9.1-7　顶点变形轨迹曲线

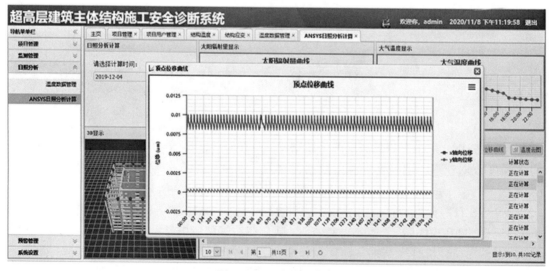

图 9.1-8　顶点位移曲线

（5）安全诊断与预警。此功能模块包含"时间序列安全诊断"和"阈值预警"模块。"时间序列安全诊断"是通过分析结构的加速度数据，对监测数据进行时间序列分析，得到结构的安全诊断指标——AR 系数随时间变化的结果，进而得到结构发生损伤的概率，并根据其损伤概率进行预警。在主界面"数据选取"中选择分析时间段"2019-12-19 4：00：00 到 2019-12-19 4：15"，然后选择"窗口大小"和"AR 系数阶数"（在本系统中一般默认为 10 和 3），点击"查询"，即可对所选择时间段内的数据进行时间序列分析计算（计算需要等待十几秒）。主界面中下部会显示损伤分析图，而在下方会显示分析计算结果——损伤概率。如图 9.1-9 所示。

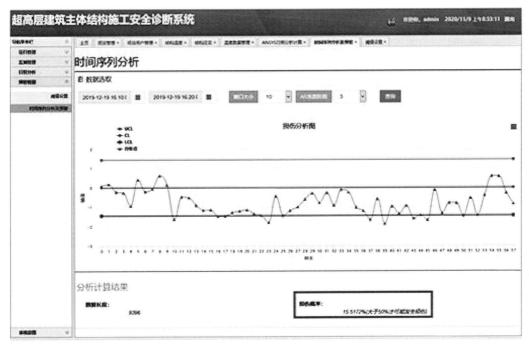

图 9.1-9　时间序列安全诊断

在左侧菜单栏点击"阈值预警"，可设置每种监测数据的正常值范围（上限和下限）。点击"预警级别：增 / 减"，可以增加或减少每一类数据的预警级别，对每一种级别分别设置范围上限和下限。如果实际数据超过某一级别的边界范围，则系统会产生预警信息，并在主界面顶部的红色报警灯处显示，如图 9.1-10 所示。

预警类别		范围上限	范围下限	预警级别：增/减	是否提交
应变阈值(με)	一级预警	1500	-1500	⊕ ⊟	✓确定 ⟳重置
	二级预警				
温度阈值(℃)	一级预警	100	-20	⊕ ⊟	✓确定 ⟳重置
加速度阈值(m/s²)	一级预警	0.49	-0.49	⊕ ⊟	✓确定 ⟳重置

图 9.1-10　阈值预警

（6）系统设置。通过"系统设置"，可对系统用户和界面设置进行管理，具体操作如下所示。

1）用户管理。对系统用户进行管理，查看管理详细信息，点击"用户管理"标签页，如图 9.1-11 所示。

图 9.1-11　用户管理

2）权限管理。用于赋予或解除用户相关权限，如图 9.1-12 所示。

图 9.1-12　权限管理

3）菜单管理。用于管理子菜单栏的模块显示，设置开关状态。如图 9.1-13 所示。当选中相对应的"开启状态"时，导航菜单栏会显示对应的子菜单。

图 9.1-13　菜单管理

4）登录日志。用于记录查询用户登录信息，如图 9.1-14 所示。

图 9.1-14　登录日志

为了保证数据的存储统一性，提高数据采集与分析效率，系统数据库选择 SQL Server 2008R2（或更高版本），以提供数据存储、备份还原等数据服务。系统的软件组件通过数据库进行交互，并将数据封装后以三维或者图形等方式呈现给用户。

9.2　技术内容

9.2.1　超高层主体结构施工安全监测研究

1. 主体结构健康监测系统

武汉长江航运中心大楼（简称"长航"）地上 66 层，建筑高度 335m。主体结构为第 1～64 层，高度 306m，采用外框架－核心筒结构体系。外框架由 4 根钢管混凝土柱和 16 根型钢混凝土柱构成，截面尺寸为 50m×50m；核心筒为钢筋混凝土剪力墙，截面尺寸为 30m×30m。该结构外框架与核心筒同步施工，主体结构于 2016 年 10 月开始施工，并于 2019 年 7 月完成封顶，如图 9.2-1 所示。

为掌握结构在施工期温度分布及应力应变状态，在长航上安装了健康监测系统。监测系统由四个子系统组成，分别为传感器子系统、数据采集和传输子系统、数据处理和管理子系统、结构状态评估子系统。传感器子系统负责测量结构的温度、应变及加速度响应，环境温湿度，结构变形和位移等。数据采集和传输子系统包括数据采集模块和远程数据传输模块，采集模块收集传感器的电信号并进行数模转换，然后通过传输模块传送至云平台。安装在云平台上的数据处理和管理子系统能够对原始数据进行预处理，同时也能远程控制数据采集和传输子系统。结构状态评估

图 9.2-1　武汉长江航运中心大楼

子系统对监测数据进行分析，根据预先设定的阈值对结构异常情况进行预警。

结构温度和应变数据是由传感器子系统中的温度和应变传感器采集所得。如图 9.2-2 所示，主体结构上共有 6 个楼层安装了振弦应变计，可同时测量应变和温度。振弦应变计的应变量程为 ±750με，精度为 1με；温度量程为 −40℃～120℃，精度为 0.1℃。如图 9.2-3 所示，每个监测层安装 32 个应变计，其中 20 个布置在外框柱上，4 个在核心筒，8 个在主梁的上侧，东侧柱上的传感器命名为 E1~E5、主梁上的命名为 EⅠ~EⅡ，南侧、西侧、北侧的传感器编号与东侧相同，仅将 E 分别改为 S、W、N，核心筒上的传感器编号分别命名为 E6、S6、W6 和 N6。这 32 个应变计通过预埋线缆汇集至一处进行集中式同步采集，采集信息通过 DTU 模块传至云端。

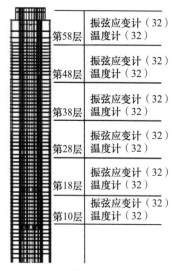

图 9.2-2　主体结构传感器整体布置

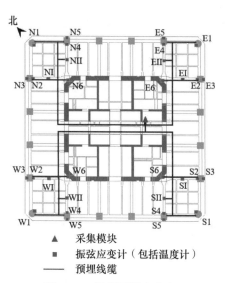

图 9.2-3　监测层测点分布

2. 施工期结构温度分布

超高层结构在环境温度和太阳辐射的周期性规律影响下，在年和日这 2 个时间尺度上表现出周期性变化。结构处于北纬 30°，全年温度随着四季更替呈现出夏季最高、冬季最低的特点；结构日温度随着昼夜交替呈现出黎明前最低、午后最高的周期性。

（1）全年温度和日温度。主体结构的第 10 层和第 18 层分别于 2017 年 7 月和 9 月开始监测，也即这两个楼层分别完工之后。图 9.2-4 显示了这两个楼层的南区测点 S1 和北区测点 N1 以及环境温度从 2017 年 7 月至 2018 年 8 月的监测数据，数据采样间隔 10min。

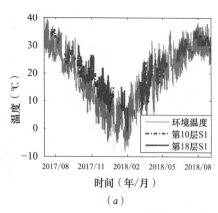

（a）

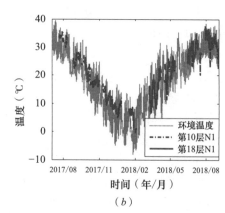

（b）

图 9.2-4　第 10、18 层施工期温度

（a）南区；（b）北区

环境温度变化范围是 −8～39℃，最高温度出现在 7 月下旬，最低温度出现在 1 月下旬，以年为周期交替。结构南区全年最高温度 38℃，最低温度 −3℃；结构北区全年最高温度 35℃，最低温度 −3℃。由于南区受太阳辐射程度大于北区，所以南区最高温度高于北区。由于混凝土内部与外界环境的热传导受材料吸热和导热性能影响，结构年温度变化范围略小于环境温度变化。

图 9.2-5 显示了第 18 层外框柱和核心筒测点在冬季晴天和夏季晴天里的日温度变化。环境温度从 0 时起逐渐上升，并于 11 时左右达到日最高温度，然后一直下降。而对于结构而言，以外框柱 S1 测点为例，结构温度于 0 时至 6 时之间仍缓慢下降，然后从 6 时开始上升，在 14 时（冬季）或 12 时（夏季）达到日最高温度，之后再逐渐下降。外框柱的每日升温时长为 6～8h，降温时长为 16～18h，说明结构在日照作用下表现出快升温慢降温的特点。南区 S1 测点在冬季和夏季晴天环境下的日温差分别为 7.4℃ 和 4.8℃，北区 N1 测点在冬夏两季的日温差则分别为 1.2℃ 和 2.6℃。北区的日温差显著小于南区是因为北区为背阴面，受到的太阳辐射强度小于南区，所以温度变化幅度小。另外，核心筒不同区域的测点的昼夜温差都仅在 2℃ 以内，其原因也是核心筒难以受到太阳直射。

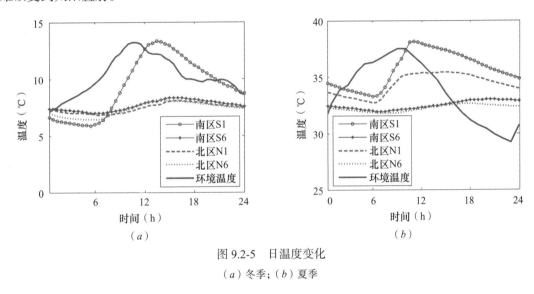

图 9.2-5　日温度变化

（a）冬季；（b）夏季

（2）不均匀温度分布。结构受不均匀太阳辐射的影响，温度呈现明显的不均匀分布特性。总体上，结构阳面温度高、阴面温度低，外框架温度高、核心筒温度低。

首先分析不同区域的外框与核心筒之间的温度差异，以每个区域外框角柱与核心筒测点之间的温差值作为该区域的结构内外温差。图 9.2-6 显示了第 18 层不同区域 2017.9—2018.8 期间的内外温差。

由于外框柱受太阳直射，核心筒被外框柱和楼板遮挡，使得外框柱温度高于核心筒，因此各区域的内外温差基本为正值。比较图中不同季节的内外温差可知，南区、东区和西区在一年中的最大内外温差发生在冬季 12 月，而北区的最大内外温差发生在夏季 7 月。南区和北区最大内外温差发生时间不同，是因为太阳高度角随着地球公转改变。结构位于北纬 30°，冬季太阳高度角最小，此时南区外框柱受太阳直射程度最大，故内外温差最大；而北区位于背阴面，外框柱难以受到太阳辐射，因此内外温差小。夏季太阳高度角最大，北区外框柱相比冬季受到更多的太阳辐射，使得内外温差变大。结构外框与核心筒之间的温差，与其内外所受太阳辐射差异成正比。第 18 层施工后一年期间冬季和夏季的最大内外温差分别为 8.8℃ 和 6.5℃。

然后，以北区角柱测点 N1 温度为基准，得到其他区域角柱相对于北区角柱的温差，如图 9.2-7 所示。图中温差基本大于零，也即北区温度基本低于其他区域。不同区域之间，南北区域之间的全年平均温差最大，且某时刻的最大温差接近 9℃。比较图中各区域之间温差在不同季节的幅值可知，各区域之间温差在冬季最大，在夏季最小。

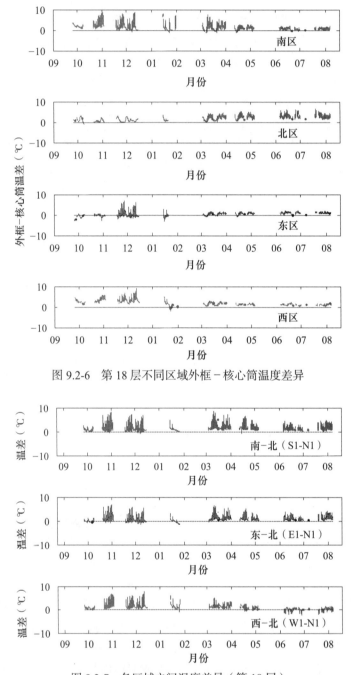

图 9.2-6　第 18 层不同区域外框－核心筒温度差异

图 9.2-7　各区域之间温度差异（第 18 层）

结构内外温差会导致外框温度变形大于核心筒，由于外框和核心筒同步施工，因此内外变形差会使得内外标高不一致。不同区域间的温差导致各区域存在变形差，结构整体上会向变形相对小的方向（北面）发生倾斜，在此情况下进行施工测量和定位会产生误差，影响结构施工质量。因此，施工期应避免在温差较大时进行施工测量和定位。

各区域在一天之中受到太阳辐射的强度和时间不同，使得各区域之间的昼夜温差存在差异。各区域日最低温度彼此接近，而不均匀的太阳辐射强度使得各区域产生不同程度的升温，因此受到太阳辐射最多的区域昼夜温差最大。图9.2-8为结构第18层在冬季和夏季晴朗天气时各测点的昼夜温差分布情况。在冬季，截面最大昼夜温差测点位于南区（7.6℃），最小昼夜温差测点在北区（1.6℃），各区域测点的昼夜温差存在明显差异。在夏季，各区域之间的日温差在1.3～3.0℃范围内，相互差异较小。另外，核心筒各个测点的昼夜温差基本在2℃以内。结构温度在夜间只受环境温度的影响，夜间内外温度和不同区域间温度会降至相互接近，各区域的昼夜温差不同是因为各测点日最高温度不同造成的。主体结构施工期的施工放样和定位需要避开白天最高气温时段，最佳测量时间为夜间或凌晨的结构最低温度时段。

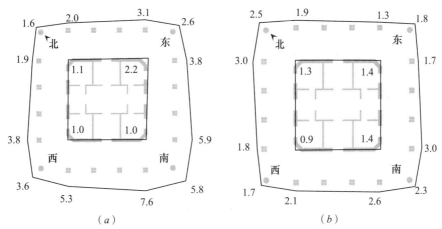

图9.2-8　监测层各测点昼夜温差分布
（a）冬季；（b）夏季

3. 温度影响下的结构应变与应力

结构施工期受施工荷载、混凝土收缩徐变、温度变化等因素影响，外框架与核心筒的应变和应力随时间变化，且不同因素对应变和应力的发展影响程度也随着时间而改变。主要分析结构外框柱与核心筒的竖向应力、应变和主梁的轴向应力、应变发展情况。

（1）应变发展

以测点所在楼层混凝土水化热阶段结束作为初始时间点进行应变测量，所测应变为相对于初始时间点的相对变化值。应变计测量值为外框柱与核心筒在多种因素作用下的竖向总应变，包括上部荷载产生的弹性变形、混凝土收缩徐变、温度变形等，应变值的正负分别表示拉应变和压应变。

图9.2-9显示了第18层施工完成后一年内的应变发展情况，其应变－时程曲线主要分为两个阶段：2017.9—2018.2的下降段和2018.2—2018.7的上升段。下降段表示压应变逐渐增大，上升段表示压应变逐渐减小。应变的3种主要影响因素中，上部荷载增加和混凝土收缩徐变均使得压应变逐渐增大，而温度升高和降低则分别使压应变减小和增大。曲线下降阶段，气候由夏到冬，温度下降，这种情况下3种因素均使得压应变增大。曲线上升阶段，气候由冬到夏，温度升高，且压应变逐渐减小，这说明温度上升对构件应变的作用超过另两种作用。

图9.2-10为第28层完工后一年内的应变发展情况，比较图9.2-9中的上升段和图9.2-10中的下降段可知，季节性升温和降温对结构应变的影响相反。以这两个楼层的S1测点为例，第18层S1测点压应变从冬季到夏季期间减小了约290με，而第28层S1测点在2018.7—2019.1（夏季到冬季）期间压应变增大了约530με。

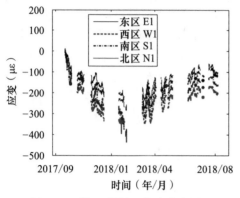

图 9.2-9　第 18 层施工期应变发展

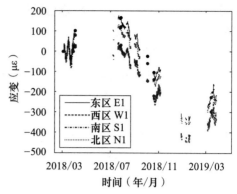

图 9.2-10　第 28 层施工期应变发展

（2）应力变化

对于外框柱与核心筒，其竖向应力计算见式（9.2-1）。

$$\sigma(t) = E_c \left[\varepsilon(t) - \alpha_c \Delta T \right] \tag{9.2-1}$$

式中　$\sigma(t)$——构件在 t 时刻的竖向应力；

$\quad\quad E_c$——混凝土的弹性模量；

$\quad\quad \varepsilon(t)$——$t$ 时刻的应变；

$\quad\quad \alpha_c$——混凝土热膨胀系数；

$\quad\quad \Delta T$——t 时刻相对于初始时刻的温度变化值。

首先分析昼夜温差影响下结构的应力变化。前文中，图 9.2-8 给出了结构横截面各测点在冬季和夏季的昼夜温差分布，图 9.2-11 则给出了与之对应的各测点日应力变化。图中的应力值表示一天之中结构从最低温度升至最高温度情况下应力的相对变化值，其正号表示压应力减小，负号表示压应力增大。

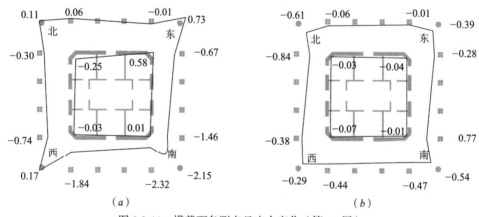

图 9.2-11　横截面各测点日应力变化（第 18 层）

（a）冬季；（b）夏季

在冬季，南区外框柱平均日应力变化最大，北区外框柱平均日应力变化最小，截面的最大和最小变化值分别为 2.32MPa 和 0.01MPa，各区域之间日应力变化差异较大，呈现明显的不均匀分布。在夏季，外框柱最大日应力变化在北区，为 0.84MPa，且各区域测点之间的应力变化相对差异较小。对比图 9.2-8 和图 9.2-11 可知，构件的日应力变化与其昼夜温差具有明显相关性——昼夜温差越大，日应力变化越大。这是因为构件的昼夜温差产生的温度变形被与该构件相连的其他构件所约束，引起应力变化。昼夜温差越大，温度变形被约束的程度也越大，所以日应力变化越大。图 9.2-12 显示了昼夜温差与日应力变化之间线性相关性情况，两者之间的拟合系数为 0.36MPa/℃（冬季）和 0.41MPa/℃（夏季）。

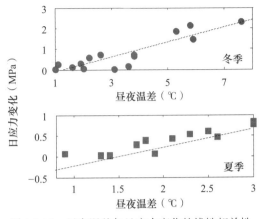

图 9.2-12　昼夜温差与日应力变化的线性相关性

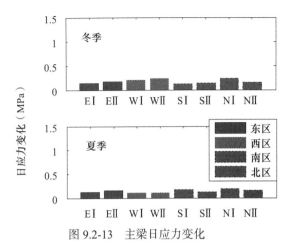

图 9.2-13　主梁日应力变化

　　主梁负责连接外框柱与核心筒，外框与核心筒之间的温度差异产生内外变形差异，进而引起主梁内力变化，本书只考虑主梁的轴向应力变化。图 9.2-13 为第 18 层的 8 根主梁在冬季和夏季的日应力变化情况。由图可知，主梁轴向应力的日变化幅度均在 0.1～0.3MPa 之间，显著小于外框筒的竖向应力变化，且各区域之间的应力变化差异小。这说明不均匀昼夜温差分布虽然使主梁产生不均匀应力变化，但其不均匀程度较小。

9.2.2　超高层主体结构施工安全诊断和预警研究

　　时间序列模型的系数和残差对结构安全状态敏感，因此时间序列分析在结构安全诊断领域的应用十分广泛。但是由于未能建立安全评价指标与损伤程度之间的直接关系，这些基于时间序列的方法难以提供结构损伤位置和程度方面的信息。本章首先推导了 ARMA（Autoregressive Moving Average）时间序列模型的 AR 部分系数对结构刚度折减因子的灵敏度理论公式。由于损伤识别问题的本质是一种反问题，会造成求解方程的不正定性。本研究利用稀疏正则化的方法对不正定方程进行求解，从而得到能够反映结构损伤位置和损伤程度的解向量。本研究通过一个悬臂梁动力试验和 ASCE 健康监测基准模型钢框架结构对所提出方法的有效性进行了验证，如图 9.2-14 所示。

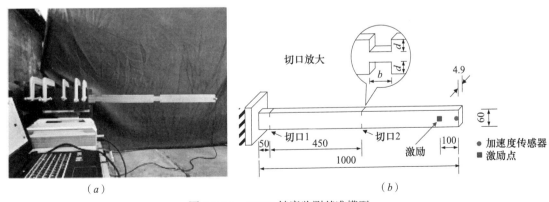

图 9.2-14　ASCE 健康监测基准模型

（a）试验梁照片；（b）试件尺寸

1. 试验算例 1：悬臂梁动力试验

该悬臂梁试件长 1000mm，截面尺寸为 60mm×4.9mm。首先，在该梁完好状态下对其进行测试；然后通过在梁上切口模拟结构损伤，切口的尺寸见表 9.2-1。在第一和第二种损伤工况中，在试件的位置 1 处施加切口，位置 1 距离悬臂梁固定端 50mm，如图 9.2-14（b）所示。对于第一和第二种工况，切口宽度 $b = 50$mm，深度分别为 $d = 6$、12mm。在第三和第四种工况中，在位置 2 处增加一个切口，位置 2 距离悬臂梁固定端 500mm，如图 9.2-14（b）所示。在第三种工况中，位置 2 处的切口宽 $b = 50$mm，深度 $d = 6$mm。在第四种工况中，位置 2 处的切口宽度 $b = 50$mm，深度 $d = 12$mm。

悬臂梁试验工况 表 9.2-1

损伤工况	单损伤		双损伤			
	1	2	3		4	
切口位置	切口 1	切口 1	切口 1	切口 2	切口 1	切口 2
切口尺寸	$b = 50$mm $d = 6$mm	$b = 50$mm $d = 12$mm	$b = 50$mm $d = 12$mm	$b = 50$mm $d = 6$mm	$b = 50$mm $d = 12$mm	$b = 50$mm $d = 12$mm
理论 SRF 值	-0.2	-0.4	-0.4	-0.2	-0.4	-0.4

对于所有的未损工况和损伤工况进行动态测试，使用带橡胶垫的小锤在激励点处对试件施加激励，在测点处布置一个加速度传感器测量试件在水平方向的加速度响应。在所有工况中，采样频率设置为 200Hz，采样时长为 30s。

为了方便地表示损伤位置，将试件划分为 20 段（也就是说 $n_e = 20$），每一段长度为 50mm，如图 9.2-15 所示。切口 1 位于第 2 段，切口 2 位于第 11 段。由于切口的宽度与每一段的长度相同，因此每一段的刚度折减等于切口截面的截面惯性矩折减。由于试件横截面的宽度为 60mm，切口深度为 $d = 6$、12mm 时，截面惯性矩分别折减 20%、40%。也就是说，切口深度 $d = 6$、12mm 时，截面的理论刚度折减系数 SRF 分别为 -0.2 和 -0.4。表 9.2-2 给出了各切口截面的理论刚度折减系数。

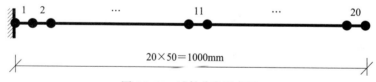

图 9.2-15 试件分段示意图

在各损伤工况中损伤单元个数仅为 1 或 2，与结构分段个数 20 相比，可知损伤向量具有稀疏性。因此，可以使用稀疏正则化求解。

悬臂梁试验各工况自回归系数 表 9.2-2

损伤工况	自回归系数					
	φ_1	φ_2	φ_3	φ_4	φ_5	φ_6
未损	2.5662	-2.7891	2.4241	-2.7822	2.5567	-0.9957
1	2.5987（1.27）	2.8719（2.97）	2.5260（4.20）	2.8651（2.98）	2.5901（1.31）	0.9962（0.05）
2	2.6443（1.76）	2.9874（4.02）	2.6676（5.61）	2.9797（3.99）	2.6350（1.73）	0.9960（0.02）

损伤 工况	自回归系数					
	φ_1	φ_2	φ_3	φ_4	φ_5	φ_6
3	2.6554（3.47）	2.9994（7.54）	2.6704（10.16）	2.9929（7.57）	2.6473（3.54）	0.9965（0.08）
4	2.6886（4.77）	3.0612（9.75）	2.7292（12.58）	3.0553（9.82）	2.6798（4.81）	0.9958（0.02）

注：括号中的值表示损伤工况与未损工况的自回归系数变化率（百分比）。

2. 试验算例 2：IASC-ASCE 健康监测基准结构

在上文中，所提方法成功地应用于一个悬臂梁结构的损伤识别。在本节中，为了研究所提方法在更复杂结构中的有效性，将所提出的时间序列与稀疏正则化结合的方法应用于 IASC-ASCE 健康监测基准模型的第二阶段试验结构中。

IASC-ASCE 健康监测基准结构是一个四层的两跨乘两跨钢结构比例模型，如图 9.2-16 所示。该结构坐落于英属哥伦比亚大学地震工程研究试验室，两个水平振动方向分别用 X 和 Y 表示。选取三种试验工况进行分析，见表 9.2-3。将工况 1 视为未损工况，工况 4 和工况 5 视为损伤工况。在试验中，通过松动斜支撑来模拟损伤，移除一跨斜支撑造成的楼层刚度折减大概为 20%。在损伤工况 4 中，移除第一和第四层 $-Y$ 面（图 9.2-16 中法线为 $-Y$ 的面）右手边一侧的斜支撑。因此，第一层和第四层 X 方向的刚度折减系数参考值为 -0.2。在工况 5 中，移除第一层 $-Y$ 面右手边一侧的斜支撑，第一层 X 方向的刚度折减系数参考值为 -0.2。使用锤击激励下结构顶部 $-Y$ 面框架上的加速度传感器数据拟合 ARMA 模型。

图 9.2-16 ASCE 健康监测基准模型

健康监测基准模型各工况配置   表 9.2-3

损伤工况	配置
1	所有斜支撑都存在
4	移除第一和第四层 $-Y$ 面右手边一侧的斜支撑
5	移除第一层 $-Y$ 面右手边一侧的斜支撑

注：$-Y$ 面指法线为 $-Y$ 的面。

在以往的研究中，有学者使用结构模态参数识别 IASC-ASCE 健康监测基准模型的第二阶段试验结构中的损伤，需要使用激励信息以便有效地识别结构模态参数。相比于基于模态参数的方法，所提出的基于时间序列分析的方法仅需要结构的加速度响应，不需要知道激励信息。将结构未损状态和各损伤工况的响应序列进行正则化处理，使用 ARMA（6，5）模型拟合正则化处理后的数据，各工况的自回归系数见表 9.2-4。从表 9.2-4 可以看出，损伤前后工况 4 的自回归系数变化要大于工况 5。这是因为，在工况 5 中仅移除了一个斜撑，而在工况 4 中移除了两个斜撑。

对该基准模型结构的损伤识别结果表明，自回归系数对框架结构中的损伤敏感所提出的时间序列与稀疏正则化结合的损伤识别方法，识别出 IASC-ASCE 健康监测基准模型的第二阶段试验结构中损伤位置和程度。此外，在自回归系数提取过程中，仅使用了顶部楼层 X 方向的加速度响应，不需要知道激励的信息。

健康监测基准模型各工况自回归系数　　　　　　表 9.2-4

损伤工况	自回归系数					
	φ_1	φ_2	φ_3	φ_4	φ_5	φ_6
1	−1.0671	−1.2819	−1.1664	−1.2478	−1.0308	−0.9426
4	−0.6783（36.43）	−1.1931（6.93）	0.6831（41.43）	1.1651（6.63）	0.6817（33.87）	0.9453（0.29）
5	−0.8100（24.09）	−1.1578（9.68）	0.8964（23.15）	1.1274（9.64）	0.8122（21.21）	0.9366（0.64）

注：括号中的值表示损伤工况与未损工况的自回归系数变化率（百分比）。

为了验证所提出结构损伤识别方法的有效性，对一个六层集中质量剪切结构进行试验研究，如图 9.2-17 所示。该结构有六个相同的楼层，每一层的高度为 210mm，宽度为 260mm。柱子的截面尺寸为 50mm×1.27mm，每一层的集中质量（包含塑料梁、钢块和螺栓）为 2.17kg。首先在未损伤状态下对结构进行测试，然后通过将损伤楼层的柱子更换为厚度更薄的钢板来模拟结构损伤，损伤楼层的刚度折减 20% 左右。

从损伤识别结果可以看出，利用稀疏正则化算法识别出的损伤楼层与实际损伤楼层吻合，且识别出的损伤程度与实际值十分接近。

图 9.2-17　六层集中质量剪切结构试验照片

9.3　工程应用

超高层建筑主体结构施工安全监测、诊断、预警集成化系统具有浏览器网页平台和智能移动设备终端两大功能模块在武汉长江航运中心 1 号楼项目进行示范应用。浏览器网页平台具备传感采集、实时监测、预警评估、智能诊断等功能。基于该网页平台可以获取超高层结构顶部精确的动态位移，能对不同施工阶段的结构损伤进行精准定位与准确定量，并对结构安全状况特征参数进行安全预警等。智能移动设备终端利用智能设备的内置传感器，能对剪力墙浇筑过程模板位移和螺栓松弛进行实时监测，并能实时判断工人与吊装物的相对空间关系等。该集成化系统最终可实现超高层主体结构安全的在线监控、智能诊断、全面评估、实时预警和科学决策，保障超高层建筑施工安全，增强超高层建筑结构可靠性。

通过使用该系统，有效控制了施工过程中主体结构的不利竖向变形和竖向变形差，从主体结构施工开始至封顶阶段，结构楼层标高始终处于设计范围内。该系统的日照温度效应实时监测功能，可成功预测不同时段的水平变形，有效减少了施工测量误差，整个施工阶段未出现任何施工质量问题。在施工过程中，该系统成功预警多次影响施工安全的事件，如塔式起重机距离工人太近、模板螺栓松动等，降低了施工事故的发生率。总体来说，该系统对本项目的施工质量和施工安全均带来了良好的效果，具有较大的直接和间接经济效益。

第4篇
高层建筑施工机具与
装备安全运行保障

第10章 超高层建筑施工装备集成平台

10.1 概述

超高层建筑施工装备集成平台是采用微凸支点及空间框架结构为受力骨架的沿超高层建筑自爬升的综合性施工平台，其包括支承系统、钢框架系统、动力系统、挂架系统、监测系统、集成装备及集成设施，简称"集成平台"。集成平台结构如图10.1-1所示。

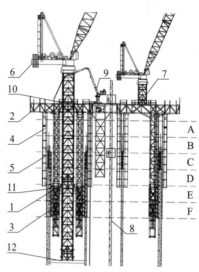

图 10.1-1　集成平台结构示意图

1—支承系统；2—钢框架系统；3—动力系统；4—挂架系统；5—集成模板；6—塔机附着式集成；
7—塔机自立式集成；8—施工升降机；9—混凝土布料机；10—塔机顶部附着；11—塔机中部附着；12—塔机底部附着；
A—构件吊装层；B—钢筋绑扎层；C—混凝土浇筑层；D—混凝土养护层；E—上支承架层；F—下支承架层

支承系统是位于集成平台下部，承担集成平台的荷载，并将荷载传递给混凝土的承力部件，包括多个支承点，每个支承点包括微凸支点、支承架和转接框架等；钢框架系统是用以承载模板、挂架、集成装备及集成设施的空间框架结构，类似巨型"钢罩"扣在核心筒上部，包括钢平台、支承立柱等；动力系统为集成平台沿主体结构整体上升提供动力的装置，其包括顶升油缸、传动与控制组件、液压泵站；挂架系统附着在钢框架系统上，为主体结构施工提供作业面的操作架，其包括滑梁、滑轮、吊杆、立面防护网、翻板、楼梯、走道板、兜底防护等；监测系统可对集成平台施工作业过程中的结构状态及作用效应进行实时监测；集成装备及集成设施是装配于集成平台上的施工设备，主要包括塔机、布料机、施工升降机、控制室、工具房、堆场、办公室、卫生间、休息室及临水临电设施等。核心筒施工时，先绑扎上层钢筋，待钢筋绑扎完成及下层混凝土达到强度后，拆开模板开始顶升。挂架、模板、集成装备及集成设施等随集成平台一起上升一个结构层。集成平台上升至目标位置，调整模板，封模固定后，浇筑混凝土，进入下一个施工循环。

集成平台在继承了大模板和爬升模板优点的基础上，创新性地提出了"低位支承、整体顶升"

的理念，顶升时间不受混凝土龄期限制，施工速度快；生产设备、设施与平台高度集成，尤其是施工用的大型塔机与平台一体化集成，实现了生产资源高效配置和作业空间高效利用，工效大幅提升；利用约束素混凝土承载的混凝土微凸支点，单支点承载力达 600t 以上，解决了传统支点工艺复杂、材料浪费、投入较大等问题，可广泛应用于土木工程领域；利用高抗侧刚度承力系统、施工误差自适应系统和在线智能监控系统，有效化解了平台超高空运行及施工作业安全风险；特有的模块化、可变空间框架体系与支承系统，使平台能高度适应建筑形体、结构变化与各种复杂工况。

10.2　技术内容

超高层建筑施工装备集成平台研究主要围绕四个方面开展，分别为高承载力研究、装备集成研究、安全性研究和适应性研究。

10.2.1　高承载力研究

高承载力的研究主要包括支点高承载力支承系统研究和高承载力及抗侧刚度的钢框架系统研究。在研发新型的支点前，首先应调研分析传统支点形式，传统模架的支点往往利用墙体内预埋件提供反力或直接搁置在结构洞口或结构梁上，承载力受埋件以及结构局部承载力限制，同时大量埋件无法取出，投入巨大，如图 10.2-1 所示。本研究希望利用墙体保护层以外成片的素混凝土凸起及对拉杆形成一种可抵抗极大的竖向力、水平力及弯矩的高承载力构造，从而大幅提高集成平台支点的承载能力。

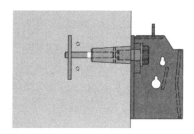

图 10.2-1　传统支点形式

提高承载力的另一个方向是设计新型的平台受力结构。平台在高空施工中最大的威胁是水平风荷载作用，结构的抗侧刚度及承载力是设计的关键，如图 10.2-2、图 10.2-3 所示。由框架梁、框架柱刚接组成空间框架结构抗侧性能及承载能力均较传统的模架结构有较大提升，正是本研究的首选。

图 10.2-2　低位顶模的平台结构　　　　图 10.2-3　新型平台框架结构

10.2.1.1 高承载力支承系统研究

1. 支承系统的组成

支承系统包含若干个支承点,主要分布在核心筒外围墙体上。各支承点包括微凸支点、上支承架、下支承架及转接立柱,如图 10.2-4、图 10.2-5 所示。

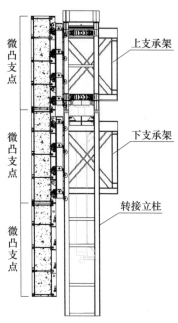

图 10.2-4　支承系统立面示意图　　图 10.2-5　支承系统实景图

微凸支点由混凝土微凸、承力件、固定件及对拉杆组成。承力件高度与结构层高一致,宽 800mm,厚 300mm,包括一块带多个 3cm 凹槽的厚钢板、纵横肋板及楔形爪靴。承力件与固定件作为模板通过对拉杆固定在墙体钢筋笼两侧,混凝土浇筑完成后,墙体表面承力件凹槽位置形成混凝土微凸。混凝土微凸与承力件凹槽作用传递竖向力,对拉杆传递水平力。通过它们的共同作用将承力件承受的竖向力、水平力及弯矩传递给混凝土墙体,如图 10.2-6 所示。

上、下支承架为框撑结构,端部设爪箱,爪箱内的挂爪可与承力件爪靴咬合传力。转接立柱包括分担梁及立柱,整体"骑"在上支承架上,其上部与框架柱连接,下部通过顶升油缸与下支承架连接,如图 10.2-7 所示。

框架柱通过转接立柱及顶升油缸将平台荷载传递给上、下支承架,上、下支承架通过挂爪将荷载传递给微凸支点。

转接立柱跨越上、下两个支承架,支承架侧面通过限侧装置约束立柱的侧移,平台施工及顶升过程中,转接立柱的限侧作用大幅提升了支承系统的抗侧能力,如图 10.2-8 所示。

2. 支承系统的工作原理

支承系统工作根据集成平台的工作状态分为静置、顶升和提升三个状态,每个状态工作原理及传力路径如图 10.2-9 所示。

静置状态:上、下支承架均附着于混凝土墙体上,平台荷载传递至转接立柱,再由转接立柱传递至上支承架和顶升油缸,一部分荷载由上支承架直接传递至微凸支点,另一部分荷载由顶升油缸传递至下支承架,再传递至下支承架所在的微凸支点。

顶升状态:仅下支承架附着于混凝土墙体上,平台荷载传递至转接立柱,再由转接立柱传递至顶升油缸,由顶升油缸传递至下支承架,再传递至下支承架所在的微凸支点。上支承架直接挂在转接立柱的分担梁底部。通过顶升油缸顶升,带动平台整体顶升。

提升状态:仅上支承架附着于混凝土墙体上,平台荷载传递至转接立柱,再由转接立柱传递至上支承架,由上支承架直接传递至微凸支点。下支承架通过顶升油缸连接,挂在转接立柱的中下部。通过顶升油缸收回,带动下支承架收回。

为增加集成平台整体抗侧刚度,将集成平台支承系统布置在核心筒外墙外侧,集成平台钢框立柱在核心筒外墙外侧连接成片状框架,可进一步增加集成平台整体抗侧刚度。

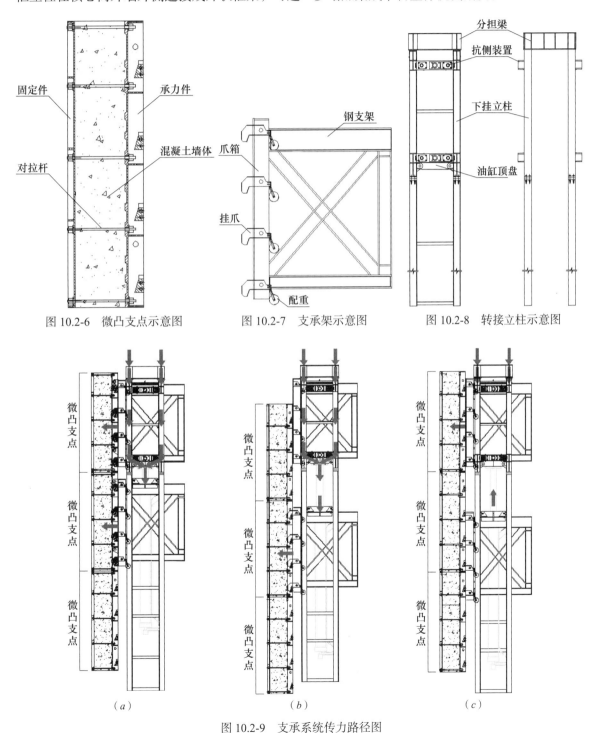

图 10.2-6 微凸支点示意图　　　　图 10.2-7 支承架示意图　　　　图 10.2-8 转接立柱示意图

图 10.2-9 支承系统传力路径图

(a)静置状态;(b)顶升状态;(c)提升状态

3. 微凸支点设计及试验研究

（1）微凸支点的组成及受力原理

支承系统之所以具有高承载力，微凸支点是关键。微凸支点占据一个标准层高度，主要由混凝土微凸、承力件、对拉杆以及固定件组成（图 10.2-10）。承力件由带凹槽的承力竖板、纵横肋板及挂靴组成。承力钢板处的凹槽在混凝土浇筑完毕后会被混凝土填充密实，形成混凝土微凸，承力钢板通过混凝土微凸将承力件承受的竖向荷载传递给墙体。挂靴的主要作用是为外围机构的传力机构部分提供一种连接形式，外围机构需要设计符合与挂靴相配合的挂爪，使挂靴与挂爪充分咬合，达到传力的目的。承力件纵横肋板主要作用是将挂靴传递的荷载均匀传给承力钢板。承力件固定件通过对拉杆与承力件相连接，其主要作用是配合承力件安装并在受力过程中将荷载均匀传递给墙体，两者在传力的同时，兼作混凝土模板使用。对拉杆类似模板加固对拉螺杆作用，在安装时对承力件及承力件固定件起到固定作用，同时对拉杆通过水平拉力抵抗承力件承受的弯矩。

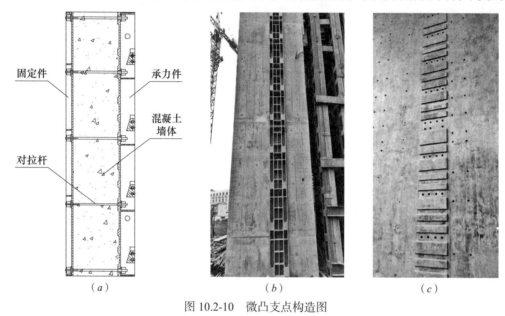

图 10.2-10　微凸支点构造图

（a）微凸支点示意图；（b）承力件；（c）混凝土微凸

当支承架通过爪靴将竖向荷载及弯矩传递给承力件时（图 10.2-11 虚线箭头），承力件凹槽内的混凝土微凸受剪抵抗竖向荷载，承力件上部的对拉杆受拉而下部的混凝土受压形成相反方向的水平反力抵抗弯矩（图 10.2-11 实线箭头）。

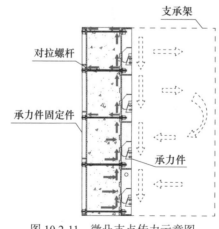

图 10.2-11　微凸支点传力示意图

（2）微凸支点受力机理研究

微凸支点作为集成平台系统高承载力的核心所在，一般由数个混凝土微凸组成，使得其能够承受数百吨的载荷，单个混凝土微凸就可承受一百吨以上的竖向载荷，对其进行受力机理研究，对了解和掌握微凸支点的承载能力，以期于能够指导其设计，具有十分重要意义。为此，以混凝土微凸单点为研究对象，对其极限承载力进行受力机理研究。

当承力件通过外接机构承受向下载荷时，竖向载荷主要由凹槽内的素混凝土微凸来抵抗，取微凸支点中其中一块混凝土微凸，对其进行受力分析，其主要受到由钢面板传递的竖向载荷及由左边混凝土剪力墙提供的支承反力，如图 10.2-12 所示。

考虑到混凝土剪力墙对微凸的支承作用是分布式的，即 $F_s = \int q \mathrm{d}A$，沿微凸向下，竖向载荷逐渐被混凝土剪力墙提供的支承力所抵消，因此对于素混凝土微凸而言，沿 y 轴往下，其等效应力递减，在素混凝土微凸承载端附近混凝土内部应力较大，考虑极限情况下，在无限接近加载端位置取一点，分析其应力状态，如图 10.2-13 所示。

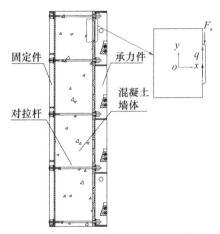

图 10.2-12　混凝土微凸整体受力分析

F_s—竖向剪力；q—由竖向剪力 F_s 引起的分布反力

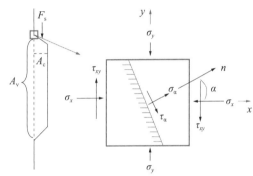

σ_x—X 向正应力；σ_y—Y 向正应力；τ_{xy}—切应力；
A_v—微凸纵向截面面积；A_c—微凸横向截面面积；
α—任意斜截面角度；σ_α—斜面正应力；
τ_α—斜面切应力；n—应力集中系数

图 10.2-13　混凝土微凸内一点的应力状态

对于混凝土微凸材料，此处取其试验时实测抗压强度值 f_c 为 44.6MPa，则其抗拉强度值可取为 4.46MPa，因此，依据莫尔强度理论得到的单个 40mm 混凝土微凸极限承载力为 $F_s \leqslant 2474$kN，即可承受超过 200t 的载荷；对于 30mm 混凝土微凸块，由于厚度越小，其载荷主要作用区域越小，使得其加载端附近应力集中度越高，因此取无限接近其加载端处一点，切应力为 $\tau_{xy} = 6F_s/A_v$，可求得单个 30mm 混凝土微凸极限承载力为 $F_s \leqslant 1482$kN，因此，混凝土微凸的极限承载力对其厚度十分敏感，增加混凝土微凸的厚度能够使其极限承载力显著增加，见表 10.2-1。

各组试件特征及理论预测承载力　　　　　　　　　表 10.2-1

槽深	倒角	上部锚杆数	开裂角	极限荷载
40mm	34°	3 根	61.67°	2474kN
30mm	34°	3 根	60.32°	1482kN

（3）试验研究

经过受力机理研究得知，槽深是影响微凸支点承载力的最重要因素之一，此外，承力件凹槽倒角以及对拉杆数目等因数对微凸支点的承载力也会有一定影响。因此，本试验研究旨在探讨这些因素与微凸支点承载力之间的关联并与理论分析进行对比，以期对微凸支点的承载能力有更深入的理解并为其设计及优化提供依据。

1）试验目的

以包含单个混凝土微凸的微凸支点为对象，研究其受力性能、承载能力以及破坏形式，并与理论分析值进行对比；

研究相关因素（槽深，倒角，对拉杆数目等）对该结构承载能力的影响，为后期优化提供依据。

2）试件概况

此试验试件主要由三部分组成，分别为面板、悬挑式牛腿以及对拉杆。面板及悬挑式牛腿由 Q345 级钢材制作而成，其中面板尺寸为 0.8m（宽）×0.8m（高），厚 60mm，与混凝土贴紧一侧为槽型结构。悬挑式牛腿由横板及斜向肋板组合而成，钢板厚 30mm，并与面板焊接连接，外挑 0.25m。对拉杆由 32mm 精轧螺纹钢及其配套螺母和垫片组成。

在试验室内浇筑 5 块 1m（宽）×1.2m（高）×0.8m（厚）剪力墙，剪力墙配筋及混凝土强度均同核心筒 1.2m 厚墙体结构图纸，浇筑后在试件靠剪力墙一侧凹槽内将形成混凝土微凸，混凝土微凸与试件共同构成微凸支点，通过液压加载机对该微凸支点进行匀速加载，加载目标为极限承载力在 1000～1500kN 之间。加载过程中在试验件上布置若干测点，对混凝土及钢模板各位置应力进行监控。

为比较槽深、倒角、对拉杆数目等因数对该微凸支点承载力的影响，采用五组不同规模的试件分别进行试验，如图 10.2-14 所示各组试件实际加载时可依具体试验情况进行调整，见表 10.2-2。

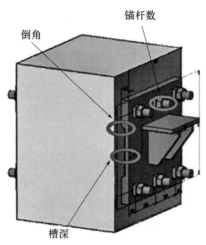

图 10.2-14　试验模型示意图

试验测点布置　　　　　　　　　　　　　　　　　　　　　　　　　表 10.2-2

序号	检测内容	检测元件	布点数	布点示意图
1	模板式牛腿凹槽对混凝土局部应力	应变片	10 个（前两排沿槽口角度按拉、压间隔布置，第 3 排平行于锚杆布置）	

序号	检测内容	检测元件	布点数	布点示意图
2	钢模板内侧面板应力变化	应变片	5点（上点对应螺栓位置，下点对应牛腿肋板根部）	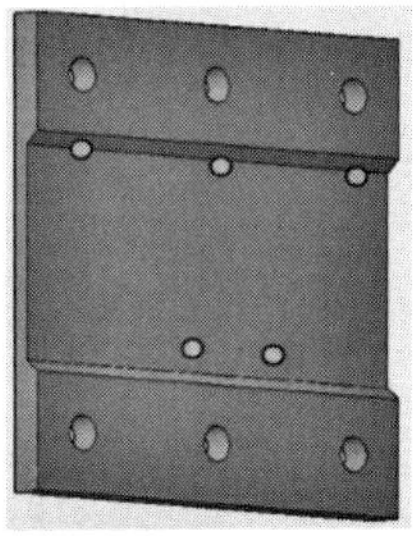
3	钢模板外侧面板应力变化	应变片	5点（上点对应螺栓位置，下点对应牛腿肋板根部）	
4	钢模板式牛腿整体位移	位移计	6点（第一组6个点，其余四组4个点，上下各取消1个竖向点）	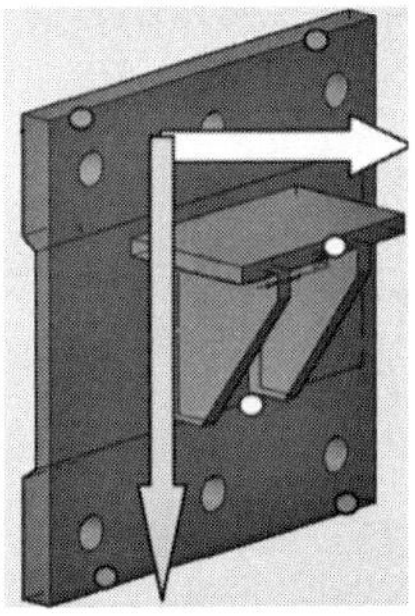
5	对拉锚杆应力	—	4个（第一组4个点，其余四组2个点）	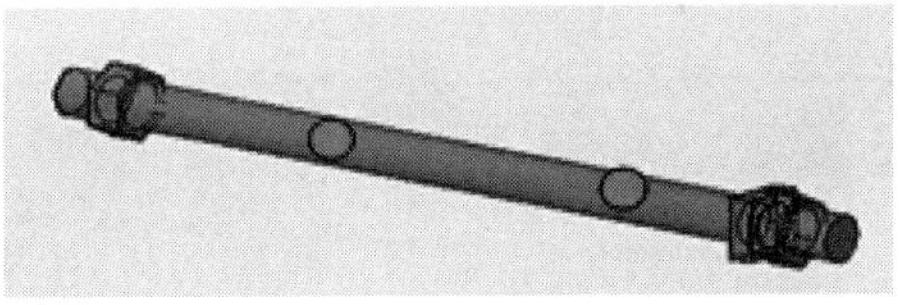

3）试验加载方式

加载试验前，先用混凝土回弹仪测得试件混凝土部分的强度，通过试验室龙门式起重机将试验墙吊至加载指定位置，利用试验室反力墙固定试验墙，保证加载过程中试验墙整体稳定性，加载前布置位移计、调试检测仪器。本试验分五级加载：第一次加载至15t；第二次加载至30t；第三次加载至50t；第四次加载至80t；第五次加载至120t（第五次80～120t加载至破坏状态即可，未必加载至120t）。将应变片数据线和计算机连接好，试验过程中每加载一级读取一次位移值和应变值并记录，同时观察试件表面的裂缝开展情况和其他试验现象，然后继续加载直至试件破坏。加载方式如图10.2-15所示。

4）试验测点布置

此次试验检测内容主要有五个方面，见表10.2-2。

① 模板式牛腿凹槽加载过程中对混凝土局部应力（10个点，前两排沿槽口角度按拉、压间隔布置各4个点，第3排平行于锚杆布置2个点）。

图 10.2-15　加载试验立面示意图及现场照片

② 钢模板内、外侧面板应力变化（5 个点，上 3 点对应螺栓位置，下 2 点对应牛腿肋板根部）。

③ 钢模板式牛腿整体位移（第一组 6 个点，其余四组 4 个点，上下各取消 1 个竖向点）。

④ 对拉锚杆应力（第一组 4 个点，上 3 点下 1 点；其余四组 2 个点，上下各 1 点）。

5）试验现象

试验现象见表 10.2-3，试件破坏模式如图 10.2-16 所示。

试验现象表

表 10.2-3

序号	试件号	试验过程现象		剪切破坏荷载 （kN）
		承力件脱开 （kN）	裂缝发展	
1	试件 1（Q3）	1000	加载至 1800kN 时，钢模板凹槽处开始出现细微裂缝。加载至 2000kN，凹槽处混凝土裂缝继续开展，并逐渐贯通，同时钢模板两边混凝土也出现裂缝	2300
2	试件 2（Q1）	800	加载至 1000kN 时，钢模板两侧的混凝土开始出现细微裂缝，且不断开展。加载至 1350kN 时，钢模板凹槽处混凝土出现微小裂缝，继续加载至 1500kN 时，该处裂缝逐渐贯通，形成一个与水平面成 60° 左右的贯通裂缝	1650
3	试件 3（Q5）	800	加载至 1000kN 时，钢模板两侧混凝土产生斜向裂缝，至 1470kN 时，钢模板凹槽处混凝土产生细微的竖向裂缝，继续加载时，该处裂缝不断开展，直至贯通	1730
4	试件 4（Q4）	700	加载至 700kN 时，钢模板凹槽处混凝土产生若干条竖向的细微裂缝，继续加载时，该处裂缝不断开展，加载至 1100kN 时，该处竖向裂缝贯通	未继续加载
5	试件 5（Q2）	600	加载至 1000kN 时，在钢模板凹槽处混凝土产生一斜向裂缝，继续加载时，裂缝逐渐向墙体两侧斜下方开展，并延伸至两侧墙体	1980

图 10.2-16　试件破坏模式

6）试验结论

试件特征及承载能力见表 10.2-4。

试件特征及承载能力表　　　　　　　　　　　　　　　表 **10.2-4**

试件号	试验分组	槽深（mm）	倒角	上部锚杆数	开裂荷载（kN）	极限荷载（kN）
1	Q3	40	34°	3 根	1000	2300
2	Q1	30	34°	3 根	650	1650
3	Q5	30	34°	4 根	600	1730
4	Q4	40	10°	3 根	620	＞1350
5	Q2	30	10°	3 根	575	1980

① 槽深影响。通过试验数据分析，试件 1、试件 4 的槽深为 40mm，高于试件 2、试件 5 的槽深 30mm，凸出槽体实为钢模板的支点，槽深深的支点效应比槽深浅的大，所以试件 1、试件 4 承载力较高，由此得出结论，槽深越深微凸支点承载力越高。

② 倒角影响。通过试验数据分析，可以看出倒角大的应力集中程度相对缓和，承载能力也越高。同时从拆模的方便性出发考虑，也应选择凹槽倒角相对较大的试件。

③ 锚杆数量影响。锚杆数量对微凸支点的承载力影响并不明显，对钢模板和锚杆的受力性能略有提高，但钢模板及锚杆强度都富余较多，因此，使用时取 3 根锚杆方式是合适的。

7）理论与试验结果对比

理论与试验结果对比分析见表 10.2-5。

理论与试验结果对比表　　　　　　　　　　　　　　　表 **10.2-5**

试件号	槽深（mm）	倒角	锚杆数	理论分析极限载荷（kN）	试验测量极限荷载（kN）
1	40	34°	3 根	2474	2300
2	30	34°	3 根	1482	1650

通过比较试件 1 和试件 2 的试验分析数据及理论分析数据可知：理论分析与试验结果趋势大致是吻合的。40mm 槽深的试件 1 通过试验测得其极限承载力约为 2300kN，略低于理论分析值 2474kN，剪切破坏角接近 60°，与理论预测值相符；30mm 槽深试件 2 试验测得其发生剪切

破坏时承载力约为 1650kN，相较于理论分析值 1482kN 略高，但通过试验观察得知，试件 2 当加载到约 1500kN 时，混凝土微凸已经形成角度与水平面约为 60° 的贯通裂缝，由于所采用分级加载法每次载荷间距较大，因此，其极限承载力应该仅略大于 1500kN，并未达到 1650kN，与理论分析值也基本吻合。槽深对微凸支点的极限承载力影响很大，并且采用 30mm 槽深时微凸支点已经具有较高的极限承载力。

4. 支承架设计

由于支承架需传递及承载巨大的竖向力及弯矩，因此支承架必须有足够的刚度。故将支承架设计为框撑结构（钢支架），并在钢支架端部设计挂爪，满足支承架与承力件传力及工作需求。支承架分为上、下支承架，为框撑结构，端部设爪箱，爪箱内部的挂爪可与承力件爪靴咬合传力，并可在集成平台顶升时自动翻转，脱离爪靴。上下支承架可有效传递平台荷载，具备高承载力。

上支承架勾在上层微凸支点的承力件侧边，直接支承着转接立柱分担梁，转接立柱骑在上支承架上，如图 10.2-17 所示；下支承架挂在下层微凸支点的承力件侧边，通过油缸托盘支承着顶升油缸，位置关系如图 10.2-18 所示。

图 10.2-17　上支承架与转接立柱关系图　　图 10.2-18　下支承架与顶升油缸关系图

（1）钢支架设计

钢支架由横杆、竖杆、斜杆、连杆焊接而成，为框撑结构（高 3.5m，长 3m，宽 1.2m），可承载 400t 竖向荷载。钢支架中部留空，为顶升油缸安装运行预留空间。钢支架杆件设计为 H 型钢，方便支承架附属措施的装配，如滑移材料等。

（2）爪箱及挂爪设计

挂爪通过销轴连接在爪箱上，可绕销轴旋转。通过箱体的上、下顶块限位作用，挂爪只能顺时针翻转至水平状态，挂爪的后端连接配重，在配重的重力作用下，挂爪可自动保持水平，前端与混凝土承力件上的爪靴进行咬合。当平台顶升作业时，挂爪可绕销轴逆时针旋转至爪箱内部，当越过阻挡物后，由于配重作用，挂爪即可顺时针旋转至水平位置，进而再次与承力件爪靴咬合，如图 10.2-19 所示。

钢支架将荷载传递至爪箱，爪箱通过销轴限制挂爪的水平运动，通过上、下顶块限制挂爪向上翻转运动，进而将水平力及竖向力传递至挂爪。挂爪再将荷载传递给承力件爪靴。为保证强度，顶块、挂爪、销轴均为 42CrMo 热处理合金钢制成，爪箱由 Q345B 钢板焊接制成。

（3）油缸托盘设计

油缸托盘位于下支承架的顶部，托盘支承着顶升油缸，起着固定顶升油缸，并将顶升油缸荷载传递至下支承架的作用。当集成平台提升作业时，托盘可利用爪钩勾住下支承架，通过顶升油缸回收,带动下支承架提升。油缸托盘与转接立柱间设置滚轮,通过滚轮挤压传力,可提高转接立柱抗侧刚度,油缸托盘示意如图 10.2-20 所示。

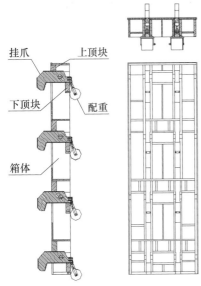

图 10.2-19 爪箱结构示意图

图 10.2-20 油缸托盘示意图

油缸托盘由钢板焊接而成(长 2000m、宽 1150mm、高 450mm),其中底板厚 90mm,底板中部均布螺栓孔,顶升油缸缸体法兰盘与之栓接固定;滚轮直径 190mm,可承受 20t 压力,滚轮座与托盘底板螺栓连接,并可通过长圆孔调节滚轮距转接立柱的距离;爪钩现场栓接于托盘底板的底部,勾住下支承架上横杆的翼缘板。

5. 转接立柱设计

转接立柱整体成"Ⅱ"形骑在支承架上。转接立柱与支承架间设置抗侧机构,提高支承系统抗侧能力,提高集成平台整体安全性,如图 10.2-21 所示。

(1)分担梁及下挂立柱设计

1)分担梁由主、次梁刚接组成,整体成一个小型转接平台(0.56m×2m×2m)。框架立柱四个柱肢下部与分担梁相连,分担梁下方连接下挂柱。分担梁主梁垂直跨越支承架的上横杆,在主梁内设置加劲板,扩散应力。分担梁如图 10.2-22 所示。

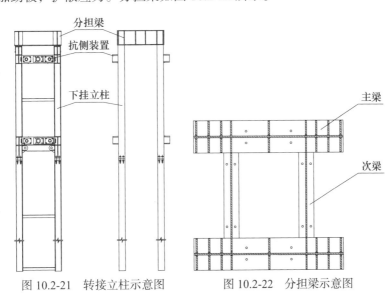

图 10.2-21 转接立柱示意图　　　　图 10.2-22 分担梁示意图

2）下挂立柱为夹在支承架两侧的两个片状组合柱，柱顶与分担梁刚接，柱肢截面一般同框架柱的柱肢截面。依据支承系统的工作原理，为满足顶升作业的需求，下挂立柱下伸跨越 3 个核心筒层高，保证顶升作业完成时，下挂立柱依然完全夹在下支承架两侧。下挂立柱中部预留抗侧装置、顶升油缸顶盘的接头。

（2）油缸顶盘设计

顶升油缸活塞杆顶盘（简称"油缸顶盘"）是连接转接立柱与顶升油缸的构件。平台荷载通过转接立柱传递至油缸顶盘，再由油缸顶盘传递给顶升油缸，再传递至油缸托盘，进而传递至下支承架。油缸顶盘平放于转接立柱的 4 根下挂立柱内部，四周通过销轴与转接立柱连接；顶盘底部预留螺栓孔，与顶升油缸活塞杆顶部法兰盘连接。如图 10.2-23、图 10.2-24 所示。

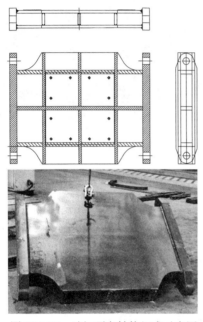

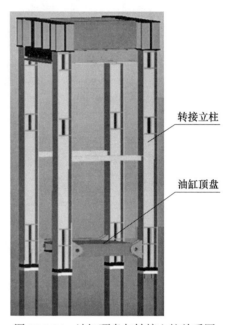

转接立柱

油缸顶盘

图 10.2-23　油缸顶盘结构组成示意图　　图 10.2-24　油缸顶盘与转接立柱关系图

油缸顶盘由钢板焊接成箱体（长 1400mm、宽 1200mm、高 240mm），其中两侧销轴耳板厚 80mm，上、下盖板厚 40mm，隔板厚 30mm。

（3）抗侧装置设计

为适应支承系统安装及使用过程中的误差，转接立柱与支承架之间留有间隙，当支承系统处于静置状态时，通过抗侧装置，转接立柱和支承架之间可侧面挤压传递水平力，以避免平台出现倾覆和晃动。

抗侧装置由底座、可调丝杆、顶块组成，底座通过高强度螺栓连接在下挂立柱内侧，通过行程 50mm 的可调丝杆作用，可调节顶块距支承架侧面的距离，平台正常施工时，丝杆推动顶块，顶紧支承架侧面，进而保证转接立柱与支承架夹紧，当进行平台顶升时，调节丝杆，使顶块脱离支承架，留出间隙。

抗侧装置的结构组成及与支承架位置关系示意如图 10.2-25 所示。

（4）抗侧原理

1）转接立柱与上支承架通过抗侧装置作用提高抗侧能力。当上支承架与承力件咬合时，抗侧装置的可调丝杆伸出，推动顶块挤紧上支承架的钢支架，此时转接立柱在两侧紧紧抱住上支承架，当转接立柱有转动趋势时，上支承架会在转接立柱内部撑住，阻碍转接立柱发生转动，从而提高转接立柱的抗侧能力。

2）转接立柱与下支承架通过滑移材料、油缸托盘滚轮直接挤压作用提高抗侧能力。在下支承架的钢支架外侧面、转接立柱的内侧面贴耐压滑移材料，通过滑移材料作用，既能满足集成平台顶升作业需求，又能提高转接立柱抗侧能力，当转接立柱有转动趋势时，上支承架会在转接立柱内部撑住，阻碍转接立柱发生转动，从而提高支承系统的抗侧能力。

转接立柱与上、下支承架共同作用抗侧原理如图 10.2-26 所示。

图 10.2-25　抗侧装置的结构组成及与支承架位置关系示意

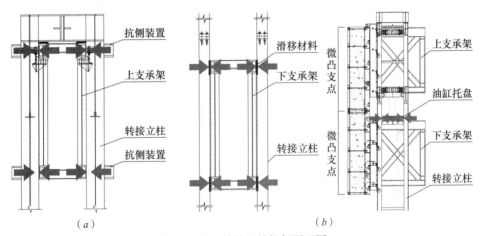

图 10.2-26　转接立柱抗侧原理图

（a）转接立柱与上支承架抗侧；（b）转接立柱与下支承架抗侧

6. 支承系统的试验研究

支承系统投入使用前，需做必要的试验来验证其受力性能及机构能动性，主要验证微凸支点、支承架的承载能力及咬合动作。将试验结果与理论设计结果比对，以发现问题并优化设计。

（1）试验概况

试验通过 1∶1 模型来模拟真实情况下微凸支点及支承架受力情况。

试验内容包括墙体、承力件、支承架等的应变及位移，具体测试内容如下：

1）墙体：受拉和受压纵向分布钢筋的应变以及承力件顶部墙体平面外侧移；

2）承力件：竖向及水平位移、爪靴外侧立面应变和拉杆轴向应变；

3）挂爪箱体：顶块立面应变；

4）支承架：上下横梁的应变及下部横梁远端位移。

在试验室加载时，由于场地有限，无法模拟施工荷载作用方式加载，而通过液压加载设备对试验模拟加载。加载时通过分配梁将荷载传递给支承架，加载装置如图 10.2-27 所示。

图 10.2-27 支承系统试验现场图

（2）测点布置

测点布置根据分析结果和结构对称性布置，其中下支承架和上支承架的位移、应变测点布置相同，见表 10.2-6。

测点布置表　　　　　　　　　　　　　　表 10.2-6

部位	说明	具体布置
混凝土墙体	爪靴附近区域分布钢筋及墙体应变测量。◁表示钢筋应变测试位置，"◀▬"表示混凝土应变测点位置。括号外数字为上表面测点编号，括号内数字为下表面测点编号	
爪靴	爪靴外侧里面应变，其中上面两排为应变花，下面两排为单个应变片，每个应变花由三个应变片组成。图中数字为测点应变片编号	

部位	说明	具体布置
拉杆	拉杆用于墙体与爪靴的连接,应变所处位置为拉杆截面表面,图中数字为测点编号	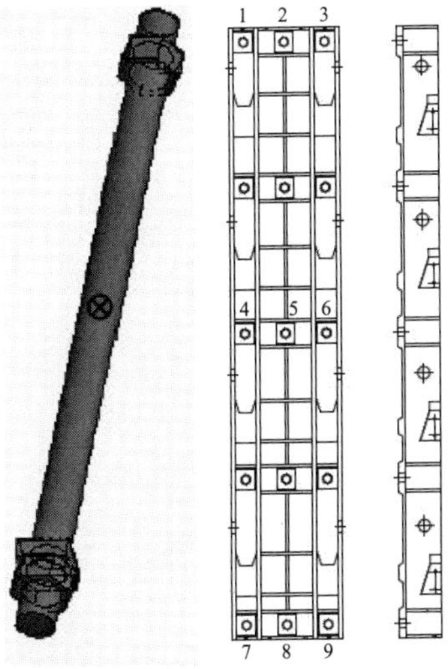
支承架	箱体立面和支承架上下横梁应变。◁表示应变测试位置。括号外数字为上表面测点编号,括号内数字为下表面测点编号	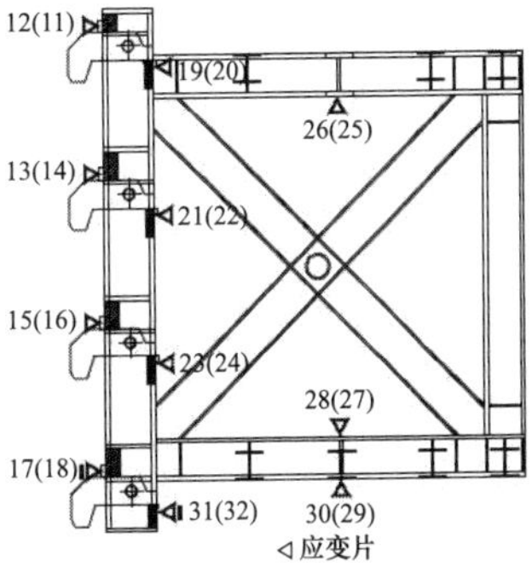
混凝土墙体	承力件顶部两侧和两端部墙体平面外侧移,图中数字表示位移测点编号	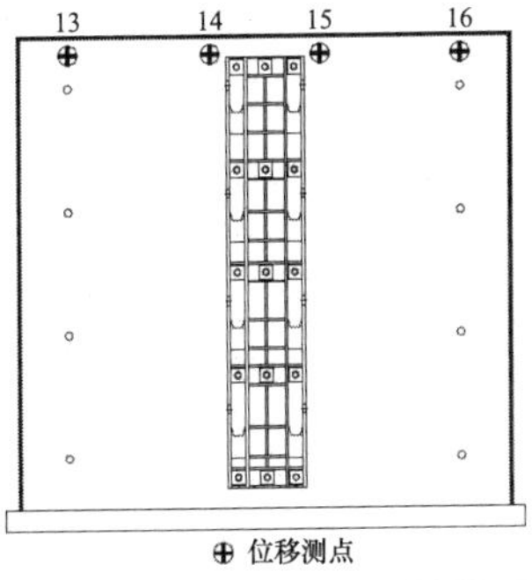
爪靴	爪靴上端纵横向水平位移和下端水平竖向位移,图中数字表示位移测点编号	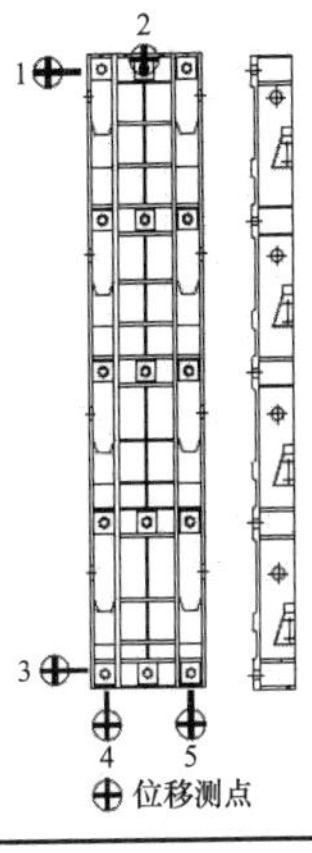

部位	说明	具体布置
支承架	支承架与爪靴连接一侧的水平竖向位移以及悬挑一侧的位移，括号内数字为上平面位移测点编号，括号内数字为下平面位移测点编号	 ⊕ 位移测点

（3）试验结果

通过试验得出以下结论：

1）支承墙体

给定的检验荷载下，墙体顶端钢筋最大实测应力为 −32MPa，最大拉应力为 158MPa，小于钢筋的屈服应力值 360MPa，满足规范要求。

混凝土拉应力最大达到 2.95MPa，超过墙体混凝土抗拉强度，试验室墙体没有开裂，但爪靴上半部分混凝土剪力键全部剪切破坏。

墙体顶端水平位移约为 1mm，墙体刚度较大。

2）支承架

检验荷载下，支承架测点的最大实测压力为 −74MPa，最大拉应力为 270MPa，满足规范要求。挂爪受力不均，应力水平较低，在 60MPa 以内。

3）对拉杆

在检验荷载下，拉杆最大拉应力为 340MPa。均小于拉杆设计强度 600MPa，满足规范要求。

4）爪靴

爪靴上挂点受力不均，应力水平较低（＜70MPa）。在检验荷载下，爪靴测点的最大实测压应力为 −85MPa，最大拉应力 194MPa，均小于爪靴材料强度设计值，满足规范要求。

爪靴端部水平相对位移约 3mm，说明拉杆刚度略显不够，爪靴竖向相对位移为 0.9mm，混凝土剪力键大部分破坏。

综上所述，支承系统的上、下支承架的刚度和承载力满足规范要求，挂点及挂爪受力不太均匀。

10.2.1.2　高承载力及抗侧刚度的钢框架系统研究

1. 钢框架系统的组成及受力原理

钢框架系统为空间框架结构，通过框架梁与框架柱共同作用抵抗集成平台承受的水平荷载及竖向荷载。框架梁采用大截面梁或桁架梁，框架柱为格构柱，且均布置在核心筒外围墙体上。框架梁和框架柱之间采用刚性连接。通过以上设计形成一个强度、刚度大，跨越整个核心筒结构的巨型钢罩，如图 10.2-28 所示，有效提升了平台的承载能力及抗侧刚度。

以同样高度及覆盖范围的集成平台与低位顶模比较，集成平台抗侧刚度提高约 7 倍，竖向承载力提高约 3 倍。

图 10.2-28　钢框架系统

集成平台在运行过程中，平台自重及平台顶部竖向荷载、水平风荷载由顶部传递至框架柱上，框架柱将竖向荷载及水平荷载传递于具有高承载力及抗水平力的支承系统上；集成平台的顶部设备产生的倾覆力矩及由水平荷载产生的倾覆力矩由支承立柱各柱肢的竖向力形成的力矩来抵抗。

2. 钢框架构件设计

钢框架系统布置完后，需进行整体计算确定各构件的截面尺寸，计算完成后进行深化设计。

（1）构件分段分节

钢框架在深化设计时，钢框架各构件的分段分节主要考虑以下几个方面：

1）首先，应考虑各构件的受力情况，其分段节点应选择受力较小的部位。

2）其次，应考虑现场吊装设备的选型及平面位置，根据吊装设备的最大吊重尽量减少钢框架的分段，提高安装进度。

3）再次，应考虑钢构件的运输，分节后的尺寸应满足运输尺寸的限制。

4）最后，从标准化考虑进行分段，通常框架柱等设计为标准构件，以便在后续项目中的周转使用。

（2）节点连接

为保证钢框架结构的整体刚度，钢框架结构主受力结构均采用刚性连接，在节点设计时，考虑周转使用的构件采用螺栓栓接，不能周转使用的则采用焊接。

对于钢框架主梁各节段采用全焊接对接节点（刚接）；外框架梁分节处采用全高强度螺栓栓接对接节点（刚接）；内框架梁和主梁分段节点采用全焊接节点（刚接）；钢框柱分节处均采用全高强度螺栓栓接对接节点（刚接）；水平梁与立柱分节处低端钢框架、低端水平梁采用高强度螺栓栓接对接节点（刚接）增强钢框架的整体刚度，中部拉结水平梁可采用高强度螺栓栓接节点（铰接）。

3. 钢框架系统安装

平台安装时，合理部署安装顺序，先安装筒内中心框架柱、外围中间框架柱及之间的框架梁，尽早形成一个稳定体系，确保结构受力安全，作为后续构件安装施工作业面。同时按照体系传力特点，采取合理卸载措施，确保施工安全。

根据钢框架系统的组成，其安装流程如图 10.2-29 所示。

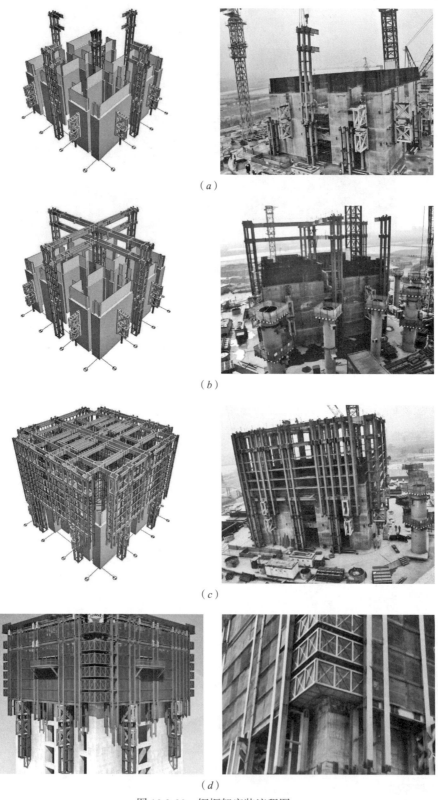

图 10.2-29　钢框架安装流程图

（a）核心筒内中心框架柱与外围中间框架柱安装；
（b）中心框架柱与外围中间框架柱连接主梁安装；
（c）主梁下悬挂的内框架以及外框架剩余次梁安装；
（d）外围角部开合机构安装

10.2.2　装备集成研究

10.2.2.1　塔机集成

在全球范围内，首次实现 ZSL380、M900D、ZSL1150、M1280D、ZSL2700D 动臂塔机随平台一起顶升，是集成平台发展的一大飞跃，节省了塔机埋件预埋、牛腿焊接、支撑梁转运、焊接等工作量，节约了塔机爬升工期，进而节约了施工成本，规避了塔机尤其是外挂塔机爬升时的安全风险，同时大幅提高超高层建筑施工的机械化水平。

1. 塔机集成设计

关于塔机集成，课题组又提出了两种不同的结合方式。

（1）自立式集成塔机：倾覆力矩较小的塔机采用自立方式通过连接节点直接安装在平台顶部，塔机竖向力、水平力和弯矩直接通过钢框架传递至支承系统。如图 10.2-30 所示为武汉绿地中心工程。

图 10.2-30　武汉绿地中心项目实景图

（2）共撑式集成塔机：大型塔机共设有三道附着，底部附着为固定在塔身上的钢框架，其端部设置自锁千斤顶和侧向滑轮可与墙体顶紧传递水平力。中部附着为支承在平台支承系统上钢框架传递竖向力，其端部同样设置有自锁千斤顶和侧向滑轮传递水平力。顶部附着固定在钢框架顶部，通过丝杆千斤顶传递限制塔身产生水平位移，传递水平力。

根据施工和顶升两种状态，塔机平台一体化的工作原理可分为如下两种：

1）施工状态：施工时第一道和第二道附着起作用，并通过自锁千斤顶在 8 个方向与结构墙体抵紧，第三道附着脱开，塔机的竖向力通过支承梁全部传递给上支撑架，水平力通过自锁千斤顶传递给结构墙体，如图 10.2-31 所示。

2）顶升状态：顶升时第一道和第二道附着的自锁千斤顶（侧向油缸）收回与墙体脱离，此时侧向轮前部的滚轮可沿墙体向上滚动，但考虑到墙体倾斜或表面不平，保证滚轮和墙体之间有一定的间隙（1cm 左右），正常情况下侧向轮不起作用，仅特殊情况下起到保护作用，第三道附着连接。塔机顶升时处于配平状态，但也会产生一定的水平力，水平力全部由第二道和第三道附着承担，竖向力全部由第二道附着承担，如图 10.2-32 所示。

2. 集成塔机施工

对于塔机直接坐落在平台上的集成塔机，要求在施工、顶升、提升等各阶段实时监测塔机垂直度变化及与塔机柱脚连接处桁架的应力与应变，要求在平台顶升时将塔机配平。下面重点讲述共撑式集成塔机的具体施工要求：

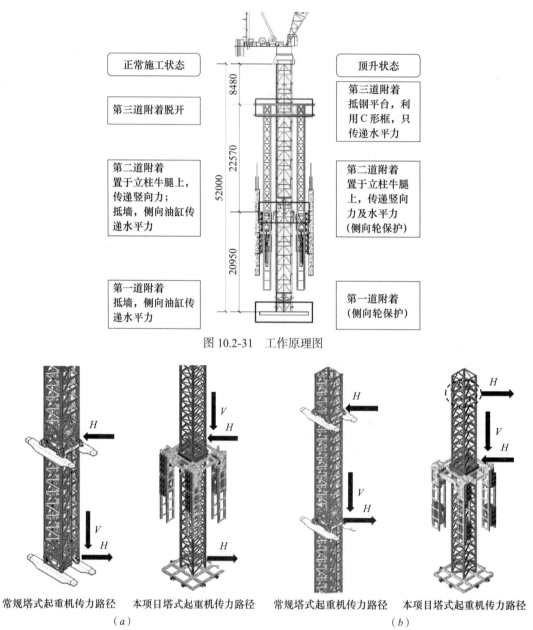

图 10.2-31　工作原理图

常规塔式起重机传力路径　　本项目塔式起重机传力路径　　常规塔式起重机传力路径　　本项目塔式起重机传力路径
（a）　　　　　　　　　　　　　　　　　　　　（b）

图 10.2-32　顶升状态下本项目塔机与传统塔机受力对比

（a）施工状态；（b）顶升状态

H—水平荷载；V—竖向荷载

（1）顶升前准备阶段

1）按塔机设计单位给定的平衡吊重及吊重半径将塔机（中国尊选用的是两台 M900D 塔机）进行理论调平，塔机停止使用。

2）第三道支撑（顶部支撑）的丝杆千斤顶顶盘面向塔节柱肢，伸出距塔节柱肢净距 10mm，目的是保证塔机能够在一个很小的范围内自由晃动，使得其在顶升时是"靠着"平台的某一侧或某两侧向上。

3）第二道支撑（中部支撑）8 个侧向滚轮伸出至滚轮与墙面净距 10mm，目的是保证平台不平衡顶升，或塔机倾斜角度过大时侧向轮能沿着墙体向上，起到导向作用，同时也是为了避免墙体不平或有微小杂物凸起时能顺利顶升。

　　4）第二道支撑（中部支撑）8个自锁油缸的自锁螺母松开50～100mm，自锁油缸按对称顺序缓慢缩回，缩回动作如下：以塔机大臂东西向为例，观察中部支撑南北向自锁油缸轴力吨位情况，每次油缸点动回收只回收南北向四只自锁油缸中轴力吨位最大的那只，轴力下降幅度2～5t，以此原则，将南北向自锁油缸脱离墙面。

　　南北向自锁油缸收回后，再进行塔机大臂方向的东西向四只自锁油缸的收回动作，同上，每次收回动作只针对四只自锁油缸中轴力最大的那只，轴力下降幅度2～5t，以此原则，将东西向自锁油缸脱离墙面。

　　5）第三道支撑（底部支撑）8个侧向滚轮伸出至滚轮与墙面净距10～20mm，具体作用与第二道支撑相同。

　　6）第三道支撑同第二道支撑。

　　（2）顶升过程中应重点监控的内容

　　1）自锁油缸、侧向滚轮与墙面净距，正常顶升情况下防止剐蹭，上行路线有无阻碍。

　　2）顶部支撑丝杆千斤顶与塔节的净距、塔机垂直度，防止塔机垂直度超出正常要求。

　　（3）顶升完毕后的主要工作

　　上支承架落实稳定后，进行自锁油缸的支设工作，动作如下：利用塔机爬带矫正塔机垂直度，垂直度符合要求后，中部、底部支撑梁的自锁油缸均伸出贴近墙面净距2～5mm，自锁油缸同步伸出，对墙面同步施压至自锁油缸轴向压力5～10t，自锁油缸的自锁螺母锁紧，复核塔机垂直度，满足要求后，顶部支撑丝杆千斤顶收回，逆时针旋转固定，预留40cm塔节摆幅空间，塔机投入使用。

　　3. 集成塔机监测

　　具体的监测方案和内容在本书第4章中有详细叙述，本节仅针对共撑式集成塔机的施工安全保障方法进行详述，共分为如下四个方面。

　　（1）塔机支撑梁（跨中）应力监测

　　对各安装点安装光纤应变计和用以温度补偿的温度传感器；传感器都以点焊的方式安装；考虑系统工作环境比较恶劣所以需要对传感器进行保护。

　　（2）垂直度监测

　　垂直度的监测主要是利用倾角仪对塔机和平台在顶升过程中的垂直度进行监测。

　　（3）第一道和第二道支撑处自锁油缸压力实时监测

　　在正常施工过程中对自锁油缸的压力进行实时监测，当压力有较大突变或为零时，能自动发出警告。

　　（4）气象监测子系统

　　1）根据塔机设计单位对塔机使用风速的要求，实时监测风速大小。若大于设计值，需停止施工。

　　2）平台顶升前应观看天气预报并对比实际风速，若超过设计允许值，则不允许顶升。

10.2.2.2　布料机集成

　　在以往结构施工中，布料设备相对爬架或模架独立，每次浇筑混凝土前，需要进行泵管布置及布料设备的周转固定，工序繁琐。集成平台将布料设备集成一体化，在设计时便对布料机进行定位保证布料范围涵盖所有浇筑位置，布料机随集成平台一起安装并固定位置，每次随集成平台一起顶升。顶升前只需脱开平台内部某段泵管，待顶升完成后再将脱开泵管部位泵管进行补偿，便具备浇筑混凝土条件，如图 10.2-33 所示。

图 10.2-33　布料机

具体流程如图 10.2-34 所示。

（1）如图 10.2-34（a）所示，当 $n-1$ 层混凝土浇筑完毕集成平台具备顶升条件时，脱开某段泵管；

（2）如图 10.2-34（b）所示，集成平台开始顶升，布料机及泵管脱开的上部分随着平台一起顶升，泵管脱开的下部分则保持不动；

（3）如图 10.2-34（c）所示，集成平台顶升完毕后，将泵管脱离的位置进行补偿连接，保证泵管的连续性，并达到布料的条件；

（4）如图 10.2-34（d）所示，具备浇筑混凝土条件后，混凝土通过完整的泵管路线由布料机完成墙体混凝土的浇筑。

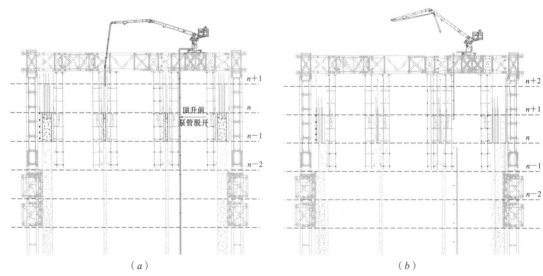

（a）　　　　　　　　　　　　　　　　　　　（b）

图 10.2-34　布料机集成作业流程图

（a）顶升前；（b）顶升过程中

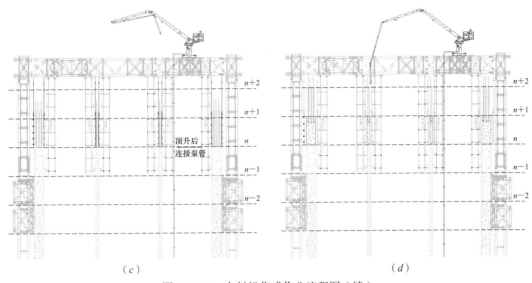

图 10.2-34　布料机集成作业流程图（续）

（c）顶升完成；（d）浇筑混凝土

10.2.3　安全性研究

对于一个位于数百米高空、集成了各类设备设施、有数百人同时作业的载体，必须研发专门的全方位智能监控系统，实时监控平台运行状态，确保运行安全。

1. 集成平台监控内容

监控重点包含两方面内容，其一是监测，其二是控制。其主要完成的功能如下：

1）通过监测信息展示集成平台的相关参数及运行状态，并对危险情况进行预警；

2）基于监测信息对比集成平台计算结果判断集成平台的状态，同时对集成平台的堆载、不同步顶升、异常荷载等情况进行相应调整，确保集成平台运行与设计状态一致；

3）当集成平台状态异常时，基于预警值的位置与大小，及时查看平台风险并制订整改措施。

2. 集成平台监控要求

1）监测要做到全面、实时，同时要适应施工现场的需求。集成平台的形状、应变、外力作用、局部机构的动作都会影响平台的正常使用，这些信息均需要监测。传感器采样频率要高，抗干扰能力要强。数据传输要及时可靠，免受现场焊接、污染、雨淋等干扰。

2）控制要做到及时、高效。必须开发专门的软件平台对监测数据进行收集、整理及展示，并具备预警及联动功能。监测软件预警要同时包括声音、图像预警，预警信息应及时反映异常位置及异常数据供监控人员参考。要研究异常情况下的反应流程及应急预案，确保监控人员快速反应，及时调整。

10.2.3.1　安全监控系统研究

1. 系统组成及主要功能

根据工程的需要，我们自主研发了国内首例集成平台安全监控系统，运行界面如图 10.2-35所示。系统通过各种类型的传感器对平台的运行状态数据进行采集，根据监测数据判断集成平台的运行是否安全，系统具有采样频率高、抗干扰能力强、运行平稳等特点。系统由硬件部分和软件部分组成，两者协同工作，共同实现系统的各项功能。系统设计、安装时以安全、可靠为原则，具有采样频率高、抗干扰能力强、运行平稳等特点，为平台的正常运转发挥保障作用。

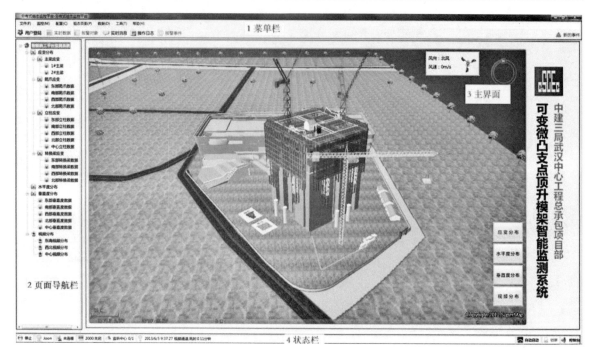

图 10.2-35　集成平台安全监控系统运行界面

硬件部分主要由传感器、数据解调设备、数据处理终端组成。传感器负责感应测点处的物理量变化，由光纤光栅式传感器、电阻式传感器、振弦式传感器等多种传感器组成；数据解调设备主要负责采集传感器的信号，由光纤光栅解调仪、电阻箱等多种解调设备组成；数据处理终端，将解调设备送来的信息进行处理，转换成需要的形式，并进行报警等处理，主要设备包括电脑主机、软件等。

根据前期的计算结果以及工程经验，主要监控内容包括表观监控、应变监控、水平度监控、垂直度监控、气象（风速）监控以及风压监控。其中：① 表观监控，通过摄像机监测箱梁牛腿和挂爪是否到位；② 应力应变监控，通过应力计监控集成平台重要部位的受力情况，主要包含主梁、立柱、转换梁、挂爪四部分；③ 水平度监控，通过静力水准仪监控施工平台的水平度；④ 垂直度监控，通过倾角仪监控立柱的垂直度；⑤ 气象监控，通过气象单元监控平台位置处的风速风向；⑥ 风压监控，通过风压传感器监控平台表面的风压。

安全监控系统还包括电源（ups）、数据线、电源线、网络设备等一些附属设备。系统还可根据需要配备远程综合管理终端，远程终端可通过网络登录到安全监控系统软件，查阅相关数据，并发出管理指令。集成平台安全监控系统示意如图 10.2-36 所示。

平台监控系统对平台的监测其实就是一个数据不断进行采集和分析的过程。传感器将应变、位移等信息转化为光、电等易采集的模拟信号；解调设备对模拟信号进行采样和处理，将模拟信号转化为数字信号；数据终端在将数字信号转为位移、应变等物理信息，如图 10.2-37 所示。

监测软件的系统基于 C/S 架构（Client/Server）开发，软件的细节根据具体的工程实际要求略有差别，但是主要还是由数据采集软件、数据库、数据处理软件组成。数据采集软件安装在服务器之上，接收数据解调设备经由网络设备发来的数据，并将数据储存在数据库之中；数据库可以配备专门的服务器，也可安装在数据采集软件所在的服务器；数据处理软件安装数据处理终端之上，从数据库提取数据，对数据进行必要处理，并依据数据做出必要的响应。

根据工程的需要，结合平台的下一步优化，综合监控系统主要需要实现以下四大功能：

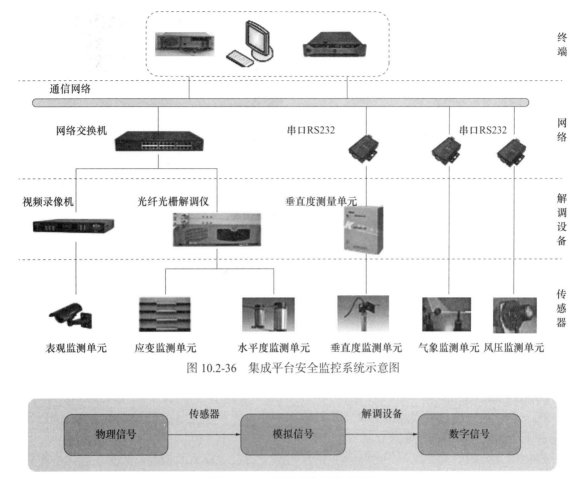

图 10.2-36　集成平台安全监控系统示意图

图 10.2-37　数据采集过程示意图

1）监测信息采集、处理及展示，基于自主研发的监控软件平台，通过对各类监测信号解调和集成处理，实现数据存储、自动分析并以颜色、数字、表格、曲线等多种形式展示，软件提供三维与二维图形相结合的方式可直观、快捷地查询信息。

2）通过监测结果与有限元分析结果比较，结合风速、风压、油缸压力数据，修正分析模型相关参数，改进平台计算方法，确保平台的运行安全。

3）平台异常状态报警及位置、数值提示，平台正常运行时，监控系统后台运行，监测数据超预警值时，声音报警，同时异常数据弹出；鼠标点击异常点查看异常位置及具体数值；作业人员进入具体部位查看，综合分析，制订调整方案或启动应急预案。

4）监控系统与动力系统联动运行，平台顶升过程中，当平整度、应变等监测信息出现异常时，监控系统激发动力系统 PLC 启动自动停机动作。

本章以武汉中心平台为基础，结合武汉绿地中心、华润深圳湾国际商业中心、北京中国尊等项目，重点介绍测点的选择、硬件选择及安装以及软件的开发。

2. 硬件的选择及安装

（1）表观监控单元选择及安装

表观监控是指通过在挂爪和牛腿附近设置摄像机，观察挂爪、伸缩牛腿在顶升过程中是否到位，为了方便看到挂爪和牛腿的情况，每个挂爪和每个牛腿都必须配备专门的摄像机，测点的数量根据集成平台挂爪和支承箱梁的数量确定，其表观测点布置及安装如图 10.2-38 所示。

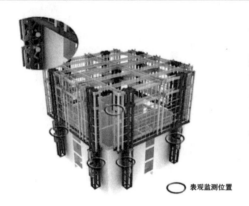

○ 表观监测位置

图 10.2-38　表观测点布置及安装

考虑到平台在夜晚顶升，因此摄像机必须具备夜视能力；同时，为了使摄像机成像清晰，摄像机必须具备调焦的功能，像素应该比较高。考虑到上述要求，选择某品牌 DS-2CC11A5P 摄像机。

视频信号采集后，通过 DVR 视频后台服务器及液晶显示器，将画面集中显示，可按需选择画面。

（2）应力应变监控单元设计与实施

集成平台承受荷载主要通过主梁传递至支承立柱、转换梁，以及各支承点上，因此作为主要承力结构的钢框架主梁、钢框架立柱等需进行强度监控，同时，支承点受力是否平衡关系到结构的安全，通过测量混凝土承力件挂爪处应力变化可以判断支承点是否均衡受力。测点布置以有限元分析计算的结果为依据，选择应力较大的部位。

经有限元分析计算，施工平台顶部主梁在内部支点位置应力及挠度均较大，应力水平较其余部分明显，在关键部位的上下翼缘布置传感器。

支承立柱根部弯矩较大，应力水平较其余部分明显，因此在立柱的腹板处布置传感器。

承力转换梁在中部的受力比较大，因此转换梁的应力监测点布置在转换梁的中部，对称布置在上下翼缘处。

承力件挂爪处应力难以测量，因此通过在各支承点上下支承架的挂爪箱体内对角挂爪的挡块处布置传感器，间接测量混凝土承力件挂爪处应力。施工现场底层传感器在施工过程中容易损坏，应加以防护，尤其是挂爪箱内的传感器更应加强防护。

由于平台施工的周期比较长，并且一些关键节点的应力采集的频率要求比较高，因此要求传感器应该满足寿命长、测试频率高的要求，且施工环境条件比较恶劣，因此要求传感器适应环境的能力强、性能稳定。光纤光栅式传感器具有抗电磁干扰能力强，电绝缘性能好，安全可靠，耐腐蚀，化学性能稳定等特点，适宜于在较恶劣环境中使用。

（3）水平度垂直度监控单元设计与实施

1）水平度监测。钢框架顶部作为施工堆载、施工人员活动区域，可能因堆载不均衡、顶升不同步、意外撞击等原因产生标高上较大差异，结构将产生较大内力，给集成平台安全带来不利的影响，因此需对平台的平整度进行监控。平整度的测点布置在平台的第五层顶部，第五层的中央布置一个，其余测点布置在平台的外围，数量根据需要选择。

水平度测量一般采用静力水准仪。静力水准仪是一种高精度液位系统，在使用中，一系列的传感器容器均采用液管连接，传感器内有一个自由悬重，一旦液位发生变化，悬重的悬浮力即被传感器感应。在多点系统中，所有传感器的垂直位移均相对于其中一点，该点的垂直位移是相对恒定的。按照内部传感器的类型，静力水准仪又可分为光纤光栅式、振弦式等多种类型，为了减少解调设备的种类和投入，静力水准仪应尽量采用与应变传感器相同类型的传感器。

静力水准仪安装后通过自身的调节螺栓做细部调整，通气管及通液管沿镀锌管敷设，并缠绕防火阻燃帆布保护。充液时，应当排除管内的空气和气泡，加液时缓慢不间断加入直至在容器内能看到液体。充液加至悬重一半的位置，作为测量的起点。

2）垂直度监测。集成平台支承立柱高度较高，当有水平位移发生时，附加弯矩较大，可能影响立柱的正常使用，甚至发生危险，为此，对传递竖向荷载的立柱进行垂直度监控。

垂直度数据采用倾角仪，内有1组或2组MEMS（微型机电系统）传感器密封在壳体内部。倾角仪为双轴倾角，内装有2个互成90°的倾斜传感器，可以测两个方向的倾角。

倾角仪设置在钢框架顶部支承立柱位置，测点分布及走线与水平度监控一致。在需要安装垂直度传感器的建筑平面上焊接固定螺钉，固定安装支架，然后将传感器垂直固定在安装支架上。固定时先预固定，然后再调准，并最终用螺栓固定牢固。

（4）气象监控单元设计与实施

集成平台体系在设计时，对风载的考虑为十年一遇。对应八级大风，风速为20m/s，因此应对风速进行监控，当风速大于设计值时，停止施工。风速风向测定使用风速风向仪，布设在平台控制室房顶。安装时以指南针指示方向为基准，将风向传感器的指北针与正北方向一致，锁紧风向传感器的固定螺母。

（5）风压监控单元设计与实施

风压是平台设计时重要的荷载因素，测出平台的实际风压对于平台的优化设计有着重要作用，因此设计出风压监控单元作为气象监控单元的补充。为了准确测出风压，平台的每个垂直面均安装两个传感器，考虑到安装方便，传感器安装在平台堆料平台的两侧。

风压传感器的量程应满足当地最大风力要求，同时由于现场环境恶劣，因此风压传感器的稳定性应该较强。风压传感器采用某公司生产的CY2000系列风压变送器，该传感器选用进口高精度、高稳定性传感器芯片，采用应力隔离技术组装，外表采用高强度耐腐蚀塑料，具有精度高、稳定性好、抗干扰能力强，可与多种设备相匹配，微压补偿线性放大，连续工作时间长，防尘、防水功能良好，体积小巧，安装方便等优点。

（6）数据解调设备及其他设备设计与实施

数据解调设备选择应根据传感器输出的信号类型和数量选择：

1）摄像机输出视频信号，因此需配备专门的视频录像机对信号进行处理，视频录像机对信号处理好将视频经网络交换机传给工控机，直接显示在大液晶屏幕上。视频录像机选用某公司生产的DS-8116HS-ST DVR后台处理设备，该设备支持视频环通输出，无音频输入；支持预览图像与回放图像的电子放大；支持VGA、CVBS、辅口三个独立的本地输出，输出主口可进行菜单操作；支持4路同步回放；支持硬盘盘组管理，不同通道可设定不同的录像保存周期；支持冗余录像。

2）应变传感器和静力水准仪输出光信号，因此需配备光纤光栅解调仪，解调仪对信号采集进行初步处理后直接输出数字信号，经网络交换机传给服务器。

3）倾角仪输出电压信号，因此需配备电压信号采集设备。采集设备选择某公司生产的BGK-MICRO-40型解调设备，解调设备直接输出串口信号，因此需通过串口RS232转换为数字信号，再由交换机传递给服务器。通道数根据传感器的数量选择。

4）风压传感器直接输出电流信号，因此需配备电流信号采集设备。采集设备选择某公司生产的CYD9100型解调设备，解调设备直接输出数字信号，可直接经由交换机直接传递给服务器。通道数根据传感器的数量选择。

5）风速风向仪直接输出串口信号，经由串口 RS232 转换为数字信号，通过网络交换机传递给服务器。

服务器数据处理的速度应与传感器输出的信号量相匹配，由于数据量较大，硬盘空间的应该足够大，同时，服务器的性能应该稳定，能长时间工作，因此服务器选择某公司 PowerEdge R720 型服务器［E5-2603/4GB/1TB（SATA 7.2K 3.5 寸）］，工控机性能参数为：cpu 为 I5，内存为 4G，硬盘为 500G。

数据解调设备、服务器、工控机均布置在平台控制室。平台控制室设置相应的通风和控温设备，保证控制室环境的稳定，保障设备的安全，如图 10.2-39 所示。

图 10.2-39　机柜及控制室

3. 综合监控软件开发

监控系统的系统分层如图 10.2-40 所示，用户前端操作监测平台系统，监控平台通过图形化显示实时监测状态及视频；现场传感器及摄像机通过通信链路回传信号至各子系统系统软件，并实现数据处理，随后上传至数据服务器实现数据的存储，分析以及处理，以及相应的逻辑判断等操作，最终展现给监测平台系统简单明确的结论（数据及状态）。用户可直观通过图形化的数据及状态了解被监测对象的实时状态。

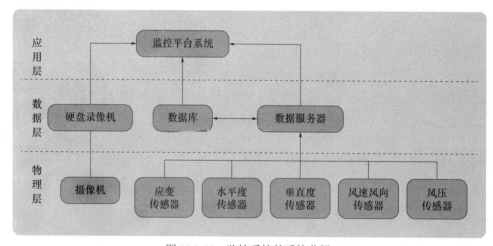

图 10.2-40　监控系统的系统分层

整个软件平台基于 C/S 架构（Client/Server 即客户机／服务器），它是软件系统体系结构，通过它可以充分利用两端硬件环境的优势，将任务合理分配到 Client 端和 Server 端来实现，降低系统的通信开销。C/S 结构的基本原则是将计算机应用任务分解成多个子任务，由多台计算机分工完成，即采用"功能分布"原则。平台智能综合监控系统中，服务器为服务器端，而工控机为客户机端。工控机完成数据处理，数据表示以及用户接口功能；服务器完成 DBMS（数据库管理系统）的核心功能。

软件平台系统的 C/S 架构及监控系统软件核心框架如图 10.2-41 所示，由数据库管理模块、分布式组件库、通信协议模块、报警数据管理模块四大模块部分组成。分布式组件库根据需求定制页面，用图形虚拟化的方式提供全面直观的现场情况；数据库管理模块对实时数据保存、历史数据查询；通信协议模块用于客服端软件和前置服务器之间的协议通信，实时数据请求和响应，报警事件主动上传；报警数据管理模块，根据实时数据以及报警信息设置触发报警值和解除报警值。

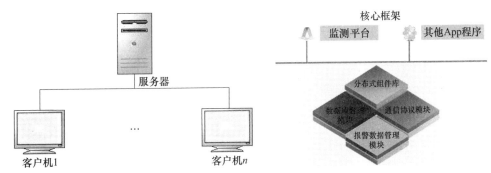

图 10.2-41　C/S 架构示意图与监控系统软件核心框架

通过通信协议模块及报警数据管理模块，实现外围应用程序与监控平台间的数据交互，实现对现场实时状态的监测，模块关系如图 10.2-42 所示。基于同一套通信规约，报警逻辑以及组件及数据库，系统可有效地扩展多种外围应用程序。

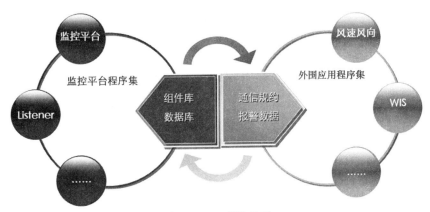

图 10.2-42　模块关系

外围应用程序集由应变分析及处理子系统（WIS）、风速风向处理子系统、垂直度分析处理子系统、风压处理子系统、视频监测子系统组成：

（1）应变分析及处理子系统（WIS）：实现光纤光栅应变监测及分析，以及水平度监测，通过数据处理和分析，将复杂光信号转化为标准数据流并上传至数据服务器中，由数据服务器分析并判断其监测对象状态。

（2）风速风向处理子系统：实现对风速风向的监测，风速单位为"m/s"，风向单位为"°"，数据传输基于标准 RS-485 通信结构，系统将直接上传至数据服务器。

（3）垂直度分析处理子系统：基于光栅的垂直度监测传感器，通过对复杂光信号的分析及处理，计算出垂直度监测结果，并将测量结果上传至数据服务器中，由数据服务器分析并判断其监测对象状态。

（4）风压处理子系统：实现对风压的监测，风压单位为"kPa"，数据传输基于标准 RS-485

通信结构，系统将直接上传至数据服务器。

（5）视频监测子系统：可通过连接硬盘录像机实现视频的直接显示，也可通过以太网访问硬盘录像机实现视频的远端播放和显示，系统使用摄像机为固定式枪机，可实现视频的定点监测。

C# 是微软公司发布的一种面向对象的、运行于 .NET Framework 之上的高级程序设计语言。C# 由 C 和 C++ 衍生出来的面向对象的编程语言，它在继承 C 和 C++ 强大功能的同时去掉了一些复杂特性，综合了 VB 简单的可视化操作和 C++ 的高运行效率，具有强大的操作能力、优雅的语法风格、创新的语言特性和便捷的面向组件编程等优点。本系统采用 C# 语言进行开发。

10.2.3.2 安全监控系统应用

在安全监控系统的实际应用中，系统通过数据采集和处理、分析对比及计算、综合监控预警及处理、综合监控系统与动力系统联动四大功能来实现整个监控系统的作用，从而确保架体的安全性。

1. 数据采集和处理

数据采集、处理和展示的实现由于软件的结构不同而略有差别，按照软件的载体划分，可分为数据解调设备端软件、服务器端软件和客户端软件。数据解调设备端软件负责发送数据，服务器端软件完成数据的采集和初步处理，客户端软件则完成数据的进一步加工和最终的展示。数据采集、处理和展示流程如图 10.2-43 所示。

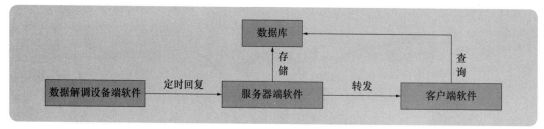

图 10.2-43　数据采集、处理和展示流程图

监控系统主界面为平台的三维模型，平台正常运行时，主界面无数据，但是当传感器的数值出现异常时，主界面会弹出数据异常传感器的编号，点击编号就可快速查询传感器的详细信息，为了展现更多的信息量，当主界面处于静止状态时，模型会不停地旋转，全面展示平台的工作状态；传感器类别界面主要展示一类传感器的信息，由于画面的限制，该界面只显示传感器的实时值，实时值的数值以颜色区分，不同颜色代表不同的状态；传感器位置类别界面主要展示一类传感器某些位置的信息，如东部转换梁传感器，界面数字加颜色的形式展现传感器的实时值，以曲线的形式表示该传感器一段时间内的变化。

2. 分析对比及计算

通过对智能综合监控系统监测数据的分析、处理，形成了一定的分析结果。

1）应力应变的监测

应力应变监测数据为后续集成平台设计时截面优化提供了参考，通过应力应变历史数据，可以得出集成平台主要受力构件的最大应力应变水平、平均应力应变水平等关键信息。若实际最大值较小，则表示截面选取过于保守，有一定优化空间，进而可减小集成平台整体重量；若实际最大值较大，且出现频率较高，则截面选取过小，安全系数不足，需要在后续设计过程中予以考虑。

以立柱的应力为例对有限元和实测值进行对比分析。图 10.2-44 为立柱在设计荷载作用下的应力分布及部分立柱测点的实测值。对比有限元计算结果和应力实测值，可以看出测点的实际应力均小于有限元计算结果，说明设计偏安全。立柱采用 Q345 钢，实测的应力均小于结构的极限应力，单纯从应力的角度来说，结构还有一定的优化空间。

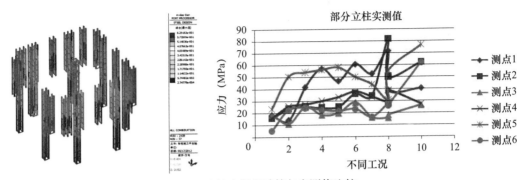

图 10.2-44　立柱有限元计算与实测值比较

2）风速、风压等监测数据

通过采集不同部位、不同高度下的风速、风压数据，为集成平台设计过程中风荷载取值、计算提供参考。

如图 10.2-45 所示为某项目一段时间内实测的风速和风压的数据，除了个别点可能由于撞击等因素导致突变，风压基本稳定在 0.05kPa 以内，与武汉地区规定基础风压相去较远，但是考虑到在施工期间武汉地区未出现大风天气，而基础风压按照 50 年一遇的标准，因此按照基础风压也较合理。考虑到平台为施工临时结构，当风压为平台设计的控制因素时，可适当降低风压的取值，施工时采取必要的管理措施，降低风险。

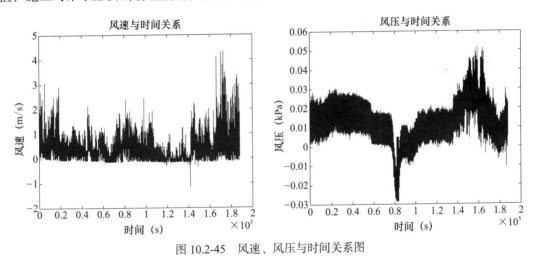

图 10.2-45　风速、风压与时间关系图

3）平整度、垂直度等监测数据

平整度和垂直度监测均是测平台的变形。水平度是一个相对垂直位移的概念，即测点垂直位移相对于参考点垂直位移的差值；结构垂直度反映的是立柱的偏转，经过处理，可以转为平台立柱水平方向的位移。垂直度极大影响着外围立柱的受力状况，平整度对挂架的受力有极大的影响。

以水平度为例对有限元和实测值进行对比分析，如图 10.2-46 所示，平台在设计荷载作用下的整体位移与部分测点的垂直位移进行对比，可以看出测点的位移均小于有限元计算结果，说明设计偏安全。测点的垂直位移均小于规范限值，从位移的角度来说，部分构件具有一定的优化空间。

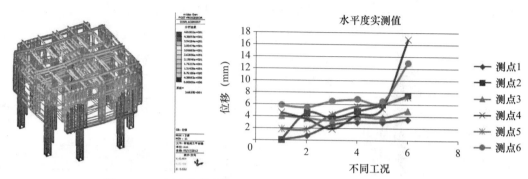

图 10.2-46　平台整体变形有限元计算及水平度实测值比较

3. 综合监控预警及处理

安全监控系统最重要的一个作用是保证平台运行的安全，因此实现预警功能是监控系统核心的功能。软件综合监控预警功能主要是通过报警数据管理模块实现的，报警数据管理模块主要是运行在服务器端，报警数据管理模块将实时值与报警值相对比，判断出报警的级别，然后将报警数据保存在数据库，并将报警数据转发给客服端软件，客户端软件根据报警数据做出响应。

客服端软件响应的方式主要有以下四种：① 软件主界面会弹出数据异常传感器的编号，点击该编号，就可以快速获取传感器的实时数值、位置以及其历史曲线等信息；② 软件还会根据传感器报警的级别，给传感器的实时值涂上不同的颜色，绿色为安全，蓝色为提示，黄色为预警，红色为报警；③ 客服端软件会根据报警的级别，发出不同的声音；④ 客服端软件还会向指定的电话号码发送报警的短信。

监控预警功能是保证集成平台运行安全关键，具体实施时将集成平台使用工况分为静态服役、上支承架动态顶升、下支承架动态顶升、框架动态伸缩四种状态，每种状态下的危险工况、监测诉求和问题处理手段不尽相同。

1）静态服役

静态服役状态是集成平台的常态，时间占了 80% 以上，此状态下顶模上施工人员、施工荷载均处于最大状态，因此这个状态下各项监测内容均需要密切关注，尤其是应力应变，一旦平台堆载等引起结构受力超限，就立即将预警信息发送至顶升负责人处，由顶升负责人组织人员立即查找问题根源，并由生产经理指挥处理，及时消除问题，并及时总结，以免类似问题重复出现，如图 10.2-47 所示。

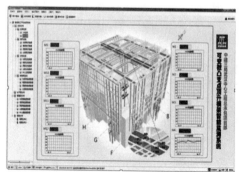

图 10.2-47　静态服役状态关键数据监控

2）上支承架动态顶升

此阶段是集成平台危险状态之一，所有荷载均由下支承架承担，且动力系统处于工作状态，此阶段顶升小组配合智能监控系统，在每个支承系统处分配管理人员监督，一旦集成平台出现危险情况，首先由控制室内顶升负责人发出指令，立即组织相应位置监督管理人员进行问题排查，并做好记录；实施过程中，当预警处于预设高等级状态，智能监控系统将反控动力系统，并立即关闭动力系统，此时顶升负责人组织人员进行问题逐一排查，所有问题全部解决后方能重新启动电机，继续顶升操作。

此状态具体危险情况有：支承系统不同步，相互间相差较大，导致局部位置压力过大；动力系统故障；下支承架处微凸支点开裂。其中微凸支点开裂需在刚下支承架完全承力且挂爪还未翻动之前监控，其主要原因有局部荷载过大、顶升路径受障碍物影响导致压力增大以及凸点混凝土承力不足等，若是因为混凝土承力不足引起，应立即停止顶升，采取加固措施后，将上支承架回缩共同承力，并等待混凝土强度达到要求后才能继续顶升，如图10.2-48所示。

3）下支承架动态提升

此状态下所有荷载由上支承架承担，须对上支承架微凸支点进行严密监控，危险情况原因及处理措施与顶升时下支承架类似，同时需监控下支承架提升路径上障碍物阻挡，保障下支承架能够自由运行，出现预警情况及时停止，检查并清理障碍物，如图10.2-49所示。

4）框架动态伸缩

框架动态伸缩时，微凸支点由于外框架整体中心变化，受力会出现重新分布情况，同时为了避免伸缩框架与其相对的框架产生面外的不利作用。因此，监控系统应密切关注应力应变变化及钢平台主梁荷载情况，同时集成平台采用了一些临时措施，临时措施会对墙体产生一定作用，因此还需监控墙体受力变化情况，如图10.2-50所示。

智能监控系统的健康状况监控功能在每个状态下都需要监控微凸支点处主体结构受力情况，实施过程中，一方面根据试块试验确定混凝土养护强度，另一方面通过现场监控数据积累实际经验，对微凸支点处混凝土的强度进行预估，以保证集成平台安全。

图 10.2-48　上支承架顶升状态

图 10.2-49　下支承架动态提升

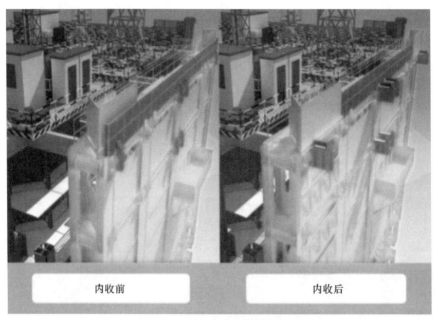

图 10.2-50　框架动态伸缩

10.2.4　适应性研究

集成平台的高适应性研究包括支承架适应性研究和钢框架适应性研究。

10.2.4.1　支承架适应性研究

1. 自动咬合机构

（1）自动咬合

设计研究自动咬合机构，即通过支承架挂爪箱的可翻转挂爪及承力件楔形爪靴的共同作用，支承架可自动咬合、脱离承力件，提升支承系统运行的自动化水平。支承系统运行过程中，支承架挂爪与承力件爪靴自动咬合动作详解如图 10.2-51 所示。

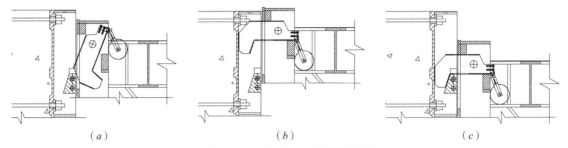

（a）　　　　　　　　　　（b）　　　　　　　　　　（c）

图 10.2-51　自动咬合流程示意图

（a）挂爪向上运动越过障碍物，在配重作用下，挂爪从爪箱内顺时针旋转出来；
（b）挂爪完全越过爪靴，在配重作用下顺时针旋转至水平位置；
（c）支承架逐渐回落，挂爪自动就位至预定位置，与爪靴紧密咬合

（2）误差适应

挂爪与爪靴咬合过程中，由于施工误差、平台微小变形，挂爪在就位时可能出现垂直于墙面、平行于墙面两个方向的水平偏差，而支承架、承力件均为机加工制品，精度高，故放宽爪靴咬合槽口宽度（放宽 15mm），当挂爪就位出现偏差时，仍可紧密咬合传力，如图 10.2-52 所示。

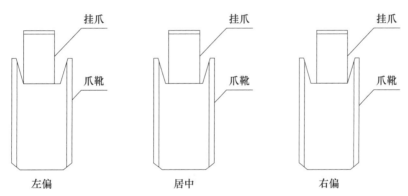

左偏　　　　　　　　居中　　　　　　　　右偏

图 10.2-52　挂爪与爪靴咬合示意图

另外，通过承力件爪靴两个方向斜面的设计，挂爪在往下咬合就位过程中，在竖向力作用下，会沿着爪靴的斜面滑移，带动支承架就位至设计位置。

通过挂爪与爪靴斜面 1 的斜向滑动，可自动调节支承架平行于墙方向的水平位置；通过挂爪与爪靴斜面 2 的斜向滑动，可自动调节支承架垂直于墙方向的水平位置。

2. 斜爬机构

（1）斜爬机构设计

针对核心筒墙体发生向内倾斜变化时，为适应斜墙爬升，将支承架设计为可变角度机构，利用爪箱以支承架底部销轴为轴做开合运动实现倾斜和垂直角度变化。为适应这种倾斜墙体爬升方式，在支承架角度可变设计、支承架顶升与提升就位方式、承力件埋设方式、爬升规划、结构施工方式进行了研究。

设计研究支承架斜爬机构，将支承架挂爪箱设计为可翻转结构，使支承架能改变挂爪箱角度，解决墙体倾斜的问题。支承架底部与爪箱连接位置设置旋转销轴，支承架顶部设置定位销轴。以旋转销轴为圆心，通过调整定位销轴位置完成爪箱倾斜，如图 10.2-53 所示。

图 10.2-53　可变角度支承架结构形式及角度调整示意图

（2）斜爬机构试验

1）试验概况。试验通过 1∶1 模型来模拟真实情况下斜爬机构运行情况及支承架受力情况，试验主要内容为：斜爬机构的可行性、承力件及支承架应力情况、支承架位移情况。

平台支承系统在施工中受钢框柱传来的荷载作用，在模拟加载时，忽略荷载的作用方式，通过液压加载设备对试验模型进行加载。为验证斜爬机构可行性，设计出可固定倾斜承力件的反力架，将支承架悬挂于反力架顶部，进行支承架爪箱角度调整、支承架挂爪平移咬合承力件的动作试验。支承架挂爪咬合承力件后，通过反力架及支承架之间的千斤顶对支承架进行加载，加载试验如图 10.2-54 所示。

图 10.2-54　斜爬支承架试验模型

2）测点布置

① 应变测点。爪箱及挂爪的应变测点如图 10.2-55 所示，其中应变测点 1、7、3、4、5、6 贴直角应变花，应变测点 2 在竖直方向贴单轴应变片，应变测试点 8、11、13 在水平方向贴单轴应变片。

支承架的应变测点如图 10.2-55 所示，其中应变测试点 14、16 贴直角应变花，应变测试点 15 在水平方向贴单轴应变片、应变测试点 17 在竖直方向贴单轴应变片。

② 位移测点。支撑架位移测点如图 10.2-56 所示。

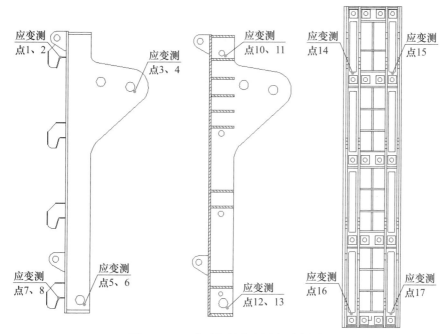

图 10.2-55　支承架的应变测点示意图

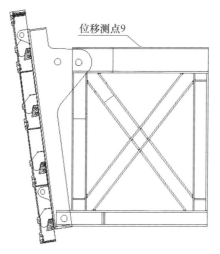

图 10.2-56　支承架位移测点示意图

3）试验结果。支承架斜爬机构可完成爪箱角度变化动作，可完成与倾斜状态的承力件咬合动作，斜爬机构可行；

挂爪最大应变发生在测点 1，该测点的最大应变为 928με（应力为 196.736MPa）；爪箱最大应变发生在测点 12，该测点的最大应变为 233με（应力为 47.998MPa）；

承力件最大应变发生在测点 14，该测点的最大应变为 705με（应力为 145.23MPa）；

支承架最大位移值为 11.77mm；

通过试验，验证了支承架斜爬机构的可行性及受力性能，端部爪箱以支承架底部销轴为轴可做旋转运动实现倾斜和垂直角度变化。

3. 滑移机构

为适应核心筒墙体内收、外扩变化，设计研究滑移机构，当墙体小幅度变化时（50~200mm变化），通过滑移机构，集成平台支承架可垂直于墙面水平滑动，保证其与承力件咬合传力；当墙体变化积累到一定程度时（一般为 0.5m），通过滑移机构，集成平台框架可整体垂直于墙体滑动，即完成集成平台的整体内收、外扩。

（1）滑移机构设计

滑移机构由滑移支座和千斤顶组成，滑移支座在接触面上设置镜面不锈钢板和聚四氟乙烯来减小摩阻力，千斤顶则为结构的移动提供动力，根据计算采用 20t 液压千斤顶。上支承架滑移支座设置在分担梁与钢支架之间，下支承架滑移支座设置在顶升油缸与钢支架之间。滑移机构如图 10.2-57 所示。

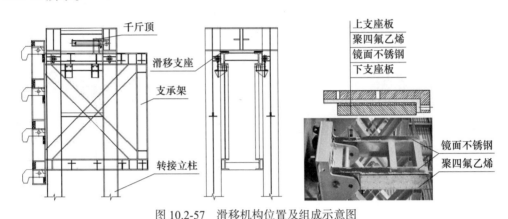

图 10.2-57　滑移机构位置及组成示意图

滑移支座的上支座板附在分担梁、顶升油缸托盘的下表面，下支座板附在上、下支承架的上横杆的顶面。滑移支座组成中，聚四氟乙烯板与上支座板固定，镜面不锈钢与下支座板固定，两者挤压，相互滑动。

（2）滑移过程

1）支承架滑动。当支承架支承处的墙面小幅度内收时，平台顶升作业完成后，下支承架单独承载，上支承架挂在转接立柱分担梁下部尚未受力，此时，以转接立柱分担梁为反力点，通过伸出安装在上支承架与分担梁（分段梁与结构连接为一个整体）之间的千斤顶（图 10.2-58），推动上支承架水平移动以靠近墙体，就位后，挂爪与楔形爪靴咬合固定。当支承架支承处的墙面小幅度外扩时，则预先通过千斤顶将上支承架推离墙面，再进行平台顶升作业。

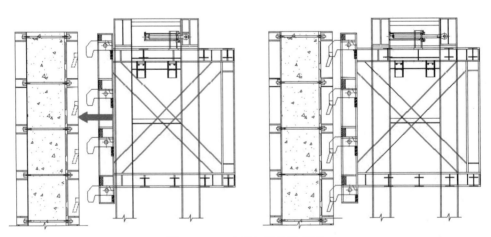

图 10.2-58　支承架滑移示意图

同理，在平台顶升油缸提升下支承架时，上支承架单独承载，下支承架挂在顶升油缸托盘下部尚未受力，千斤顶以转接立柱为反力点，可推动下支承架垂直于墙面水平滑动。

2）转接立柱滑动。当墙体小幅内收变化积累到一定程度后，转接立柱离墙面过远，对支承架受力不利，此时需要运用支承系统的滑移机构，并配合钢框架的伸缩机构，将转接立柱水平推向墙体，即完成平台整体内收。

此时，上、下支承架均承载，其挂爪与承力件爪靴咬合固定，配合钢框架的伸缩机构，通过千斤顶作用，将转接立柱缓缓水平推向墙体，转接立柱滑动的过程与平台钢框架整体伸缩的过程同步，如图 10.2-59 所示。

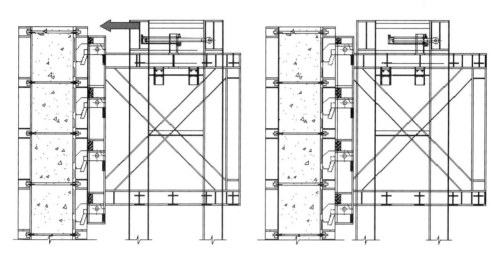

图 10.2-59　转接立柱滑移示意图

4. 调平装置

核心筒墙体施工误差可能导致单个承力件轻微倾斜，会导致支承架挂爪与承力件咬合就位后，上支承架顶面不平，转接立柱分担梁压在上支承架顶面时，无法均匀传递荷载，会导致局部压应力过大或产生大的附加弯矩内力。另外，承力件整体水平度存在施工误差，会导致支承架整体水平度偏差，支承系统受力不均，影响平台整体受力及水平度。

在设计调平装置时，要进行支承系统局部调平及平台整体调平，均衡平台荷载，提高支承系统对于现场施工误差的适应性。

（1）调平装置设计

对集成平台支承系统的工作原理及承载原理进行分析，利用转接立柱分担梁与上支承架顶部之间的空隙来设计调平装置。考虑分担梁传递给支承架的竖向荷载大小（300t），选用高承载能力的碟形弹簧组进行调平装置设计。

调平装置由上下盖板、导向轴、碟形弹簧等组成，长 1.8m、宽 1.2m、高 0.25m。导向轴固定于下盖板，蝶形弹簧套在导向轴外围，可延导向轴伸缩变形，蝶形弹簧 3×3 排列，共 9 组，单组碟簧变形 2t/mm。上盖板整体压在下盖板上，四周通过侧板相互限制水平移动，侧板开竖向长圆孔，使得上、下盖板可相对竖向运动。当上盖板受压时，压力传递给碟形弹簧，碟形弹簧压缩变形，压力传递给下盖板，再传递给上支承架上横杆，当调平装置受 300t 竖向荷载时，装置整体压缩变形 20mm。调平装置如图 10.2-60、图 10.2-61 所示。

调平装置局部调平原理：当上支承架顶面不平时，上支承架顶面高的部位距分担梁近，局部压力大，碟簧压缩变形就大；上支承架顶面低的部位距分担梁远，局部压力小，碟簧压缩变形就小，通过碟簧的不均匀变形，可减小上支承架顶面不平对分担梁水平度的影响，从而保证了转接立柱顶面的水平度，达到支承系统局部调平效果。局部调平示意如图 10.2-62 所示。

调平装置整体调平原理：当整个集成平台的承力件水平度出现偏差时，上支承架整体水平度随之出现偏差，此时，每个集成平台支点处的调平装置协同作用，构成整个平台的调平装置，上支承架偏高的位置，调平装置压缩量大，上支承架偏低的位置，调平装置压缩量小，从而减小上支承架整体水平度偏差对平台整体水平度的影响，达到平台整体调平效果。整体调平示意如图 10.2-63 所示。

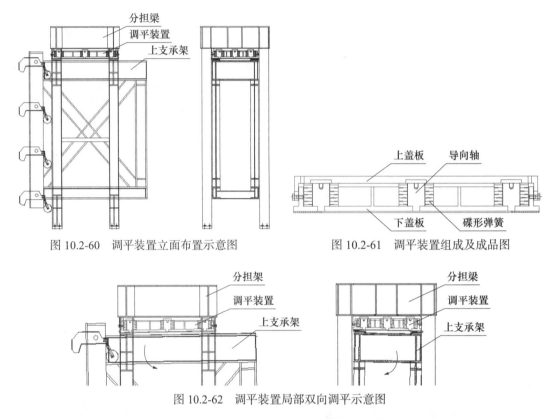

图 10.2-60　调平装置立面布置示意图　　　图 10.2-61　调平装置组成及成品图

图 10.2-62　调平装置局部双向调平示意图

图 10.2-63　调平装置整体调平示意图

10.2.4.2　钢框架适应性研究

由于超高层核心筒结构存在墙体收缩机伸臂桁架牛腿等问题，导致传统模架的外挂架封闭及现场施工受到影响，因此在集成平台的设计中需提高其适应性的需求。针对钢框架系统，主要就核心筒外墙体内缩后钢框架外框向筒内部滑移、伸臂桁架施工段钢框架系统角部开合机构进行了介绍。

1. 开合机构研究及应用

设计研究一种钢框架系统开合机构适应核心筒伸臂桁架牛腿吊装，钢框架系统开合机构根据伸臂桁架的位置进行平面布置，通常设置为外框架梁角部，开合结构的伸缩长度 L 应根据核心筒角部劲性柱的位置以及伸臂桁架外伸牛腿尺寸进行设计，以保障开合机构在底部滑轮上滑动打开时不影响伸臂桁架牛腿的吊装。

立面布置时，开合机构根据外挂架分层设计，各层开合机构可分层或整体开合，伸臂桁架外伸牛腿吊装时，开合机构上部打开，钢牛腿可直接吊装就位。开合机构下部闭合作为工作面进行施工作业。

开合机构为型钢组成的近似长方体的空间框架结构，靠墙一侧设置翻板，打开时可封闭开合机构与核心筒墙体间隙，另一侧设置钢板网，端部设置安全门，保障施工人员安全。开合机构与钢框架之间安装若干个滑轮，减小摩阻力，人工拉动开合机构，逐渐内缩进入框架内部，然后固定，完成开启动作。反过来操作以上步骤，则是开合机构的闭合动作过程，如图 10.2-64 所示。

图 10.2-64　开合机构

2. 伸缩机构研究及应用

超高层核心筒结构的墙厚随高度内缩减薄，这样，核心筒外墙与外墙施工挂架的距离也随之增大，为保证钢框架外架与剪力墙间的安全距离，钢框架体系外架需具有一定可变性，能实现钢框架外架随核心筒剪力墙内收而移动，以保证钢框架外架与核心筒墙体的安全距离，见表 10.2-7。

超高层外墙内缩参数表　　　　　　　　　　　　　　　　　　　　　表 10.2-7

编号	工程名称	核心筒高度（m）	首层墙厚（mm）	顶层墙厚（mm）	内收次数
1	上海环球金融中心	398.625	2100	500	6
2	广州西塔	411.750	2200	600	6
3	天津高银 117 项目	596.200	1400	400	7
4	武汉中心项目	408.500	1200	400	8
5	深圳平安金融中心	554.500	1500	500	4
6	武汉绿地中心	585.700	1000	400	4

设计研究一种钢框架系统伸缩机构适应核心筒外墙收缩减薄情况，以保证钢框架外架与核心筒墙体的安全距离。钢框架系统伸缩机构根据钢框架主梁与钢框架的平面位置进行布置，在外框架与主梁的交界处设置滑移机构，这样能实现钢框架外架作为一个整体，在动力系统作用下，沿钢框架主梁向核心筒内侧滑移。

为实现外框架的滑动功能，在钢框架外框架与主梁相交节点上设置钢框架套梁，主梁穿过套梁，套梁与主梁的接触面上设计聚四氟乙烯板和镜面不锈钢板减阻耐磨板以减小滑动摩擦，同时在主梁与外框间设计千斤顶装置及限位销轴来滑动、固定外框架。在核心筒墙体内缩时，通过千斤顶顶升，以实现整片外框架向核心筒墙体滑动。

10.3 工程应用

超高层建筑施工装备集成平台在沈阳宝能环球金融中心（568m）、武汉绿地中心（475m）和成都绿地中心（468m）进行集成平台相关技术的示范应用。

10.3.1 沈阳宝能环球金融中心

1. 工程简介

沈阳宝能项目 T1 塔楼主体结构高度为 568m，其塔楼地下 5 层，地上为 113 层，总建筑面积约 33.9 万 m^2，地上 32 万 m^2，塔楼外轮廓长宽为 62.5m×62.5m，整体采用劲性混凝土核心筒＋钢结构外框＋桁架加强层结构体系。外框由 8 根日字形巨型柱、7 道环形桁架、4 道伸臂桁架以及巨型斜撑组成。核心筒结构 B3 层到 L15 层为钢板剪力墙，L16 至 L109 层内含劲性钢骨柱，L109 至 ROOF 为塔楼顶部球冠造型（图 10.3-1）。

2. 示范内容

本项目集成平台外形轮廓尺寸约为 36m×36m×25m，平面覆盖面积 1300m^2，共布置有 14 个支承点（1～96 层），整体承载力达 5700t；挂架系统下挂 20m，覆盖 4.5 个标准结构层，提供 9 层施工作业层。本项目施工用的三台大型塔机均与平台进行了集成，分别为 M1280D、ZSL2700 及 ZSL1150，其中 M1280D 及 ZSL2700 塔机是目前房屋建筑领域用到的最大型号塔机，倾覆力矩达 2700t·m，如图 10.3-2 所示。

图 10.3-1 T1 塔楼概况

图 10.3-2 沈阳宝能集成平台

3. 示范效果

沈阳宝能环球金融中心项目的施工平台集成了一台 M1280D、一台 ZSL2700 和一台 ZSL1150，塔机与集成平台共用支撑，随集成平台一起顶升，避免了塔机自爬升时预埋埋件、焊接牛腿、倒运钢梁等复杂爬升工艺，节约工期，规避了塔机自爬升时的安全风险，减少预埋件和钢牛腿的投入和焊接，节约资源，无污染。

10.3.2　武汉绿地中心

1. 工程简介

武汉绿地中心主楼地下室 6 层，地上 90 层，建筑面积 80059m²，建筑高度为 475m，主塔楼外观呈流线型，建筑平面向上至 35 层逐层放大，然后向塔顶收缩。建筑面积 302399m²，占地面积约 1.3 万 m²。

主塔楼结构形式为钢骨混凝土核心筒＋伸臂桁架＋钢骨巨柱结构体系，基础为桩筏基础，筏板厚度 5m。塔楼共设置 4 道钢外伸臂桁架将巨柱与核心筒相连，并在高度方向沿建筑周边布置 10 道环带桁架，以最大限度地发挥结构效率，如图 10.3-3～10.3-5 所示。

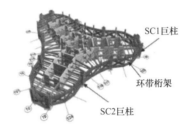

图 10.3-3　环带桁架层钢结构示意图

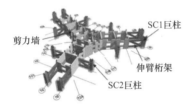

图 10.3-4　主塔楼效果图　　图 10.3-5　伸臂桁架层钢结构示意图

2. 示范内容

武汉绿地中心集成平台由钢结构系统，支撑与顶升系统（含支撑立柱、液压千斤顶等），模板系统，挂架系统及附属设施系统组成，如图 10.3-6 所示。钢结构系统由加强桁架、一级桁架、二级桁架、三级桁架、立柱及面外撑杆等组成，平面上呈单边长约 24m 的"Y"形，立面上钢结构高 4 个半标准层高，钢结构顶部桁架平台高 2.5m。钢结构通过支撑与顶升系统支撑在核心筒剪力墙外墙上。钢结构作为整个顶升模架的承力骨架，同时也是施工作业的操作面，为钢架绑扎、混凝土浇筑、混凝土养护以及平台控制等提供作业空间。

图 10.3-6　武汉绿地中心集成平台

3. 示范效果

武汉绿地中心项目的施工平台集成了一台 ZSL380 塔机，塔机采用自立式基础直接固定在集成平台上，随集成平台一起顶升，规避了塔机自爬升时的安全风险，减少预埋件和钢牛腿的投入和焊接。

10.3.3　成都绿地中心

1. 工程简介

绿地中心 468 项目位于成都市东部新城文化创意产业综合功能区内的核心区。T1 地上 101 层，建筑高度为 468m，建筑面积 194633.57m²。T1 塔楼结构高度 452m，结构采用巨形外斜撑框架＋外伸臂桁架＋核心筒混合结构。核心筒在 50～61 层斜向内收 3m；外立面呈不规则花瓣型随高度增加逐渐内收，16 根劲性混凝土外框柱整体倾斜并呈折线形内收，如图 10.3-7 所示。

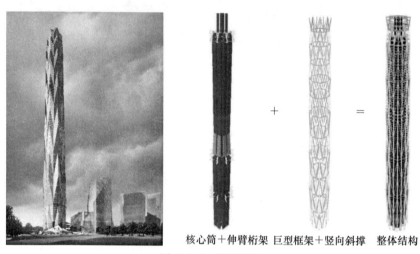

核心筒＋伸臂桁架　巨型框架＋竖向斜撑　整体结构

图 10.3-7　塔楼概况

2. 示范内容

根据项目需要，本项目施工平台智能在线监测系统由视频表观监测系统、结构健康监测子系统（应力应变监测、水平度监测）、气象监测子系统等组成。通过传感器及服务器采集、传输、储存数据，通过处理器对数据进行处理，最终通过显示终端实时显示监测情况并预警，如图 10.3-8～图 10.3-12 所示。

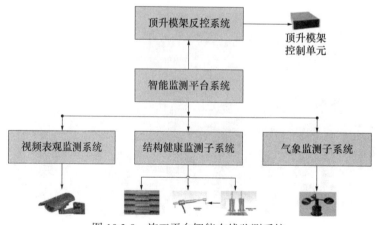

图 10.3-8　施工平台智能在线监测系统

图 10.3-9　登录界面图

图 10.3-10　3D 监控主界面

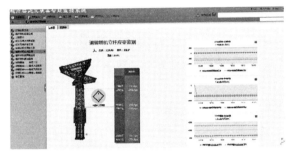

图 10.3-11　应变监测界面

图 10.3-12　视频监控界面

3. 示范效果

结合项目特点，在成都绿地 468 项目实施了施工平台智能在线监测系统，在低位顶模和回转塔机上安装了摄像机、水准仪、应变计、风速风向仪等测试单元，实现了施工平台状态全方位的监测。开发了综合监测软件，软件基于 B/S 架构和组态模式，拓展方便、使用便利，具有数据采集处理、报警预警以及项目管理等功能。实现了监测数据采集处理展示、优化改进施工平台、异常状态报警、动力系统反控以及施工平台管理，有效地保障了施工平台的安全。

10.3.4　社会效益

1. 引领行业技术进步

通过施工装备及其工艺的重大创新，显著提升了超高层建筑施工的安全、绿色及工业化水平。技术成果在北京、天津、武汉、深圳、重庆等多个城市的地标建筑中成功应用，引起行业内广泛关注，进行了数十次论坛报告，上百次媒体报道，数千次现场观摩，学习交流人数达数十万人，并多次接待日本、美国、俄罗斯等国外专家参观交流，反响强烈。

2. 推进超高层绿色建造

集成平台采用装配化设计、能耗低、污染少，可周转使用。通过近二十个重大超高层项目实践，减少数千吨建筑垃圾，节省上万吨建筑材料及数亿元成本投入。单个项目节约工期 3～6 个月，有效降低超高层建造对城市交通、噪声、环境等方面的影响。

3. 促进专业人才培养

结合集成平台技术的研发及应用，组织了数百次技术交底及培训，培养了上千名超高层建造装备研发人员及专业技术实施人员，为企业及行业技术进步起到良好的推动作用。

第 11 章　单轨多笼循环运行施工升降机

11.1　概述

1. 技术特点

单轨多笼循环运行施工升降机（简称"循环升降机"）技术，属于土木建筑工程施工领域，主要用于超高层建筑施工过程中的人员和货物的垂直运输。

循环升降机技术创造性地提出在单根导轨架上布置多部梯笼，从而成倍地提高导轨架的利用效率，但是在单根导轨架上同时运行多部梯笼，为了避免相撞，导轨架就需要定义为一侧的方向是上行，另一侧的方向是下行，同侧的梯笼运行方向一致。按照这个思路，导轨架上行侧在顶端就需要换轨到下行侧，导轨架下行侧在底端就需要换轨到上行侧，因此，就需要一种旋转换轨机构来实现梯笼"掉头"的功能，且旋转换轨机构也可以在导轨架的中间段（目标楼层）布置，梯笼在目标楼层完成运载任务后，通过最近的旋转换轨机构实现"掉头"，避免无谓"空跑"，从而提高运载效率。

在实现了旋转换轨循环运行之后，循环升降机要实现多梯笼安全高效运行，就必然需要及时响应不同的乘梯需求，知道梯笼的所处位置、高度、速度及载重量等信息，从而需要有一个集中的调度管理系统——群控调度系统。

为了解决多梯笼同时运行时的供电问题，常规的梯笼随行电缆因会发生缠绕问题而不可用，取而代之的是一种全新的供电方式——无电缆分段供电系统。

多部梯笼循环运行，安全是重中之重，为了确保绝对安全，循环升降机设置了多道安全防线，融合了群控调度系统主动安全控制、额外测距仪安全保证、碰撞紧急断电开关、极限碰撞缓冲吸能等多重安全措施，加上梯笼原有的防坠安全器，共同保证了多梯笼循环运行的绝对安全。

2. 主要创新内容

（1）发明了一种循环运行升降机体系，在单根导轨架上能循环运行多部梯笼，实现单部升降机相比传统运力倍增，且随着建筑物高度的增加而增加，极大地降低成本提高功效。同时，对建筑物（如外墙装修幕墙、内筒结构或正式升降机等）施工预留影响小，相比降低了总工期，节约施工成本。

（2）发明了一种竖向承力附着装置，通过每隔一段高度设置一道竖向附着，将施工升降机导轨架分割成相对独立的若干段，各段的竖向力通过竖向附着分别传递至建筑物，彻底解决了因导轨架搭设高度增加带来的底部标准节壁厚及整体结构自重的增加，理论上导轨架搭设高度不再受限，适应任何高度的超高层建筑。

（3）发明了一种智能旋转换轨机构，其本身构成导轨架的一部分，传力结构上具有多道防线的冗余设计，驱动机构具有结构紧凑传动比大的特点，定位装置具有精度高、安装要求低等特点，旋转电控系统具有适应复杂苛刻施工环境、可靠性高、具备自动检错纠错、高精度定位检测技术及自动化程度高等特点。

（4）发明了一种智能群控调度系统，能对所有梯笼进行集中监控和合理调度管理，最大化发挥新型循环升降机的运行潜能，提高功效，节约成本及资源，同时配备了即插即用式的楼层呼叫系统，适应施工现场恶劣环境，方便安装使用和拆卸。

（5）发明了一种无电缆分段供电技术，替代电缆，并采用690V高压供电，配合对线路进行分段供电，解决超高层施工中的电缆折断及电压降的问题。同时旋转节处开发了旋转不间断供电技术，满足连续同向旋转过程中供电不间断的要求。

（6）发明了一种安全保证系统，能在各种突发状况下，保证梯笼间不发生碰撞，开发多重校验的平层定位装置保证梯笼高度信息准确，开发两条单独供电线路的冗余设计保证供电安全，开发旋转不可动及旋转排他性保证旋转节旋转安全。多重安全保证，防止梯笼在运行过程中出现相互碰撞及由于误操作造成的事故，充分保证了新型升降机的运行安全。

（7）发明了一种适应楼层的微曲线升降机，对超高层外立面适应性高。通过直线段、微曲线段及斜向段的排列组合，适应超高层外立面变化，使得楼层距离升降机综合最近，减小进站平台悬挑长度，节约费用和工期。

11.2　技术内容

单塔多笼循环运行施工升降机新技术的提出是为了克服高层建筑施工需要配置多部施工升降机产生的弊端，其主要研究内容有：高精度旋转换轨技术研究、群控调度技术研究、分段供电技术研究、竖向分段卸载附着技术研究、多级安全保证技术研究、全方位监测技术研究、适应超高层建筑高效施工应用研究。

11.2.1　高精度旋转换轨技术研究

旋转换轨机构承担着梯笼从上行侧换轨到下行侧，以及从下行侧换轨到上行侧的功能，当梯笼运行到旋转换轨机构上时，可以通过旋转180°，从而使梯笼变换轨道，根据旋转换轨机构的功能特点，主要满足以下特点，见表11.2-1。

旋转换轨机构特点　　　　　　　　　　　　　　　　　表11.2-1

结构强度	能够满足梯笼的正常上下运行，在旋转过程中，可以承受梯笼和载重的负载
旋转运动	可以实现连续180°旋转运动
定位精度	旋转换轨机构旋转完成后，导轨、齿条、供电系统等能够精确地对接，满足相关规范要求
动力来源	提供旋转换轨机构的动力
安全保证	判别旋转换轨机构是否旋转到位，并保证梯笼在旋转过程中的安全性
可制造、组装以及维护性	零部件的设计考虑生产工艺，易于制造，便于装配和吊装，并考虑投入使用后的维护方便性

1. 旋转换轨系统的组成及原理

旋转换轨机构主要包含换轨结构、驱动装置、电控系统、旋转换轨供电、精确定位装置，安全插销、防过转装置等，如图11.2-1、图11.2-2所示。

当梯笼运行到旋转换轨机构上时，可通过电机驱动回转驱动使换轨机构旋转180°，梯笼就完成轨道变换。精确定位装置的作用是精确判定旋转换轨机构是否旋转到目标位置，保证旋转换轨机构的旋转精度。

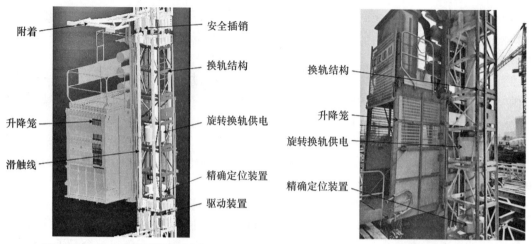

图 11.2-1　旋转换轨机构组成图　　　　　图 11.2-2　旋转换轨机构实物

2. 旋转节机械部分设计

（1）结构组成

旋转换轨机构分为中心固定支撑部分和旋转导轨部分，中心固定支撑部分主要作用是起结构支撑（竖向力的传递）以及为旋转导轨定位。在承受各向荷载的同时，旋转导轨可以沿着中心轴旋转，当旋转 180° 后，一侧的导轨、齿条以及滑触线等就可以转到另一侧，从而改变梯笼的方向，实现梯笼的换轨。

旋转导轨部分是由标准节以及旋转盘组成，中心固定轴是由中心筒和过渡盘组成，具体如图 11.2-3 所示。

梯笼运行到旋转换轨机构部分时，是附着于旋转导轨部分来实现换轨的，如图 11.2-4 所示，而上下的过渡盘和中心固定支撑部分连接在一起，承受上下负载以及和回转驱动固定，为旋转导轨提供旋转中心。

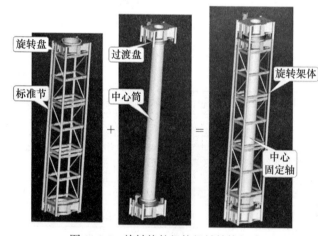
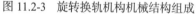

图 11.2-3　旋转换轨机构机械结构组成　　　　图 11.2-4　梯笼与旋转导轨

（2）旋转连接部分

旋转盘和过渡盘上的导轨和齿条分别与标准节上的导轨和齿条精密配合，导轨和齿条的长度也须与旋转盘和过渡盘的高度对应。

旋转盘和过渡盘与标准节的连接依然通过 4 根导轨对接，然后通过 M20 的螺栓固定，齿轮部分通过销轴来定位。

3. 旋转节驱动装置设计

（1）结构组成

旋转换轨机构的中心固定支撑部分和旋转导轨部分是相对旋转的，需要通过驱动装置来连接，而且中心固定支撑部分与旋转导轨部分的连接必须考虑减小摩擦，经调研和对比，选用回转驱动作为两者的连接部分，回转驱动不仅可以包含了减速器，能够节约空间；而且可以依靠回转驱动机构中的回转支承部分起到轴承的作用。

通过伺服电机和减速器来驱动回转驱动，提供足够的驱动力矩，回转驱动的内圈与旋转盘固定，回转驱动的外圈与过渡盘固定，通过回转驱动内外圈的相对运动来实现旋转换轨机构的旋转运动。

下回转驱动通过一级减速器与电机连接，上回转驱动不与减速器和电机连接，只做回转支承使用。

（2）回转驱动

回转驱动由蜗杆、回转支承、壳体、减速电机等部件构成。由于核心部件采用回转支承，因此可以同时承受轴向力、径向力、倾翻力矩。回转驱动装置具有扭矩大、效率高，运行平稳，安装简便、易于维护、节省安装空间的特点。

由于回转驱动本身集成蜗轮蜗杆驱动，而蜗轮蜗杆传动具有较大的速比，能够实现较大扭矩传输，并使得设计结构更加紧凑一体化，更利于使用和维护，同时实现较高的精度传递。

（3）伺服电机和减速器

电机选择伺服电机，满足精度、动态特性、转速设定范围以及防护等级和坚固性等方面的严格要求。

减速器选用一款伞齿轮减速机，具有高双转矩效率、高寿命及高可靠性等特点，回转驱动与减速器和电机连接如图 11.2-5 所示。

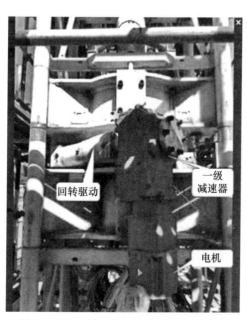

图 11.2-5　回转驱动与减速器和电机连接

4. 旋转节高精度角度定位装置设计

（1）工作原理

当旋转导轨机构通过电机驱动回转驱动而旋转时，当旋转到目标位置（0° 和 180°），需要检测装置检测旋转导轨机构是否旋转到位。而通过在电机尾端固定编码器的测量方法由于传动间隙会造成很大的误差，这在旋转换轨机构中无法满足要求，因此设计了一种齿轮齿圈方案，通过将旋转换轨机构的旋转转换成小齿轮的转动，通过测量小齿轮的转动来计算出换轨机构的转动角度，如图11.2-6所示。

（2）精确定位装置的保护

由于内齿圈与小齿轮的传动是紧密传动，而建筑工地的灰尘污染物一旦进入到传动系统中，将会对定位结果造成误差，因此设计了编码器保护罩来保护精确定位装置，编码器保护罩是固定在中心筒组件结构上，在小齿轮区域，设置了2个亚克力观察罩，每次旋转换轨机构旋转180°时，可以通过亚克力观察罩来观察齿轮啮合的情况以及编码器的工作情况，如图11.2-7所示。

图11.2-6　精确定位装置示意图　　　　图11.2-7　精确定位装置的保护

5. 安全插销设计

（1）旋转锁定插销

当梯笼随着旋转导轨旋转到位后，为了保证旋转导轨和中心支撑承力结构保持位置锁定，旋转导轨与中心支撑承力结构不会发生相对旋转作用，设置安全插销，提供旋转锁定的作用，如图11.2-8所示。

图11.2-8　旋转锁定插销

当旋转导轨旋转到目标位置后，旋转锁定插销才开始动作，只有在收到插销动作伸出动作完成的信号后，梯笼才允许上下运行。

（2）旋转防坠插销

当梯笼处于旋转换轨机构上，电控系统控制换轨机构旋转时，为了保证梯笼在旋转过程的安全性，设置安全插销，提供旋转防坠的作用。旋转防坠安全插销机构暗转于梯笼内部，当电控系统发出命令后，旋转防坠安全插销机构作用，使梯笼固定于旋转导轨上，保证梯笼和操作人员的安全性，旋转防坠安全插销对应的定位孔是固定于旋转换轨机构的标准节上，如图 11.2-9 所示。

梯笼旋转锁定插销　　　　　插销定位孔

图 11.2-9　旋转防坠插销

6. 旋转节电控系统设计

（1）控制原理及组成

旋转控制系统接收来自人工操作的按键信号或接收来自综合控制室的远程指令信号，结合各个传感器的输入信号，通过一定的逻辑计算，执行特定的旋转动作，完成旋转节的旋转换轨功能。主要包括以下几个部分：PLC 控制器，伺服电机及电机驱动器，齿轮齿圈装置，旋转角度检测传感器，旋转节特定位置检测传感器，梯笼左右方位检测传感器，旋转节旋转时梯笼不间断供电装置，旋转节旋转锁定装置。PLC 控制器是整个系统的计算处理中心；伺服电机和电机驱动器为旋转节转动提供旋转动力，齿轮齿圈装置是将外框标准节的绕中心轴旋转换成齿轮的自我旋转，方便安装角度检测传感器；角度检测传感器实时记录旋转节转过的角度，是旋转定位的直接检测元件。旋转节特定位置检测传感器包括旋转方位区分开关和旋转节对齐开关，前者用于区分旋转节的两个旋转半周，后者用于校验检测旋转节是否对齐到位。梯笼左右方位检测传感器是为了检测附着在旋转节上的梯笼是处在左侧轨道还是右侧轨道。旋转节旋转时梯笼不间断供电装置是为了梯笼经过旋转节时，保证梯笼供电不间断。旋转节旋转锁定装置是旋转节对齐到位后的机电连锁装置，防止旋转对齐到位后因不可预测的误操作导致旋转节意外旋转。

旋转换轨过程：当某一梯笼需要通过旋转节旋转换轨时，司机首先将梯笼准确地停靠在旋转节位置，并将梯笼防坠装置上锁，然后，启动旋转换轨操作；旋转控制系统接收到司机的旋转换轨指令之后，根据旋转节当前的位置状态，附着于旋转节上的梯笼左右位置状态，按照设定的程序，驱动伺服电机带动旋转节上的梯笼绕旋转中轴旋转换轨，旋转换轨动作执行完毕之后，升降机司机解除防坠装置，即可重新开动升降机运行。

（2）旋转操作流程

正常状态即旋转节带梯笼正常工作使用时的状态，每次旋转动作完成 180° 旋转换轨。标定状态为设备上电初始或者需要重新标定时而使用的状态，旋转节不带梯笼自转一整圈，电控系统重新找回旋转节机械原点。

7. 旋转换轨机构的布置

考虑到施工到一定高度后，在二次结构、精装、幕墙、机电等单位插入后，会出现中部楼层的垂直运输需求较大，故在导轨架中部也设置旋转换轨机构，梯笼能在此变换轨道，提高效能。

8. 旋转定位技术试验研究

旋转换轨机构在组装完成，调试检查以及运行一段时间后（3个月），就需要对旋转换轨机构的旋转定位进行标定和重复精度测量。由于齿高方向的偏差已在工厂调试好，这个误差可通过对应的齿条进行匹配检查，主要测量齿条的背面阶差和导轨的阶差。

主要通过高度尺测量旋转盘和过渡盘的齿条的背面高差（2面），另外检查四个导轨的偏差，记录下每次测量的数据，尽量使齿条的背面阶差小于0.3mm，导轨的阶差小于0.8mm，如图11.2-10所示。

图 11.2-10　定位精度的测量

若出现偏差超出这个范围，则需要调整控制参数（主要调节旋转加减速的时间），使偏差满足在规定范围之内。

11.2.2　群控调度技术研究

1. 群控调度技术组成及原理

群控调度系统包含1个地面主监控调度站和若干个监控子站（每个梯笼安装一部）和无线通信网络组成。地面主监控调度站是系统的"大脑"，所有一切指令都从地面站发送出去。监控子站接收来自"大脑"的指令，转换成对梯笼（或者司机）的执行动作。无线网络则负责两者的通信，也就是"神经"。

梯笼子站记录梯笼自身的所有状态信息，并将自身状态信息通过无线网络传输到主监控调度站，主监控调度站接收和监测各个梯笼子站的状态，并计算各个梯笼之间的相对距离，根据梯笼之间的相对距离，实现对各个梯笼的安全控制，保证多梯笼在循环运行过程中的安全，如图11.2-11所示。

2. 中央控制室设计

中央控制室主站由主控制PLC柜、UPS电源柜、主控室操作台、显示墙等组成，主控室是整个循环升降机的监控调度和控制中心，主控室可以接收所有楼层呼叫系统的升降机请求信息，也可以实现对任意一个梯笼和旋转节的全功能控制。

主控室具备如下特点：

（1）为了统一通信接口，整个系统全部采用工业以太网进行数据通信，主控室只需一根光纤或一根以太网线就可以实现对外的所有通信。

（2）为了保证主控室PLC控制柜，主干路通信网络和旋转节的电源不因意外断电而中断，主控室还设置了不间断供电电源（UPS）。

（3）为了更直观地显示每个梯笼所在的绝对高度和相对距离，每个旋转节的工作状态，梯笼在旋转节上的旋转换轨情况等，主控室还设置了大尺寸显示墙，显示墙两边显示的是组态软件画面，所有梯笼的绝对高度和相对距离都可以在组态软件上实时动态地一一显示出来，极大地方便了主控室操作员对整个循环升降机运行情况的整体把控；显示墙中间显示的是每个旋转节的实时摄像头监控画面，通过监控画面，操作员可以随时查看每个旋转节的实时工况，梯笼在旋转节旋转换轨的具体状况等。

（4）为了方便主控室操作员对整个循环升降机的整体操控，主控室配备了操作台和操作 PC机，通过 PC 机组态画面，操作员可以查看整个系统的所有状态信息，也可以实现对所有系统的操控，同时，操作台上还设置了全局急停按钮，以便于在紧急情况下主控室操作员将全部设备停止运行。

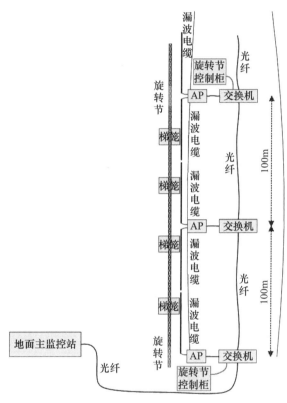

图 11.2-11　群控调度组成原理图

3. 梯笼子站设计

梯笼监控子站由控制 PLC、无线网络、操作面板等组成，梯笼监控子站的任务是：

（1）收集梯笼的所有状态信息，并将梯笼的状态信息通过无线网络发送给主调度站。

（2）接收来自主调度站的控制指令，并执行相应的动作，控制梯笼的运行。

（3）实时测量梯笼上下相邻梯笼的距离，如果相邻梯笼的距离小于设定的最低值，则强制控制梯笼停止运行。

（4）梯笼准确平层到旋转节后，由司机操作面板上的按钮和开关，将旋转换轨指令传达至主调度站，主调度站再控制旋转节完成梯笼的旋转换轨动作。

4. 无线网络设计

由于梯笼处于移动状态，通信方式优先采用无线方式，为了保证通信安全可靠，对比了多种方案后，采用工业无线移动通信网络——漏波电缆。漏波电缆是沿着固定导轨敷设的特殊定向无线发射天线，无线信号沿着漏波电缆的敷设方向延展，这样在整个导轨架高度上形成一个圆柱形的无线网络信号覆盖范围。由于单个工业无线以太网接入点（AP）的覆盖范围有限，整个无线控制网络采用多AP中继的模式实现，电梯梯笼在AP之间自动无缝漫游切换。

无线网络控制柜包括电源设备、光纤交换机、无线接入点（AP）和发射天线——漏波电缆。光纤交换机用于中继主干路工业以太网，并为无线接入点提供信号入口，无线接入点（AP）用于将有线工业以太网转换成无线工业以太网，漏波电缆天线用于提供沿着导轨架全覆盖的无线信号场。

5. 即插即用式智能楼层呼叫系统设计

由于现有的施工升降机呼叫系统只是单向的呼叫，且存在无线发射器数量多，距离太远，容易造成发射器信号质量差，互相干扰串码等问题。

为了克服传统楼层呼叫系统的弊端，本技术重新研发了一种可用于即插即用式的智能楼层呼叫系统。每层楼安装楼层呼叫节点，楼层呼叫节点由电源模块、主控制MCU模块、升降机呼叫请求按键、数据存储模块、LED显示屏、楼层地址设定模块、CAN网络通信模块等组成。所有楼层呼叫节点的CAN网络通信模块，通过一根即插即用的CAN通信电缆串接起来，连接至调度站。楼层呼叫节点和调度站通过CAN总线互相通信，楼层呼叫节点的呼叫请求信息通过CAN总线传输至调度站，调度站计算出最优的升降机调度指令，调度相应升降机执行运输任务，同时，调度站的调度指令通过CAN总线传输至楼层呼叫节点，由楼层呼叫节点的显示屏显示升降机的调度信息。并且，得益于CAN总线的热插拔特性，楼层呼叫系统可以在不断电的情况下随时增减楼层呼叫的节点数量，这样极大地方便了超高层施工过程中，楼层呼叫系统的维护工作。

全新研发的智能楼层呼叫系统，系统采用了LED显示屏设计，楼层呼叫节点的LED显示屏可以显示最近几部升降机梯笼所在的位置，方便候梯人员查看等候，避免工人在等候升降机时出现焦躁情绪；LED显示屏还可以显示整个系统的警报、故障等特殊信息，极大地方便了系统的维护工作。

基于CAN总线的即插即用式的智能楼层呼叫系统，配备LED显示屏，丰富的升降机呼叫请求按键，且具有即插即用等功能，有利于提高超高层施工升降机的运行效率，简单易用，可以在超高层施工升降机上广泛推广，如图11.2-12所示。

图 11.2-12　智能楼层呼叫系统组成

6. 多梯笼调度技术研究

（1）调度模式的研究

单塔多笼循环运行施工升降机的调度模式有主控室远程调度模式、司机本地操作模式和单机检修模式三种。

主控室远程调度模式用于梯笼的入库、出库、综合监控系统的调试及正常运行阶段。梯笼内无人，由综合监控系统完全控制，梯笼也受控于梯笼上下测距仪。

司机本地操作模式用于正常的生产作业。升降机由经过专业培训并合格的司机操作，司机操作梯笼循环运行，但是受控于综合监控系统的安全保障指令，也受控于梯笼的上下测距仪。综合监控系统会根据当前所有梯笼的运行状态，梯笼与梯笼之间的相对距离，自动限制相应梯笼的运行速度，以防止发生追赶撞车等安全事故。同时，如果梯笼的上下测距仪检测到前方的障碍物距离过近，也会主动控制梯笼停止运行。

单机检修模式仅用于梯笼的安装、维护和调试。梯笼由专业维护人员操作运行，梯笼不接收综合监控系统的控制指令，但是受控于梯笼的上下测距仪，仅当梯笼处于此模式下时，才允许专业维护人员在梯笼笼顶操作升降机运行。

（2）调度模式的设计

几种典型情况的调度模式如图 11.2-13～图 11.2-16 所示。

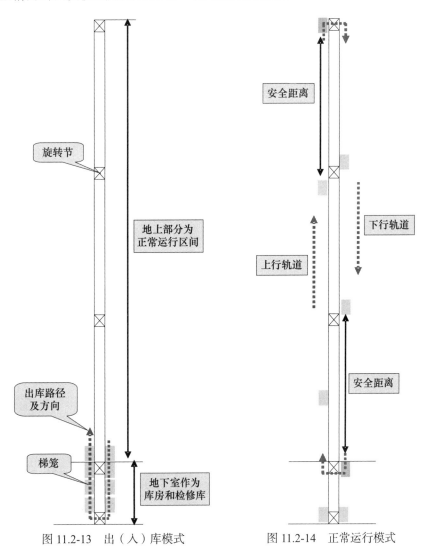

图 11.2-13　出（入）库模式　　　　图 11.2-14　正常运行模式

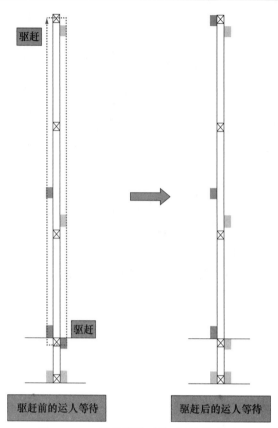

图 11.2-15 梯笼等待时的"驱赶"模式

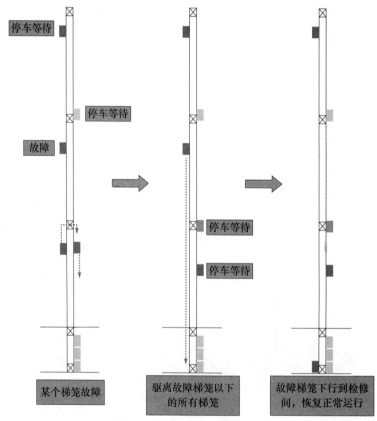

图 11.2-16 梯笼故障应急模式

7. 群控调度系统试验研究

群控调度系统安装完毕，基本程序调试成功之后，方可进行循环运行试验研究，循环运行调度试验主要在综合监控室进行，用于验证各个设定参数的实际运行效果，并且试验整个循环升降机电控系统的可靠性。主要分为以下几个方面：

（1）人机操作主界面试验，如图 11.2-17 所示。

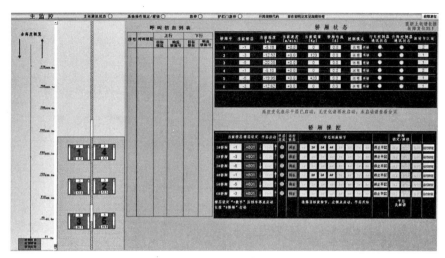

图 11.2-17　人机操作主界面

如图 11.2-17 所示，人机操作主界面从左向右依次为：最左边为全高度概览，升降机梯笼的大致分布图；然后为局部放大图示，可以显示当前可见升降机梯笼的关键状态和运行信息；依次为楼层呼叫列表，显示的是当前有楼层呼叫的楼层信息；右边上方为所有梯笼关键运行参数和状态信息。右边下方为所有梯笼的自动平层控制区域。

（2）梯笼详细状态信息试验

如果需要对梯笼的状态信息了解得更详细，就必须进入升降机详细状态界面查看和控制，如图 11.2-18 所示。

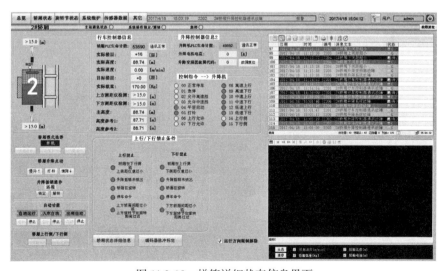

图 11.2-18　梯笼详细状态信息界面

梯笼详细界面包含梯笼所有可读写的状态信息，主要包括梯笼编号、竖向锁紧插销状态和位置、笼顶和笼底测距仪信息、PLC 心跳计数器、梯笼所在实际楼层、绝对高度、运行速度、下一个目标楼层、实际载重、所在导轨的上行侧或下行侧；主控室的控制指令、梯笼升降变频器的故障代码、梯笼的操作模式，点动操作等，还记录了当前梯笼的详细状态日志信息。

（3）旋转节状态信息试验

如果需要查看旋转节的状态参数，就必须进入旋转节详细状态界面查看和控制，如图 11.2-19 所示。旋转节详细界面包含旋转节所有可读写的状态信息，主要包括旋转节编号、附着在旋转节上的梯笼编号、梯笼的左右方位检测传感器状态、旋转节转过的实际角度、旋转节的三种控制模式、旋转锁定插销的操作及状态、旋转定位编码器和磁电开关的状态、旋转节变频器的状态、旋转定位的条件列表、旋转标定的条件列表，还记录了当前旋转节的详细状态日志信息。

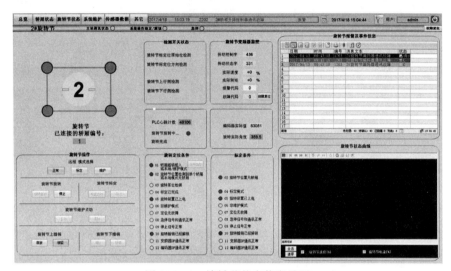

图 11.2-19　旋转节状态信息界面

11.2.3　分段供电技术研究

1. 分段供电组成及原理

应用绝缘防护型滑接输电装置（以下简称"滑触线"）替代普通电缆作为公共母线。滑触线沿导轨架垂直敷设，各梯笼用电设备通过集电器从滑触线母线槽中移动取电。滑触线外形如图 11.2-20 所示，滑触线在建筑施工领域中的应用如图 11.2-21 所示。

图 11.2-20　滑触线外形

图 11.2-21　滑触线在建筑施工领域应用

通过对目前建筑施工用滑触线的型号调研并结合本项目导轨架截面尺寸，选择 BHFS-5-35 型滑触线，相关技术参数见表 11.2-2。

序号	名称	内容
	BHFS-5-35 型滑触线技术参数表　　表 11.2-2	
1	型号	BHFS-5-35
2	额定工作电压	690VAC
3	额定冲击耐受电压	2500V，5s，100mA，不击穿、不闪络
4	额定频率	50Hz/60Hz
5	母线槽额定电流	165A
6	母线槽额定短时耐受电流	4.5KA
7	过电压类别	Ⅱ
8	材料组别	Ⅲa
9	污染等级	3
10	电气间隙	≥3mm，爬电距离≥6.3mm
11	外壳防护等级	IP10
12	每相每米干线系统的平均欧姆电阻（R）	$7.54 \times 10^{-4} \Omega/m$ 在额定频率下，干线系统的每相每米的平均电抗（X）：$3.29 \times 10^{-4} \Omega/m$

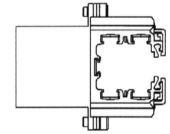

备注：实际母导体截面面积 57±0.5mm

BHFS-5-35 型滑触线单相导体为铝材料，裸露于空气中耐腐蚀性优于铜材料，截面面积 56mm²，载流能力可等效于 35mm² 截面铜导体。铝导体表面嵌有 0.6mm 厚度不锈钢条，用以提高耐磨性。

采用 4 条滑触线作为母线，以中心对称形式安装于导轨架无齿条的两侧，并且将两组中心对称的滑触线并联，形成两路冗余回路。滑触线并联的目的在于：（1）旋转节 180° 旋转后，同一回路的滑触线交错但仍构成通路；（2）提高母线载流能力。四条滑触线两两并联后的总载流能力为 660A。

通过并联滑触线组解决了多个梯笼共用母线，适应旋转换轨需求，满足母线载流能力的问题，但由于滑触线铝导体电阻率较大，以 690VAC 供电电压，600m 母线总长，每路并联滑触线负载 4 部梯笼，所有负荷集中于母线终端计算，电压降达 29.1%，远超出普通电动机 10% 的电压降允许值。为解决电压降问题，将 600m 高度范围内的滑触线分为若干独立供电分段，并分别通过较大载流能力的电缆直接接入电源。

2. 分段供电总体设计

设计了一种分段供配电系统，380VAC 电源通过智能稳压器转化为 690VAC 电压输出，经总配电箱出线后以树型配电的方式接入各独立供电分段的分段配电箱，再从分段配电箱分别接入到两组互为冗余的滑触线母线回路供电接入点。总配电箱内设置框架断路器，具有漏电和过载保护功能。分段配电柜在对两组冗余的并联滑触线供电回路中设置独立的塑壳断路器进行过载保护。

为了实现各供电分段之间电气绝缘，在相邻供电分段的节点处设置一定长度的绝缘装置，且该绝缘装置不影响集电器碳刷的通过性。

含有旋转节的同一供电分段内，旋转节及其上下一定范围内的滑触线也需具有独立通断能力，而此范围外的滑触线正常情况为常通，因此在两类滑触线的节点处同样设置了绝缘隔离。

3. 旋转双向锥形接头及双集电器设计

梯笼动力设备通过安装于笼体的集电器在滑触线母线槽中滑动取电，集电器在母线槽中的通过性包括两方面要求：（1）集电器能够以额定速度在滑触线中移动不受阻碍，即机械通过性；（2）集电器各相碳刷均能始终与母线槽中对应各相导体保持导通，即导电有效性。通常情况下，滑触线在安装敷设时通过控制分节接口处的机械安装精度和牢固连接即可保证集电器通过性。

为保证绝缘可靠，绝缘隔离具有一定长度并且大于集电器单相碳刷的长度，导致碳刷在通过绝缘隔离时与导体完全脱离，梯笼失去动力。因此，将单集电器取电优化为双集电器取电，上下两个集电器并联，并且间隔布置在同一滑触线上，通过绝缘隔离时，始终保证至少有一个集电器正常取电，如图 11.2-22 所示。

图 11.2-22　双集电器取电

4. 主供电柜、分段供电柜、旋转供电柜设计

（1）总配电箱

总配电箱接入 690VAC 三相五线制电源并馈出干线回路接入各供电分段，具有过载、漏电保护以及实时电压、电流、功率监视功能。

（2）分段配电箱

分段配电箱负责每个独立供电分段两路冗余母线回路的通断及过载、漏电保护。

（3）旋转节配电箱

旋转节配电箱负责单个旋转节上母线回路的通断及过载、漏电保护，并可以提供单独某一相电源的通断控制功能。

5. 分段供电系统试验

循环升降机在武汉绿地中心项目的应用自 2016 年 4 月开始供电系统首次安装插入，其后随着导轨架加节升高进行多次滑触线、外接干线电缆的加高敷设，同时进行供电系统的试验研究工作。

循环第一阶段安装完成后，高度137m，投入3台梯笼，导轨架包含三个旋转节。通过初期试验研究，完成了塑壳断路器和剩余电流动作保护器的参数整定，形成了总配电柜和分段配电柜的二级保护机制，验证了供电方案的合理性。

11.2.4　竖向分段卸载附着技术研究

1. 竖向分段卸载附着组成及原理

导轨架每隔一定距离进行布置竖向分段卸载附着，将导轨架分成数段，使得每段导轨架及在其上的梯笼的荷载传递至建筑物。竖向附着系统结构图如图11.2-23所示。

图11.2-23　竖向附着系统结构图

2. 结构设计

竖向分段卸载附着由上拉杆、水平主梁、下撑杆和弹簧箱组成。上拉杆、水平主梁、下撑杆构成双三角形的受力支撑架，水平主梁固定在建筑物楼板上，弹簧箱通过螺栓与水平主梁进行连接，同时弹簧箱通过转换节与导轨架进行连接，从而导轨架的力可以通过转换节传递至弹簧箱，进而传递至支撑架，最后传递至建筑物上。

3. 弹簧箱设计

弹簧箱包括上箱体、下箱体、导向轴及高承载力大变形量的弹簧。竖向附着弹簧箱采用三组压缩弹簧。弹簧选型参照《机械设计手册》，经过计算，在满足能同时承受50t竖向载荷的要求时，钢丝直径为55mm，弹簧中径为220mm，材料为60Mn。

4. 竖向卸载附墙布置要求

按照导轨架等强设计的原则，按间隔50～150m来布置，有旋转节处可缩短间距，常规标准节处可加大间距，以武汉绿地中心项目为例，竖向卸载的布置原则如图11.2-24所示，竖向卸载附墙典型的安装布置方式如图11.2-25所示。

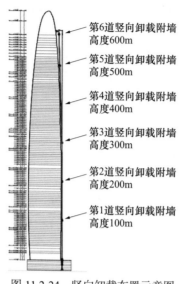

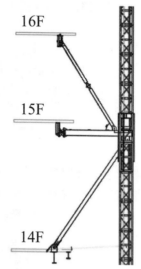

图 11.2-24　竖向卸载布置示意图　　图 11.2-25　竖向卸载附墙典型布置方式

11.2.5　多级安全保证技术研究

1. 多级安全保证技术组成及原理

单塔多笼循环运行施工升降机的运行安全由结构承载安全设计、智能实时监测、电控主动保护系统和碰撞缓冲被动保护系统组成的高冗余度多道防线的安全保证系统来保障。

结构承载安全设计主要通过设计理念的多道防线的冗余设计，构件采用高安全储备的富余设计，充分利用有限元软件，对整体结构进行计算分析，考虑所有恶劣工况下的结构安全。

电控主动保护系统主要通过各种传感器、电子控制器和人机交互界面组成的两级安全防线，通过各种测量检测手段获取循环升降机的运行参数，并且建立起循环升降机的实时控制模型，通过分析模型数据，预测升降机梯笼的运行趋势，以便控制器提前做出干预指令，保护循环升降机的安全运行。

碰撞缓冲被动保护系统主要是设置碰撞断电开关和设置碰撞吸能缓冲阻尼器，保证梯笼在碰撞的瞬间能够强制断电，并且吸收碰撞产生的能量，从而保证梯笼的安全，不至于脱轨，避免安全事故的发生。

2. 结构承载安全设计及计算

设计理念上采用多道防线的冗余设计，构件采用高安全储备的富余设计，确保安全。并进行了计算分析：建立 400m 导轨架整体模型，荷载考虑 10 部梯笼，按最大速度、最大载重、风荷载等最不利工况，并考虑日照温差的影响，考虑各种极端工况。

（1）计算条件

导轨架高度 400m，每 50～150m 设置有一道竖向附着，水平附着布置原则为 4.5～9m 一道，梯笼运行速度 90m/min，梯笼额定载重 2000kg，风力等级 8 级。各部位材料见表 11.2-3。

构件信息表　　　　　　　　　　　　　　　　　　表 11.2-3

部位	材料	部位	材料
主弦杆	$\phi76\times8$/Q345B	附墙圆管	$\phi76\times6$/Q235B
上中下框架	∟ $75\times50\times6$/Q345B	附墙矩管	□ $75\times50\times5.5$/Q235B
斜腹杆	3/4″ 水煤气管	旋转节主弦杆	$\phi76\times12$/20#

（2）计算工况

工况 1：导轨架双边各 5 个梯笼，在一道竖向附着内，温差 20℃，导轨架整体倾斜 5°，分三种工况，分别是位于导轨架上部、中部和下部，梯笼运行速度为 90m/min，在导轨架上中部梯笼两两之间最小距离为 6m，在导轨架下部梯笼两两之间最小距离为 2m。

工况 2：导轨架单边 10 个梯笼，所有梯笼均尽量在 2 道竖向卸载附墙之间，梯笼运行速度为 90m/min，梯笼两两之间最小距离为 6m，其余同工况 1。

（3）边界条件

小车架主联板下方竖直方向的约束为零，当梯笼坠落时就是梯笼的主联板下方竖直方向的约束为零，另外在滚轮相对应的位置有水平约束。

（4）计算结果

1）工况 1：导轨架双边各 5 个梯笼，从计算结果可以看出，正常工况下钢结构安全系数为 1.5，所有材料均满足要求。

2）工况 2：导轨架上部单边 10 个梯笼，从计算结果可以看出，正常工况下钢结构安全系数为 1.25，所有材料均满足要求。

3. 防撞安全防线一设计（主控系统防撞）

为了确保不撞车，各梯笼把自己的位置和运行方向实时发送给地面群控调度系统，地面主站自动判断各梯笼之间的距离，采用逐级控制，依次减速的控制原则，对"接近"的梯笼主动减速停车，如图 11.2-26、图 11.2-27 所示。

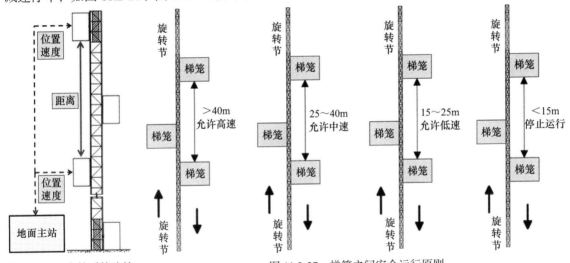

图 11.2-26　主控系统防撞　　　　　　图 11.2-27　梯笼之间安全运行原则
　　　　　　原理示意图

地面主站还将自动判断梯笼与正在进行旋转换轨的机构之间的距离，同理采用逐级控制，依次减速的控制原则，对"接近"的梯笼主动减速停车，如图 11.2-28 所示。

另外，如果出现通信中断，梯笼会自动减速停止运行。

4. 防撞安全防线二设计（测距仪防撞）

当主控系统防撞构成的第一道安全防线失效时，为了确保不撞车，每个梯笼采用了识别及自动紧急制动系统，当距离达到限值后自动报警，且切断电源，自动紧急制动。

识别及自动紧急制动系统包括位于梯笼上的用于接收其他梯笼信息及发出本机信息的无线收发器，位于梯笼顶部和底部的智能识别测距装置，无线收发器和智能识别测距装置均与升降机升级控制系统相连，当两梯笼距离过近，超过设置的限值时，系统一方面向升降机发出警告信息，另一方面自动控制梯笼减速，停车甚至断电紧急制动。

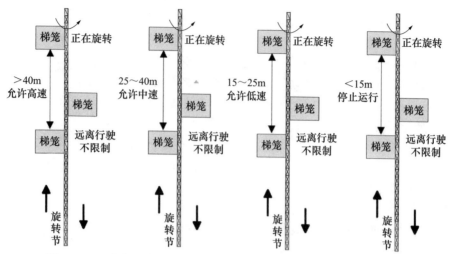

图 11.2-28　升降机梯笼与正在旋转的旋转节之间避免碰撞安全运行原则

距离测量装置包括激光测距仪及超声波测距仪，能够识别相邻梯笼相对距离的测量装置。控制器包括 PLC、微控制器、工控机等具备计算处理能力的控制器件，控制器实时读取测距仪测量的距离数据，根据梯笼之间的相对距离控制梯笼的速度，具体来说就是，设置若干个距离警戒点，比如 3 个，从远到近依次命名为正常安全距离、警告安全距离、极限安全距离，当相邻梯笼的距离大于正常安全距离时，允许梯笼正常行驶，当相邻梯笼的距离小于正常安全距离时，但是大于警告安全距离时，允许梯笼减速慢行，当相邻梯笼的距离小于警告安全距离时，但是大于极限安全距离时，控制梯笼停车等待，当相邻梯笼的距离小于极限安全距离时，此为非正常状态，应该立即切断驱动电机的电源，强制停车。另外，当相邻梯笼的距离小于正常安全距离时，控制器还应该通过声光报警装置提醒升降机主动控制梯笼速度。

5. 防撞安全防线三设计（液压缓冲阻尼器）

如果万一出现安全防线一和安全防线二均不起作用的极端情况，通过在梯笼的顶部和底部设置缓冲弹簧阻尼器，保证即使相撞，也不会导致脱轨。

（1）阻尼器设计

《电梯制造与安装安全规范　第 1 部分：乘客电梯和载货电梯》GB/T 7588.1—2020 对耗能型缓冲器有如下技术要求：对于额定速度大于 1m/s，标准建议采用液压型耗能缓冲器。结合梯笼所能承受最大载荷，建议选用有效作用行程 $S \geqslant 150mm$ 的缓冲器，缓冲器模拟受力曲线如图 11.2-29 所示。

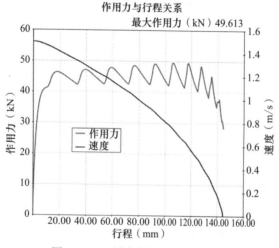

图 11.2-29　缓冲器模拟受力曲线图

（2）梯笼改进及设计

将梯笼顶部电机防护罩进行改造，安装两组缓冲阻尼器，布置示意如图 11.2-30 所示，实物如图 11.2-31 所示。

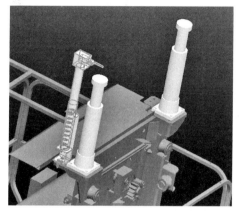

图 11.2-30　缓冲器布置示意图　　　　图 11.2-31　缓冲器现场布置图

6. 梯笼高度等信息准确保障设计

升降机梯笼的高度信息作为最重要的数据，对于第一道主控系统的安全防线的正确执行具有十分重要的作用，常规的升降机梯笼基本不具备高度测试及校验功能，循环升降机率先采用三编码器方案独立测量计算升降机梯笼的高度信息，并且实时校对三种高度信息，一旦检测到高度信息偏差过大，立即报警停机。另外为了消除累计误差，升降机梯笼控制系统利用一楼旋转节处设置绝对高度标定点，每次梯笼准确停靠在一楼旋转节处时，进行一次绝对高度校验，确保梯笼高度信息准确无误。

7. 防撞安全在供电系统中的设计

旋转节在旋转过程中，由于与上下运行的梯笼相对位置发生偏移，有可能造成上下靠近的梯笼的激光、超声波等测距装置靶点偏移从而无法获取旋转节上梯笼的位置信息，造成安全隐患。

为增加安全保证，在轨道动力方面，针对旋转节临近的防撞问题做进一步防护设计，具体实施方法为：在旋转节旋转过程中，旋转节及其上下一定范围内的滑触线切断一相电源，上下梯笼若进入这一区间会因电源缺相失去动力并制动，防止测距装置失效而导致的撞击事故，如图 11.2-32、图 11.2-33 所示。

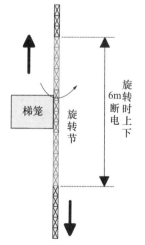
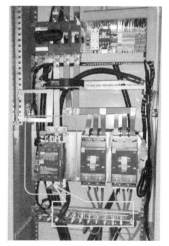

图 11.2-32　旋转节区域断相保护示意图　　图 11.2-33　旋转节配电柜断相控制

8. 旋转节旋转安全设计

旋转节旋转安全主要有以下几点：

1）综合监控室主动控制，避免其他梯笼靠近正在旋转的旋转节。

2）旋转节控制系统和综合监控系统共同判断当前梯笼是否具备旋转条件。旋转节旋转规则有：任意时刻只允许单个梯笼在旋转节旋转换轨，不允许两部梯笼在同一旋转节同时旋转换轨；当另一梯笼距离准备旋转的旋转节小于设定距离时，禁止旋转，必须将另一梯笼驶离准备旋转的旋转节设定距离之外时，方可继续旋转；每个旋转节都有固定的旋转方向，只能允许旋转节沿着设定的方向旋转，不允许操作旋转节逆向旋转换轨，如图 11.2-34 所示。

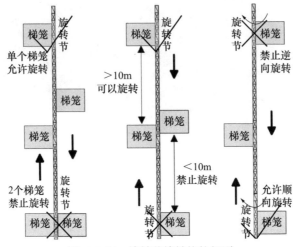

图 11.2-34　旋转节旋转换轨规则

11.2.6　全方位监测技术研究

1. 全方位监测技术组成及原理

根据工程的需要，针对单塔多笼循环运行施工升降机进行监控，以达到施工人员及施工升降机导轨架结构的安全，主要有两个方面：

1）采集单塔多笼循环运行施工升降机运行过程中的相关数据，并与设计计算中的参数进行比对，验证设计的可靠性，为运行和改进提供参考；

2）对整系统的运行状态进行监控，对单塔多笼循环运行施工升降机的健康状况进行评估。

全方位监控系统架构如图 11.2-35 所示。

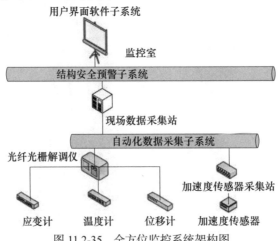

图 11.2-35　全方位监控系统架构图

根据前期的计算结果以及工程经验，主要监控内容包括应变监控、温度监控、位移监控以及加速度监控。其中：应变监控，通过应变传感器监测的底部标准节、竖向附着及竖向附着处标准节的应力情况；温度监控，通过温度传感器监控底部标准节、竖向附着及竖向附着处标准节的温度情况；位移监控，通过位移传感器监控弹簧箱的位移；加速度监控，通过加速度传感器监控整个导轨架各个方向的振动。

2. 应变监测设计

为了更好地把握导轨架的力学性能，须对主体构件进行应力应变监测。结构的应力指标是安全性预警的重要信息，也是结构状态分析的参考信息。

由于竖向附着起着分段卸载的作用，因此主要监控竖向附着以及竖向附着处标准节的应力情况，检验竖向附着是否起到将相应的标准节及梯笼的作用力转移到建筑物上，另外在底部也布置应力监控，以监控底部的受力情况，检验整体机构的安全性。

竖向附着及附近处标准节的应力应变和温度监控如图 11.2-36 所示。

每个应变测点配置温度计 1 个对结构应变做温度补偿，以保证监控结果的准确性。

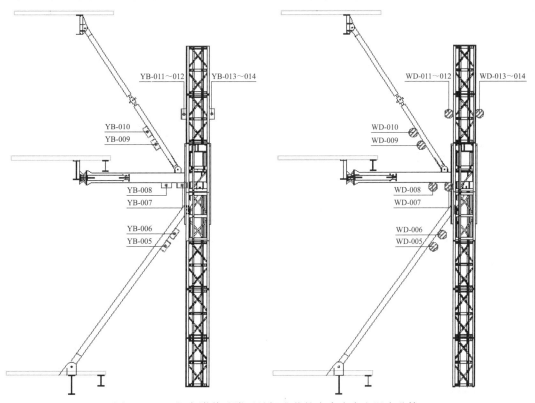

图 11.2-36　竖向附着及附近处标准节的应力应变和温度监控

3. 位移监测设计

由于日照下，导轨架与附着点温度的不均匀，会造成导轨架的竖向变形不一致，设计通过弹簧箱来解决这种变形不一致，因此，在弹簧箱处安装位移传感器来监控弹簧箱的位移。

4. 振动监测设计

导轨架振动特性（振幅、频率）是构件性能改变的标志。结构的振动水平（振动幅值）反映结构的安全状态。结构自振频率的改变可能预示着结构的刚度降低和局部破坏，是进行结构损伤评估的重要依据。

加速度计的布置原则是沿着导轨架高度分段布置，3 个方向交叉，尽量布置在 2 道附墙之间振动较大的标准节处。

5. 数据采集及处理

施工升降机导轨架监测系统能否对导轨架结构的安全状态做出准确客观的评估，取决于数据采集系统能否及时准确地采集到反映结构状态的特征真实信息。因此需要解决传感信号的可靠转换、自动采集和可靠传输等问题。数据采集与传输子系统系统由分布在结构现场的数据采集工作站和传输网络构成，即结构数据采集站。

应变、位移监测采用光纤光栅传感器监测，光纤光栅传感器与光纤光栅解调仪相连；振动监测采用加速度传感器监测，加速度传感器就近取电，导轨架放置一台加速度传感器采集站对上下范围内的加速度传感器进行数据采集，加速度传感器采集站通过交换机将信号传输到工业计算机。

数据处理与控制模块负责对数据采集与传输模块采集的数据进行处理，并提交给后续各子系统使用，同时对数据采集与传输模块的工作进行操作控制。数据处理与控制模块主要实现具体功能如下：

（1）数据采集、传输的设置和控制；

（2）将传感器信号转换为目标测试量；

（3）评估数据质量，剔除异常值，抽取优良数据，判断传感器和数据采集板卡工作状态，如有异常应给出报警；

（4）根据需要对数据进行滤波和重采样，提高数据信噪比，同时降低数据量。

6. 数据监测显示和报警处理

通过该系统实现将各种数据实时按需求向用户展示，并且接受用户对系统的控制与输入。要求作为一个完整的系统人机交互子系统进行设计，用户界面管理主要提供结构健康监测系统的人机界面，系统在具有技术先进、易用、操作方便、直观易懂的前提下，具备向用户提供操作及管理界面、向用户提供数据表示、向用户提供报告，并满足未来网络发展办公的需求，可扩展。

智能综合监控系统最重要的一个作用是保证平台运行的安全，因此实现预警功能是监控系统核心的功能。软件综合监控预警功能主要是通过报警数据管理模块实现的，报警数据管理模块主要是运行在服务器端，报警数据管理模块将实时值与报警值相对比，判断出报警的级别，然后将报警数据保存在数据库，并将报警数据转发给客服端软件，客户端软件根据报警数据做出响应。

客服端软件响应的方式主要有以下四种：

（1）软件主界面会弹出数据异常传感器的编号，点击该编号，就可以快速获取传感器的实时数值、位置以及其历史曲线等信息。

（2）软件还会根据传感器报警的级别，给传感器的实时值涂上不同的颜色。

（3）客服端软件会根据报警的级别，发出不同的声音。

（4）客服端软件还会向指定的电话号码发送报警的短信。

11.2.7　适应超高层建筑高效施工应用研究

1. 使用设计

（1）旋转换轨机构的布置

针对超高层建筑的旋转换轨机构需要在整个施工升降机的顶部和底部设置，根据高度不同在中部按一定间距进行设置，如图 11.2-37 所示。

（2）运行分区的设计

结合现有超高层建筑的施工特点，因地制宜地提出：在建筑物外围布置两台新型升降机，一台主要负责运输人员；另一台主要负责运输物资；每台升降机根据工程垂直运输的需要，合理布置梯笼的数量；在建筑物施工进度的不同阶段和施工不同时段，按需投入梯笼运行的数量；地下室空间作为储存"车站"以及检修"车间"，一方面用于梯笼的存放及修理保养，另一方面可以与地上正常运行区间隔开，互不干扰。以绿地中心项目为例，循环升降机立面分区运行布置如图 11.2-38 所示。

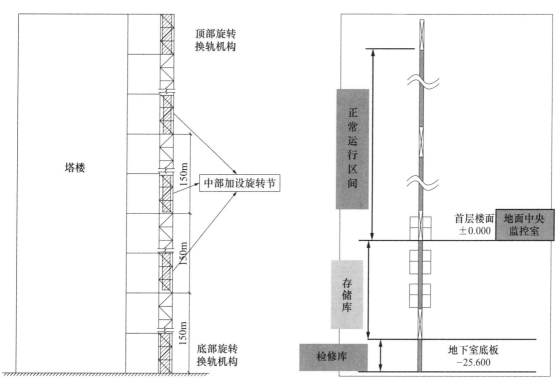

图 11.2-37　旋转换轨机构布置示意图　　　　图 11.2-38　循环升降机立面分区运行布置图

2. 适应楼层变化的微曲线导轨架技术

曲线升降机的核心是通过在每个标准节的单边同侧插入 2 个 0.3mm 厚的钢垫片，使导轨架朝一侧渐变弯曲，从而既适应了塔楼外形的弯曲变化，又充分利用了施工升降机和导轨架的机械间隙。

通过试验，双笼上下运行 12000 余次，在没有进行保养润滑的情况下，两部施工升降机驱动齿轮，抱轮及导轨架齿条并无明显磨损差异，通过试验表明，曲线升降机方案基本可行，曲线导轨架技术实物如图 11.2-39 所示。

3. 梯笼高空安装技术

常规的施工升降机只使用 2 部梯笼，梯笼在安装时，梯笼和驱动装置被吊起，分别放入导轨架内，而由于此时电气系统尚未安装和调试，梯笼在导轨架上没有限位装置，梯笼只能放置在主底架上或者垫木上。

而循环升降机使用多部梯笼，传统的安装方法就不能满足多部梯笼的安装，因此，设计了一种梯笼安装定位装置，该装置安装在导轨架上，可以使梯笼在安装时将其放置在该装置上，从而使梯笼在导轨架上定位，而不需放置在主底架上或者垫木上，另外，梯笼在一定高度发生故障时，该装置也可以安装在导轨架上，从而支撑梯笼，保证梯笼在维修时，不会发生坠落，保证维修作业的安全，如图 11.2-40 所示。

图 11.2-39　曲线导轨架技术试验

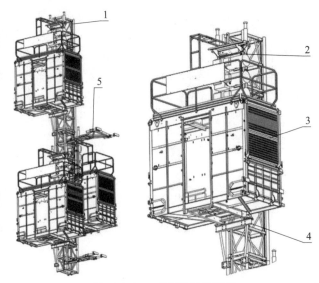

图 11.2-40　多部梯笼的安装

1—导轨架；2—驱动系统；3—梯笼；4—梯笼安装定位装置；5—附墙

11.3　工程应用

11.3.1　应用概况

单塔多笼循环运行施工升降机在武汉绿地中心（475m）进行相关技术的示范应用。

1. 工程简介

武汉绿地中心主楼建于湖北省武汉市武昌滨江商务中心区，为一个集超五星级酒店、高档商场、顶级写字楼和公寓等于一体的超高层城市综合体。总建筑面积 67 万 m^2，由一栋超高层主楼、一栋办公辅楼、一栋公寓辅楼及裙楼组成，超高层主楼地上 101 层，建筑高度为 475m，主塔楼外观呈流线型，建筑平面向上至 35 层逐层放大，然后向顶收缩，占地面积约 1.3 万 m^2。主塔楼结构形式为钢骨混凝土核心筒＋伸臂桁架＋钢骨巨柱结构体系，基础为桩筏基础。塔楼结构设置 3 组风槽最大程度减少了风力对超高层建筑的负面影响。武汉绿地中心实景如图 11.3-1 所示。

图 11.3-1　武汉绿地中心实景图

2. 示范内容

该工程主要示范内容有：

1）单轨多笼循环运行施工升降机整体设计技术：包括循环升降机系统研究、循环升降机运行方式研究等；

2）旋转换轨系统技术：包括旋转换轨机构机械设计研究、旋转换轨机构驱动装置研究、旋转换轨机构电控系统研究等；

3）分段供电系统技术：研究设计对循环升降机采用滑触线替代常规升降机的随行电缆，提高电压并使用分段供电，满足多梯笼运行供电需求；

4）群控调度系统技术：设计一套能对所有梯笼进行集中监控和合理调度管理，实现升降机资源的最优利用，并对设备的状态进行记录保存的群控调度系统；

5）安全控制系统技术：通过主控系统自动实时监控、独立的梯笼上下测距装置、碰撞急停及碰撞缓冲装置，建立一套具有多道安全防线、冗余度高的安全控制系统，实现循环升降机的安全运行；

6）分段卸载附着装置技术：研究采用分段卸载附着装置，将施工升降机导轨架的竖向力分段传递至建筑物；

7）适应超高层建筑高效施工应用技术：包括合理设置旋转换轨机构应用技术，曲线梯架设计与应用技术，高空安装梯笼技术；针对超高层建筑外立面变化，设计采用曲线梯架适应建筑竖向变化，并进行施工升降机曲线运行研究。

单轨多笼循环运行施工升降机在武汉绿地中心项目示范应用如图 11.3-2 所示。

图 11.3-2　武汉绿地中心项目单轨多笼循环运行施工升降机示范应用

3. 示范效果

根据示范工程内容和要求，在武汉绿地中心项目布置一台单轨多笼施工升降机，循环升降机位于塔楼主体结构外侧，供砌体、粗装修材料、精装修材料、机电材料等运输，安装高度为 400m（-25~375m），运行区间为 B5~F75。示范工程中布置的单轨多笼施工升降机参数见表 11.3-1。

单轨多笼施工升降机参数　　　　　　　　　　表 11.3-1

序号	项目	内容
1	设备编号	10 号
2	型号	SC6-200X
3	梯笼数量	6

续表

序号	项目	内容
4	基础安装位置	核芯筒 B5 层
5	运行速度	0～90m/min
6	安装高度	总高度 400m（B5～F75）
7	梯笼尺寸	长×宽×高为 3.2m×1.5m×4.5m
8	梯笼额定载重	2t
9	供电电压等级	AC690V
10	电机功率	3×18.5kW
11	变频器功率	1×110kW
12	旋转节高度	6.2m
13	旋转节重量	3.2t
14	旋转节最大转速	1.5RPM
15	旋转节定位精度	±0.3mm
16	旋转节安装间距	100～200m
17	卸载附墙设计载荷	20t
18	卸载附墙安装间距	75～150m

循环升降机安装高度 400m（地下室 25m、地上 375m），包含 6 部升降机梯笼、4 部旋转节、5 道竖向卸载附着、62 道附墙等，其中地下室作为升降平台仓库及维修处，地上部分为循环升降机正常运行区间，立面布置构件见表 11.3-2。

单轨多笼施工升降机立面布置构件　　　　　表 11.3-2

项目	数量	标高（m）	楼层	项目	数量	标高（m）	楼层
旋转节	4 个	−17.5	B3	普通附墙	59 道	+44.85	F6
		−0.1	F1			+53.85	F8
		+171	F33			+62.85	F10
		+367	F75			+71.85	F12
竖向卸力附着	5 道	+35.8	F4			+80.85	F14
		+98.8	F18			+89.85	F16
		+206.9	F40			+103.35	F19
		+269.9	F53			+112.35	F21
		+347	F70			+121.5	F23
普通附墙	59 道	−22.05	B4F			+125.9	F25
		−13.05	B2F			+143.9	F27
		−4.35	B1M			+152.9	F29
		−0.1	F1			+161.9	F31
		+5.3	—			+171	F33
		+13.9	—			+182.2	F35
		+22.45	F2			+193.4	F37
		+29.2	F3			+202.4	F39
		—				—	F41～F77，每层 1 道，层高大约 4.5m

武汉绿地中心循环升降机实现了所有预期的研究成果，在安装调试过程中及时发现并优化未知缺陷，并且经过实际累计数万次的安全运行，充分验证了循环升降机的可靠性。预计可节约工期 50d，节省直接费用 726 万元，节省工期 3 个月，间接效益 2700 万元，安全事故发生率降低 10%。

11.3.2　社会及经济效益

1. 社会效益

本新技术依托 475m 武汉绿地中心超高层项目进行单塔多笼循环运行施工升降机的研究，解决了目前超高层建筑建造过程中需要布置多台升降机的弊端，数倍提高导轨架的利用率，满足了超高层建筑施工对垂直运输能力日益增长的需求，从而在国内更多的知名超高层建筑中推广使用，创造良好的社会与经济效益。

通过在单根导轨架上循环运行多部梯笼，在现有变频高速施工升降机的基础上，占用较少的施工平面位置，大幅提高了导轨架的利用率，进而提高整个垂直运输的能力，有利于缩短工期及节约资源。

2. 经济效益

单塔多笼循环运行施工升降机具有运力倍增、功效高及对施工平、立面影响小等诸多优点，属于全球首创的新技术，避免了常规施工升降机的弊端，带来了巨大的经济效益和工期效益。

（1）设备成本直接经济效益。以武汉绿地中心为例，一台搭载 6 部梯笼的循环施工升降机与三台常规施工升降机的设备成本对比分析见表 11.3-3。

设备成本对比分析　　　　　　　　　　　　　　　　　　表 11.3-3

类别	一台搭载 6 部梯笼的循环施工升降机	三台常规施工升降机
升降机梯笼	6 部	6 部
导轨架高度	400m	3 根 400m
附墙数量	400m 高度总计 62 道	400m 高度总计 3×62 道
群控调度及安全控制等电控系统	具备	无
楼层呼叫系统	75 套	3×75 套
楼层进站门及平台	75 套	3×75 套
升降机安拆费及塔式起重机台班费	1 次安装费，1 次拆除费	3 次安装费，3 次拆除费
费用对比	低	高

（2）节约工期间接经济效益。以武汉绿地中心为例，使用循环施工电梯，可以减少幕墙占用面积 2/3，幕墙部位相关施工工序可以提前开展，预计可节约总工期 3 个月，间接经济效益十分巨大。

第12章 智能型临时支撑体系设计优化与过程监测技术

12.1 概述

本章研究超高层临时支撑的参数化建模、施工设计、自动排布、计算分析与施工过程管理监测等内容，实现模板脚手架、底板钢筋等临时支撑的设计优化与全过程监测。

1. 参数化建模与模型驱动

底板钢筋支撑与模板脚手架的施工设计基础为正确的工程结构模型，根据临时支撑设计、排布与管理对模型的需求快速地导入已有模型或者快速识别已有结构 CAD 图纸并建立结构模型，提供临时支撑设计排布的基础模型。

2. 临时支撑的施工设计与自动排布

在已有模型的基础上，在软件系统之中按临时支撑的种类和施工工艺需求提供多种临时支撑形式、支撑材料、参数、地区的可选项，临时支撑施工设计与排布时可以按工程实际情况进行选择，然后按照相关的规则进行施工设计与自动排布；在底板钢筋支撑设计方面，通过识别读取或快速建立建筑工程底板结构钢筋信息模型，获取钢筋荷载，运用钢筋支架安全验算程序，取得钢筋支架安全适用的搭设和布置方法。

3. 支撑的安全计算分析

通过软件内嵌模板脚手架、临时支撑等相关的国家、行业标准规范的计算要求及验算引擎，对结构墙、梁、板、柱等构件的模板脚手架支撑体系，底板钢筋的支撑在满足施工荷载的情况下进行安全计算分析，验算各构件支撑体系的强度、变形和稳定性。

4. 施工过程管理与监测

临时支撑设计系统完成设计与排布后形成支撑体系的计算书、材料用量表、立杆平面定位图、水平杆平面定位图、剪刀撑平面定位图、模板支架剖面图、大样图和节点详图等，对现场的操作与管理人员进行可视化交底，对施工过程进行管理与监测。

5. 示范工程验证应用

选取三项超高层示范工程，将研究成果在示范工程中进行应用，验证其合理性，并不断调试改进，提高实用性，使其能够普遍推广使用临时支撑体系设计优化技术的目标规划。

12.2 基于 BIM 临时支撑体系快速设计技术

该技术主要解决临时支撑体系在快速设计的工作，通过使用软件实现快速建模的方法，解决在临时支撑设计时的分析图纸、建立模型、设计支撑等工作，提高工作效率。

12.2.1　技术介绍

1. 快速建模方法的基本思路

建模是对建筑结构、钢筋布置的模拟，其中实现结构建模的 CAD 图纸识别转化是重中之重，整体流程大致分以下三步：

（1）采用 CAD 图纸转化识别技术，对二维施工图中的各类图元进行识别拾取后可自动转化为三维模型。

（2）用手工构件自定义构件完成局部模型调整工作。

（3）采用手工建模方式，通过自定义钢筋进行板钢筋排布。

2. 快速建模流程

通过图纸识别技术完成模型的快速建模，配以简易建模工具达到局部完善和调整。整体建模流程如图 12.2-1 所示。

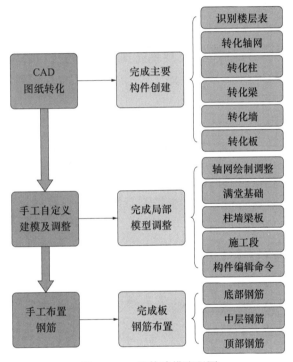

图 12.2-1　整体建模流程图

3. 临时支撑体系排布的参数输入分析

实际建筑工程中大量外部数据需要输入，包含工程信息、计算参数、支架构造要求、超厚结构板模型尺寸、钢筋布置参数和荷载，这部分信息分两种，一种是通过创建的模型软件自动分析，比如钢筋层数及荷载、智能布置的支架构造间距等；二是纯手工输入的，比如工程信息、材料选型、人员及施工荷载。利用外部输入的数据，通过软件内部算法创建支架模型，并进行力学计算，输出包含支架布置、计算书、施工方案、工程量统计、三维图片等成果文件（图 12.2-2）。

（1）手工输入信息

1）工程信息

任何工程项目都有自己特有的工程信息，比如项目名称、地址、主要参建单位、结构类型等，此部分信息不会对支架模型创建有任何影响，输入的信息将被收录到施工方案中。

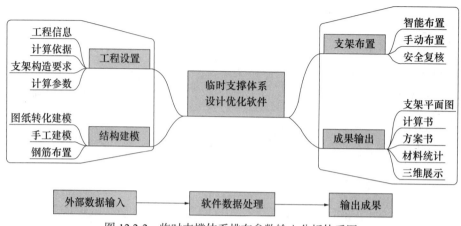

图 12.2-2　临时支撑体系排布参数输入分析体系图

2）计算依据

超厚底板临时支撑的钢筋支架会随钢筋网片一起浇筑在混凝土中，属于一次性使用，与传统脚手架相比，不存在反复使用，不需要承受混凝土荷载，反而是混凝土从下到上浇筑会将支撑体系包裹，对支架是有利的，另外不需要考虑风荷载，钢筋网片恒载根据具体工程钢筋布置计算。通过调研大量的实际建筑工程，发现钢筋支架的材料使用的大多是槽钢、钢管、角钢、工字钢或者钢筋，均为钢材（图 12.2-3），由此采用《钢结构设计标准》GB 50017—2017 对钢筋支架进行受力分析是最为合适的。

对于传统形式的脚手架支撑体系（主要包含外脚手架、模板支撑架），主要计算依据是选取《建筑施工扣件式钢管脚手架安全技术规范》JGJ 130—2011、《建筑施工模板安全技术规范》JGJ 162—2008、《混凝土结构工程施工规范》GB 50666—2011、《建筑施工临时支撑结构技术规范》JGJ 300—2013、《建筑施工脚手架安全技术统一标准》GB 51210—2016 或其他架体形式对应的规范文件，或各地出版的地标文件。考虑到钢筋支架的使用环境、受力形式以及支架材料，以上规范都不能满足。

3）支架构造要求

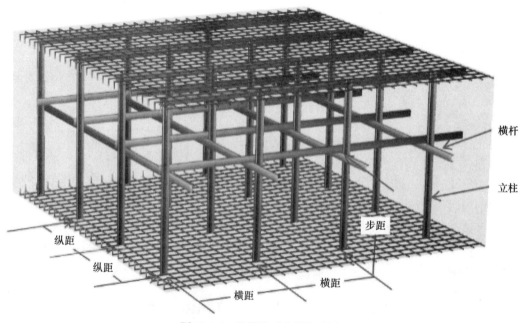

图 12.2-3　钢筋临时支撑构造图

　　软件设计的钢筋支架构造参数主要是立柱、横杆的材料选择、立柱纵横间距、横杆步距。横杆和立柱各支持槽钢、钢管、角钢、工字钢和钢筋五种常用材料的切换选择，每种材料再提供多种常用规格备选，比如槽钢提供 5 号、6.3 号、8 号、10 号、12.6 号等多种规格。同时提供材料自定义工具，该工具可以新增非常规规格的材料，并对材料各个力学参数进行修正，便于设置与现场使用一致的杆件材料（图 12.2-4）。

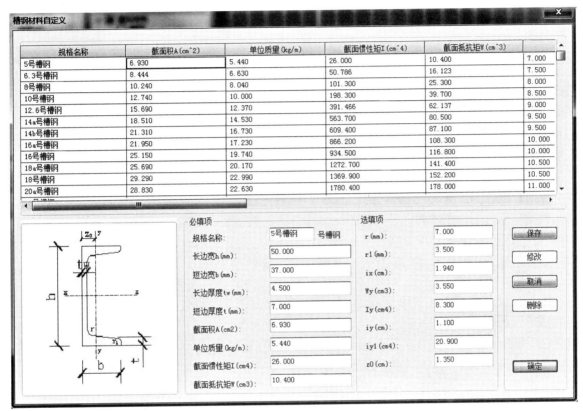

图 12.2-4　材料自定义工具

　　软件将支持两种布置方式：智能布置和手动布置，智能布置将根据使用者设置的布置参数范围、步距、参数计算精度，自动计算出合理的纵横间距。同时顶层横杆的高度将自动拾取到顶层钢筋的底部用来支撑顶层钢筋。

　　4）计算参数

　　将杆件材质、规格、布置间距选择后，杆件的力学参数也随之确定，包含钢材抗弯、抗压强度设计值 f，钢筋挠度，焊缝的尺寸、计算长度和角焊缝强度设计值。

　　底板布置的钢筋荷载根据布置的钢筋规格和间距自动计算，施工人员和施工设备的荷载需要使用者根据项目实际情况输入。

　　（2）通过结构模型分析数据

　　本书的主要讨论对象是超厚板钢筋临时支撑，故对模型数据的分析只讨论超厚板即可。

　　超厚板信息数据包含如下：空间尺寸（长宽高）、位置坐标、标高、混凝土强度、钢筋保护层厚度。

　　钢筋布置时，上下层钢筋根据超厚板的保护层自动定位，中层各层钢筋高度可自定义输入，钢筋水平布置范围由超厚板边界进行约束。如此便可根据超厚板的信息和钢筋布置参数确定钢筋的布置。

12.2.2 研发过程

1. 研发思路

CAD 图纸识别技术其核心思想是把电子图纸的基本线段、字符、图层、位置关系直接转化为建筑专业所对应的基本构件类型匹配到专业的参数中去。

二维 CAD 系统一般将工程设计图纸看成是"点、线、圆、弧、文本……"等几何元素的集合，系统内表达的任何设计都变成了几何图形，所依赖的数学模型是几何模型，系统记录了这些图素的几何特征。二维 CAD 系统一般由图形的输入与编辑、硬件接口、数据接口和二次开发工具等几部分组成。

三维模型是在计算机中将建筑结构的实际形状表示成为三维的模型，模型中包括了建筑结构几何结构的有关点、线、面、体的各种信息。计算机三维模型处理从线框模型、表面模型到实体模型，所表达的几何体信息越来越完整和准确，能解决"设计"的范围越广。其中，线框模型只是用几何体的棱线表示几何体的外形，就如同用线架搭出的形状一样，模型中没有表面、体积等信息。表面模型是利用几何形状的外表面构造模型，就如同在线框模型上蒙了一层外皮，使几何形状具有了一定的轮廓，可以产生诸如阴影、消隐等效果，但模型中缺乏几何形状体积的概念，如同一个几何体的空壳。几何模型转化到实体模型阶段，封闭的几何表面构成了一定的体积，形成了几何形状体的概念，如同在几何体的中间填充了一定的物质，使之具有了如重量、密度等特性，且可以检查两个几何体的碰撞和干涉等。

CAD 施工图纸通过几何图元及文字注记来描述建筑模型，CAD 施工图数据是非结构化的，在此基础上进行信息提取和三维建模需要复杂的建筑领域知识进行图纸理解。基于 CAD 建筑物设计施工图的快速三维建模方法可以解析出施工图中所蕴含的建筑物内、外部建筑构件的语义、几何与定位和属性信息，适用于建筑物室内外一体化三维建模。三维建模主要解决如下问题：

① 采用何种三维数据模型来描述各类建筑构件的空间信息；

② 如何从建筑施工图的图形元素中自动识别出建筑构件，并提取参数化信息；

③ 如何基于所提出来的参数化信息构建各类建筑构件复杂的三维模型。

三维建筑物空间数据模型涉及建筑对象的几何、关系、拓扑、语义和属性等信息，但其核心则是几何数据的有效表达。考虑到建筑构件属于人工构筑物，其几何形态具有一定的规则性，可以扫掠、拉伸、旋转、布尔运算等。

本研究采用的快速建模方法是利用参数化三维建筑物空间数据模型。该数据模型包括三个层次：几何层、关系层与语义层。底层为几何层，提供点、线、面、体几何对象的表达。如果直接采用点、线、面、体的离散表达形式，在实际建模时会耗费较多的存储空间。因此，有必要在传统的边界表达（B-REP）方法之外，同时引入几何造型方法的参数化几何实体表达方法。中间为关系层，反映了各类建筑对象间存在的聚合关系、拓扑邻接等关系。上层为语义层，体现了建筑物对象的多层次逻辑架构。几何层、关系层与语义层的直接映射关系，保证了该数据模型能够准确表达建筑对象的语义、几何与关系信息（图 12.2-5）。

2. 主要方法

建筑物是由建筑构件有机组合而成。在 CAD 建筑施工图中采用面向对象的信息组织形式来描述建筑构件，以便于建筑构件对象的识别和建筑构件相关参数的提取，并为建筑物三维建模提供了基础。

（1）基于组码的建筑构件信息提取

CAD 图形数据库中包含线段、多段线、弧段、多边形等基本几何要素，CAD 图形数据库在其基础上继承扩展了墙体、门窗、柱、阳台、屋顶等常用建筑构件对象。在 CAD 建筑施工图数据中，建筑构件的参数信息是以组码与组值的形式表现。组码与组值包含了建筑构件的定位、几何、属性、关系信息。基于对象的组码与组值就可以完整地恢复出整个建筑构件对象，也可以涵盖绘制建筑构件参数设置界面中所有的参数。因此基于 CAD 建筑施工图进行构件对象抽取进而进行室内外一体化建模的核心是对不同类型构件组码和组值的解析，进而进行建筑构件三维模型的构建。

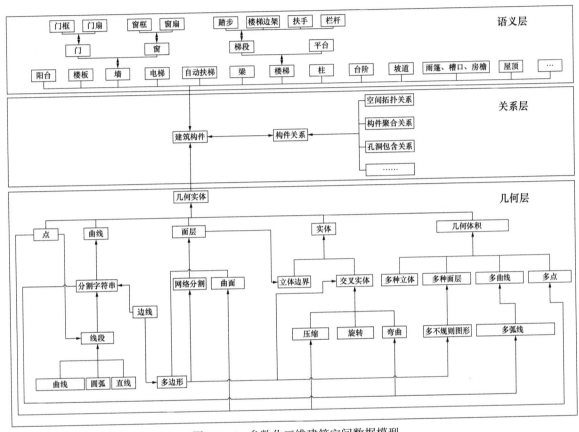

图 12.2-5　参数化三维建筑空间数据模型

（2）单一建筑构件的三维参数化建模

建筑构件是由基本的几何形体按照一定的秩序和原则相互组合人工建筑而成的。只考虑单一建筑构件的几何形态，可以将建筑构件三维实体的构建方法分为四种：

① 截面拉伸法。截面拉伸法适用于由截面和高（长）度即可定义几何形体的建筑构件，如柱、梁、梯段、台阶、栏杆等。

② 布尔运算法。布尔运算法适用于需要通过实体的交集、并集或差集描述的建筑构件。例如门、窗等构件在建模过程中需要将门、窗实体与墙体进行布尔差集运算，以得到最终建模结果。

③ 广义扫掠法。扶手、踢脚等构件通常以这些线状构件的路径走向信息与多个截面信息来描述，因此可采用广义扫掠建模方法实现实体构建。

④ 拉伸拔模法。坡形屋顶、坡道等构件的几何形态均与锥形相似，可以采用底面拉伸扫掠后拔模处理的方式实现建模。例如，坡形屋顶由底面轮廓几何信息和屋顶面倾角参数所描述，即可采用拉伸拔模方法进行建模。在建筑构件参数信息提取出来之后，借助于这些参数信息，并组合使用上述四种构建方法就可以完成绝大多数建筑构件的实体构建。

12.2.3 临时支撑体系快速设计系统

1. CAD 识别转化

利用 CAD 图纸的自动识别及自动建模技术，快速识别 CAD 平面图中的轴线、墙、梁、柱、板等结构，自动转化成三维模型，可大大节省三维建模时间（图 12.2-6）。

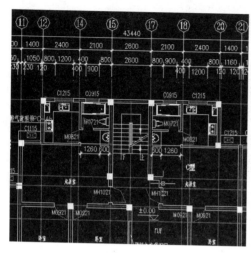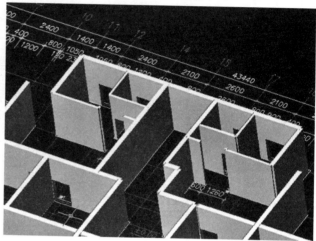

图 12.2-6　自动识图建模

2. 自动化建模

可高度自由布置各类结构构件，实现带弧形平面结构、斜向结构等各类异形组合等，进而广泛适用于造型复杂的工程结构实际需求（图 12.2-7）。

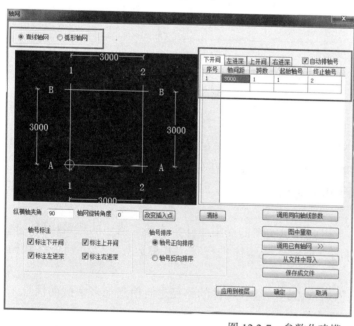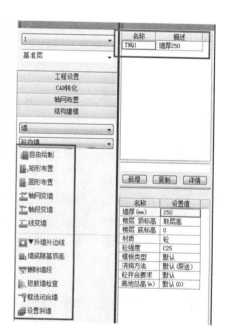

图 12.2-7　参数化建模

3. 各项计算功能

以《建筑施工临时支撑结构技术规范》JGJ 300—2013 作为主要规范，根据输入参数自动选择需要参考的其他规范，计算内容全面、计算过程详细（图 12.2-8）。

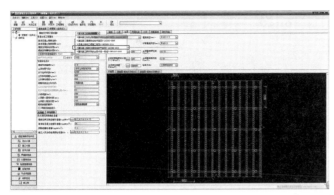 

图 12.2-8 安全计算（示意图）

4. 依据计算结果自动布杆，快速出图

在计算基础上实现模架体系的自动布置，并可在规范允许范围内进行人工调整，在绘图软件中提供一套施工详图绘制工具，建立标准化族库，采用参数化的方法，协助施工技术人员快速便捷地绘制施工节点详图。基于 BIM 技术，自动生成平面图、剖面图、大样图，可以快速输出专业的整体施工图（图 12.2-9）。

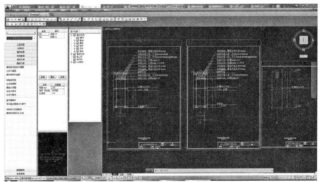

图 12.2-9 自动布杆、出图（示意图）

5. 自动生成材料统计表

可按楼层、结构类别统计出模板、钢管、方木、扣件、顶托等用量，自动生成统计表（图 12.2-10、图 12.2-11）。

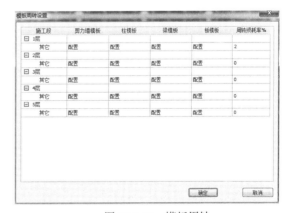

图 12.2-10 材料统计表　　　　　　图 12.2-11 模板周转

6. 施工管理过程

编制模架体系施工进度计划，针对不同的施工阶段精确计算模板、杆件、木方等的用量，控制材料的进场、出场和周转使用等。

12.3 超厚底板钢筋临时支撑的自动设计技术

12.3.1 钢筋的临时支撑自动设计原理

钢筋支架布置后，最后一步便是临时支撑的布置，临时支撑的排布分为智能布置和手动布置，两者区别在于，前者是在给出的间距范围计算出一个安全且省料的间距，后者是手动人工输入纵横间距，不论是哪一步，都是在布置临时支撑前确定好布置间距。

临时支撑布置会根据钢筋布置的空间位置进行布置：步距根据设置的参数确定，横杆依次在步距高度依次生成双向横杆，然后在钢筋层下再次生成单向横杆，水平长度延伸至板边200mm内，立杆布置至板边200mm内，排布间距＝（板宽度－200×2）[（板宽度－200×2）/计算间距＋1]。

智能布置和手动布置方式在横立杆布置前会通过不同的方式确定纵横间距和步距，智能布置时纵横间距的计算流程如图 12.3-1 所示。

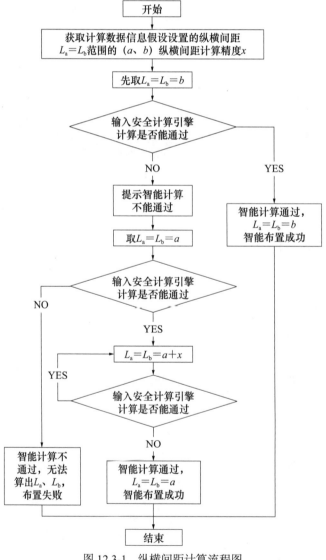

图 12.3-1 纵横间距计算流程图

求得实际布置间距后，开始在 CAD 平台进行布置（图 12.3-2、图 12.3-3），处理流程如图 12.3-4 所示。

根据以上的流程图可以看出，如果布置成功，则表示安全计算是通过的，而手动布置不一定，手动布置根据设置的参数直接布置出来，还需运用安全复核对布置的临时支撑进行安全验算。通过不断地手动布置＋安全复核，可以找到近似的最优解。

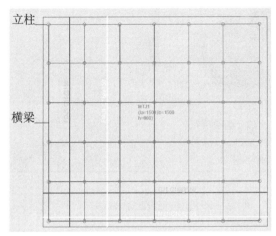

图 12.3-2　CAD 上确定立柱和横杆位置（点和线条创建）

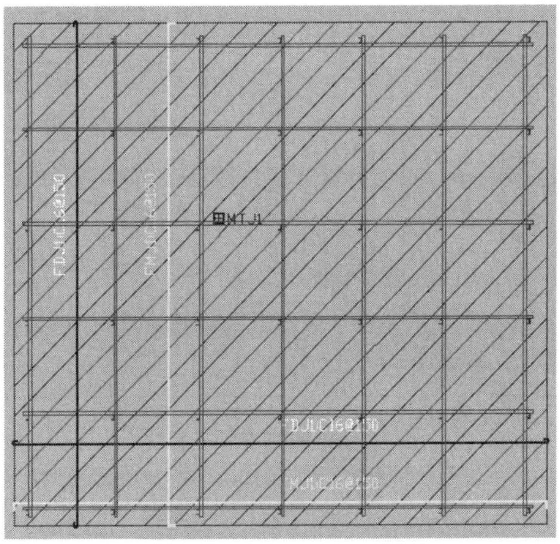

图 12.3-3　给圆圈点和线条赋予实体信息

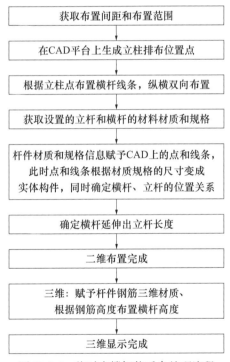

图 12.3-4　临时支撑智能后台处理流程

12.3.2　钢筋临时支撑安全计算与分析

1. 获得模型计算数据信息

模型创建以后，即可从模型中获得需要的计算数据，以一块超厚板为例（图 12.3-5），可以获取到以下信息，见表 12.3-1。

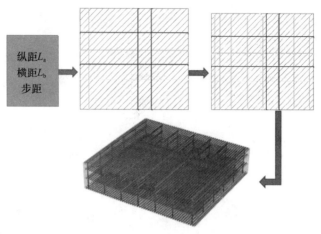

图 12.3-5　临时支撑布置结果展示

获取计算数据信息　　　　　　　　　　　　　　　　　　　　表 12.3-1

信息名称		信息内容特征
钢筋布置参数		包含上中下各层钢筋布置间距和直径，布置层数以便计算钢筋重量
各类荷载标准值		施工人员荷载标准值、施工设备荷载标准值
支架材料类型		槽钢/钢管/角钢/工字钢/钢筋的抗弯抗压强度设计值、截面抵抗矩、弹性模量、惯性矩
临时支撑各杆件布置间距		立杆纵横间距、步距，立杆计算高度
支撑间连接方式	焊接	焊缝计算长度、焊脚尺寸、焊缝强度设计值
	扣件	抗滑移折减系数

2. 安全计算的类型确定

目前没有专门针对钢筋支架临时支撑体系的计算规范，但结合《建筑施工扣件式钢管脚手架安全技术规范》JGJ 130—2011、《建筑施工模板安全技术规范》JGJ 162—2008、《混凝土结构工程施工规范》GB 50666—2011、《建筑施工临时支撑结构技术规范》JGJ 300—2013、《建筑施工脚手架安全技术统一标准》GB 51210—2016、《钢结构设计标准》GB 50017—2017 等规范文件的要求，考虑到钢筋支架主要由横杆、立柱组成，横梁与立柱间采用焊接或者扣件的方式进行连接，因此钢筋支架安全性的确定需验算水平杆的刚度和强度，立柱的强度及稳定性，连接节点的强度。

3. 安全计算分析流程

超厚板模型创建后，软件将各类信息收集整理，打包发送给安全计算模块，安全计算模块将计算值返回给软件，智能布置数据流如图 12.3-6 所示。

图 12.3-6　智能布置数据流

（1）计算简图

临时支撑计算简图如图 12.3-7 所示。

（2）钢筋荷载计算

钢筋支架所承受的荷载包括上层钢筋的自重、施工人员及设备荷载。其中，施工人员及设备荷载标准值根据相关规范进行取值，而钢筋的自重则按式（12.3-1）进行计算。以双层双向钢筋为例，截取 1m×1m 的钢筋网，如图 12.3-8 所示。

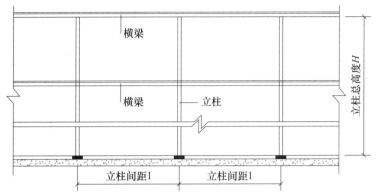

图 12.3-7　临时支撑计算简图

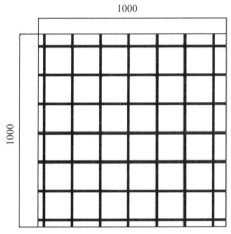

图 12.3-8　双层钢筋荷载计算单元示意

则可求出钢筋层的自重为：

$$G = (1/L_a + 1/L_b) \times m \times g/1000/(1 \times 1) \qquad (12.3-1)$$

式中　L_a、L_b——钢筋层钢筋间隔；

　　　　m——每米钢筋的质量；

　　　　g——重力加速度，取值为 9.8N/kg；

　　　　G——单位面积内钢筋的自重，单位为 kN/m^2。

（3）支架横梁验算

1）顶层支架横梁验算。支架横梁按照三跨连续梁进行强度和挠度计算，支架横梁在小横杆的上面。按照支架横梁上的脚手板和活荷载作为均布荷载计算支架横梁的最大弯矩和变形。主要包括均布荷载计算、强度验算和挠度验算等。

2）中间层支架横梁验算。支架横梁按照三跨连续梁进行强度和挠度计算，支架横梁在小横杆的上面。取中间层钢筋最大的自重荷载层进行计算，中间层支架横梁不考虑活荷载作用。主要包括长细比验算、稳定性验算、强度验算和挠度验算等。

3）立柱与横梁连接点验算。主要包括扣件抗滑移验算和焊缝强度验算。

12.4　基于 BIM 和物联网的临时支撑自动化全过程监测技术

该技术解决的是施工现场的支撑体系监测问题。通过设计现场的监测方案，使监测过程自动化，并利用物联网将数据传递给平台，使用轻量化模型展示出来，进而通过可视化的手段提高监控的效率。

12.4.1 全过程监测技术概述

1. 监测点位选择

监测点的选取，主要考虑梁板结构中的截面面积大的位置、跨度最大的构件、支撑高度最高的位置、水平约束条件最不利的位置、活荷载最集中的位置（如布料机架设位置）等。综合以上因素，选取需要监测的点位，根据其特点，选取监测点和监测类型。

如：对于截面尺寸最大的构件和活荷载最集中的构件位置，主要监测立杆下的轴力，需要在立杆下布置压力传感器；对于跨度最大部位，主要监测其大跨度下易产生的变形，主要监测其模板变形量，在梁/板底布置竖向位移传感器；对于支撑高度最高的位置，由于立杆顶部的约束条件较差，容易首先引起杆件扭转和倾斜，主要监测其在不同方向的倾斜变形，在立杆顶端布置双轴倾角传感器。对于支撑体系整体布局，由于在混凝土浇筑过程中，外部风荷载、布料机/布料管产生的冲击荷载等因素，支撑体系整体容易产生水平晃动，在支撑体系上部，沿支撑体系的长度和宽度方向分别布置水平位移传感器和水平压力传感器，通过数据采集，获得在正式作业环境下，支架所产生的水平位移和水平压力的大小，以评估水平扰动对支架产生的影响。

2. 报警阈值确定

对于临时支撑体系的监测，合理确定报警阈值是一项非常重要的过程。合理确定阈值后，可以在监测仪表上设置基于此阈值的预警和报警参数。在混凝土浇筑的临时支撑体系加载过程中，监测仪表根据传感器采集到的实时数据，与阈值比较，在接近或达到阈值时发出对应的声光报警，以示提醒。实际工程中，不同梁板的截面尺寸不同、混凝土的浇筑方式不同、作业环境不同决定了作用在对应下部临时支撑体系的荷载以及产生的形变各有不同。需要根据工程实际进行详细计算。

根据本研究中研发的基于 BIM 的临时支撑系统计算软件，导入结构图纸，通过软件的自动建模和结构计算，并经过反复优化，计算出支撑体系的水平钢管支撑间距（步距），立杆的纵向和横向跨度，以及对应杆件的竖向压力、变形等。将优化后计算出的值作为监测点位传感器预警的阈值，并在自动化采集仪的传感器安装完成后，输入该阈值。

3. 监测点传感器安装

依据确定下来的传感器安装位置方案，进行监测点传感器的安装。安装过程穿插在支架的搭设过程。确保传感器的安装既不影响架体搭设，又不受架体搭设影响。采取必要的保护措施，保证传感器和数字采集仪的安全。

4. 监测点数据初始化

监测点位安装完成后，需要对各传感器进行初始化设置，确保在正式浇筑过程中，产生的监测值真实有效。根据需要采集的数据类型，对于倾角和位移传感器，由于采集的数值主要是架体安装完成后，在混凝土浇筑过程中产生的相对值，因此，需要在传感器安装在架体完成初始条件后，对传感器进行初始值化。对于压力传感器，由于需要采集的值包含了架体的自重等数值，因此不能在传感器安装受压后进行传感器压力值初始化，需要在传感器空载情况下进行初始化后再进行安装，并将安装到位后采集到的压力值作为监测值的一部分进行分析。

5. 基于物联网的过程监测

一切准备工作就绪后，在混凝土开始浇筑前启动监测系统开始进入监测模式。随着混凝土浇筑进程的推进，上部荷载的影响逐渐传递到各部位的传感器，传感器将各自采集到的数据变化值通过无线传输的模式传递给数据采集仪，由于架体为钢管网架，密度大，对一般信号的屏蔽作用明显，因此本系统采集过程中，传感器与数据采集仪的数据通信采样 433Mhz 的通信模式进行，该通信模式对钢管架体具有一定的绕射能力，并且通信距离和通信速率也能满足数据采集仪和传感器的距离（半径距离小于 100m）需要。数据采集仪能够对采集到的各传感器的数据进行比对，当比对结果超出前期植入的阈值时，数据采集仪会向安装于架体的声光报警器发出指令，声光报警器会提醒作业人员进行问题排查。由于数据采集仪的数据采集密度较大，平均每部传感器 1 条 /s 的采集频率，可以使我们在混凝土浇筑过程中实时了解各杆件的受力是否超出设计值。

6. 监测数据与 BIM 轻量化平台

数据采集仪在接收到各传感器的数据，并进行数据分析的同时，会将各数据通过 GPRS 信号发送给监测平台。针对此物联网的数据传输，利用基于 GPRS 的物联网过程监控技术，通过固定在模架杆件上的应力传感器、双向倾角传感器和精密拉线传感器自动对模架的杆件受压、在动、静荷载作用下产生的倾斜形变和位移状态进行全方位监测，数据采样以毫秒为单位，基于 GPRS 的数据发送以秒为单位，将采样数据自动发送至 BIM 可视化平台，以三维立体的形式展示建筑内部各个物联网设备的运行状态，做到精确定位。通过物联网平台的分布式存储机制，基于 hash 算法以散列的形式存储物联网数据，并以三维模型特征算法为基础，提取位置坐标与 BIM 模型相结合，展示物联网数据。物联网平台与 BIM 模型平台的位置信息交互通过立体式投射成像算法呈现虚实结合的地理位置信息，并在三维点位上，立体地展现物联网数据的各种状态。通过基于 BIM 模型的系统平台软件对监测点位的数据进行曲线分析。真正实现了物联网监测数据与 BIM 模型的深度融合。

7. 数据分析

根据采集到的各点位的传感器数据，结合基于 BIM 的结构验算，考虑实际的材料类型、施工环境、荷载条件、施工工序等因素的影响，对比在施工工况下，支撑体系的真实应力应变，进一步验证结构计算的取值模式与真实情况的差距，定性分析出影响支架安全的主要因素，为后续施工进一步优化支撑体系结构布局，加强支撑体系的安全性，并同时兼顾经济性等方面提供技术支持。

12.4.2　基于 hash 算法的模架安全预警技术研究

12.4.2.1　模架临时支撑的破坏原因分析

1. 模架临时支撑安全事故坍塌破坏形式

（1）支架顶部失稳造成的（局部）坍塌破坏；

（2）支架底部失稳造成的整体（局部）坍塌破坏；

（3）支架中部失稳造成的整体（局部）坍塌破坏；

（4）支架破坏造成的整支架垮塌破坏；

（5）支架过大沉降变形造成的整体（局部）垮塌破坏；

（6）支架过大沉降变形造成的整体倾覆垮塌破坏。

2. 模架临时支撑事故原因

（1）设计原因

1）设计人员对高大空间支撑体系的技术特性不熟悉，仅凭施工经验进行搭设，设计不周全，计算出现错误或取值不合理；

2）模板支撑体系荷载计算错误或考虑不周，如施工荷载估计不当，未能充分考虑施工过程中的附加荷载；

3）计算模型不合理，未考虑立杆的偏心受压影响，未能正确反映模板与立板之间的传力体系等；

4）设计构造措施设置不足，如在软地面上搭设支撑架时立杆底部未设垫板的；扫地杆不足；扣件预紧力矩不足；支模架结构节点未双向安装水平连接杆。

（2）材料原因

1）钢管和扣件的质量低劣；

2）使用残旧丧失工作性能的构件，如带有裂缝、硬弯、压痕的钢管等。

（3）施工原因

1）模板支撑体系搭设不规范。如结构三维尺寸过大；人为减少钢管、扣件的数量；立杆最高点未采用双扣件；剪力撑过少；

2）未编制施工方案；

3）浇筑顺序不当；

4）泵管靠在支模架上，使之产生晃动；

5）浇筑与加固交叉作业；

6）混凝土养护时间不足即拆模。

3. 破坏机理

从以往的高支模事故中可以总结出，高支模发生局部坍塌，主要是高支模局部立杆失稳弯曲，由相连水平钢管牵动相邻立杆，引起连锁反应，同时模板下陷，混凝土未固结时会在下陷处聚集加重荷载导致高支模局部坍塌；混凝土已初凝但强度不足时，则构件会"超筋"脆性破坏下坠，亦导致高支模坍塌。高支模发生整体倾覆是由于水平作用或水平位移过大，产生重力二阶效应，最终导致整体失稳（图 12.4-1）。

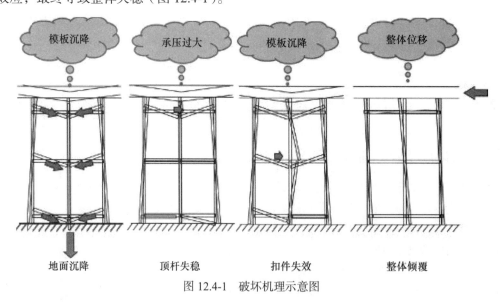

图 12.4-1　破坏机理示意图

12.4.2.2　模架临时支撑监测预警系统设计

1. 监测系统的信息传递方案的设计

监测系统的信息传递方案示意如图 12.4-2 所示。

图 12.4-2　监测系统的信息传递方案示意图

2. hash 算法和散列式物联网的应用

hash 算法：把任意长度输入通过散列算法变换成固定长度的输出，该输出就是散列值。

用途：通过 hash 算法生成的 hashcode 以散列的形式输出均衡分布的节点，避免单点故障。

物联网的数据具备时序性，而物联网数据存储架构采用的是大数据的 hbase 系统，通过 hash 算法的散列形式存储物联网数据可以避免 hbase 单点过热，同时大部分的时序空间内的时序数据具备连续性。

基于散列表以"空间换时间"形成一个线性表，同时通过映射函数存放记录地址，最终通过随机平均分布的固定函数找到存储的地址，存储物联网数据，做到尽可能地均衡分布。

3. 模架预警的实施方案设计

模架预警实施方案设计示意如图 12.4-3 所示。

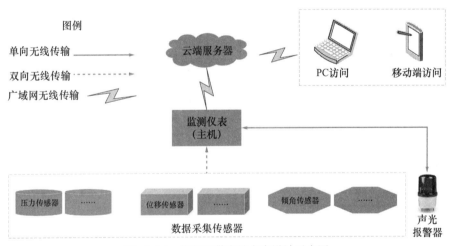

图 12.4-3　模架预警实施方案设计示意图

模架监测过程中，各传感器到监测主机之间的数据传输采用的是 433MHz 通信技术的局域网内无线传输。

监测主机与监控系统平台直接的通信是通过 GPRS 移动通信发送的。

12.4.2.3　模架临时支撑监测系统实施

1. 工作流程

（1）高支模搭设完成后，在楼板正中模板底部和梁跨中的模板底部安装位移传感器和压力机，实时监测该部位的挠度和应力；在高支模顶部角点布置水平位移传感器，实时监测高支模整体水平位移。

（2）对模板采用预制混凝土块进行预加载，使高支模各部分接触良好，进入正常工作状态，变形趋于稳定。

（3）混凝土浇筑过程中，监测系统实时监测，数据通过采集仪传送给现场的监控计算机，进行数据分析和判断。

（4）当监测值达到设计限定值时，系统预警，提醒现场项目负责人、监理、监督员等，排查原因。

（5）在高支模发生局部坍塌事故前，报警触发装置触发现场声光报警器，作业人员争取逃生时间。

2. 实施要点

（1）监测目的。针对危险性较大的混凝土模板支撑工程和承重支撑体系（以下简称高支模），在支架预压和混凝土浇筑过程中，通过实时监测高支模关键部位或薄弱部位的水平位移、模板沉降、立杆轴力和杆件倾角等参数，监控高支模系统的工作状态，协助现场施工人员及时发现高支模系统的异常变化。当高支模监测参数超过预设限值时，监测系统自动通知现场作业人员停止作业、迅速撤离现场。

（2）监测对象。对施工现场的钢筋混凝土水平构件施工的支撑体系进行受力及变形检测。包括：扣件式钢管脚手架、门式钢管脚手架、盘扣式钢管脚手架、承插式钢管脚手架、圆盘式钢管脚手架等。

（3）监测仪器选择。根据施工现场的实际条件，为保证良好的监测效果，需要摒弃人工监测和测量机器人的监测方案，选择基于 GPRS 的物联网传输的自动化监测系统。监测的内容应涵盖立杆的竖向压力，支架的水平压力，支模体系的竖向和水平位移，支架的倾斜角度等内容，并且施工部署方便，能够不受人为干扰的前提下，自动完成监测器内的全部监测内容。因此在项目实际监测过程中，选择的监测设备应能独立、自动完成对以上数据的监测内容，并且传感器的精度和量程应满足实际测量要求。

根据建筑施工的质量控制要求，结合支模体系的荷载特征，通常情况下，建筑施工模架临时支撑体系的竖向位移在 25mm 以内，水平位移在 100mm 以内，竖向压力在 30kN 以内，水平压力小于竖向压力，支架倾斜在 5° 以内。

为便于观察需要，并且确保监测人员的安全，监测传感器和监测仪表之间采样无线通信的模式进行数据传输，并且监测仪表（监测主机）应能在临时支撑体系以外的安全位置进行观测。

高支模监控系统前端硬件包括：32 通道数字采集仪、数字压力计、数字倾角计、数字位移计、声光报警器、传感器电缆、位移传感器安装设备等（图 12.4-4）。

（a）　　　　　　　　　（b）　　　　　　　　　（c）

图 12.4-4　设备安装方式示意

（a）压力传感器；（b）倾角传感器；（c）位移传感器

（d）　　　　　　　　　　　（e）

图 12.4-4　设备安装方式示意（续）

（d）无线声光报警器；（e）各传感器组合安装

监测前，首先确定监测方案，确定各传感器报警值的取值原则，并明确出现报警值时的处理方式。在施工过程中，当声光报警器发出报警时，首先由监测员通过监测主机确定报警部位和数据大小，并要求工人立即停止混凝土浇筑作业，减轻上部荷载，加固报警位置，当报警接触后，方可继续施工。

12.4.3　基于 BIM 轻量化平台的临时支撑体系全过程监测技术

12.4.3.1　基于 BIM 技术的监测原理

在高支模的脚手架上设置倾角检测器、压力检测器、位移检测器等探测设备。将高支模脚手架的倾斜数据、位移数据、压力数据等实时采集记录，通过工地现场的数据采集器记录并转发到移动网络发送到云端。云平台可以对这些现场的数据进行下载记录，同时在平台上以图表等可视化的展现方式展现给用户。

当检测数据超过设定阈值时，系统自动发出报警信号，通过现场的声光报警器或者平台推送消息，将报警信息传达给相应人员。

传感器会将采样到的数据发送给监测主机，由主机进行预警值比对，并判断是否需要将报警信号输出给声光报警器。同时将各传感器监测到的数据发送给物联网平台和 BIM 平台。通过 BIM 平台的数据连接可实现传感和 BIM 模型的关联（图 12.4-5）。

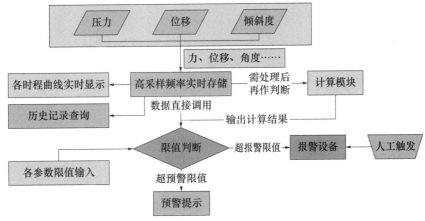

图 12.4-5　BIM 数据连接与模型连接示意

12.4.3.2 物联网设备监测平台设计

平台的设计主要是在 Web 端采用 WebGL 技术，不需要安装插件，大部分浏览器引擎都支持。另外为了提高模型上传效率，实现了增量更新。对上传的模型进行比较，标记模型中修改的地方，只对更改过的文件进行更新，智能分析和压缩文件上传。在 Web 端展示时采用模型流的方式，用户可以实时看到已经下载的部分，对显示影响较大的部分先下载先显示，细节部分可以后显示。下载过程，用户不需要等待，可以进行其他操作。同时使用相似体的识别算法可以大大减少几何体的数量，减少模型的大小，实现轻量化显示效果。

软件系统包括：工程分布、实时数据、历史数据、报警管理、数据报表、设备管理、工程管理、系统管理等。

系统各模块可以实现以下功能：

（1）工程分布：在地图上显示工程具体位置；

（2）实时数据：实时显示各传感器位置以及数据采集仪的显示数据；

（3）历史数据：调用或查看各个已完成的监测项目的监测数据；

（4）报警管理：声光报警装置预警以及报警设置；

（5）数据报表：数据显示模式有数值、趋势图等；

（6）设备管理：各个位置的设备按编号进行设置；

（7）工程管理：监测项目名称以及监测人员档案、角色管理等；

（8）系统管理：软件系统的偏好设置等。

12.4.3.3 测点布设原则

高支模关键部位或薄弱部位为：跨度较大的主梁跨中、跨度较大的双向板板中、跨度较大的拱顶及拱脚、悬挑构件端部以及其他重要构件承受荷载最大的部位。

测点布置原则为：

（1）以既有混凝土柱、剪力墙等固定结构为参考点，设置水平位移传感器，监测高支模支架的整体水平位移；

（2）以支模体系地面为参考点，在梁底，板底模板安装竖向位移传感器，监测模板沉降；

（3）选取荷载较大或有代表性的立杆，在立杆顶托和模板之间安装压力传感器，监测立杆轴力；

（4）选取对倾斜较敏感的杆件（如荷载较大或易产生水平位移的立杆），在杆件上端部安装倾角传感器，监测杆件倾角。

12.4.3.4 主要监测方法

（1）监测限值的选择

由于每个项目的设计，搭设形式和使用材料的不同，监测限值可依据相关规程、该工程的专项方案、专家论证意见和参考预压情况确定，由设计、施工和监理等单位确认，预警值可取报警值的 0.8 倍。

杆件轴力：监测的轴力报警值应为立杆设计承载力验算所获得的最大承载力设计值。

模板沉降：监测报警值可根据《建筑施工模板安全技术规范》JGJ 162—2008 第 4.4 条确定。

水平位移量：监测报警值可根据《建筑施工临时支撑结构技术规范》JGJ 300—2013 第 8.0.9 条确定。

杆件倾角：监测报警值根据被监测杆件计算长度和允许变形值计算得到。

监测频次：为保证监测的实时性和有效性，在监测过程中数据的采样频率应大于或等于 1Hz。

为保证安全，报警数据设置为通过结构验算得到的支架受力和变形数据。结构验算时考虑了荷载的最不利布置因素及安全储备，因此系统发生报警说明该位置的实际监测值已经超出了设计值，并不代表支架会发生坍塌，只是说明继续加载的情况下支架的坍塌风险会快速加大，报警的主要目的是提醒项目管理人员和施工人员要及时采取加固措施或减载措施，避免危险进一步加大。

安全储备来自结构计算的荷载取值，根据《建筑施工临时支撑结构技术规范》JGJ 300—2013 的要求，对于由永久荷载控制的安全荷载，永久荷载的荷载分项系数为 1.35；可变荷载的分项系数为 1.4。

（2）监测实施过程细则

1）监测准备工作。监测人员依据《高支模专项施工方案》（以下简称"专项方案"）制订《高支模实时监测方案》（以下简称"监测方案"），明确监测参数和布点，由委托方组织设计、施工和监理等单位确定监测参数的预警值、报警值，明确监测的起始、终止时间。

监测人员与委托方现场相关人员进行技术交底，施工单位应组织作业人员进行应急预案宣贯。

监测人员根据专项方案和监测方案的要求，在现场技术人员协助下完成传感器和报警器安装。

2）支架预压。支架预压荷载不应少于支架承受的混凝土结构恒载与模板重量之和的 1.1 倍。

支架预压区域应划分成若干预压单元，每个预压单元内实际预压荷载的最大值不应超过该预压单元内预压荷载平均值的 110%。每个预压单元内的预压荷载可采用均布形式。

支架预压应按预压单元进行分级加载，且不应小于 3 级，3 级加载依次宜为单元内预压荷载值的 60%，80%，100%。

混凝土浇筑开始即进行不间断监测。混凝土浇筑过程中，监测人员应密切注意高支模各监测参数的实时监测值和变化趋势。当监测参数数值或变化趋势发生异常时，监测人员应及时通知委托方联系人。当监测参数超过预警值时，监测人员应立即通知现场项目负责人和监理人员，以便及时排除影响安全的不利因素。当监测值达到报警值而触发安全报警时，现场作业人员应立即停止施工并迅速撤离，同时通知项目现场负责人、项目总监和安全监督员。待险情排除，经项目现场负责人、项目总监和安全监督员确认后，方可继续混凝土浇筑施工。

混凝土浇捣完成后，监测人员应继续监测各参数的变化趋势，直至监测参数趋于稳定或到达委托方要求的监测终止时间方可停止监测。

3）监测系统拆卸与退场。混凝土构件达到安全强度后，通常对于超过一定规模的危险性较大工程，在混凝土达到 100% 设计强度后拆除竖向受力支撑，监测人员在现场技术人员协助下完成传感器的拆卸工作。委托方及现场监理对监测过程进行签证确认。监测人员将现场监测场地移交委托方并完成退场。

由于支撑体系内钢管密集，应采样合适的通信方式确保各传感器的数据实时地传递给监测仪表（监测主机），以满足监测主机对支模体系的实时监测和动态报警反馈需要。

4）高支模监测工程选择。监测工程选择见表 12.4-1。

5）监测过程跟踪。研究跟踪过程见表 12.4-2。

6）监测数据显示。监测数据的显示包括两个部分。其一是在混凝土浇筑施工中，通过监测仪表的实时显示，项目施工管理人员实时掌握各监测点位的监测数据，并及时获取报警信息，在支架出现异常时及时进行处理。其二是在混凝土浇筑完成后，通过 BIM 远程平台的数据显示，获得各监测定位的测量结果曲线，并可通过平台对数据进行分析。

监测工程选择表 表 12.4-1

项目名称	工程所在地	最大支撑高度（m）	监测时施工环境	选择目的
深湾汇云中心五期	深圳	5.2	超高层，沿海环境	监测超高层施工中，临时支撑体系的稳定性
北京通州区运河核心区Ⅱ-07地块	北京	7.4	支撑高度高，荷载大	监测超大荷载条件下临时支撑体系的稳定性及混凝土强度发展对支撑体系的影响
重庆中迪广场项目	重庆	10.5	支撑高度高，荷载大	通过监测高支模体系下梁跨中模板沉降量，优化模板起拱量；新建结构对下部分已建结构的影响检测

研究跟踪过程 表 12.4-2

序号	监测过程	参与时机	主要工作
1	监测部位选择	实施前	根据施工进度，提供信息
2	支撑体系确定	实施前	根据施工安排，提供信息
3	监测点位确定	实施前	根据研究方向，结合实际工况，确定监测点位
4	监测点阈值确定	实施前	结合实际工况，依据现行规范计算监测点位阈值
5	监测点仪器安装	实施中	仪器安装调试/现场配合
6	工程监测	实施中	支撑体系监测/异常处理
7	数据分析与呈现	实施后	数据分析与平台显示系统开发、部署/分析过程协助与把控

12.5 工程应用

12.5.1 钢筋临时支撑方案优化示范（重庆中迪广场项目）

1. 工程概况

重庆中迪广场项目总占地面积 4.5 万 m²，总建筑面积 80 万 m²，是集大型购物中心、服务公寓、5A 写字楼和酒店为一体的城市综合体，建成后将成为九龙坡区杨家坪商业新地标。

重庆中迪广场（南区）项目总建筑面积 43 万 m²，由 8 层地下车库及商业（地下 6 层、吊 2 层）、基坑深度 40m，地上 6 层商业裙楼（6# 楼），2 栋 258m 超高层（5# 楼和 7# 楼）、1 栋 100m 级五星级酒店（8# 楼）组成（图 12.5-1）。

本工程 5# 和 7# 楼塔楼基础为筏形基础与人工挖孔桩基础，其中单栋筏板面积约 1000m²，基础尺寸为 30300mm×30800mm，平均深度为 3.5mm，局部深 7.3m（表 12.5-1）。

混凝土浇筑主要采用地泵和汽车泵进行，水平布料方式采用直径 15m 的布料机浇筑。浇筑方式采用地泵接管浇筑，垂直方向利用设置基坑的泵管输送至作业面，水平方向采用 15m 的布料机进行布料；汽车泵辅助进行施工作业面混凝土浇筑。混凝土采用全面分层浇筑，每层浇筑厚度不超过 500mm（图 12.5-2、图 12.5-3）。

图 12.5-1　项目概况图

筏板钢筋明细表　　　　　　　　　　　　　　　　　　　　　　　　　　表 12.5-1

序号	类型	内容
1	钢筋种类、符号	HRB400
2	f_y（N/mm²）	360
3	f_{yk}/f_{uk}（N/mm²）	400/540
4	筏板钢筋（mm）	筏板温度筋：Φ12@300 双向钢筋网 筏板钢筋：Φ32@150 双层双向，局部附加Φ32@150 双层双向
5	保护层厚度	筏板底：40mm；筏板侧壁：40mm

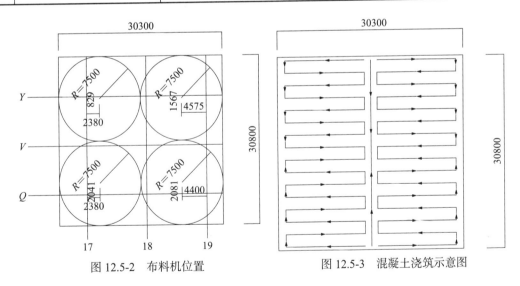

图 12.5-2　布料机位置　　　　　　　　图 12.5-3　混凝土浇筑示意图

2. 支撑方案设计与优化

（1）筏板支撑方案设计

经理论计算，筏板马凳支撑选用 10# 槽钢焊接制作。槽钢马凳由槽钢立柱＋纵横向平槽钢梁组成，水平双向间距均为 2m（具体可根据实际情况微调）。塔楼筏板为 30.3m×30.5m，距基坑边 0.5m 处开始布设第一道槽钢。上层水平槽钢呈东西方向，中层水平槽钢呈南北向，槽钢焊接连接。

（2）筏板支撑设计优化

1）筏板支撑设计优化方法。项目研究并使用BIM钢筋支架设计软件,通过模型建立(结构模型、钢筋模型)→钢筋支架布置→成果导出(最优方案)的顺序进行支撑优化。

2）筏板支撑设计优化流程。

① 模型建立。根据图纸创建结构模型及钢筋模型,首先创建结构模型,再在结构模型内创建钢筋模型。

② 布置钢筋支架。分别更改钢筋支架材料类型,输入相应的立柱横梁间距以及立柱步距,软件根据输入的数据自动排布钢筋支架并复核其安全性(图12.5-4、图12.5-5)。

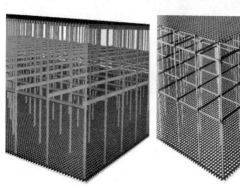

图 12.5-4　型钢支撑支架

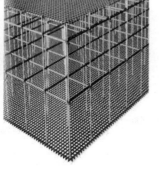

图 12.5-5　钢管支撑支架效果

③ 成果导出。待布置完成架体后,软件一键自动导出图片、材料统计报表、计算书等成果。

（3）方案实施

5#、7# 楼 3500mm 厚筏板处上铁支撑采用钢管马凳,采用 ϕ48mm×3.0mm 钢管依照扣件式满堂架支撑进行搭设。纵横间距为 1500mm×1500mm,步距 1500mm 钢管底部焊接 80mm×80mm 厚 3mm 钢板。通过现场对整个施工过程进行监测,通过数据的异常及时发现施工过程中存在的问题。

1）监测点布置原则。筏板钢筋支撑主要受力形式为水平杆件(顶杆)受弯,立杆受压,斜撑、扫地杆起到提高结构整体刚度的作用,受力很小起构造作用。最大受力出现在顶杆端部和节点处,混凝土浇筑布料机位置及附近区域需加强监控。

在立柱 1/2 高处分别对称粘贴 2 个应变片,中间立柱 1/2 高处对称粘贴 4 个应变片,共计 20 个应变片;在 6 根立柱 1/2 高处分别对称安装 3 个振弦式表面应变计,共计 12 个振弦式表面应变计(图12.5-6)。

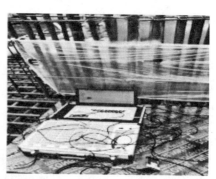

图 12.5-6　监测数据采集系统

2）监测结果分析。2017 年 10 月 22 日早上开始浇筑混凝土,至 2017 年 10 月 24 日上午完成浇筑。将持续浇筑的施工期间分为七个监测时段分别进行数据采集,各个测点的应力值呈无规律波动，均未超过荷载预警值，安全可靠（图 12.5-7）。

图 12.5-7　施工过程现场实际照片

3. 科技示范效果

示范工程主要通过基于 BIM 技术对超高层的模板脚手架、底板钢筋临时支撑的参数化建模、设计、计算分析与施工管理，通过快速建立或识别读取工程结构模型，通过验算引擎自动进行临时支撑体系材料选择与智能排布，进行安全计算分析，并对其施工过程进行管理与实时监测、验证，保证了临时支撑施工的安全，大大提高了超高层建筑施工的安全。

（1）通过利用临时支撑体系设计优化与过程监测技术指导临时支撑设计与实施，降低了能源消耗，节约了施工成本。

通过对优化后的钢管脚手架马凳支撑方案与最初制订的型钢马凳支撑方案进行对比分析，结合材料、人工（单栋楼钢管脚手架支撑施工工期为 3d，型钢支撑施工工期 6d）等费用进行比对。具体如下：

1）型钢马凳支撑体系费用计算

材料费总价：10kg/m×（965.43＋2893.044＋1399.86）×4100/1000 ＝ 215592 元（材料单价以最新市场价格）

人工费：450 元 /d×10 人 ×6d ＝ 27000 元。

总费用：242592 元。

2）钢管马凳支撑体系费用计算

钢管材料价格：钢管总长度 ×10 元 /m ＝（3940.95＋1700m）×10 元 /m ＝ 56410 元。

扣件：8931 个 ×5.4 元 / 个 ＝ 48227.4 元。

人工费：450 元 /d×10 人 /d×3d ＝ 13500 元。

总费用：56410 ＋ 48227.4 ＋ 31500 ＝ 118137.4 元。

综上所述，优化后的筏板钢筋马凳支撑方案，7# 和 5# 产生的经济效益一共为：型钢马凳支撑投入施工总费用－钢管脚手架马凳支撑投入施工总费用：2×（242592－118137.4）＝248909.2 元。

（2）以现场配置的底层设备作为实时采集信息的工具，再对比分析采集的数据信息与模型反馈的结果，及时将结果输送至用户操作层，从而实现对临时支撑全过程实时的安全管理及预防。

（3）监测分析结构体系与支撑体系，建立支撑体系力学计算模型，为对比分析试验结果与理论分析结果提供依据。

（4）采用高精度传感器和信息自动采集仪，实时捕捉监测点位置信息，实时分析形变和受力情况，对施工中某些杆件超过承载能力做出及时的反应措施，通过报警器报警，实现实时监测、超限预警、危险报警等监测目标，保证工程施工过程中的安全和质量，提高新建工程的质量和可靠性。

（5）对支架监测过程中形成的大量压力、位移、倾角等监测数据，可以更加清晰地了解高支模在施工过程中不同支撑杆件的受力过程、应力分布过程，位移变化过程和稳定过程等，可以进一步直观地了解活荷载的分布对高支模的安全影响，可以定量地分析施工过程中产生的活荷载和永久荷载在高支模施工中的分布和影响大小，对架体搭设、构造加固位置、施工过程荷载控制等直接关系到架体施工安全的因素有了更深刻的认识，为未来高支模科学施工、安全管理提供进一步的参考。

12.5.2　高大模板支持体系方案优化与监测技术示范（重庆中迪广场项目）

本工程选取重庆中迪广场项目 6# 楼酒店大堂、9-12/AC-Q 轴处高大模板支撑为研究对象，其结构概况见表 12.5-2。

结构概况表　　　　　　　　　　　　　　　　　表 12.5-2

轴线位置	所在楼层	下部板面标高（m）	上部板面标高（m）	最大梁截面（mm×mm）	梁支撑高度（m）	上部板厚（mm）	板支撑高度（m）	备注
6# 楼酒店大堂、9-12/AC-Q 轴（预应力梁，跨度26.1m）	6~屋面	25.15	35.65	500×1800	8.6	120	10.38	

12.5.2.1　方案设计与优化

1. 方案设计优化

使用 BIM 模板工程设计软件，通过建立高支模结构模型→模型导入 BIM 模板工程设计软件→参数设置→模板架体布置→成果导出（最优方案）。

2. 模型建立

根据图纸创建高支模区域 BIM 结构模型，然后将 BIM 模型导入模架软件中（图 12.5-8、图 12.5-9）。

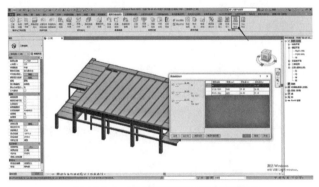
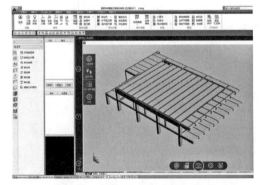

图 12.5-8　高支模区域 BIM 结构模型　　　　　图 12.5-9　模型导入品茗模架软件

3. 参数设置、高支模区域架体布置

根据高支模区域特点，对模架软件中关键参数设置。按照事先设置的关键参数，输入对应的立柱横梁间距以及立柱步距软件自动排布可行性方案，对排布不合理的地方进行修改，并复核其安全性（图 12.5-10、图 12.5-11）。

图 12.5-10　深化后架体布置平面图　　　　图 12.5-11　深化后架体布置三维效果图

4. 成果导出

待布置完成架体深化后，软件一键自动导出效果图、各种图纸（平面图、立面图、剖面图等）方案书、材料统计报表、计算书等成果（图 12.5-12、图 12.5-13）。

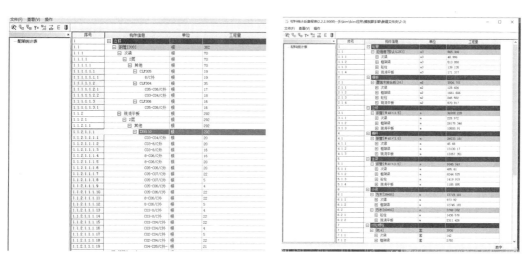

图 12.5-12　高支模区域深化后工程量

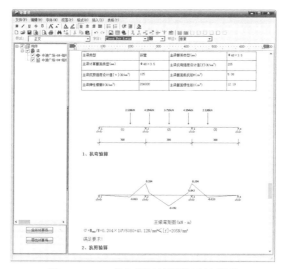

图 12.5-13　高支模区域深化后计算书

5. 优化后方案设计参数

优化后方案设计参数见表 12.5-3。

优化后方案设计参数表　　　　　　　　　　表 12.5-3

结构构件		预应力梁（跨度 26.1m）	板
截面尺寸（mm）		500×1800	120
横向支撑立杆		3 根	—
面板		15mm 厚覆膜多层板	
立杆间距（横×纵）（mm）		125×450	900×900
横杆步距（mm）		1200	≤ 1200
底部支撑次龙骨	材料	50mm×100mm 木方	50mm×100mm 木方
	根数	7 根	—
底部托梁	材料	2×φ48×3mm 钢管	
	间距（mm）	450	900
	长度（mm）	1000	—
侧模内龙骨	材料（mm）	50×100 木方	
	间距（mm）	≤ 200	
侧模外龙骨	材料（mm）	2×φ48×3 钢管	
	间距（mm）	500	
侧模对拉螺栓	纵向间距（mm）	Φ14@500	—
	竖向间距（mm）	设 4 道，竖向间距为 100＋500＋500＋500	—
垫板	材料	50mm 厚通长木脚手板	

12.5.2.2　高大模板支撑方案过程管理与监测

1. 监测参数设置、数量及位置

（1）监测参数的设置

依据架体设计值、材料规格和规范要求确定监测参数，通过累计变化量和变化速率两个值控制，预警值及报警值详见监测数量统计表（表 12.5-5）。

（2）监测位置

将监测点位分为 12 个区域，分别覆盖土梁跨中、主梁 1/4 处，楼板中部等受力较大位置（表 12.5-4）。

监测点位传感器布置数量及功能分析表　　　　　　　　　　表 12.5-4

名称	数量	功能
轴压力传感器	24 个	竖向轴力，监测各立杆的竖向压力
	0 个	监测支架两侧因为布料机出料以及振捣混凝土产生的水平力
位移传感器	7 个	监测梁底跨中主横杆和板底跨中主横杆的竖向位移
倾角传感器	5 个	监测支模体系的倾角
水平位移传感器	0 个	监测支模体系两个水平方向的位移
沉降监测传感器	0 个	监测模板体系沉降及架体基础结构沉降量

（3）监测数量

本项目监测分为模板沉降、立杆压力、立杆倾角三项监测内容，其中竖向压力监测点 24 个、立杆倾角监测点 5 个、竖向位移监测点 7 个。本项目高支模楼层施工顺序为：钢筋混凝土承力柱施工完毕并达到设计强度后，再进行水平构件施工，在支撑体系施工时，采取了足够的结构措施，确保架体与结构柱连接牢固，架体产生的水平力和水平变形被结构柱承担，因此本次监测不考虑水平方向的变形与受力监测。具体监测数量统计详见表 12.5-5。

监测数量统计表　　　　　　　　　　　　　　　　　表 12.5-5

传感器序号	序号	传感器类型	传感器编号	安装位置	预警值	报警值
F01	1	竖向压力	110268908	1：9-10 轴大梁中部，边立杆	16.273kN	30kN
F02	2	竖向压力	110283908	1：9-10 轴大梁中部，中立杆	16.273kN	30kN
F03	3	竖向压力	110264908	1：9-10 轴大梁中部，边立杆	16.273kN	30kN
A01	4	倾角	140299908	1：9-10 轴大梁中部，倾角	0.8°	1°
D02	5	竖向位移	200363908	10 轴大梁中部，梁底位移 1/4 处	17.4mm	21.75mm
F04	6	竖向压力	110275908	2：9-10 轴大梁中部，边立杆	16.273kN	30kN
F05	7	竖向压力	110279908	2：9-10 轴大梁中部，中立杆	16.273kN	30kN
F06	8	竖向压力	110270908	2：9-10 轴大梁中部，边立杆	16.273kN	30kN
F07	9	竖向压力	110284908	3：9-10 轴板底立杆	16.273kN	30kN
D03	10	竖向位移	200364908	10 梁底位移 1/2 处	17.4mm	21.75mm
F08	11	竖向压力	110262908	4：9-10 轴板底立杆	16.273kN	30kN
F09	12	竖向压力	110262908	5：10 轴大梁中部，边立杆	16.273kN	30kN
F10	13	竖向压力	110266908	5：10 轴大梁中部，中立杆	16.273kN	30kN
F11	14	竖向压力	110281908	5：10 轴大梁中部，边立杆	16.273kN	30kN
A02	15	倾角	140301908	5：10 轴大梁中部，倾角	0.8°	1°
D01	16	竖向位移	200358908	11 轴靠左梁中部，梁底位移，1/4 处	17.4mm	21.75mm
F12	17	竖向压力	110261908	6：9-10 轴板底立杆	16.273kN	30kN
D06	18	竖向位移	200360908	11 轴靠左梁中部，梁底位移，1/2 处	17.4mm	21.75mm
F13	19	竖向压力	110272908	7：10-11 轴大梁中部，边立杆	16.273kN	30kN
F14	20	竖向压力	110276908	7：10-11 轴大梁中部，中立杆	16.273kN	30kN
F15	21	竖向压力	110282908	7：10-11 轴大梁中部，边立杆	16.273kN	30kN
A03	22	倾角	140302908	7：10-11 轴大梁中部，倾角	0.8°	1°
D05	23	竖向位移	200362908	11 轴靠左梁中部，梁底位移，3/4 处	17.4mm	21.75mm
F16	24	竖向压力	110263908	8：11 轴向左大梁中部，边立杆	16.273kN	30kN
F17	25	竖向压力	110280908	8：11 轴向左大梁中部，中立杆	16.273kN	30kN
F18	26	竖向压力	110271908	8：11 轴向左大梁中部，边立杆	16.273kN	30kN
A04	27	倾角	140300908	8：11 轴向左大梁中部，倾角	0.8°	1°
D07	28	竖向位移	200359908	12 轴靠左梁中部，梁底位移，1/2 处	17.4mm	21.75mm
F19	29	竖向压力	110269908	9：11-12 轴板底立杆	16.273kN	30kN
F20	30	竖向压力	110273908	10：11-12 轴板底立杆	16.273kN	30kN
F21	31	竖向压力	110277908	11：11-12 轴板底立杆	16.273kN	30kN
F22	32	竖向压力	110278908	12：12 轴向左大梁中部，边立杆	16.273kN	30kN
F23	33	竖向压力	110274908	12：12 轴向左大梁中部，中立杆	16.273kN	30kN

续表

传感器序号	序号	传感器类型	传感器编号	安装位置	预警值	报警值
F24	34	竖向压力	110267908	12：12轴向左大梁中部，边立杆	16.273kN	30kN
A05	35	倾角	140298908	12：12轴向左大梁中部，倾角	0.8°	1°
D04	36	竖向位移	200361908	12轴靠左梁中部，梁底位移，3/4处	17.4mm	21.75mm

2. 监测仪器

本项目采用模板支撑系统无线智能监测仪进行实时监测，其主要规格型号见表12.5-6。

监测仪器统计表　　　　　　　　　　　　　　　　　表 12.5-6

仪器、设备	型号	量程	精度
模板支撑系统无线智能监测仪	MODEL GZM1	—	1Hz
无线位移传感器	GZM-D100	0～100mm	±0.1mm
无线倾角传感器	GZM-A30	0～30°	±0.1°
无线压力传感器	GZM-F60	0～60kN	0.5%F·S

（1）传感器安装

1）压力传感器安装。将压力传感器安装在立杆顶部的顶托内。安装完成，并测试传感器连接正常后，暂时关闭电源，待混凝土开始浇筑前启动传感器。

2）位移传感器安装。将传感器引线端固定安装在梁底模板上，传感器底部固定在下层混凝土上表面，并标记位置。安装床传感器时，传感器引线拉出传感器100mm左右。安装完成，并测试传感器连接正常后将传感器基准数据清零，关闭电源，待混凝土开始浇筑前启动传感器，记录监测数据（图12.5-14）。

图 12.5-14　位移传感器现场安装示意图

3）倾角传感器安装。倾角传感器固定在竖向钢管顶部。安装完成，并测试传感器连接正常，并将传感器基准数据清零后，暂时关闭电源，待混凝土开始浇筑前启动传感器，记录监测数据。

（2）声光报警器安装

声光报警器安装在靠近主机的立杆上，在安装完成并测试正常后即可等待混凝土浇筑前再次启动电源。

（3）监测主机布置

由于脚手架密集布置，会影响到各传感器的无线数据发送，为确保更好的监测结果，将监测主机布置在高支模支架的中间位置，并经测试，各传感器到主机的信号均正常（图 12.5-15）。

图 12.5-15　监测主机布置现场图

3. 监测过程

高支模监测部位的混凝土自 2020 年 5 月 14 日下午 21：30 开始正式浇筑，截至 2020 年 5 月 15 日上午 9：00 左右浇筑施工完毕。混凝土浇筑时间持续近 12 个小时。混凝土浇筑前启动仪器，开始进入浇筑过程监测状态。为记录传感器受力变化，监测过程在 2020 年 5 月 15 日下午 19：30 监测过程结束。现场采用一台 18m 半径的布料机进行浇筑作业，布料机在浇筑过程中移动 2 次即可覆盖全部楼面（图 12.5-16）。

监测时传感器的数据采样采用 1s/ 次的频率进行数据采集。在数据分析处理时，采用 1min/ 次的数据频率进行数据分析。

图 12.5-16　混凝土现场浇筑示意图

12.5.2.3　监测数据分析

选取 1 号点位数据进行相关数据分析。1 号点位有 4 个传感器，分别为 3 个压力传感器，1 个倾角传感器。D02 位移因靠近 1 号点位，用来对比和参考。3 个压力传感器依次位于梁下三根竖向支撑钢管的顶端（图 12.5-17）。

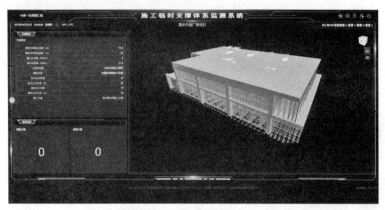

图 12.5-17　监测数据获取示意图

1. 梁下各测点数据对比

A 测点最大值与初始压力值对比见表 12.5-7，A 梁下立杆荷载变化合计见表 12.5-8。

A 测点最大值与初始压力值对比（kN）　　　　　　　　　　　　表 12.5-7

测点	梁下立杆荷载变化	监测总值	增量总值	测点	梁下立杆荷载变化	监测总值	增量总值
1	边立杆：F01——4−2.6 = 1.4 中立杆：F02——2.1−0.9 = 1.2 边立杆：F03——3.1−1.6 = 1.5	9.2	4.1	2	边立杆：F04——2.6−1.8 = 0.8 中立杆：F05——3.6−1.8 = 1.8 边立杆：F06——6.5−4.2 = 2.3	12.7	4.9
5	边立杆：F09——4−2.1 = 1.9 中立杆：F10——6.5−2.8 = 3.7 边立杆：F11——2.4−1.4 = 1	12.9	6.6	7	边立杆：F14——5.3−2.6 = 1.7 中立杆：F13——2.2−0.6 = 1.6 边立杆：F15——3.3−1.4 = 1.9	10.8	5.2
8	边立杆：F16——4.9−2.8 = 2.1 中立杆：F17——4.4−1.5 = 2.9 边立杆：F18——1.9−1.1 = 0.8	11.2	5.8	11	边立杆：F22——4.6−1.5 = 3.1 中立杆：F23——2.8−2.2 = 0.6 边立杆：F24——3.4−1.3 = 2.1	10.8	5.8

A 梁下立杆荷载变化合计（kN）　　　　　　　　　　　　　表 12.5-8

测点	梁下立杆荷载变化	合计	测点	梁下立杆荷载变化	合计
1	边立杆：F01——4−3.6 = 0.4 中立杆：F02——2.1−1.7 = 0.4 边立杆：F03——3.1−2.6 = 0.5	1.3	2	边立杆：F04——2.6−2.3 = 0.3 中立杆：F05——3.6−3.4 = 0.2 边立杆：F06——6.5−5.6 = 0.9	1.4
5	边立杆：F09——4−3.4 = 0.6 中立杆：F10——6.5−5.8 = 0.7 边立杆：F11——2.4−2.3 = 0.1	1.4	7	边立杆：F14——5.3−4.6 = 0.7 中立杆：F13——2.2−1.7 = 0.5 边立杆：F15——3.3−2.7 = 0.6	1.8
8	边立杆：F16——4.4−4.2 = 0.2 中立杆：F17——4.4−4.2 = 0.2 边立杆：F18——1.9−1.7 = 0.2	0.6	11	边立杆：F22——4.6−4.1 = 0.5 中立杆：F23——2.8−2.6 = 0.2 边立杆：F24——3.4−2.9 = 0.5	1.2

2. 测点最大值与稳定压力值对比

测点最大值与测点稳定值（终凝时，浇筑后 6～9h）之间的差值，代表着模板支架受活荷载影响的大小。从表 12.5-8 可以看出，测点变化值从 0.2～0.9kN 不等。按照最大值换算出施工活荷载：$1.9/（0.5×0.45）= 8.44kN/m^2$。

平均活荷载值：$（1.3 + 1.4 + 0.6 + 1.9 + 1.8 + 1.2）/6/（0.5×0.45）= 6kN/m^2$。

其中布料机所在的 5、8 两个测点，并未明显表现出活荷载差值明显大于其他位置的现象。

3. 板下各测点数据对比

测点最大值与初始压力值对比见表 12.5-9，测点稳定值与初始压力值对比见表 12.5-10。

测点最大值与初始压力值对比（kN）　　表 12.5-9

序号	板下立杆荷载变化	监测值	增量总值	序号	板下立杆荷载变化	监测值	增量总值
F07	3.7−1.2 = 2.5	3.7	2.5	F08	5.5−1.6 = 3.9	5.5	3.9
F12	5.6−3 = 2.6	5.6	2.6	F19	4.4−1.4 = 3	4.4	3
F20	4.2−1.5 = 2.7	4.2	2.7	F21	5.1−1.1 = 4	5.1	4

差值的大小，代表着在混凝土浇筑过程中支架所受到的压力的大小。

测点稳定值与初始压力值对比（kN）　　表 12.5-10

序号	板下立杆荷载变化	监测值	增量总值	序号	板下立杆荷载变化	监测值	增量总值
F07	2.8−1.2 = 1.6	2.8	1.6	F08	3.9−1.6 = 2.3	3.9	2.3
F12	4.6−3 = 1.6	4.6	1.6	F19	3.5−1.4 = 2.1	3.5	2.1
F20	3.9−1.5 = 2.4	3.9	2.4	F21	4.5−1.1 = 3.4	4.5	3.4

测点稳定值取混凝土终凝时（6~9h）的传感器压力值，差值的大小，代表着钢筋混凝土自重、模板自重等恒荷载对支架影响大小。说明测区 11（F21）的位置，杆件所承受的恒荷载竖向压力较大。测区 3（F07）和测区 6（F12）杆件所承受的恒荷载竖向压力较小，与杆件初始顶力较大有关系（表 12.5-11）。

测点荷载变化与初始顶力关系　　表 12.5-11

序号	板下立杆荷载变化	减量总值（kN）	占比	序号	板下立杆荷载变化	减量总值（kN）	占比
F07	3.7−2.8 = 0.9kN	0.9	24.3%	F08	5.5−3.9 = 1.6kN	1.6	29.1%
F12	5.6−4.6 = 1kN	1	17.9%	F19	4.4−3.5 = 0.9kN	0.9	20.5%
F20	4.2−3.9 = 0.3kN	0.3	7.1%	F21	5.1−4.5 = 0.6kN	0.6	11.8%

4. 测点压力最大值与稳定值对比

差值的大小代表着活荷载影响的大小，说明在测区 4（F08）的位置，活荷载影响最大；在测区 10（F20）的位置，活荷载影响最小。

5. 架体安全性监测结果分析

根据各测点的监测数据与材料额定承载力及允许变形值分析，实际监测数据小于额定值，架体的整体安全性很高。

（1）立杆压力数据分析

对比 24 个压力传感器数据，梁下立柱压力从 2.1~6.5kN 不等，平均值 3.76kN。板下立柱支撑压力从 3.7~5.6kN 不等，平均值 4.75kN。测得的板下立柱压力值相对均匀，梁下各立柱荷载相差较大。在实际施工中，因为立杆间距排布直接影响梁板的受力，因此梁下和板下立柱的稳定性考虑同等重要。

梁和板的压力值分布并不均匀。在实际混凝土浇筑过程中，受人员、布料机、振捣因素等影响较大，活荷载的大小会直接影响到杆件的竖向受力大小，活荷载影响支架的受力百分比，从 29.1% 到 7.1% 不等，普遍在 20% 左右，并对架体的安全性起到直接的影响。因此在施工中，应适当控制活荷载的大小。

（2）关于荷载计算

从测点压力最大值与稳定值对比反推，影响施工的活荷载值在 0.37～1.98kN/m² 不等。楼板施工活荷载值小于相关规范所建议的 4kN/m² 标准值。此监测项目立杆间距较小，因此布料机的荷载分担下来，并未明显显现出荷载大小与布料机位置有明确关系（表 12.5-12）。本项目监测部位由于梁间距较小（2250mm），因此布料机的主要荷载由梁分担，对楼板的影响力就较小（表 12.5-13）。

板下测点活荷载计算　　　　　　　　　表 12.5-12

序号	减量总值（kN）	活荷载值（kN/m²）	序号	减量总值（kN）	活荷载值（kN/m²）
F07	0.9	1.11	F08	1.6	1.98
F12	1	1.23	F19	0.9	1.11
F20	0.3	0.37	F21	0.6	0.74

梁下测点活荷载计算　　　　　　　　　表 12.5-13

测点	荷载变化值（kN）	活荷载（kN/m²）	测点	荷载变化值（kN）	活荷载（kN/m²）
1	1.3	1.3/（0.5×0.45）= 5.78	2	1.9	1.9/（0.5×0.45）= 8.44
5	1.4	1.4/（0.5×0.45）= 6.22	7	1.8	1.8/（0.5×0.45）= 8
8	0.6	0.6/（0.5×0.45）= 2.67	11	1.2	1.2/（0.5×0.45）= 5.33

按照荷载自重组成的永久荷载及测得的活荷载计算各组杆件的实际受力值：

$$0.5×1.8×0.45×（25.5＋6）＝12.76kN$$

从结果来看，与实际监测的荷载受力值基本一致。

但总体来看，实际监测的荷载值远小于理论计算值，说明根据规范计算出的荷载偏于保守。对于规范中的永久荷载分项系数和活荷载分项系数，在本项目施工监测中发现，活荷载分项系数偏小，而永久荷载分项系数偏大。

6. 关于荷载计算值对梁下不同位置影响

从 6 组梁底支架监测情况来看，1 组（5 号点位）监测点位的梁中立杆荷载大于梁边立杆；1 组（8 号点位）梁中梁边立杆荷载基本相同；4 组（1/2/7/11 号点位）监测点的梁中立杆荷载小于梁边立杆。理论计算中反映梁中立杆荷载应大于梁边，实际受施工中支架水平度不均匀造成的支架受力重分布影响，各杆件的受力大小呈现一定的随机性。

从梁板立杆支撑的荷载变化情况来看，梁的混凝土浇筑作业所产生的活荷载要比板的混凝土浇筑作业产生的活荷载要大得多。

12.6 小结

在国内建筑施工临时支撑设施监测领域率先提出挂载在 BIM 轻量化系统平台的物联网监测数据呈现方式，实现了对临时支撑设施从设计优化到物联网监测的全过程 BIM 化，在丰富了数据呈现方式的同时，也使技术人员对于临时支撑体系的监测数据分析更加直观和准确。

通过参数化建模技术配以简易建模工具，完成底板钢筋支架模型的快速建模；采用符合业内专业技术设计、复核和审核的验算方式和方法，辅以必要构造措施以保障底板钢筋支架临时支撑整体稳定，采用临时支撑结构反向验算并结合经验数据的做法，再通过工程经验和相关规范、标准，完成钢筋支架的安全计算及布置方案优化。并通过多项工程的应用验证，初步完成临时支撑体系的设计优化关键技术研究。

采用模板支撑系统无线智能监测仪对项目模板沉降、杆件轴力、杆件倾角进行自动化测量，有效地提高支撑计算分析结果的可靠性与安全性，通过监测系统实时展示测点监测数据。通过进一步分析，对薄弱点提出优化设计和改进建议，从而提高施工管控能力，降低工程施工的风险成本，提高施工效率。

基于 BIM 技术的临时支撑施工设计和管理系统可有效提升方案编制速度和质量，提高支撑计算分析的可靠性与安全性，降低施工安全风险，节约施工成本。通过对支撑体系进行施工监测、数据分析等，确保了高大模板支撑架体科学、安全的实施，为类似高支模工程科学施工、施工监测、安全管理提供参考。

第13章　重型设备临时支撑监测技术

13.1　概述

　　本章针对超高层建筑施工中容易出现重大安全隐患的高支模等临时支撑体系进行研究，应用振弦应变传感器、配之于相适应的信号采集器及信号采集软件，对临时支撑系统整体变形进行实时监测、数据采集及数据后处理，根据预设的报警值对临时支撑结构的安全状态进行预警。通过自动全站仪、传感器、采集器等设备对临时支撑结构安全进行监测与预警。通过应变采集和变形采集预警系统有机融合，把构件应变数据和临时支撑体系整体变形数据与仿真系统耦合联动，形成了一套智能化的具有远程报警功能的监测预警平台。应变监测系统主要具备以下功能：

　　1）荷载与响应数据的自动采集；

　　2）临时支撑结构使用过程中的关键部位和构件响应监测；

　　3）数据的存储、查询与显示。

13.2　技术内容

　　应力应变监测系统包括传感器系统、数据采集系统、无线传输系统和数据分析及存储系统，采用分布式结构，可以同时对多个监测点实施数据采集。可以使用无线电台组网，如图 13.2-1 所示，也可以采集 5G 数据传输模块，利用因特网实施数据采集，如图 13.2-2 所示。每个监测点由振弦传感器、振弦信号采集器、无线电台（或 5G-DTU 模块）、可控电源组成。每台振弦采集器将采集到的振弦传感器信号通过无线通信模块实时发送到主控计算机，计算机的客户端软件可以实时显示数据曲线并存储数据。通过 5G-DTU 模块可以将数据传输到施工现场外的任何联网的计算机。

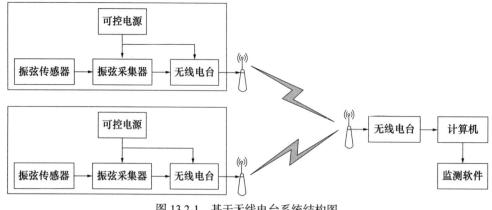

图 13.2-1　基于无线电台系统结构图

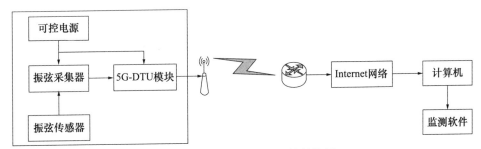

图 13.2-2　基于 5G-DTU 系统结构图

1. 采集器端设计

振弦传感器是以拉紧的金属钢弦作为敏感元件的谐振式传感器。当弦长度确定之后，其固有动频率变化量即可表征钢弦所受拉力的大小。根据这一特性原理，即可通过被测物（机械）结构制作出测量不同种类物理量的传感器（如应变传感器、压力位移传感器等），从而实现被测物理量与频率值之间的一一对应关系，通过测量频率值变化量来计算出被测物理量的改变量。

振弦传感器读数模块是振弦传感器与数字化、信息化之间的核心转换单元。工程样机如图 13.2-3 所示，针对振弦传感器的特性而设计的传感器激励、读数模块，具有集成度高、功能模块化、数字接口的一系列特性，能完成振弦传感器的激励、信号检测、数据处理、质量评估等功能，进行传感器频率和温度物理量模数转换，进而通过数字接口实现数据交互。

基于振弦信号采集模块开发出基于 stm32 芯片的振弦信号采集器，如图 13.2-4 所示。集成了电源控制、数据传输控制、信号的滤波等功能，可以实现对临时支撑结构的应变监测，进而可以获得临时支撑结构的受力情况，结合前期的基于有限元软件的模拟分析，可以将理论数据和实际情况进行对比，实现优化等后期工作。

将采集模块采用贴片元件，轻量化后封装如图 13.2-5 所示，配合无线数据传输模块和供电模块。

 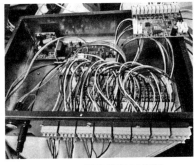 

图 13.2-3　振弦传感器工程样机　　图 13.2-4　振弦信号采集器　　图 13.2-5　轻量化采集模块

将采集系统应用到现场，需要将采集器、电台、供电模块等封装到防水箱中，设计如图 13.2-6 所示。前期的数字化设计对后期现场施工有很大作用。

2. 振弦传感器原理简介

振弦传感器又称钢弦式传感器，是利用钢弦的振动频率将物理量转化为电信号，然后通过二次测量设备读取频率的变化。当钢弦在外力作用下产生变形时，其振动频率改变，在传感器内装有电磁铁，当激励发生器向线圈通入脉冲电流时钢弦振动，该振动又在线圈内产生交变电动势，二次测量设备可以测得此交变电动势对应的钢弦振动频率（表 13.2-1）。

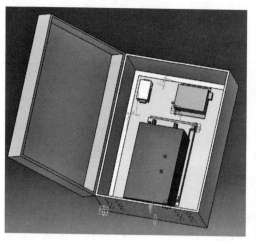

图 13.2-6　采集系统现场应用示意图

振弦传感器参数　　　　　　　　　　　　　　　　　表 13.2-1

应变测量范围	$\pm1500\mu\varepsilon$
测量精度	0.5%F.S，0.5℃
测量标距	129mm
使用环境温度	-10℃～70℃

3. 无线通信的振弦数据采集网

通过 433MHz 无线电台可以组建振弦数据采集网。计算机上安装的客户端软件为主站端，每台振弦采集器为从站端。主站发送广播数据包，每台从站收到广播数据包后解析其中的呼叫地址 ID，如图 13.2-7 所示。如果呼叫地址与该从站地址匹配则应答主站的呼叫请求，与主站建立通信连接，并将振弦采集器寄存器中的数据发送给主站。如果通信受到外部干扰而丢包，则发送错误信息，主站收到错误信息后，重新发送命令，应答流程如图 13.2-8 所示。主站将遍历所有从站地址，进而采集网内所有传感器的数据。

4. 可控电源模块

施工现场环境复杂，采集单元采用可控电池供电。电池控制模块可实现 1min 至 1h 的通电间隔设定，每次通电时长 1min。振弦采集器的轮询时间约 10s，所以每次通电时间内振弦采集器可以采集六组数据，并将其发送至主机客户端监控软件。电池控制模块的通电时间间隔可以通过无线网由计算机客户端软件设定，根据通电时间的不同，可以提供 10～20d 的供电。

计算机客户端监测软件结构如图 13.2-9 所示，分为五部分：监测参数设置、采集控制设置、历史数据查看、超限报警、采集算法。

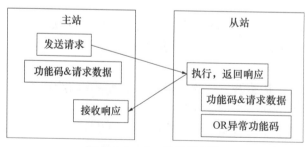

图 13.2-7　主、从站数据流

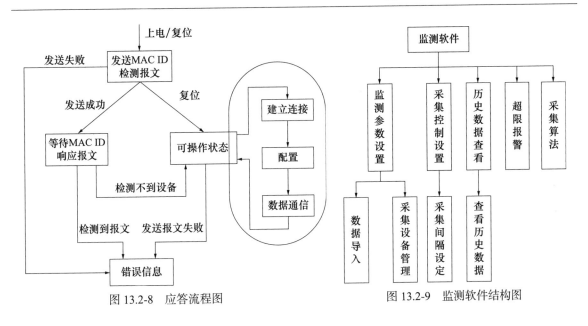

图 13.2-8 应答流程图　　　　图 13.2-9 监测软件结构图

（1）监测参数设置

通过"参数设置"可以设置采集的类型、名称、端口号、通道数量、通信地址和各个通道的限值。在对话框中可以设置各个采集点的初值。

（2）采集控制设置

数据采样频率的最小间隔由采集器的采样时间、数据传输时间和监控软件处理数据时间决定，上述三个固有时间是由硬件条件决定。为了方便操作，系统已将固有时间设置为常量，操作者可以通过列表选择采集频率，软件系统会自动计算采集器和电源的间隔时间比例。

（3）历史数据查看

将历史数据导入程序中，点击树状图中的节点编号，数据将以曲线形式显示在软件中，将鼠标移到某个监测点，会自动弹出该点的应变值、温度值、数据发生的时间。通过应力曲线图及数据发生的时间，结合施工日志，可以分析塔式起重机附墙杆在塔式起重机吊装作业与风荷载共同作用下，关键构件的应变情况，为后期保养和优化设计提供依据。

（4）超限报警

客户端软件每次接收到采集器上传的数据后，会对数据进行卷积处理，如果预测应变趋势变化过大，或者实际值大于预先设定的限值，都将发出报警信号。在现场，监测软件控制继电器模块发出声光信号通知现场操作员进行处理。实际值超限情况下会以短信形式通知安全负责人。

（5）采集算法

采集算法就是轮询应答的过程，如图 13.2-10 所示。客户端软件每分钟轮询所有设备，每台设备呼叫三次，直至列表中最后一台，然后进入下一次轮询。终端采集设备在通电时会应答主机的呼叫，上传数据。监测软件采集的应变数据如果超过材料的许用值，可以发出声光报警信号，同时以短信形式通知安全负责人。

重型设备临时支撑（附着梁）受力监测系统软件分为三个部分：数据操作、采集控制、历史数据查看。主界面如图 13.2-11 所示。

可以点击"操作"即可弹出"导入数据"和"设置初始值"对话框。通过"导入数据"对话框可将之前采集的历史数据导入软件中，历史数据尾部会显示实时采集的数据。点击"设置初始值"按钮可弹出设置对话框，如图 13.2-12 所示。

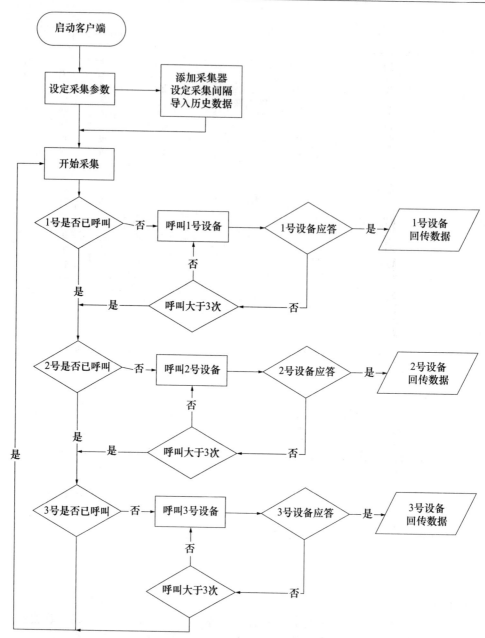

图 13.2-10 监测软件工作流程图

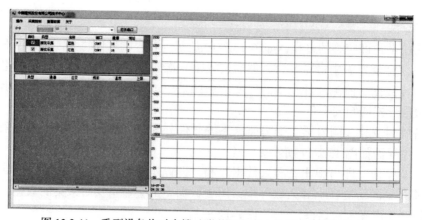

图 13.2-11 重型设备临时支撑（附着梁）受力监测系统软件主界面

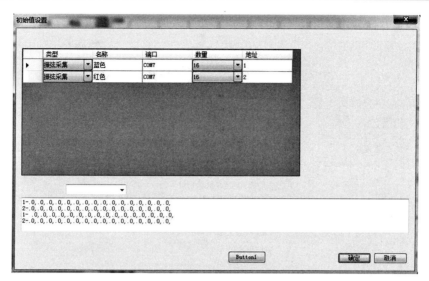

图 13.2-12　设置对话框

通过该对话框可以设置采集的类型、名称、端口号、通道数量、通信地址等。在对话框中可以输入各个采集点的初值，点击"采集控制"可以弹出采样设置对话框，如图 13.2-13 所示。

点击采样间隔下拉条可以选择采集间隔时间，当选择"自定义"时，可以手动输入间隔时间，如图 13.2-14 所示。

图 13.2-13　采样设置对话框

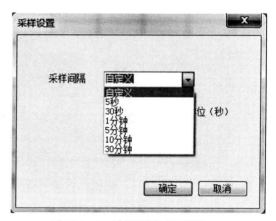

图 13.2-14　采样间隔时间设置

点击"查看数据"可弹出历史数据查看对话框，如图 13.2-15 所示。

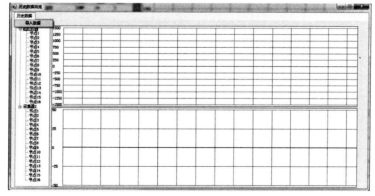

图 13.2-15　历史数据查看对话框

点击"导入数据"按钮可以选择历史数据文件，历史数据文件为二级制格式文件，如图 13.2-16 所示。

图 13.2-16　历史数据文件查看

点击"打开"按钮后，数据导入程序中，点击树状图中的节点编号，可查看数据曲线形式，将鼠标移到某个监测点，会自动弹出该点的应变值、温度值、采集时间，如图 13.2-17 所示。

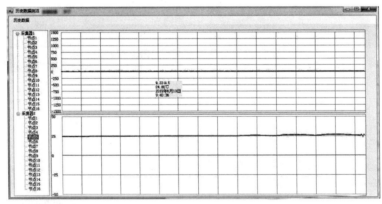

图 13.2-17　数据导入对话框

13.3　应用效果

利用研究形成的重型设备（塔式起重机）临时支撑监测系统对外附式塔式起重机的附墙杆进行受力和变形监测，监测施工工况和风荷载工况对外附式塔式起重机附墙杆的影响。通过对临时附着杆关键部位的应力、应变进行监测，监测运营使用阶段结构的变形状态、受力和安全状态，实现对重要构件应力超界的多级报警，及时发现结构响应的异常、结构损伤或退化，对塔式起重机的安全性进行预警和控制。

1. 示范工程简介

示范项目为通州区运河核心区 II-07-1 地块超高层建筑，位于北京市通州区永顺镇，东北至温榆河西滨河路西边线，西邻温顺公路（安顺路），南邻通燕路（京哈公路）。总占地面积 2.7 万 m²，总建筑面积 23.4 万 m²，建成后将成为通州区运河核心区商业新地标，是集大型购物中心、5A 写字楼和酒店为一体的城市综合体。工程包括一栋超高层塔楼建筑（地上 45 层，总建筑高度 259m）、塔楼周边附属裙楼（地上 6 层，总建筑高度 41.5m）、地下车库（地下三层，局部含夹层）、地下交通连廊及其上部城市展厅建筑。

选取超高层塔楼建筑（地上 45 层，总建筑高度 259m）的 1# 塔式起重机（D800，臂长 50m）外附式塔式起重机随着建筑主体核心筒的建造施工，每隔一定间隔需要安装一道附墙杆，进而增加塔身的刚度，改善塔身的受力状态，从而保证塔式起重机的安全稳定。为了得到附墙杆的安全性能，实时监测附墙杆在塔式起重机施工过程中的受力情况。首先对高层建筑施工中一些常用支撑形式的受力分析，根据不同工况下的分析结果，找出受力较大构件，布置监控系统测点，每道附墙杆附近安装一台振弦信号采集器，如图 13.3-1 所示。

图 13.3-1　示范工程现场

2. 塔式起重机施工受力模拟分析

先对塔式起重机的整体受力做适当的分析，得到附着杆的反力计算值，再选取危险部位的附着杆进行受力监测，依据示范项目，所分析的附着塔式起重机采用中建机械提供的 QTZ63（5013），其结构尺寸的取值分别来自 QTZ63 的设计值（表 13.3-1）。

相关参数的取值　　　　　　　　　　　　　　　　　　　表 13.3-1

参数	取值	参数	取值
风力系数	1.25	塔式起重机绕轴转动惯量	4379500kg·m²
计算风压	250Pa	吊臂头部切向加速度	0.8m/s²
变幅小车质量	204kg	扭矩	7.00714t·m
吊钩质量	180kg	钢材的弹性模量	206000MPa
起升荷载的动荷载系数	1.365	钢材的泊松比	0.3
—	—	钢材的密度	7850kg/m³

3. 有限元模型的建立

塔式起重机总高为 160m，标准节高 2.5m，长 1.6m，宽 1.6m，采用普遍的三根承杆式的锚固方式。塔式起重机的塔帽和吊臂的下弦杆均由两块角钢拼接而成的方钢，吊臂和平衡臂的斜拉索为实心钢，其他的构件截面均为圆形钢管。本计算中采用 Link8 来模拟吊臂斜拉索、平衡臂斜拉索以及附着在结构上杆件，采用空间梁单元 Beam188 模拟其他各钢构件截面，质量单元 Mass21 来模拟平衡臂上的平衡配重的质量。图 13.3-2～图 13.3-7 为塔式起重机有限元模型以及相关边界条件，图 13.3-8 为塔式起重机附着在结构上的附着节点编号。

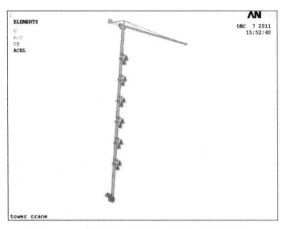

图 13.3-2　塔式起重机结构整体有限元模型

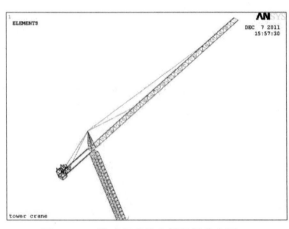

图 13.3-3　塔式起重机上部局部放大图

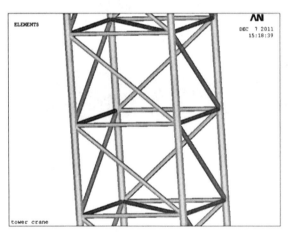

图 13.3-4　标准节示意图

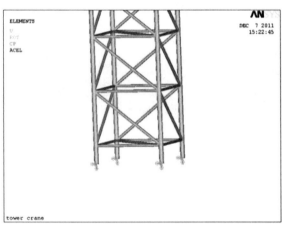

图 13.3-5　底部固结示意图

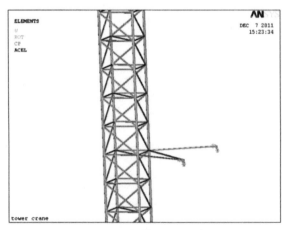

图 13.3-6　附着杆铰接示意图

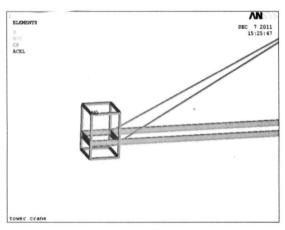

图 13.3-7　平衡臂配重的质量单元

4. 不同工况的有限元模拟分析

影响附着杆件反力的因素有：

（1）塔式起重机处于工作状态时，塔臂的方位不同，塔顶弯矩的方向也随之不同，进而引起各道塔式起重机附着杆件受力各不相同；

（2）垂直施加在吊臂上的荷载，包括起升荷载、钢丝绳重力、变幅小车重量和吊钩的重量；

（3）风压给吊臂和平衡臂带来的影响；

（4）由于在塔式起重机运行过程中突然停止，由起重臂结构自重、变幅结构自重、小车自重等引起的水平方向惯性荷载对塔身产生扭矩。

根据塔式起重机的工作状态可分为非工作状态和工作状态，分析的工况总共有以下 26 种，见表 13.3-2。

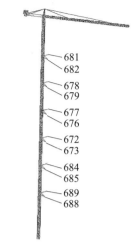

图 13.3-8　各道附着节点编号示意图

工况	工作状态下		非工作状态下
1			无风压工况
2			有风压工况
3	塔臂与附杆的夹角为 0° 时	塔式起重机受吊重作用	
4		塔式起重机受吊重和风压作用	
5		塔式起重机受吊重、风压和扭矩作用	
6	塔臂与附杆的夹角为 45° 时	塔式起重机受吊重作用	
7		塔式起重机受吊重和风压作用	
8		塔式起重机受吊重、风压和扭矩作用	
9	塔臂与附杆的夹角为 90° 时	塔式起重机受吊重作用	
10		塔式起重机受吊重和风压作用	
11		塔式起重机受吊重、风压和扭矩作用	
12	塔臂与附杆的夹角为 135° 时	塔式起重机受吊重作用	
13		塔式起重机受吊重和风压作用	
14		塔式起重机受吊重、风压、扭矩作用	
15	塔臂与附杆的夹角为 180° 时	塔式起重机受吊重作用	
16		塔式起重机受吊重和风压作用	
17		塔式起重机受吊重、风压、扭矩作用	
18	塔臂与附杆的夹角为 225° 时	塔式起重机受吊重作用	
19		塔式起重机受吊重和风压作用	
20		塔式起重机受吊重、风压、扭矩作用	
21	塔臂与附杆的夹角为 270° 时	塔式起重机受吊重作用	
22		塔式起重机受吊重和风压作用	
23		塔式起重机受吊重、风压、扭矩作用	
24	塔臂与附杆的夹角为 315° 时	塔式起重机受吊重作用	
25		塔式起重机受吊重和风压作用	
26		塔式起重机受吊重、风压、扭矩作用	

塔式起重机工作状态分析工况　　　　　　　　　　　　　　　表 13.3-2

这里提到的吊重，包括起升荷载、钢丝绳重力、变幅小车重量和吊钩的重量。文中为了实现塔式起重机全程运行的模拟，所以其起升荷载根据荷载特性曲线，取极值，即根据塔式起重机 QTZ63（5013）提供的荷载特征曲线确定的。在以下分析中以吊臂与附杆的夹角为 0° 时塔臂的指向为 X 正方向，以塔臂与附杆的夹角为 270° 时塔臂的指向为 Y 正方向，以垂直向上为 Z 正方向。

5. 分析结论

经过表 13.3-2 中 26 种工况的计算，从各道附杆 X、Y 两个方向节点支承反力随着塔式起重机额定吊重作用的变化规律曲线可以看出，前两道附着支承反力在离塔帽 16.2m 之内变化比较明显，在 16.2～50m 之间变化平稳。这是由于塔式起重机在没有吊重之前，塔身受到平衡臂上平衡配重的作用，产生较大的弯矩，从而产生较大的支承反力。当小车吊着额定的吊重在吊臂上移动时，产生了反方向的弯矩，使得大部分工况下附着支承反力的绝对值逐渐变小，达到零之后，支承反力反向增大。根据塔式起重机 QTZ63（5013）提供的荷载特征曲线可知，在离塔帽 2.2m 和 16.2m 之间，小车吊起的额定吊重是一个定值，且为最大值，随着离塔帽的距离变大，其额定吊重也逐渐减小，所以，随着逐渐远离塔帽，各道附杆 X、Y 两个方向节点支承反力先是明显的变化，随后变得平稳。所以在塔式起重机运行过程中，若小车在不同的工作幅度上起吊最大的起重量，将在工作幅度 2.2～16.2m 之间产生较大的变化，在塔式起重机方案的设计中，要注意对该工作幅度内的吊重做必要的控制和施工验算。

另外，根据前面 26 种工况的计算结果，得到各附着支承反力的最值（表 13.3-3）。

各附着支承反力的最值　　　　　　　表 13.3-3

各附着节点号	X 方向		Y 方向	
	最大值（N）	最小值（N）	最大值（N）	最小值（N）
681	49417.89	−41351.57	28442.89	−23798.68
682	41340.80	−49512.62	28910.64	−35459.32
678	44845.41	−44305.78	25814.58	−25496.16
679	45858.83	−46507.13	34408.17	−34309.30
677	4229.70	−4803.68	2434.43	−2764.71
676	5970.27	−4778.51	4129.56	−3796.61
672	92.61	−570.33	53.30	−328.25
673	1004.22	−459.54	665.03	−401.56
684	−193.4	−275.29	−111.3	−158.44
685	332.92	142.71	223.60	77.34
689	−303.22	−318.46	−174.52	−183.29
688	327.71	310.00	167.69	152.45

根据表 13.3-3，从中提取出发生附着单杆支承反力 X 方向最值、附着单杆支承反力 Y 方向最值、附着双杆支承反力 X 方向最值、附着双杆支承反力 Y 方向最值的节点位置，以及发生这些最值的工况等，详见表 13.3-4。

附着支承反力最值表　　　　　　　　　表 13.3-4

附着节点的各方向支承反力最值	分类	节点位置	大小（N）	所属工况
附着单杆支承反力 X 方向最值	最大值	681	49417	工况 22
	最小值	678	−44305	工况 22
附着单杆支承反力 Y 方向最值	最大值	681	28442	工况 23
	最小值	678	−25496	工况 22
附着双杆支承反力 X 方向最值	最大值	679	45858	工况 25
	最小值	682	−49512	工况 11
附着双杆支承反力 Y 方向最值	最大值	679	34408	工况 13
	最小值	682	−35459	工况 14

根据表 13.3-4，当塔式起重机处于工况 22 状态，即塔式起重机处于工作状态，塔臂与附杆的夹角为 270°，塔式起重机受到吊重、风压、扭矩的共同作用，且吊重处于离塔帽 16.2m 处，此时第一道附杆 681 处于受拉状态，X 方向的支承反力达到最大值，并且第二道附着单杆 X 方向支承反力和 Y 方向支承反力均达到最小值；当塔式起重机处于工况 23 状态，即塔式起重机处于工况 22 的基础上受到扭矩的作用，第一道附着单杆 Y 方向支承反力达到最大值；当塔式起重机处于工况 25 状态，即塔式起重机处于工作状态，塔臂与附杆的夹角为 315°，塔式起重机受吊重和风压的共同作用，吊重离塔帽 16.2m 处，此时，第二道附着双杆 X 方向的支承反力达到最大；当塔式起重机处于工况 11，即工作状态下塔式起重机的塔臂与附杆的夹角为 90°，且塔式起重机受到风压和扭矩共同作用下，第一道附着双杆 X 方向的支承反力因塔式起重机自身的平衡配重作用达到最小值；当塔式起重机处于工况 13，即工作状态下塔式起重机的吊臂与附杆的夹角为 135°，塔式起重机受到吊重和风压作用，且吊重滑移到离塔帽 16.2m 处，第二道附着双杆 Y 方向的支承反力达到最大值；当塔式起重机处于工况 14，即在工况 13 的基础上，施加扭矩的作用，第一道附着双杆 Y 方向的支承反力达到最小值。

通过前面数据的统计，可获得各附着支承反力包络曲线，如图 13.3-9～图 13.3-12 所示。

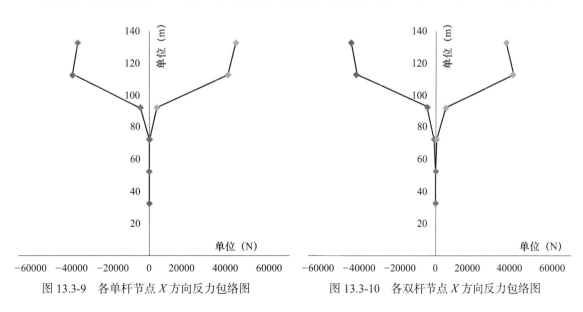

图 13.3-9　各单杆节点 X 方向反力包络图　　　　图 13.3-10　各双杆节点 X 方向反力包络图

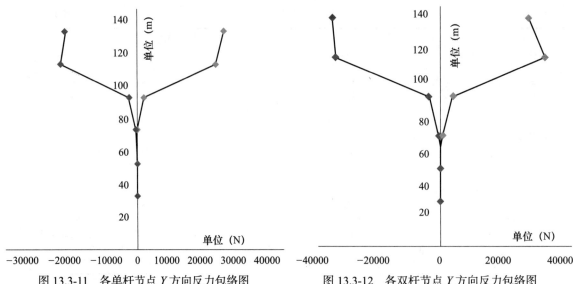

图 13.3-11　各单杆节点 Y 方向反力包络图　　　　图 13.3-12　各双杆节点 Y 方向反力包络图

从图 13.3-9～图 13.3-12 的附着支承反力包络图可以看出，前两道附着支承反力略有差别，但都远远大于其他各道附着支承反力，其中各道附着单杆 X 方向支承正反力的最大值发生在第一道附杆处；各道附着单杆 X 方向支承负反力的最大值取自第二道附杆处，比第一道附杆大了约 6.67%；各道附着单杆 Y 方向支承正反力的最大值取自第一道附杆处；各道附着单杆 Y 方向支承负反力的最大值取自第二道附杆，其值比第一道附杆大了约 6.65%；各道附着双杆 X 方向支承正反力的最大值发生在第二道附着双杆处，比第一道附杆大了约 9.85%；各道附着双杆 X 方向支承负反力的最大值发生在第一道附着双杆处；各道附着双杆 Y 方向支承正反力的最大值发生在第二道附着双杆处，比第一道附杆大了约 15.9%；各道附着双杆 Y 方向支承负反力的最大值发生在第一道附着双杆处。

从而可以看出，附着于建筑物的附着塔式起重机，塔身上部前两道附着支承反力远远大于其他各道附着支承反力，另外，前两道附着支承反力略有差别，但相差不大，所以在施工过程中可以取第一道附着支承反力作为附着装置及建筑物支撑装置的计算荷载进行估算。若在施工方案的设计阶段，要取塔身上部前两道附着支承反力分别进行验算和测量。

6. 测点布置

依据有限元分析结果，选取通州区运河核心区 II-07-1 一栋 259m 超高层塔楼建筑的 1# 塔式起重机（D800，臂长 50m）第一道附墙杆作为监测部位，如图 13.3-13 所示。选取受力最大的一根，在上面安装 8～16 个振弦传感器，每道附墙杆附近安装一台振弦信号采集器。

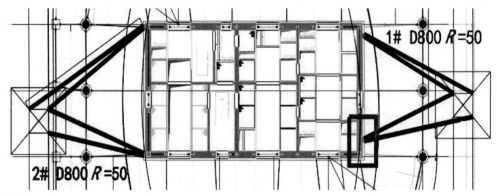

图 13.3-13　附墙杆现场工况

利用 Midas-Gen 仿真软件分别对塔式起重机和建筑核心筒建模，研究的重点是附墙杆，所以对塔式起重机模型进行了简化处理，只保留主要构件（图 13.3-14）。核心筒混凝土梁及剪力墙为 C35，钢材采用 Q345B。仿真计算分以下两步。

图 13.3-14　塔式起重机布置图

（1）首先将附墙杆的桁架结构简化为截面为方钢管的梁。桁架结构的主要受力构件为 90mm×8mm 角钢，经仿真计算桁架结构的附墙杆在自重作用下的最大挠度为 7.32mm。简支梁的最大挠度公式为 $f_c = 5qL^4/384EI$，其中 q 为单位长度的自重，L 为附墙杆长度，E 为钢材的弹性模量，I 为截面的惯性矩，$I = bh^3/12$，截面为方钢管，所以 b 等于 h。计算结果为边长 90mm，结合桁架的抗压强度，选取 120mm×12mm 的方钢管作为等效截面。

（2）对图 13.3-15 所示的整体模型进行仿真计算，得到附墙杆受力，将其施加到附墙杆的精确模型上进行仿真计算，如图 13.3-16 所示，得到附墙杆各个构件的应力图。

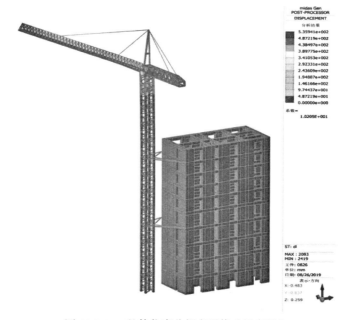

图 13.3-15　整体仿真分析变形值（示意图）

图 13.3-16 附墙杆仿真分析应力值（示意图）

7. 示范效果

在应力较大构件处安装振弦传感器，如图 13.3-17～图 13.3-20 所示，无施工作业时，数据平稳；有施工作业时，吊装构件产生的晃动对附墙杆产生一定的影响（图 13.3-21、图 13.3-22），监测得到的微应变在 20～80με 之间，应力变化范围为 20MPa 左右。

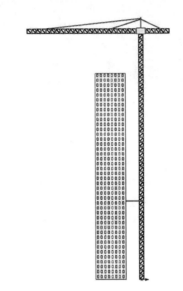

图 13.3-17 整体模型图

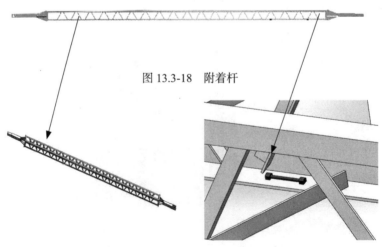

图 13.3-18 附着杆

图 13.3-19 整体模型   图 13.3-20 细部显示

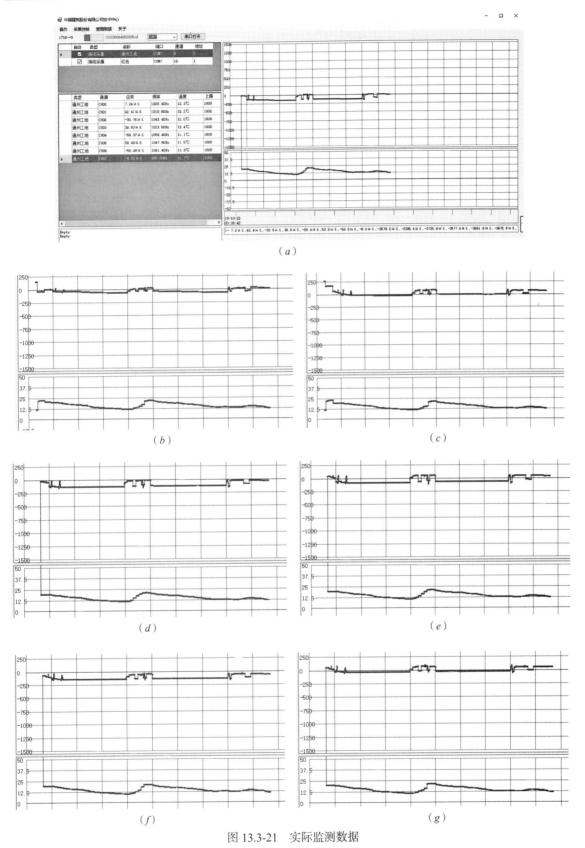

图 13.3-21 实际监测数据

（a）监测软件界面；（b）1 号传感器数据；（c）2 号传感器数据；（d）3 号传感器数据；
（e）4 号传感器数据；（f）5 号传感器数据；（g）6 号传感器数据

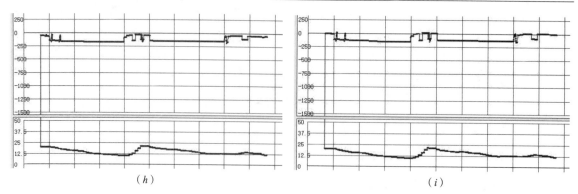

图 13.3-21　实际监测数据（续）

（h）7 号传感器数据；（i）8 号传感器数据

图 13.3-22　监测系统调试验收照片

第14章　临时支撑智能调节技术

14.1　概述

高层建筑施工用临时支撑结构体系因其种类多、应用环境复杂及其施工安装不确定性等原因，经常出现受力体系失效或异常情况，有必要对其进行姿态实时监控及自动姿态调整。

临时支撑智能调节技术在对临时支撑结构有限元分析的基础上安装智能调节杆件，根据临时支撑监控系统采集到的整体变形数据，采用机电执行机构实时控制撑杆行程，实现对临时支撑整体姿态的控制；采用基于低通滤波的算法，使执行机构快速准确地响应，达到调节临时支撑结构垂直度的目的；配以数据处理平台和机电装置，实现竖向支撑和结构构件的垂直度调节，实时地收集处理数据。

14.2　技术内容

14.2.1　技术简介

研发形成了工具式可自动调节行程的撑杆装置，采用机电执行机构，根据临时支撑监控系统采集到的整体变形数据，实时控制撑杆的行程，实现对竖向支撑和结构构件姿态的控制和调整。该技术可实现对建筑构件的垂直度进行 $-10°\sim15°$ 范围内自动调整控制（图 14.2-1）。

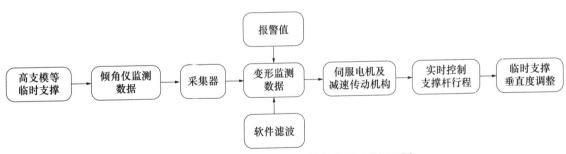

图 14.2-1　可自动调节行程的撑杆装置工作原理图

临时支撑智能调节杆是根据施工现场的具体条件对垂直调节装置的结构进行设计优化，采用电驱动丝杠电动缸为动作部件，结合实际施工工况，选取合适的驱动方式和控制算法，配置相应的垂直度监测传感器、数据采集控制器以及与之相匹配的数据采集分析控制软件，设置机电执行机构，形成一套临时支撑系统垂直度调节装置，实时准确地调整临时支撑系统的垂直度；开发与之相适应的数据采集器及数据采集分析软件，形成一套临时支撑监测平台，实现对临时支撑系统进行实时监测（图 14.2-2）。

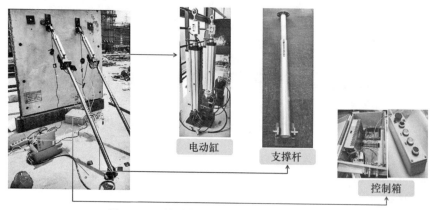

图 14.2-2　临时支撑智能调节杆及控制系统

14.2.2　设备组成介绍

（1）地面及墙面支座用于固定支撑杆，连接被安装的构件（图 14.2-3、图 14.2-4）。

图 14.2-3　地面支座　　　　　　　　　　图 14.2-4　墙面支座

（2）支撑杆。支撑杆为套筒结构，用销轴固定，形式为"插销式有级调节"，分为上下两截，上部连接机电执行机构，下部连接地面支座，上部杆（内杆）和下部杆（外杆）沿同一方向各钻十个间距为 30mm 的圆孔，每次用三根销轴固定，即可获得 210mm、7 个档位的伸缩量，可以适应现场支撑底座安装精度不高的条件。将销轴的连接形式改为法兰，这样可以保证在大推力情况下设备能可靠地工作（图 14.2-5、图 14.2-6）。

图 14.2-5　支撑杆

图 14.2-6　支撑杆法兰连接

（3）传感器。可以实时监测支撑杆工作过程中和墙体安装过程中的受力和位移情况。如支撑力、伸长量和墙体的垂直度等（图 14.2-7、图 14.2-8）。

图 14.2-7　压力、位移传感器　　　　图 14.2-8　倾角传感器

（4）控制箱。用于采集压力、位移、倾角传感器的信号，并将信号值通过通信模块传送至主控计算机软件，为电动缸的电机提供直流电源（图 14.2-9）。

（5）机电执行机构。根据临时支撑监控系统采集到的整体变形数据，实时控制撑杆的行程，实现对临时支撑整体姿态的控制。控制对象为伺服电机及减速传动机构，采用基于低通滤波的算法，使执行机构快速准确地响应，达到调节临时支撑结构垂直度的目的（图 14.2-10）。

图 14.2-9　临时支撑智能调节杆控制箱　　　　图 14.2-10　机电执行机构

（6）最终试验样机。整个设备的重量控制在 15kg 以下，轻便易携，可以减小劳动强度。

14.3　工程应用

临时支撑智能调节技术在深圳红坳村整村搬迁安置房工程中进行了示范应用，红坳村整村搬迁安置房工程总投资额 19.36 亿元，建设用地面积为 6.08 万 m^2，总建筑面积为 41.37 万 m^2，建筑主体主要为 15 栋 27～34 层塔楼，建筑高度 85.3～99.9m，附设 2 层裙楼，2～3 层地下室，项目采用 EPC 模式、装配式结构。选取塔楼标准层预制墙体为示范对象，示范过程中，临时支撑智能调节杆可简化构件在安装过程中的操作工艺，操作简单方便，施工效率高，可大幅度节省工期（图 14.3-1）。

图 14.3-1　现场进度图

14.3.1　预制非承重外墙板传统施工方法

1. 传统施工方法人机清单

（1）劳动力及施工机具准备见表 14.3-1。

劳动力及施工机具准备表　　　　　　　　　　表 14.3-1

信号工	司索工	塔式起重机司机	构件安装工
2人	2人	1人	4人
测量工	拉溜绳、调整配件	杂工	电工
2人	2人	2人	2人

（2）传统预制非承重外墙施工流程如图 14.3-2 所示。

2. 传统预制外墙安装工艺

（1）吊装准备。根据楼层各轴的控制线，复核高程、定位。

（2）预制外墙的起吊。根据预制外墙顶部吊钉位置采用合理的起吊点，起吊后至距地 500mm，检查构件外观质量及吊耳连接无误后，方可继续起吊。起吊要求缓慢匀速，保证预制外墙边缘不被损坏。

预制外墙被缓慢平稳吊起后再匀速转动吊臂，吊至作业层上方 600mm 左右时，施工人员扶住构件，调整墙板位置，缓缓下降墙板。

（3）预制外墙定位、调整。吊装前放入垫片，并调整垫片顶标高为 $H + 0.02$，预制外墙就位后，底部安装角码，通过调节角码将预制外墙进行初调，随后安装斜支撑，固定预制外墙。使用 PE 棒对预制构件与楼板面进行塞缝处理。精调斜支撑至预制夹外墙安装精确位置，固定斜支撑后，摘钩（图 14.3-3～图 14.3-6）。

（4）预制构件下端缝隙用密封胶密封处理。

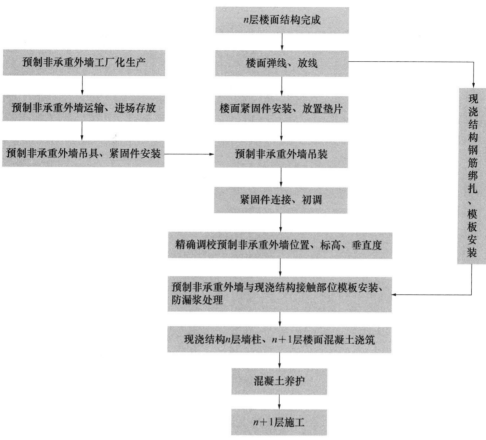

図 14.3-2　传统预制非承重外墙施工流程图

图 14.3-3　放置钢垫片

图 14.3-4　专业工人定位

图 14.3-5　反复定位＋初调垂直度

图 14.3-6　精调垂直度

14.3.2 预制外墙板智能调节临时支撑施工工法

1. 临时支撑智能调节杆安装方法

PC 构件就位后，将 PC 构件连接件与 PC 构件固定，随后安装斜支撑。然后在预制构件中间安装电动程控临时支撑杆，利用电动程控临时支撑杆装置精调至 PC 构件安装精确位置，固定斜支撑，摘塔式起重机吊钩，记录电动程控临时支撑杆装置相关数据（图 14.3-7）。结合靠尺（或铅锤线），对预制构件内侧进行垂直度测量，测量数据为装配式外挂 PC 构件的垂直度提供试验依据。最后对记录的数据进行统计分析。

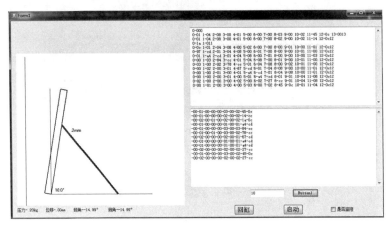

图 14.3-7　临时支撑智能调节杆数据记录

2. 临时支撑智能调节杆结构分析

（1）墙体的自重

墙体分为两种，各自的尺寸分别为 Q1：1800mm×200mm×2000mm 和 Q2：3350mm×200mm×2000mm。重量分别为：

$G_1 = 25 \times (1.8 \times 2 \times 0.2 - 0.45 \times 0.4 \times 0.08 \times 2 - 0.45 \times 0.25 \times 0.08 \times 4 - 0.35 \times 0.4 \times 0.08) = 16.1$kN。

$G_2 = 25 \times (3.35 \times 2 \times 0.2 - 0.35 \times 0.5 \times 0.08 \times 9 - 0.35 \times 0.25 \times 0.08 \times 3) = 29.8$kN。

墙体参数见表 14.3-2。

墙体参数　　　　　　　　　　　　　　　　　　　　　　　　　　表 14.3-2

符号	墙体尺寸（长×宽×高，mm）	墙体重量（kN）	动力系数	计算重量（kN）
Q1	1800×200×2000	16.1	1.5	24.15
Q2	3350×200×2000	29.8	1.5	44.7

（2）螺栓的承载力

支撑杆由 M12 膨胀螺栓与预埋套管连接，故需要对结构的安全性进行验算。8.8 级 M12 螺栓的抗剪强度 $f_{vb} = 140$N/mm²，抗压强度 $f_{cb} = 305$N/mm²，抗拉强度 $f_{tb} = 120$N/mm²，螺杆的有效直径 $d' = 10.8$mm。

$N_{vb} = \pi \times d^2 \div 4 \times f_{vb} = 3.14 \times 12 \times 12 \div 4 \times 140 = 15.83$kN。

$N_{cb} = t_d \times f_{cb} = 8 \times 12 \times 305 = 29.28$kN。

$N_{tb} = A_n \times f_{tb} = 3.14 \times 10.8 \times 10.8 \div 4 \times 120 = 10.99$kN。

所以螺栓的抗剪承载力 $N_{\min}^b = \min \{N_{vb}, N_{cb}\} = 15.83\text{kN}$，抗拉承载力为 10.99kN。

$$P' = \frac{G_2 \times CC'/2}{1280} = 44.75 \times 176/1280 = 6.15\text{kN}$$

$$P_1' = P' \times \cos\theta = 6.15 \times \cos40° = 4.71\text{kN}$$

（3）支撑杆的受力

以长度为 3350mm 的墙体为例，如图 14.3-8 所示。地面垫片的移动距离为 1500～2000mm 之间。所以需计算出螺栓承受的最大荷载。

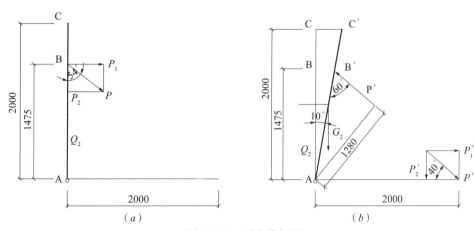

图 14.3-8 受力分析图

（a）初始状态；（b）倾斜调整状态

当地面垫片移动距离为 2000mm 时，$P \times 1475 = G_2 \times 100$，$P = 2.02\text{kN} < N_t^b$。$F\cos36° = P$，$F = 2.02/0.81 = 2.50\text{kN}$。$F_x = 2.02\text{kN} < N_{\min}^b$，$F_y = F\sin36° = 1.47\text{kN} < N_t^b$。

当地面垫片移动距离为 1500mm 时，如图 14.3-9（a）所示，$P = 2.02\text{kN} < N_t^b$，$F = 2.02 \times 1.414 = 2.86\text{kN}$，$F_x = 2.02\text{kN} < N_{\min}^b$，$F_y = F\sin45° = 2.02\text{kN} < N_t^b$，所以强度满足要求。

当墙体倾斜角度为 10° 时，同样以长度为 3350mm 的墙体为例，支撑杆受压，如图 14.3-9（b）所示。

当地面垫片移动距离为 2000mm 时，$P = 3.51\text{kN}$。$F_x = 4.05\cos40° = 3.10\text{kN} < N_{\min}^b$。

当地面垫片移动距离为 1500mm 时，$P = 3.51\text{kN}$，$F_x = 4.58\cos45° = 3.24\text{kN} < N_{\min}^b$，强度满足要求。

所以螺栓受到的剪切力变化范围为 2.02～3.24kN，受到的拉力变化范围为 0～2.02kN。

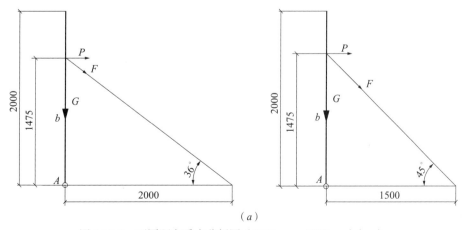

（a）

图 14.3-9 不同距离受力分析图（2000mm，1500mm）（一）

（a）初始状态

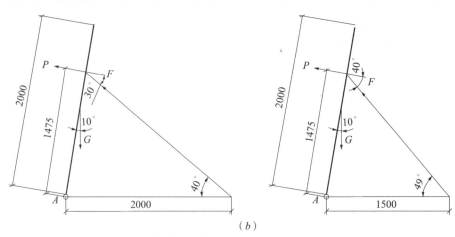

图 14.3-9　不同距离受力分析图（2000mm，1500mm）（二）

（b）倾斜状态受力

对被调节墙体在垂直度调节过程中进行安全性分析，经计算可知，临时支撑智能调节杆承担的最大拉力为4.17kN（考虑1.5倍动力放大系数），小于撑杆的额定推力（压力）5kN。

墙面和地面埋件螺栓所受最大剪力3.24kN、最大拉力为2.02kN；小于8.8级高强度螺栓的抗剪承载力15.83kN和抗拉承载力10.99kN，因此满足安全性能要求。

3. 临时支撑智能调节杆示范实施过程

示范分为两部分，一部分是在地面对墙板进行调节，一部分是在楼顶对墙板进行调节。

（1）墙板安装地面试验过程如图14.3-10～图14.3-13所示。

图14.3-10　墙板吊运至安装位置

图14.3-11　智能调节杆和墙面固定钢板

图14.3-12　安装智能调节杆电控设备

图14.3-13　智能调节杆联动接线与试验

（2）楼顶墙板安装过程如图 14.3-14～图 14.3-16 所示。

图 14.3-14　安装墙板与斜撑

图 14.3-15　现场安装智能调节杆与接线　　　图 14.3-16　现场调试智能调节杆

14.3.3　应用效果

通过临时支撑智能调整装置在外挂板 PC 构件安装过程中的应用，完成了数据的监测、采集与分析工作，验证了临时支撑智能调节技术的有效性，完成了示范内容。该临时支撑调节杆可适用于长度较长或多个施工段同时调节的工程项目，利用计算机集群控制技术可以实现多点同步动作，提高施工效率。

（1）临时支撑智能调节杆可自动伸缩，仅需两人就能完成安装和操作，操作简单方便，安装好支撑杆后塔式起重机就能脱钩，20s 即可完成智能调节墙体垂直度工作，较传统需 4 人使用撬棍手动反复校正墙体后才能大大节省塔式起重机资源，优化了施工工序，提高了施工效率，节省了工期。

（2）预制外墙传统工艺安装时需要人工使用撬棍进行调节，不仅精度差且易破坏构件，临时支撑智能调节杆只需通过控制按钮和倾角仪来调节控制垂直度，精准方便，不会对构件造成破坏，提高了施工质量。

（3）相比传统支撑杆件，临时支撑智能调节杆稳定能更高，操作过程简化，减少了施工过程中的安全隐患，减少相关施工事故发生率，降低工程施工的风险成本。研究形成的新技术可以有效地提高支撑结构施工的安全性及稳定性，降低工程施工的风险成本，提高综合施工效率，可以更加合理地配置资源，节约施工成本，增加项目综合效益。

（4）技术实施注意事项。

1）试验前需要确保预制构件就位，并做好预制构件的初步固定工作，保证试验的安全性。

2）预制构件初步固定的斜支撑需严格对称布置，电动程控临时支撑杆居中布置，确保电动撑杆对预制构件整体有均匀的推力。

3）试验前需要做好垂直度测量工具的校准工作，保证测量工具实测数据的准确性。

4）电动程控临时支撑杆推力应缓慢加载，避免过快施加推力，推力施加过程中如构件出现不正常歪斜应及时停止试验，重新对预制构件就位进行调整。

5）设立警示牌，保护仪器供电。

6）雨天试验时需要注意试验仪器的防雨保护。

（5）未来需改进的方面。

1）未进行台风等极端天气状况下的试验检测，可以在有限元模型中增加暴风雨、台风工况下的参数分析，也就是增加极限条件下智能型临时支撑的力学分析，使得示范项目的成果更加完善。

2）直流电机的脉冲驱动器、控制器、电源逆变器的接线较为复杂，应改进为航空插头接线方式，方便现场的施工。

3）监测墙体垂直度的倾角仪的附着面较短，应将倾角仪附着面的长度增加到1～1.5m，以消除墙体表面的平面度对设备的影响。

第15章　液压爬模滑动伸缩承载体

15.1　概述

本章主要针对液压爬模中液压杆连接节点进行柔性设计，通过节点的柔性变形来减缓爬模工作中力的突然变化，降低爬模的失效风险。进行了可伸缩承载体、柔性导轨和可调弧度导轨等柔性连接的设计，进行产品外观与接口等方面设计研究，依据常见液压爬模的构造特点，把柔性节点设计成标准化、通用型配件，可在各家液压爬模上进行选配安装。

爬模的变截面爬升一直是个危险点，可伸缩承载体是在墙体厚度发生变化时，贴合墙体变截面，避免斜爬和使用垫块，大大降低变截面施工风险，提高施工速度；对导轨梯挡块进行柔性设计，以有效减小架体爬升时对架体和混凝土墙体的冲击荷载，降低施工风险；可调弧度导轨是将导轨设计为可调曲率，满足曲面结构施工需求，当遇到曲面结构时，导轨能弯曲，很好地与墙面贴合。

15.2　技术内容

15.2.1　爬模柔性节点设计思路

为保证动力的有效传递，对导轨梯挡块进行柔性设计，以有效减小架体爬升时对架体和混凝土墙体的冲击荷载，降低施工风险；对架体设置可变形机构、满足墙体厚度变化时的爬模施工需求；导轨设计为可调曲率，与承载体良好配合，避免架体与已浇筑墙面或钢筋绑扎的干涉问题，因此，柔性节点设计主要包括：柔性导轨、可伸缩承载体和可调弧度导轨三部分。

1. 柔性导轨

在不改变导轨结构和外形尺寸的前提下，将梯挡块进行具有缓冲效果的柔性设计，有效降低油缸伸缩时在爬模架体和混凝土墙体上产生的冲击荷载，保护架体和新浇筑混凝土不被破坏，提高爬模施工的安全性。

我们主要考虑利用橡胶垫块实现导轨梯挡块的柔性效果，橡胶垫块的设计及其与梯挡块的结合是研发重点，经过多种方案考虑，形成两种方案。

（1）方案一

不改变梯挡块宽度，高度减小 10mm，焊接坡口保留，沿高度方向开两个凹槽用于安装橡胶垫块，凹槽中部贯通开 $\phi10$ 圆孔，用于橡胶垫块固定。两个垫块对接后固定脚填充满梯挡块凹槽，螺栓孔同心贯通，然后通过螺栓将橡胶垫块固定在导轨上（图 15.2-1、图 15.2-2）。

但该方案使梯挡块上下焊缝各自出现两处断点，对梯挡块与导轨型钢焊接质量影响较大，同时为尽量减小梯挡块高度，橡胶垫块的缓冲层也比较薄，影响缓冲效果，其使用寿命也受影响。

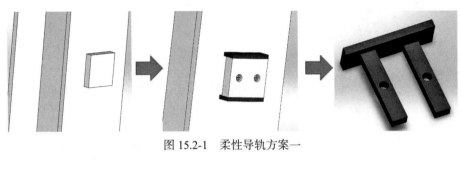

图 15.2-1　柔性导轨方案一

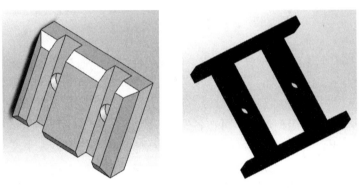

图 15.2-2　方案一梯挡块及橡胶垫块做法

（2）方案二

不改变梯挡块宽度，高度减小15mm，焊接坡口保留，在梯挡块上侧居中开6mm×（3～5）mm燕尾通槽，燕尾槽内距边15mm开与M4螺栓配套螺孔，深度10mm，用于橡胶垫块固定（图15.2-3、图15.2-4）。

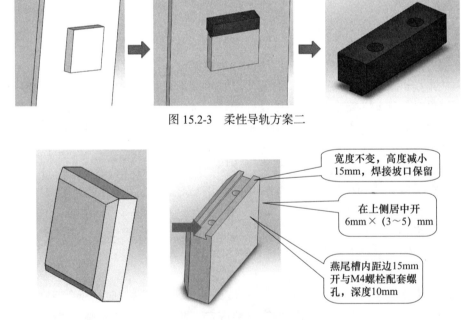

图 15.2-3　柔性导轨方案二

宽度不变，高度减小15mm，焊接坡口保留

在上侧居中开6mm×（3～5）mm

燕尾槽内距边15mm开与M4螺栓配套螺孔，深度10mm

图 15.2-4　方案二梯挡块做法

橡胶垫块宽度与梯挡块厚度相同，高度15mm，以确保缓冲效果；长度与梯挡块等宽，下部设置燕尾限位条保证橡胶条不易脱落，距边15mm开φ8mm与φ5mm大小孔套孔，φ8mm圆孔

在上侧，深度 8mm，ϕ5mm 圆孔在下侧，贯通限位条（含限位条），如图 15.2-5 所示。

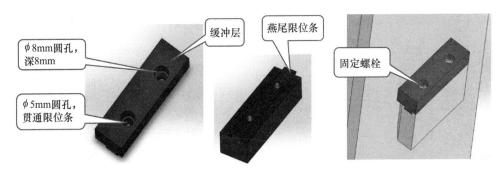

图 15.2-5　方案二橡胶垫块做法

该方案考虑梯挡块下部所受冲击荷载很小，不需要做缓冲，将承受较大冲击荷载的梯挡块上部进行了柔性设计，橡胶垫块厚度较方案一加厚 10mm，可保证缓冲效果，且该方案橡胶垫块形状简单，加工容易，成本低。因此，我们选择了该方案。

2. 可伸缩承载体

在不改变原承载体连接方式的前提下，利用预埋件、承载体和受力螺栓的连接变化实现墙体变截面时的爬模架体移动、避免架体的倾斜爬升和设置垫块等支撑结构，提高爬模施工的安全性、同时提高施工效率。

经过综合分析和设计，我们从两个方向设计了可伸缩承载体，第一类是利用可伸缩螺杆组作为承重构件和伸缩构件，第二类是设置专用的可伸缩承载体承重构件，可伸缩螺杆组只作为承载体水平伸缩运送的传动机构。

首先是第一类可伸缩承载体，其核心部件包括挂座连接板、可伸缩螺杆组和齿轮组三个系统。主要为挂座连接板形成可移动功能的同时保证原连接挂钩尺寸，不改变爬模挂钩连接座尺寸即可实现承载体伸缩；挂座连接板与可伸缩承载体螺杆配合形成抗弯能力并实现承载体伸缩；齿轮组保证螺杆组的同步运动和承载体的伸缩动作，且实现省力传动。第二类可伸缩承载体的挂钩固定座含滑动轨道，为滑动挂钩连接座提供支撑，供滑动挂钩连接座在其内部滑动。经过多种方案选择，最终同样形成两套方案进行选择。

3. 可调弧度导轨

在原导轨的基础上每隔一段距离分节设置一个连接转轴和豁口，并安装一套可调弧度装置，多个弧度可调装置伸缩配合转轴实现导轨的弧度可调（图 15.2-6）。

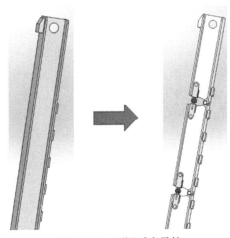

图 15.2-6　可调弧度导轨

首先是导轨分节，并在每节上面设置可调弧度装置安装孔（图 15.2-7）。

可调弧度装置由连接销、调节螺母、调节螺杆、限位销组成（图 15.2-8）。

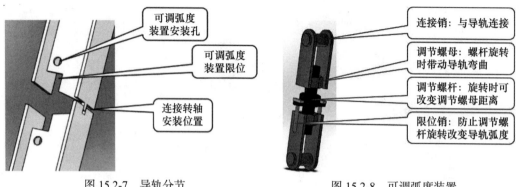

图 15.2-7 导轨分节   图 15.2-8 可调弧度装置

连接转轴由三段套管、一根销轴构成，分别安装在两节导轨上，且整个转轴长度严格限制，不与架体形成干涉（图 15.2-9）。

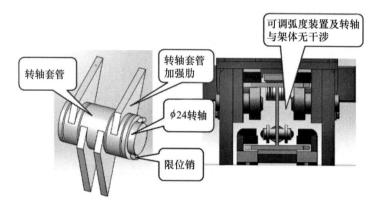

图 15.2-9 连接转轴

爬模节点的柔性设计对现有爬模体系是一次重大升级，可开发出目标产品。

15.2.2 可伸缩承载体研究与设计方案一

挂钩连接板以一块 30mm 厚钢板为基板，长宽分别为 650mm 和 420mm，其四角是以 25mm 为半径切圆弧，并在四角开设有 65mm×42mm 的长圆孔，沿连接板基板短边为长圆孔长度方向，长圆孔各边距离板边最小距离为 20mm。可伸缩螺杆组通过该长圆孔与挂座连接板连接固定连接，四个螺杆组在形成抗弯能力的同时满足普通爬模挂钩连接座的安装使用并实现承载体的伸缩（图 15.2-10）。挂座连接板上居中设置有鱼尾挂钩，用于连接爬模挂钩连接座。该鱼尾挂钩由 5 块 6mm 厚钢板围焊而成，具体尺寸由不同厂家爬模挂钩连接座的尺寸确定，然后满焊在基板上。该鱼尾挂钩的两侧下部设置有承载体安全销插孔，当爬模挂钩连接座与挂座连接板连接就位后，插入承载体安全销，以防止挂钩连接座的脱落。承载体安全销的直径为 14mm，长度为 100mm，端部焊接有 25mm×18mm 方铁，其厚度为 5mm（图 15.2-11）。

专用爬锥为整体式两级阶梯状锥台，总高度 150mm，由下而上第一级爬锥阶梯高度为 75mm 的锥台，直径由 120mm 缩小至 100mm，锥台底部居中开 M72 螺栓头孔洞，与整个爬锥同心，可用内六角扳手拆装爬锥，实现周转的同时该尺寸可保证可伸缩承载体螺杆配套 M48 螺母自由旋转嵌入内部，实现承载体伸缩时挂座连接板与混凝土墙面的贴合，且在专用预埋板、螺杆套管、专用爬锥预埋浇筑时可利用 M48 螺栓和专用爬锥内套螺纹将其固定在墙体模板上，从而实现准确就位，确保后续操作的顺畅。第二级爬锥阶梯为圆柱形式，高度 75mm，与下部锥台同心，直径 64mm，与螺杆套管配合固定（图 15.2-12）。

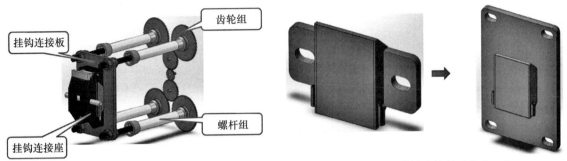

图 15.2-10　可伸缩承载体（方案一）　　　　图 15.2-11　挂钩连接板（方案一）

图 15.2-12　预埋锥体

专用预埋板为整体式三级阶梯状锥台，总高度 140mm，整个专用预埋板的中心开设 ϕ42mm 的通孔，通孔内套螺纹与可伸缩承载体螺杆配合，通过转动实现可伸缩承载体螺杆的伸缩。由下而上第一级预埋板阶梯高度为 13mm，底部 5mm 高度范围内为圆柱，直径 120mm，上部 8mm 范围内为锥台，直径由 120mm 缩小到 90mm；第二级预埋板阶梯是高度为 52mm 的锥台，直径由 90mm 缩小至 76mm；第三级预埋板阶梯为圆柱形式，高度 75mm，与下部的锥台同心，直径 64mm，与螺杆套管配合固定。

预埋套管为 ϕ78 钢管（内径 64mm）与预埋锥体和预埋板连接。套管长度为墙厚 −140mm，使得专用预埋板、螺杆套管、爬锥的组合长度和墙厚相等，正好安装在墙体内外侧模板上（图 15.2-13）。

图 15.2-13　预埋套管（方案一）

预埋板和爬锥连接为整体，保护可伸缩承载体螺杆不会接触到混凝土，保证可伸缩承载体螺杆组预埋时的整体精度、螺杆的顺利扭转和承载体的伸缩动作。六角螺母为国标 M48 高强度螺母，挂座连接板内外侧各设置一个，将其固定在可伸缩承载体螺杆的前端部。防脱销插入可伸缩承载体螺杆前端部的 20mm×25mm 矩形通孔内，能够防止在可伸缩承载体螺杆转动时，六角螺母与可伸缩承载体螺杆之间发生相对转动。

齿轮组由主动轮、传动轮和从动轮组成。主动轮的直径为83mm，轮厚10mm，圆心处连接有ϕ20mm的第一圆轴，主动轮通过第一圆轴连接在齿轮组盒主动轮连接孔上（图15.2-14）。第一圆轴的外端侧方焊接摇动扳手，扳手方向为远离齿轮组的方向。传动轮直径165mm，轮厚10mm，圆心处连接有ϕ20mm的第二圆轴，第二圆轴两端距离齿轮表面20mm，共2个传动轮，均通过第二圆轴连接在齿轮组盒传动轮连接孔上。从动轮直径280mm，轮厚10mm，圆心处连接有ϕ120mm的第三圆轴，第三圆轴两端距离齿轮表面20mm，第三圆轴同心开设有十字花形贯通孔，十字花形贯通孔是以ϕ45mm圆为基础，上下左右90°交角均匀设置4个18mm×16mm的十字花，可正好套住可伸缩承载体螺杆尾部的十字花形齿轮连接楔，以实现传动控制。4个从动轮均通过第三圆轴连接在齿轮组盒从动轮连接孔上。齿轮组盒为5mm厚钢板矩形盒子（图15.2-15）。

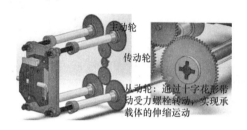

图 15.2-14　齿轮组（方案一）　　　　　图 15.2-15　十字花形连接（方案一）

15.2.3　可伸缩承载体研究与设计方案二

1. 组成分析

方案二与方案一大体相同，其不同之处在于可伸缩螺杆组的构造和使用方式（图15.2-16、图15.2-17）。

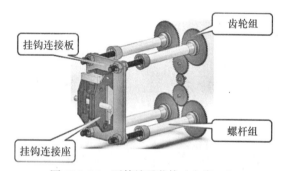

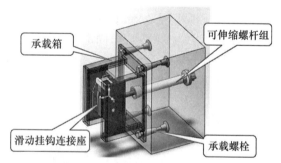

图 15.2-16　可伸缩承载体（方案一）　　　　图 15.2-17　可伸缩承载体（方案二）

可伸缩承载体核心部件包括承载箱、承载螺栓、滑动挂钩连接座和可伸缩螺杆组四个部分。主要为挂钩连接座由传统爬模的固定形式改为可滑动形式，同时与爬模架体挂钩及导轨相关部位的构造和尺寸保持不变；挂钩固定座由传统爬模的鱼尾结构改为含滑动轨道的承载箱，为滑动挂钩连接座提供支撑，并供滑动挂钩连接座在其内部滑动，实现承载体伸缩；可伸缩螺杆组带动滑动挂钩连接座水平移动，从而实现爬模架体的水平移动，其动力由省力减速机提供。

对比上述两类方案，第一类方案由可伸缩螺杆组承担爬模自重及施工荷载，同时承担伸缩功能，螺杆受力较大，容易变形，四根螺杆同时转动，不便操作；第二类方案由承载箱承担爬模自重及施工荷载，可伸缩螺杆组承担起伸缩功能，分工明确，受力清晰，而且因为可伸缩螺杆只剩一根，去掉了齿轮组，方便操作；因此，可伸缩承载体定为第二类滑动方案。

可伸缩螺杆组在原受力螺栓的基础上对预埋板、爬锥、预埋螺杆和受力螺栓进行变更设计，并增加预埋套管，如图 15.2-18 所示。

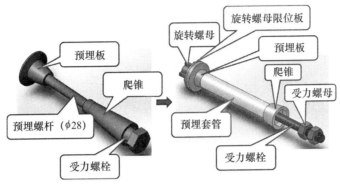

图 15.2-18　可伸缩螺杆组（方案二）

受力螺栓从原来的普通 M48 高强度螺栓变为通长 ϕ42 高强度螺杆，长度（墙厚＋360mm，可调范围 200mm）；其前部共设置 145mm 长螺纹，距离端部 75～95mm 范围内开 20mm×25mm 通孔，内部焊接蘑菇形防转动楔，防转动楔为蘑菇形状，蘑菇头为半径 20mm 的半圆，蘑菇根为 30mm×25mm 矩形，整体厚度 19mm，蘑菇根塞到螺杆 20mm×25mm 通孔内并焊接牢固，可伸缩承载体螺杆与挂座连接板连接时，正好将防转动楔卡在 85mm×42mm 的长圆孔内，防止可伸缩承载体螺杆转动；其后部设置 300mm 螺纹，端部安装十字花形旋转螺母（图 15.2-19）。

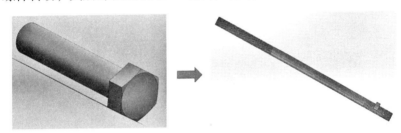

图 15.2-19　受力螺栓（方案二）

承载箱取代原挂钩连接板，基板厚 30mm，长高分别为 500mm 和 811mm，在四角开设有长圆孔，孔径为 65mm×42mm，长圆孔长度方向沿承载箱基板短边方向，长圆孔各边距离板边最小为 42.5mm。承载螺栓通过该长圆孔与承载箱连接固定；承载箱居中开设 358mm×611mm 方孔，方孔四角再分别向上、下开 91mm×50mm 孔，形成滑槽安装孔；滑槽为 91mm×611mm 断面 C 形钢板，钢板厚度 30mm，C 形口尺寸为 511mm，一端焊接 91mm×611mm 的滑槽封板；滑槽未封口一端焊接于基板开口处，滑动挂钩连接座只可在承载箱内沿一个方向滑动伸缩，但无法转动（图 15.2-20）。

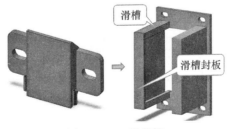

图 15.2-20　承载箱

2. 方案受力分析

依据可伸缩承载体的工作状态，将其分为两个重要阶段进行受力分析，一是挂钩连接座承受架体自重、施工活荷载及风荷载的工作阶段，简称"第一状态"；二是齿轮运转使爬模架体水平位置发生改变的阶段，简称"第二状态"。利用 ANSYS 有限元软件，对可伸缩承载体在两个状态下的应力和变形进行分析，研究承载体结构的安全性与可靠性。

可伸缩承载体模型较复杂且模型连接中存在几个重要的接触关系：螺杆和齿轮接触、齿轮和齿轮接触、螺杆和限位板接触、预埋件和套管接触、旋转螺母与齿轮接触、螺杆和旋转螺母接触、挂座与承重件接触等，文中主要采用以下两种方法进行接触关系的处理。

（1）接触对

齿轮与齿轮之间接触关系的处理主要采用接触对进行处理。接触面是凹面和凸面，通过建立接触对来处理。两个相互接触的线（面或体）分为目标线（面或体）和接触线（面或体），建立接触对的关键在于目标线（面或体）和接触线（面或体）的准确定位。为了方便建立接触对，先要建立包含接触线、面、体的若干组件。由于模型接触关系为面接触，所以选择目标面和接触面（也可选择目标体和接触体）。接触对建立操作步骤流程如图 15.2-21 所示。

图 15.2-21 接触对建立操作步骤流程图

一般情况下，对于接触面的目标面和接触面的选择有以下原则：

凸面与平面或凹面接触，平面或凹面是目标面；网格粗糙面和网格较细面接触，网格粗糙面是目标面；两个接触面刚度不一样，刚度大面是目标面；两个接触面面积大小不一样，面积大的是目标面；高次单元面和低次单元面接触，低次单元面是目标面。

（2）Glue 处理

剩余其他接触关系的处理主要采用 Glue 进行处理。平面与平面接触且材料相同，直接用布尔操作中的 Glue 操作处理。在 Main Menu 中选择 Preferences>Modeling>Operate>Booleans>Glue，然后选择要 Glue 的线（Lines）、面（Areas）、体（Volumes），本书中的模型选择的是面（Areas），在模型中选择要 Glue 的面点击 OK。

两个工作状态主要构件的有限元模型如图 15.2-22 所示。

可伸缩承载体受力分析：可伸缩承载体在第一状态，挂钩连接座受到爬模导轨对承重件的作用，进而将力传给挂钩连接板，挂钩连接板将力传给螺杆，在此工作荷载作用下，主要分析承重件、挂钩连接板及螺栓的受力和变形；在第二状态，外部对齿轮组施加荷载，齿轮组将力传给螺杆，最后螺杆将力传给挂钩连接板，这种情况主要探究齿轮在荷载作用下的受力以及变形。可伸缩承载体结构固定在墙体里，所以工作时套管等构件也会受到墙体对其的反作用力，将这种受力状态简化为对螺杆的约束作用，即螺杆无法在墙体平面内发生位移，可伸缩承载体边界条件与荷载施加如图 15.2-23 所示。

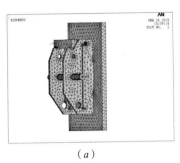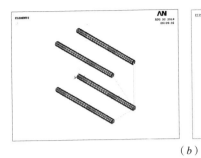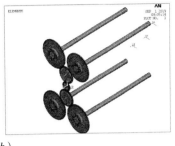

（a）

（b）

图 15.2-22　可伸缩承载体有限元模型

（a）第一状态；（b）第二状态

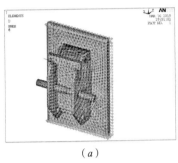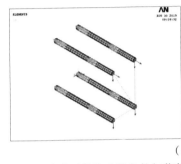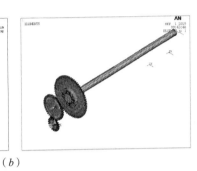

（a）

（b）

图 15.2-23　可伸缩承载体边界条件与荷载施加

（a）第一状态；（b）第二状态

为使可伸缩承载体适用于市面常见的液压爬模，综合多种液压爬模资料，在第一状态可伸缩承载体受力分析时，取竖向荷载 N_v 为 150kN、水平荷载 N_τ 为 75kN 进行验算，得到结构的应力、变形如图 15.2-24 所示。

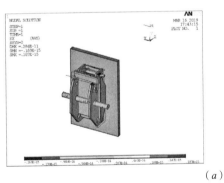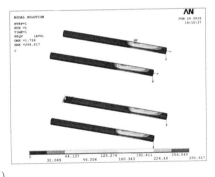

（a）

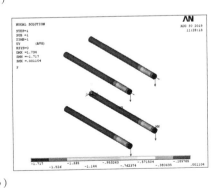

（b）

图 15.2-24　第一状态分析结果

（a）应力；（b）变形

根据应力云图可得，在第一状态中，挂钩连接座的最大受力位置在承重件上表面，最大应力为 57.5MPa ＜ 345MPa，螺杆的最大受力位置在悬挑端根部上表面，最大应力为 288.6MPa ＜ 345MPa，满足要求。

在第二状态中作用到齿轮主动轮荷载为第一状态得出受力螺栓与预埋板、爬锥支反力在螺杆转动时产生的扭矩。将由第一状态得出的受力螺栓与预埋板和受力螺栓与爬锥的支反力代入式（15.2-1），得到每个螺栓所受摩擦力 F。

$$F = \mu \left(N_1 + N_2 \right) \tag{15.2-1}$$

式中　F——单个螺栓所受摩擦力；

　　　μ——摩擦系数，螺杆与预埋板、爬锥之间为面滑动摩擦，取 0.12；

　　　N_1——受力螺栓与预埋板之间的支反力，为 153.949kN；

　　　N_2——受力螺栓与爬锥之间的支反力，为 138.867kN。

则：$F = \mu \left(N_1 + N_2 \right) = 0.12 \times \left(153.949 + 138.867 \right) = 35.138\text{kN}$

每个旋转螺母所需驱动转矩为：

$$T = F \tan \left(\lambda + \rho' \right) \frac{d_2}{2} \tag{15.2-2}$$

式中　T——旋转螺母所需驱动转矩；

　　　λ——螺旋升角，为 32.83°；

　　　ρ'——当量摩擦角，为 7.08°；

　　　d_2——螺纹中径，为 37mm。

则：$T = F \tan \left(\lambda + \rho' \right) \frac{d_2}{2} = 35.138 \times \tan \left(32.83° + 7.08° \right) \times \dfrac{0.037}{2} = 0.544\text{kN·m}$

齿轮组主动轮同时带动四个从动轮转动，作用到主动轮转轴的扭矩为：

$$M = 4T \tag{15.2-3}$$

式中　M——作用到主动轮转轴的扭矩。

则：$M = 4T = 4 \times 0.544 = 2.176\text{kN·m}$

对可伸缩承载体第二状态进行受力分析，得到结构的应力、变形如图 15.2-25 所示。根据应力云图可得，在第二状态中，齿轮组的最大受力位置在主动轮的转轴处且最大应力为 18.5MPa ＜ 345MPa，满足要求。

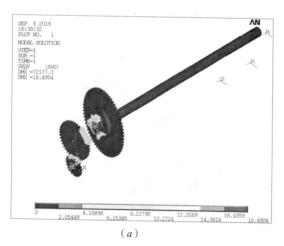

（a）

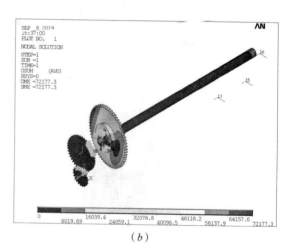

（b）

图 15.2-25　第二状态分析结果

（a）应力云图；（b）变形云图

第16章 基于 BIM-ANSYS 的超高层液压爬模结构优化

16.1 概述

针对目前脚手架结构设计中所面临的结构缺陷等问题，结合 BIM 技术，在 3D 可视状态下进行结构优化。本书基于 BIM-ANSYS 的超高层脚手架，研发了全过程优化方法，修改为：充分结合当前常用的 BIM 技术以及通用有限元分析软件，在对液压爬模结构进行模态分析和静力分析的基础上，将施工阶段液压爬模承重三脚架的截面尺寸以及上平台横梁的截面尺寸作为优化参数，以单元架体的最小总质量、最小变形以及最大组合应力作为优化目标，在保证单元架体安全的基础上，通过多目标遗传学算法（MOGA）对单元架体结构优化，展现了 BIM 技术在结构优化方面的应用优势，为下一步建立基于 BIM 技术的超高层脚手架结构优化方法、施工设计与管理综合系统奠定基础。本方法对不同形式脚手架进行了有限元分析，详细研究了节点、结构形式和布置方式等对脚手架整体稳定性的影响，为进一步全面研究积累爬模的安全性积累了经验，具有广阔的应用前景。

16.2 液压爬模结构建模

以深圳某超高层核心筒工程为分析案例，其主体结构的高度为 347.55m，建筑的总高度为 356.7m。该建筑是框架－核心筒结构，其结构平面如图 16.2-1 所示。为便于该超高层核心筒建筑的施工，保证施工的安全，选用液压爬模结构作为施工手段，该核心筒的液压爬模最高爬模高度为 356.5m。

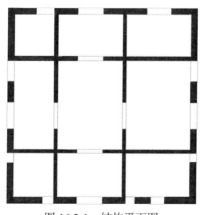

图 16.2-1　结构平面图

液压爬模结构是超高层核心筒建筑的主要施工工具，爬模平台的设计和布置需要充分考虑施工需要，满足施工顺序要求，液压爬模局部布置如图 16.2-2 所示。液压爬模的单元架体总高度为 17.0m，共设有六层操作平台，其用途见表 16.2-1，液压操作平台、主平台、中平台高度为 4m，上平台高度为 2.0m，吊平台高度为 3m，架体宽度为 2.8m，架体距离墙体 0.1～0.3m，其立面如图 16.2-3 所示。

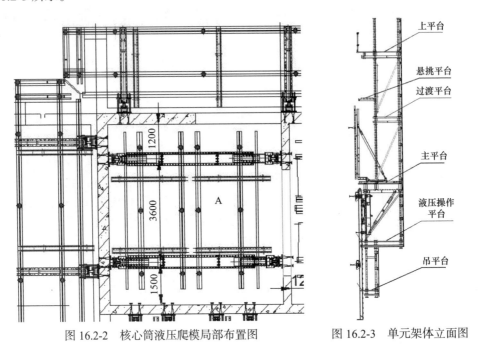

图 16.2-2　核心筒液压爬模局部布置图　　　　图 16.2-3　单元架体立面图

操作平台用途　　　　　　　　　　　　　　　表 16.2-1

平台名称	用途
上平台	供施工时放置钢筋等材料使用
悬挑平台	供绑钢筋等施工操作使用
过渡平台	供模板施工操作使用
主平台	供模板后移使用兼作主要人员通道
液压操作平台	爬模爬升时进行液压系统操作使用
吊平台	方便拆卸挂座、爬锥及受力螺栓以便周转使用

16.3　液压爬模结构模型的转换及静力分析

16.3.1　模型转换方法

对液压爬模结构的安全和优化分析需要在 BIM 技术平台外部进行，综合考虑选择 ANSYS 软件作为安全和优化分析的工具。Revit 软件和 ANSYS 软件之间模型数据的交换是爬模结构安全和优化分析的开始，目前 BIM 软件与 ANSYS 软件还没有直接完善的交换接口，要实现两种软件之间的模型转换有两种方式，一种是通过 ACIS 实现模型交换，另一种是通过中间软件 3D3S 进行过渡，实现模型的转换。

根据已经建立好的液压爬模结构模型，导出 DWG 格式文件，然后将文件导入 3D3S 中，利用 3D3S 软件把液压爬模结构模型转换成 ANSYS 可以识别的 mac 格式文件。为验证模型转换的正确性和可靠性，采用 ANSYS 软件和 3D3S 软件对导入的液压爬模结构模型进行自振特性分析，前 5 阶自振频率见表 16.3-1，结果表明两个软件自振频率误差最大为 4.3%，通过对比自振频率发现液压爬模结构转换的模型是可靠的。

爬模结构自振特性   表 16.3-1

振型编号	1	2	3	4	5
3D3S 频率（Hz）	2.47	3.68	6.73	6.79	8.38
Ansys 频率（Hz）	2.58	3.77	6.83	6.85	8.47
误差（%）	4.3	2.4	1.5	0.8	1.1

16.3.2 爬模结构的静力分项

根据工程实际情况，超高层液压爬模结构并不是在工程开始时进行布置，而是在完成核心筒结构一定高度后才开始布置。随着核心筒结构的施工完成，液压爬模结构需要不断爬升，因此液压爬模结构的施工可以分为三个阶段：安装阶段、施工阶段和爬升阶段，其中施工和爬升阶段风险最高，大多数爬架事故都发生在这两个阶段。

在施工状态下，液压爬模结构与超高层核心筒之间有两个连接点，一个是承重三脚架横梁端部与预埋件的连接，是主要承重连接。液压爬模连接的预埋件要利用模板装置提前预埋，在模板布置完成前使用螺栓将预埋件固定在模板上，根据液压爬模结构施工方案检查布置点位置以及牢固程度，检查无误后浇筑混凝土，在达到拆模强度后，移除模板而预埋件则留在混凝土中为液压爬模结构下一次的爬升使用，其流程如图 16.3-1 所示。另一个是承重三脚架立柱下端设置尾部支撑，只承受垂直的力。施工状态下，液压爬模结构整体的受力都在这两个连接点上。

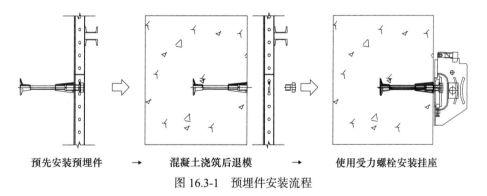

预先安装预埋件 → 混凝土浇筑后退模 → 使用受力螺栓安装挂座

图 16.3-1 预埋件安装流程

液压爬模结构受荷载较为复杂，为了能够正确地施加施工状态下的荷载，准确地分析液压爬模结构受力状况，对结构恒荷载、活荷载以及风荷载进行定义说明。

（1）恒荷载

液压爬模结构需要考虑的恒荷载主要包括液压爬模结构的自重、结构外部的维护钢板自重、各个平台板自重、液压系统的自重以及钢模板自重。各个平台板自重以面荷载的形式施加，取值 $0.27kN/m^2$。液压爬模结构外部的维护钢板自重以面荷载形式施加，取值 $0.2kN/m^2$。钢模板自重的面荷载取值 $0.9kN/m^2$，以节点荷载的形式将整个钢模板的自重施加到主平台上。

（2）活荷载

参照现行行业标准《液压爬升模板工程技术标准》JGJ/T 195对各个平台的施工荷载取值如下：

1）上平台供绑扎钢筋，需要考虑钢筋堆放，施工荷载值取 3.0kN/m²；

2）过渡平台不需要考虑钢筋堆放，施工荷载值取 1.0kN/m²；

3）中平台供模板施工操作使用，施工荷载取值 1.0kN/m²；

4）主平台供模板后移使用兼作主要人员通道，施工荷载取值 3.0kN/m²；

5）液压操作平台供爬模爬升时进行液压系统操作使用，施工荷载取值 1.5kN/m²；

6）吊平台供拆卸挂座、爬锥及受力螺栓周转使用，施工荷载取值 1.0kN/m²。

（3）风荷载

风荷载标准值计算公式：

$$W_K = \beta_z \mu_s \mu_z W_0 \tag{16.3-1}$$

式中　W_K——建筑物的风荷载标准值（kPa，kN/m²）；

　　　β_z——高度 Z 风振系数，根据该项目所在地区以及高度，参照《建筑结构荷载规范》GB 50009—2012 取值；

　　　μ_s——风荷载的体形系数，参照《建筑结构荷载规范》GB 50009—2012 取值；

　　　μ_z——高度 Z 的风压变化系数，参照《建筑结构荷载规范》GB 50009—2012 取值；

　　　W_0——地区基本风压（kPa，kN/m²）。

根据荷载规范查得各系数取值以及风荷载标准值见表 16.3-2。

风荷载系数取值　　　　　　　　　　　　　　表 16.3-2

施工状态及风力等级	位置	体形系数（μ_s）	风压系数（μ_z）	基本风压（W_0）	风振系数（β_z）	风荷载标准值（kN/m²）
施工状态（7级风）	主平台以上	1.3	2.91	0.12	1.41	0.38
	主平台以下	0.5	2.91	0.12	1.41	0.15

为分析液压爬模结构在施工状态下的安全性，利用 ANSYS 对液压爬模结构进行静力计算。施工状态下的液压爬模结构最大剪力发生在承重三脚架横梁和主平台立杆连接的位置，最大值为 34.74kN。根据液压爬模结构剪力颜色变化，可以发现杆件颜色越蓝剪力值越小，而液压爬模结构整体的颜色处于浅蓝色，所以整体结构的剪力值较小，最小值为 0.4675N。从颜色变化发现液压爬模结构上平台受到的剪力相对较大，但也在 1kN 以下，受力很小，相对于结构的受剪能力而言，完全没有利用结构的材料性能，浪费资源。液压爬模结构的最大轴力杆件是承重三角的立柱，最大轴力为 41.23kN 且受拉，其承重三脚架横梁呈黄色，受拉轴力也较大。由颜色可以看出，承重三脚架斜撑和上平台立柱受压，轴力为负，其最大受压轴力为 38kN。由液压爬模结构颜色发现，整个结构的构件受拉或受压的值都很小，基本不超过 5kN，与结构受力性能相差较大，较为浪费资源。

16.4　液压爬模结构优化变量研究

16.4.1　优化变量的选择

优化变量的选择对液压爬模结构优化有着重要影响，分析优化变量之间关系以及优化变量对优化目标的影响,是液压爬模结构进行优化的基础。在保证液压爬模结构安全的前提下,使结构更经济合理,将结构总质量、总变形以及最大组合应力作为优化目标,选择适合的优化变量,有利于液压爬模结构优化的计算,更容易接近优化目标。根据前述对液压爬模结构在施工阶段和爬升阶段下的静力分析,选择适当优化变量,利用 ANSYS Workbench 对优化变量进行分析,研究优化变量对优化目标的影响。

根据前节对液压爬模结构介绍可知,液压爬模结构有六个操作平台,各个平台受到的荷载也不同,各个平台的杆件截面也不一样。通过 ANSYS 对液压爬模结构的静力分析可知,液压爬模结构最大变形位置在上平台,主要受力位置在承重三脚架上以及需要考虑堆放钢筋的上平台,因此选择这些平台的构件截面作为优化变量,能够更直接有效地调整优化目标。

液压爬模结构优化变量具体的取值如下:

(1)承重三脚架横梁:根据静力分析可知,横梁与主平台立柱连接处受到剪力最大,由于横梁的初始截面是 H 型钢,故选择横梁腹板厚度、上翼缘板厚度、截面高度以及截面宽度作为优化变量,定义腹板厚度为 DV_1、上翼缘板厚度为 DV_2、截面高度为 DV_8、截面宽度为 DV_9。

(2)承重三脚架立柱:根据静力分析,三脚架立柱受的轴力最大,初始截面是 H 型钢,选择立柱的上翼缘板厚度、腹板厚度、截面宽度以及截面高度作为优化变量,定义立柱的腹板厚度为 DV_3、上翼缘板厚度为 DV_4、截面高度为 DV_10、截面宽度为 DV_11。

(3)承重三脚架斜支撑:根据静力分析,斜支撑受到压应力最大,初始截面是圆钢管,选择钢管厚度作为优化变量,定义为钢管厚度为 DV_5。

(4)上平台梁:根据静力分析,上平台梁的变形最大,初始截面为槽钢,选择槽钢的高度和厚度作为优化变量,并定义厚度为 DV_6、高度为 DV_7。

根据上述对优化变量的定义,对各个初始参数值赋值,并对各个优化变量的变化范围进行定义,见表 16.4-1。

优化变量的定义　　　　　　　　　　　　　　　　表 16.4-1

优化变量	设计名称	初始值(mm)	优化范围最小值(mm)	优化范围最大值(mm)
横梁腹板厚度	DV_1	3.2	2	9
横梁上翼缘板厚度	DV_2	4.5	3	10
立柱腹板厚度	DV_3	6	4	11
立柱上翼缘板厚度	DV_4	8	6	13
斜支撑钢管厚度	DV_5	6	4	11
上平台梁槽钢厚度	DV_6	7	3	10
上平台梁槽钢高度	DV_7	200	180	220
横梁高度	DV_8	200	180	220
横梁宽度	DV_9	100	80	120
立柱高度	DV_10	200	180	220
立柱宽度	DV_11	150	130	170

16.4.2　灵敏度分析

利用 ANSYS Workbench 对液压爬模结构优化变量进行分析时,首先要分析优化变量对优化目标的灵敏度(灵敏度能够反映优化变量对优化目标的影响程度)。每一个优化变量的灵敏度计算都是保持其他优化变量不变，其中一个优化变量不断变化，使优化目标变化。根据灵敏度分析，为后面的优化做铺垫，对影响较大的优化变量，重点控制，使优化目标更容易达到。

依据灵敏度计算公式，如果优化目标随着优化变量的增加而增加，则灵敏度为正，否则为负。基于液压爬模结构的总质量、总变形以及最大组合应力这三个优化目标，计算求得各个优化变量对总质量、总变形以及最大组合应力的灵敏度值见表16.4-2。

各参数的灵敏度值   表16.4-2

优化变量	设计名称	总质量灵敏度	总变形灵敏度	最大组合应力灵敏度
横梁腹板厚度	DV_1	0.023	−0.287	−0.284
横梁上翼缘板厚度	DV_2	0.024	−0.368	−0.693
立柱腹板厚度	DV_3	0.026	−0.033	−0.031
立柱上翼缘板厚度	DV_4	0.035	−0.088	−0.09
斜支撑钢管厚度	DV_5	0.041	0.098	0.026
上平台梁槽钢厚度	DV_6	0.111	−0.084	−0.017
上平台梁槽钢高度	DV_7	0.013	−0.037	0.018
横梁高度	DV_8	0.001	−0.218	−0.163
横梁宽度	DV_9	0.001	−0.061	−0.115
立柱高度	DV_10	0.003	−0.086	−0.076
立柱宽度	DV_11	0.009	−0.042	−0.043

根据各个参数的灵敏度值，绘制各个参数对总质量、总变形以及最大组合应力的灵敏度直方图，分别如图16.4-1～图16.4-3所示。从图16.4-1中可以看出，所有优化变量对总质量灵敏度的影响为正，这说明总质量随着所有优化变量的增加而增加，其中前六个优化变量对总质量的影响较为显著，而优化变量DV_6对总质量灵敏度的影响最大且为0.111，从后四个优化变量可以看出，H型钢截面的高度和宽度的变化对总质量的影响相对较小。由图16.4-2可知，除斜支撑钢管厚度DV_5对总变形灵敏度的影响为正外，其他优化变量对总变形灵敏度的影响为负，其中DV_1、DV_2和DV_8对总变形灵敏度的影响较大，而DV_2对总变形灵敏度的影响最大，为0.368。由图16.4-3可知，优化变量对最大组合应力灵敏度的影响相差较大，优化变量DV_2的灵敏度−0.693比优化变量DV_1的灵敏度−0.284大两倍还多，其他优化变量灵敏度都在−0.165以下，相较于DV_1和DV_2，其他灵敏度的影响可以忽略。

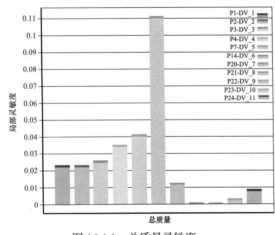

图16.4-1　总质量灵敏度

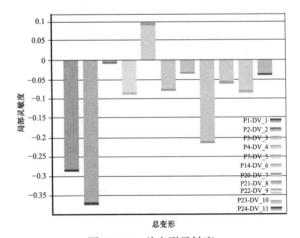

图16.4-2　总变形灵敏度

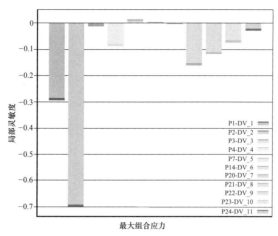

图 16.4-3　最大组合应力灵敏度

16.4.3　响应面分析

为了进一步分析多个优化变量共同作用对优化目标的影响，根据上述灵敏度分析，选择两个优化变量同时作用对优化目标的影响，做出相应的响应曲面。选择承重三脚架的横梁截面和柱截面的尺寸对优化目标进行分析，即选 DV_1 和 DV_2、DV_8 和 DV_9、DV_3 和 DV_4、DV_10 和 DV_11 四组优化变量作为纵横坐标，探索优化变量对优化目标的影响变化。研究表明，总质量随着两个优化变量均匀变化并呈上升的趋势，且响应面是平面。优化变量具有一定的线性关系，同时优化变量 DV_1 和 DV_2 对液压爬模结构的优化目标影响相差不大，液压爬模结构随着优化变量 DV_1 和 DV_2 增大而增大，侧面说明优化变量的灵敏度的影响为正。优化变量 DV_10 变化时总质量变化较小，说明优化变量 DV_11 比优化变量 DV_10 对总质量的影响更大。

根据四组优化变量作用下总变形的响应面对比分析可知，优化变量 DV_1 和 DV_2 对总变形的影响呈线性关系，DV_1 和 DV_2 对总变形的影响程度基本一致，总变形随着优化变量 DV_1 和 DV_2 的增加而逐渐减少，侧面反映优化变量对总变形的灵敏度为负。DV_4 对总变形的灵敏度影响比 DV_3 明显，并且当两个参数同时作用时，优化变量 DV_4 对总变形的影响占主导地位，且响应面的曲面程度较小，DV_3 和 DV_4 对总变形的影响近似线性。优化变量 DV_8 相对于 DV_9 而言对总变形影响占主导地位，对比灵敏值，进一步说明灵敏度响应面的正确性。优化变量 DV_10 相对于 DV_11 而言对总变形影响占主导地位。根据响应面分析可知，当优化灵敏度相差较大时，以灵敏度较大值的为主导。最大组合应力在四组优化变量的作用下响应面对比发现，四组优化变量对最大组合应力的影响为非线性。优化变量 DV_1 比 DV_2 对最大组合应力的影响更显著。优化变量 DV_8 和 DV_9 对最大组合应力的影响基本一致。

第 5 篇
高层建筑施工期消防安全保障技术与装置

第17章 高层建筑消防疏散与预警系统

17.1 概述

超高层建筑施工期的消防安全管理直接关系到现场施工作业人员的生命财产安全，在项目施工阶段，由于各项消防设施及消防疏散布置都未完善、齐全，没有系统地进行管理及监控，在发生消防事故时，施工作业人员无法顺利完成疏散，造成的后果及影响往往会很巨大，所以在建设工程施工阶段的消防安全管理是整个项目施工管理的重难点。如何保障火灾发生时，项目管理人员能第一时间收到信息并前往现场进行救援与疏散，将是超高层建筑施工过程中消防疏散与预警最重要的环节，一旦火灾发展到了无法控制的地步，如何保障现场施工人员有序地撤离到安全地点，保障人员的生命安全，将成为研究的重点，本技术将为高层建筑施工期消防安全提供有力的保障。

高层建筑施工期消防安全管理对于工程建设安全管理至关重要，根据项目调研情况，国内在建超高层项目，在施工期的防火要求、消防预警及疏散引导设置都相对传统，当发生消防安全事故时，不能及时对危险源进行识别，不能将危险信息及时传输至决策层组织救援工作，消防安全事故就可能由小事故变成大危险，故急需开发一种适用于高层建筑施工期的消防疏散模拟系统，通过信息系统，配合信息实时传递功能，对施工期人员疏散动态进行管理，基于此建立的 BIM 模型进行实时调整，规划最优救援路线，优化疏散布置。

同时系统平台的开发应用将能在较短时间内快速实现模拟消防演练全流程，便于现场施工作业人员快速熟悉和了解消防疏散路径，一旦发生消防安全事故，能实现紧急逃生，也便于应急救援。

高层消防疏散与预警技术的研究与开发，为项目施工的消防安全管理带来了极大便利，该系统可以模拟优化消防设施及现场材料堆场（库房）的布置，给安全文明施工管理提供了极大的便利，减少现场材料堆场（库房）重复布置发生的费用，简化了消防安全巡查流程，提高了安全督查的工作效率，能为项目带来巨大的经济效益。同时，这些消防安全模拟信息化技术的引入打破了传统的施工安全消防检查模式，创建了高科技的安全管理体系，是项目科技示范与宣传的亮点，推动了建筑业科技化、智能化的步伐，对其他建筑类信息化综合应用的课题开发提供了示范效益。

同时，高层消防疏散预警系统的使用，为超高层消防管控带来了全新的管理模式，让信息化、智能化管控逐渐应用于超高层消防领域，由于云计算、移动互联网技术和物联网技术越来越成熟，成本也会不断降低，施工人员中对新技术的接受程度和依赖程度也将不断增加，因此本系统在超高层消防疏散指挥中将有广阔的应用前景。

17.2 技术内容

针对高层消防疏散与预警技术共分为八个模块，各个模块之间相互关联与集成，实现各个功能。

17.2.1　消防疏散模拟系统

高层消防疏散演习是降低高层施工项目火灾发生伤亡率的最主要手段，但超高层施工项目进行一次消防演习费时费力，大多数施工项目不具备高频率消防演习的条件。因此可以采用消防疏散模拟系统，在疏散模拟时尽可能还原施工现场，从而判断施工现场疏散条件能否达到要求。

1. 功能架构及特点

本模拟系统的开发构架主要包括五个功能模块，具体架构如图 17.2-1 所示。

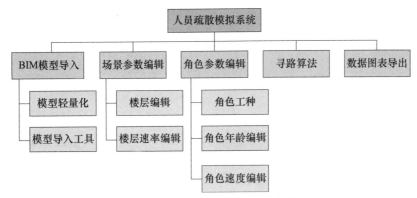

图 17.2-1　智慧工地接口功能架构

该系统一共分为五项功能：

第一个功能模块为项目 BIM 模型导入模块：疏散模拟系统的模型基于 Revit 模型，模型导入包括模型轻量化处理及模型一键导入工具。

第二个功能模块为场景参数编辑模块：在已有模型基础上，对模型施工作业面增加参数编辑，让这块作业面具备楼层编辑功能，将模型定义为各类工作面。

第三个功能模块为角色参数编辑模块：楼层参数完善之后，需要在工作面上面增加人员，并对人员属性进行描述，定义人员的分布，人员的工种、速度等。

第四个功能模块为寻路算法模块：布置人员之后，要编写整套寻路算法，驱动人员往一个目标点移动。

第五个功能模块为数据图表导出模块：人员疏散模拟结束后，能够导出相应的图表，方便模拟者分析各类参数。

2. 主要内容展示

该套系统具备两套模式：随机模式和特定模式。

随机模式是模拟火灾随机发生的工况，软件使用者可以在系统中指定起火点的数量和现场的具体施工人员。这种模式下适合使用者不明确现在施工楼层分布情况下使用，也可以用来测试目前消防疏散通道在满足基本消防疏散时间下的最大负载人数。模拟参数选择完毕后可点击按钮开始，系统将在不同楼层随机放置火点和人员，人员会避开着火点向下自动疏散，根据模拟最终将得出疏散总耗时、总逃生人数以及火灾发生后的每分钟逃生成功人数等数据，具体如图 17.2-2、图 17.2-3 所示。

特定模式用于模拟某个确定工况下，不同火灾隐患发生火情后的人员疏散情况。软件使用者可以定义不同工作面上的速度系数，例如在钢筋施工作业面上时，人员速度降低率为 30%，则取系数为 0.7。设置好系数之后，可以选择不同楼层正在进行的施工作业种类，并根据楼层作业面的火灾隐患点作为原始数据输入系统。例如 10 层有 20 人在进行机电安装，15 层 20 人在进行砌筑工程，33 层有 15 人在进行钢结构施工，47 层有 15 人在浇筑混凝土，其中 33 层钢结构施工需要动火，存在火灾隐患。此时用户需要在 10F、15F、33F、47F 分别布置 20 人、20 人、15 人、15 人。并在 33 层布置火点，火点数量以动火点数量为参考。数据输入完毕后，系统开始疏散模拟，用户可以查看不同作业层人员的疏散情况。模拟最终将得出总耗时、总逃生人数以及火灾发生后每分钟逃生成功人数等数据，具体如图 17.2-4～图 17.2-6 所示。

图 17.2-2　随机模拟总图

图 17.2-3　人员自动寻路

图 17.2-4　特定模式模拟

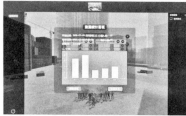

图 17.2-5　自定义模拟结果分析

图 17.2-6　2min 模拟分析

3. 智慧工地模型接口

项目开工后，现场每天工况都在发生变化，疏散模拟人员需要在模拟前将项目不同进度的 Revit 模型导入系统，修改 Revit 进度将耗费大量时间，而示范项目部署的智慧工地系统能够实时反映现场进度。将智慧工地的进度信息模型直接导入到消防疏散系统，能够节约消防疏散的模拟时间，提高工作效率。

同时，智慧工地模型的接口也让该系统具有更好的推广价值，每个项目只要能提供相应的 BIM 模型到智慧工地的接口，疏散系统平台就可以读取模型信息后进行相应的疏散模拟，适用性强，具有推广意义，具体如图 17.2-7、图 17.2-8 所示。

图 17.2-7　智慧工地接口功能架构

图 17.2-8　智慧工地平台接入疏散模拟

该模块具有三项功能：

第一项为读取模型信息，智慧工地系统内的模型一般都携带进度信息，第一步是需要将智慧工地内的模型和模型的进度信息都获取出来。

第二项是制作链接，将信息链接进入消防疏散系统。

第三项是制作智慧工地表单，在智慧工地系统制作按钮，点击按钮可以进入消防疏散模拟系统。

17.2.2　消防疏散指挥中心系统

消防疏散模拟系统仅仅用于疏散模拟，或者说用于在发生火情或者疏散演习前用于模拟现场疏散是否合理。但现场实际工况复杂，现场的进度、人员和场地堆放难以用模拟系统准确无误地展示，一旦发生火情，管理人员并没有时间去用系统模拟一次疏散过程，我们需要有一个系统的管理平台来进行整个消防疏散的指挥与引导。

1. 功能架构及特点

为了满足上述功能，需要有一套系统，能够整合疏散模拟和智慧工地的优点，能做到实时反映现场人员的状态，并能够与现场进行互动，指挥疏散。

该套系统需求为：

（1）能够获取现场的进度信息，这部分功能已经由智慧工地接口实现，本系统只需要接入接口即可。

（2）能够获取现场摄像头、人员定位或者其他传感器，火灾报警器信息。

（3）能够将各类信息真实反映在模型中，方便管理人员快速识别人员所在楼层，火情所在楼层，或者其他传感器所在楼层，能够查看无人机画面。

（4）这套系统能够对现场进行互动，具体如图 17.2-9 所示。

2. 主要内容展示

消防疏散指挥中心应具备的功能包括：

第一项是展示现场的进度，现场进度包括多个不同工作面进度，不同工作面上应有具体的标签。

第二项是展示现场人员定位数据，现场人员定位能够定位具体的楼层甚至是不同楼层的具体区域。

第三项是能够接收各类传感器、报警器的数据。系统应该设置好数据面板，接收并直观展示这些数据。

第四项是接收现场摄像头、无人机的视频信息，具体如图 17.2-10 所示。

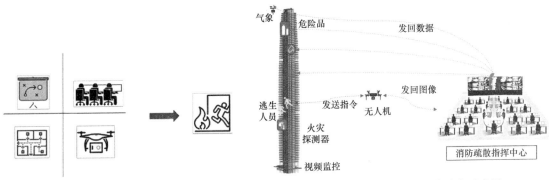

图 17.2-9　指挥中心系统需求示意图　　　　图 17.2-10　指挥中心系统功能示意图

目前此套系统已经开发完成，系统预留了无人机接口、人员定位接口、传感器接口、火情报警接口、现场人员工作面读取接口等。一旦有数据接入，指挥中心就能展示现场的情况，具体如图 17.2-11 所示。

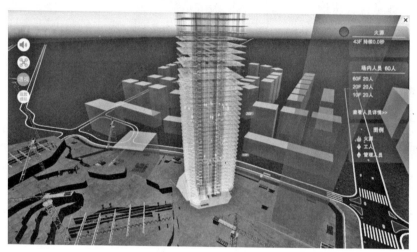

图 17.2-11　指挥中心系统效果展示图

17.2.3　摄像头图像集成

消防疏散人员在进行疏散模拟参数设计时，需要确认现场工作人员的数量，除了每日分包和施工员报送的工人数量之外，可以从摄像头内获得现场工作人员数量，就能够更为准确地进行模拟。一个安装位置得当的摄像头甚至能够观察到工作面的工作内容。消防模拟人员如果能够在疏散模拟系统直接调取现场摄像头，并操作摄像头进行旋转、变焦，就能够更便捷判断现场人员及工作面信息。

另外在实际消防疏散演习或消防火情发生时，安装在工作面的球形摄像头能够获取现场的第一手图像资料，为指挥消防疏散提供关键信息。

1. 功能架构及特点

为了满足上述功能，摄像头图像集成的功能需求具体如图 17.2-12 所示。

图 17.2-12　摄像头图像集成功能架构

该模块一共分为四项功能：

第一项需要获取摄像头的地址。

第二项是获取摄像头的操控接口，海康威视摄像头设置了齐全的数据接口供开发者调用，开发者可以找到摄像头的操作接口和视频传输接口。

第三项是在消防疏散系统内制作操作面板，操作面板包括摄像头转动，远近变焦。

第四项是将操作接口和操作面板挂接起来。

2. 主要内容展示

目前系统已经可以获取摄像头信息，并能够在利用系统预设的面板上操作项目的每一个摄像头，具体如图 17.2-13 所示。

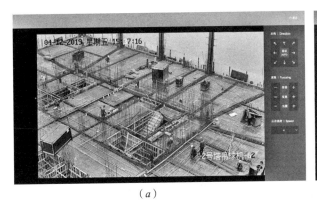
（a）

（b）

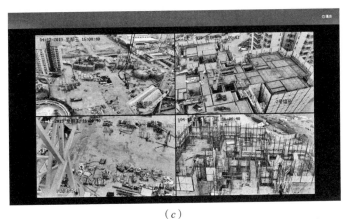
（c）

图 17.2-13　现场查看工作面

（a）查看工作面；（b）查看堆场；（c）多摄像头联合查看工作面

17.2.4　人员定位信息集成

人员定位信息有很多用途，在本系统中分为两类：

第一类是简化消防疏散模拟的输入步骤。在消防疏散模拟系统中集成劳务人员、管理人员的定位信息，可以在模拟过程中直接读取人员定位数据，不必再将人员定位数据输入系统内。

第二类是在模拟疏散演习过程中，实时获取人员定位信息，便于消防指挥人员及时观察人员定位信息，便于指挥消防疏散。如果真实发生火情，人员定位信息可以帮助火灾救援人员获取现场的遇险人员位置，减少伤亡率。

人员定位信息接入需要如下功能：项目现场各类施工人员的信息能够准确收集到系统内；项目现场各类施工人员能够准确定位到区域；在系统内能够通过点击查看人员必要的信息；人员定位信息能够与模型的坐标点对应，如果发现人员定位信息位于模型之外，系统能够自动排除错误信息。

1. 功能架构及特点

基于以上应用场景，人员定位信息集成的功能架构具体如图 17.2-14 所示。

该模块一共分为四项功能：

第一项为信息采集系统，信息采集系统中需要确认各类人员定位的采集终端，采集终端包括安全帽、反光背心等。采集终端的定位识别卡需要与现场作业人员绑定。

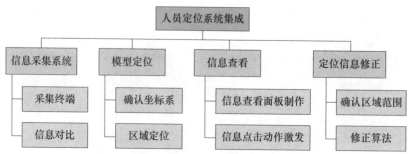

图 17.2-14　人员定位信息集成的功能架构图

第二项为模型定位，在模型内部有一套三维坐标系，需要根据这些坐标系指定空间的范围，然后根据定位接收器的数据，将接收器的区域与模型的空间绑定。

第三项为信息查看，在消防疏散系统内需要制作面板，面板将反映人员的各类信息，包括姓名、工种、手机号码、身份证号码等。信息面板需要点击人员之后才能激发，这部分需要做动作激发器。

第四项为定位信息修正，第二项内已经确认模型的空间坐标，在此需要加一部分判断算法，当系统接收定位数据超出区域，则执行判断算法，如果该人员超出距离小于空间范围，则判断仍在该范围内，若超出较多或超出时间较长，则执行警告。

2. 主要内容展示

目前该套系统已经开发完成，人员信息已经集成到项目内，管理人员可以查看某一个已经携带定位牌人员的工作定位情况，如定位人员是管理人员，可以查看到管理人员的具体信息。

人员定位设备以反光背心为主，安全帽为辅，具体如图 17.2-15、图 17.2-16 所示。

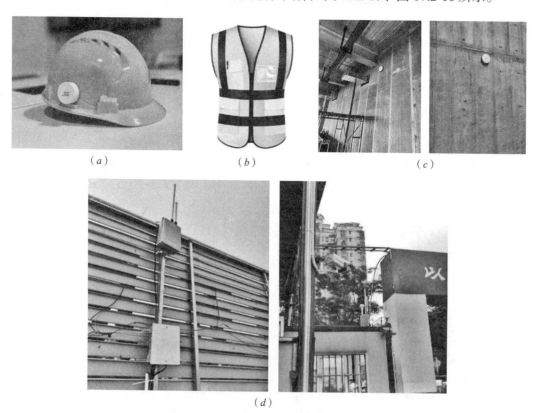

图 17.2-15　人员定位设备展示图

（a）安全帽定位设备；（b）反光衣定位设备；（c）定位网关布置；（d）定位基站布置

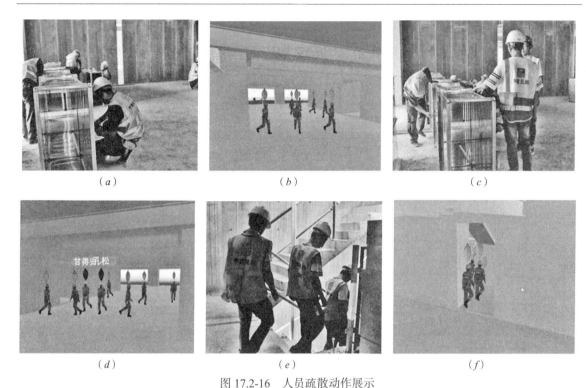

图 17.2-16　人员疏散动作展示

（a）劳务人员楼层工作；（b）软件中人员定位展示；（c）管理人员楼层工作；
（d）软件中管理人员定位展示；（e）劳务人员消防疏散；（f）软件中人员疏散

17. 2. 5　基于移动互联网的消防隐患排查

如果现场责任人在检查现场时，发现存在阻碍消防通道的材料或其他杂物，现场责任人需要第一时间拍照通知生产管理人员进行整改，并且限定整改人的整改完成时间。安全管理责任人可以通过智慧工地或者消防疏散系统第一时间发现现场消防通道的通畅情况，向项目经理汇报或者督促生产管理人员整改。通畅的消防通道是消防疏散模拟的基础。

基于上述需求，需要一套整改系统，该系统能够在疏散系统内集成项目管理人员信息；整改发起人编辑整改信息，能够添加整改部位照片，能够输入整改部位；整改责任人能够接收信息，确认信息，并能够添加整改后的照片，汇报整改情况；整改发起人需要确认整改信息。

1. 功能架构及特点

根据上述需求，消防隐患排查的功能架构具体如图 17.2-17 所示。

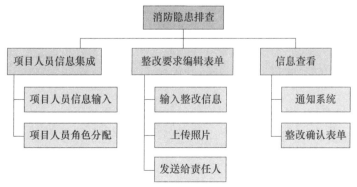

图 17.2-17　消防隐患排查的功能架构图

2. 主要内容展示

目前该系统已经研发完成，各项功能模块已经上线使用，在该系统中，项目管理人员可以关注微信公众号，在微信公众号中进行实名注册。项目综合管理人员可以通过系统后台对所有人进行权限分配和角色描述，为了避免恶意注册，项目综合管理人员将验证注册人填写的身份证号和姓名，验证完毕后再分配岗位。

岗位分配完毕后，安全管理人员在现场发现问题后，可以通过微信发起整改单，在整改单内可以说明整改问题，具体如图 17.2-18、图 17.2-19 所示。

图 17.2-18　管理人员岗位分配模块示意图

图 17.2-19　安全隐患整改流程示意图

描述整改问题后，可以在整改单位目录内选择对应的整改单位，整改人员可以是项目部成员，也可以是分包人员，并且可以添加抄送人员，比如生产经理或者其他人员。

隐患问题的发现人将微信发送提醒，整改责任人接收整改信息，整改信息内有各项整改要求描述。

整改责任人完成工作后将反馈整改信息给安全管理人员，发起整改验收申请。安全管理人员可以前往现场查看该部位的整改情况，接受或驳回验收单。

17.2.6　基于物联网和移动互联网的火情快速预警模块

火情发生后，火情信息的传递效率极为重要，以往的火情信息传递需要经过许多流程步骤，具体如图 17.2-20 所示。

图 17.2-20　传统火灾预警流程图

　　上述步骤中，每个流程都需要耗费时间。耗时最长则是由现场到项目部办公地点，现场的主管人员通信设备如果遇到障碍，这一步信息传递可能长达数分钟，浪费了宝贵的疏散及救援时间。

　　如果有一套系统，能够让最初发现火情的人员第一时间同时通知给各参建方责任人，这样能够极大地减少信息传递时间，降低因信号障碍产生的风险，将火情产生的影响和损失降至最低。

　　这套系统的需求包括：能够传递火灾信号的物理报警设备，比如现场的火情报警器；火灾报警器能够将数据快速传递至项目部消防疏散指挥中心，指挥中心可以设置两种火情传递模式。自动传递模式：火情信息能自动确认，该种模式适用于指挥中心无人值守的情况。手动传递模式：火情信息优先值守人员进行鉴别，人工鉴别确认火情后再进行下一步传达。自动传递模式下，火情信息将自动传达给系统预设的项目部责任人员。手动模式下，火情信息可由值守人员选择一次性传达给项目部责任人员、政府部门及消防部门。

1. 功能架构及特点

　　该模块的功能架构具体如图 17.2-21 所示。

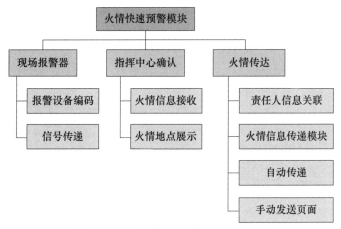

图 17.2-21　火情快速预警功能架构图

　　该模块包含如下功能：

　　（1）第一项是现场报警器部分。首选是要对报警器进行编码，报警器能够将自身编码与所在位置楼层编码对应，编码信息能够传递给指挥中心。

　　（2）第二项是项目部消防疏散指挥中心接收信息，指挥中心根据报警器传达的信息，解析为楼层信息。该信息将与楼层标签匹配，匹配成功后，模型中相对应的楼层会高亮，如果有多个楼层同时收到了火情信息，则相应会出现多楼层高亮。

　　（3）第三项是火情传达。前文已经讲述，火情传递分为自动传递和手动传递两种模式。在火情传递之前需要将传达人和接受人的信息提前在系统内设置，并且就火情的具体传递内容建立信息模板，信息模板能够将火情楼层信息、当天的作业面信息和作业人员信息等有价值的信息尽可能简短地传达给责任人。责任人和信息模板确认后，自动传递的子模块就能够将信息自动发送给责任人的微信。手动传递模式需要制作传递信息的页面表单，传递人通过表单勾选，将信息传递给责任人。

2. 主要内容展示

目前这套功能模块已经开发完成。模块的效果如下：

（1）报警器模块。报警器布置在现场楼梯间区域，加设 WiFi 模块，现场人员发生火情后可以按下报警器，具体如图 17.2-22 所示。

图 17.2-22　火灾报警器安装示意图

（2）指挥中心接收报警。现场火情发现人按下报警器后，项目部消防疏散指挥中心楼层指示标签将高亮显示。除了楼层标签高亮显示之外，也将在火情面板内显示火情情况，具体如图 17.2-23 所示。

图 17.2-23　指挥中心报警示意图

（3）指挥中心人员确认火情后，将手动勾选火情通知对象，并确认将火情信息发送给责任人。

（4）火情信息将通过微信发送给责任人，责任人收到提醒后可以在手机端查看火情通知，具体如图 17.2-24、图 17.2-25 所示。

图 17.2-24　火情信息传达给项目负责人

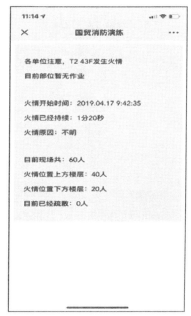

图 17.2-25　火情信息内容图

17.2.7　无人机联动模块

目前国内民用无人机技术发展迅速,无人机也在各个建筑领域被开发使用,目前施工项目可以用无人机进行安全巡航和进度巡查,但还没有将无人机用到消防疏散上来,无人机能够在火情发生时近距离、多角度直播火情现场,为指挥救援提供重要视频信息,同时,无人机能到达许多人员无法到达的地方,方便便捷,而且无人机小巧轻便,在任何地方都能完成起飞与视察,在施工现场复杂的情形下非常适用。

传统无人机分为人工飞行模式和巡航模式。针对火情视频直播,这两种模式各有特点。

(1)人工飞行模式能够将无人机飞往指定地点。现场火情条件复杂,某些部位(人员受伤,人员密集),需要无人机重点关注。操作手可以根据指示,将无人机飞往指定地点。这种模式下的劣势在于对操作手的指挥上的延迟,一般操作手位于停机坪位置,位置信息传达给操作手需要通过电话或微信等额外的方式,操作手也不方便一边接电话(看手机),一边控制无人机,同时无人机画面传达给指挥人员也需要时间，这样信息传递的时间将会翻倍，容易遗漏关键信息。

（2）巡航模式是将无人机飞往指定定点巡航。无人机可以预设巡航点，一旦发生火情，飞机将自动飞往巡航点，不依赖人工操作手。这种模式无人机的巡航范围路线被固定，无法自由侦测关键地点。

因此，如果无人机操作人员可以在靠近消防指挥人员前提下远程操作无人机，并可以自由转换巡航模式和人工模式，就能够满足火情直播的需求。具体需求点如下：无人机已经预设了不同楼层的巡航点，无人机可以远程启动，以巡航模式飞往楼层；无人机抵达楼层后，可以转为人工控制模式；无人机画面可以传输回指挥中心，并尽可能低延迟。

1. 功能架构及特点

为满足上述需求，该模块的功能架构如图 17.2-26 所示。

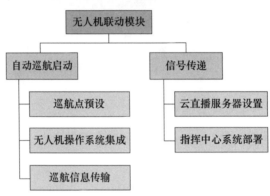

图 17.2-26　无人机联动模块功能架构图

该模块包含如下功能：

（1）第一项是自动巡航启动，无人机内部首先需要预设不同楼层的巡航点，这些巡航点需要由无人机操作员先录制不同楼层的巡航点，其次读取无人机启动的接口，在接口上做开发，与指挥中心的系统连接起来。最后是在指挥中心系统内制作无人机的按钮，让系统操作员可以有方法启动无人机。

（2）第二项是无人机信号传递，这部分首先需要读取无人机云台的数据接口，并将数据接口与云服务器打通，然后需要在指挥系统内做展示页面，从云服务器上读取数据，这部分对网络要求较高，不同无人机和云服务器的传递效率不同。

2. 主要内容展示

目前系统内已经集成了无人机联动模块，指挥中心人员可以通过系统内按钮指挥无人机前往巡航地点，在此期间，操作员可以在指挥中心远程操作无人机，而不需要跑停机坪操作，具体如图 17.2-27 所示。无人机到达指定楼层后，可以进行拍摄，操作员可以在指挥中心远程控制，具体如图 17.2-28 所示。

超高层消防疏散预警技术集成了 BIM 技术、智慧工地平台、移动互联网技术、物联网等多项 IT 技术，多项技术综合应用保障了本系统功能的全面性，为其他建筑类信息化综合应用的课题开发提供了示范效应。

图 17.2-27　在指挥中心系统内启动无人机

图 17.2-28　无人机航拍示意图

第 18 章　超高层建筑施工期消防设施永临结合技术

18.1　概述

超高层建筑施工期具有如下火灾特点：一是工人操作不当引发的火灾极为突出；二是发生火灾后，烟气蔓延的途径多；三是消防设施不完善，早期预警和扑救难度大；四是临时用电不规范；五是施工现场情况复杂、疏散难度大、伤亡率高；六是建筑材料堆放和管理不严格极易引发火灾等，因此，超高层建筑成为城市火灾高危体，备受各界关注。

超高层建筑施工期的防火目标一是防止火灾发生，二是将初期火灾控制在一定范围内，保障施工人员的生命安全，并尽可能在短期内将其扑灭。将常规防火设计的理念引入施工期防火设计，深入研究临时与永久消防设施相结合的设计与施工技术，达到安全性与经济性的有机协调与结合，是一种新的理念创新。

18.1.1　技术特点

超高层建筑施工期消防设施永临结合技术包括施工期临时消防供配电设计技术、施工期永临消防给水及消火栓系统技术、施工期永临结合安全疏散通道综合技术、施工期永临结合避难层技术、施工期永临结合消防应急照明与疏散指示技术、施工期永临结合楼梯间正压送风技术等。

（1）施工期临时消防供配电设计技术

从构建超高层建筑施工期消防安全系统对消防配电的需求出发，研究消防供电电源、消防负荷低压配电、消防应急照明设置等关键问题，并结合施工现场实际提出设置方案，为超高层施工期消防配电系统的合理设置提供参考，同时弥补施工规范的缺失。

（2）施工期永临消防给水及消火栓系统技术

将永久消防给水设施随着土建施工阶段，逐步安装，以部分替代临时消防给水设施，实现永临结合。

（3）施工期永临结合安全疏散通道综合技术

借用建筑设计理念，调整楼梯间的施工顺序，在施工期形成真正意义上的安全疏散通道。安全疏散通道是一个系统工程，其疏散设施包括疏散楼梯间、临时避难层（间）、消防应急照明与疏散指示、应急逃生输送装置等，通过相互联系构成了一个完整的人员安全疏散系统。

（4）施工期永临结合避难层技术

提出精装修施工期将永久避难层中的一些功能提前实现，使其具有施工期防火避难功能，也可称之为"临时避难层"。为防止施工期间火灾沿竖向井道向上蔓延，临时避难层范围内的所有电梯井道及管井的竖向隔墙应施工完成，并对预留门洞及其他洞口采取临时封堵措施。同时，为保证施工期火灾发生时人员的及时疏散，临时安全疏散通道应设置在每个避难层内设置。通往临时避难层的通道，应设置指示标识和照明设施，保持通道畅通，不得随意占用。

（5）施工期永临结合消防应急照明与疏散指示技术

配合安全疏散通道技术，提出了永临结合消防应急照明与疏散指示技术，即通过避难层疏散楼梯前室安装的消防应急照明配电箱,向本避难层及以上楼层的疏散楼梯应急照明配电;楼梯间和避难层通向疏散楼梯间的永久疏散指示灯安装位置设置临时接线盒,临时应急照明配电箱配电线路引至接线盒内与疏散楼梯间消防应急照明的永久配电管线连通,配电管线实现永临结合。

(6)施工期永临结合楼梯间正压送风技术

从确保施工期安全疏散通道的要求出发,提出楼梯间永临结合楼梯间正压送风技术。在避难层设置风机,分段安装加压送风系统,实现楼梯间分段加压送风。加压送风机启动方式宜为自动启动。施工期风机与楼梯间防火隔烟装置联锁,当火灾发生时,手动或自动启动楼梯间的防火隔烟装置,同时通过联锁启动此区域的楼梯间加压送风机,对此段楼梯间进行加压送风,以保证竖向逃生通道的安全性。

18.1.2　技术背景

18.1.2.1　国内外研究现状

1. 国外研究现状及趋势

20世纪初世界上出现了首座高度超过100m的建筑,到了20世纪六七十年代,由发达国家首先掀起了超高层建筑的建设热潮并一直在各国间持续,随之也带动了工程建设领域新技术、新工艺、新材料的快速发展。2001年"9·11"事件之后,全世界对于超高层建筑安全性的关注达到了空前的高度。美国国家标准研究院(NIST)开展了针对世贸中心大楼建筑结构、人员疏散和消防救援等的深入调查研究,发布了"Final Report on the Collapse of the World Trade Center Towers"研究报告,并更新修订了本国超高层设计指南"Guidelines for Designing Fire Safety in Very Tall Buildings"。同时,英国、新加坡等国依照自身的情况提出了超高层专项设计建设标准和方法。

但是,上述标准和方法主要针对建成后的超高层建筑,暂未发现针对超高层建筑施工期有关的防火设计方法、消防预警与疏散引导技术方面的技术标准和指南,也未看到设施永临结合的做法和经验。

2. 国内研究现状及趋势

我国超高层建筑防火设计主要依据《建筑设计防火规范》(2018年版)GB 50016—2014的相关规定。针对超高层建筑的防火设计,深圳、重庆等地通过工程经验的总结,提出了地方性安全规定和要求,但是还没有出台针对超高层建筑施工期的专项消防设计标准和方法。近几年,国内有些超高层项目在永临消防技术上进行了探索,但仅局限于不全面的消防给水和消火栓系统。

2009年,中建五局主编了《建设工程施工现场消防安全技术规范》GB 50720—2011,填补了我国施工现场消防技术规范的空白。2012~2015年,中国建筑科学研究院建筑防火研究所、原公安部上海消防研究所、原公安部天津消防研究所、原公安部四川消防研究所、原公安部沈阳消防研究所分别对我国超高层建筑发展状况、火灾特点、防控难点以及人员安全疏散技术进行了研究。但是,目前仍缺乏针对超高层施工期火灾防控的系统研究。

3. 国内永临消防技术实践探索

(1)消防给水及消火栓系统

国内的高层、超高层建筑施工过程中,中国尊大厦、长沙滨江国际金融中心、武汉绿地中心等为代表的建筑施工单位、建设单位在探索使用永临结合技术,消防给水永临结合基本情况及存在问题见表18.1-1。总体而言,大多建筑的施工单位依然使用临时消防设施,对永临结合有顾虑,积极性不足。

表 18.1-1

超高层建筑施工中消防给水设施临结合基本情况及存在问题

调研时间：2017年	项目名称（地点）	项目概况	基本情况							存在问题
			消防水源	消防水泵	消防水箱	室外消火栓	室内消火栓	自喷	灭火器	
3月6日	绿地中心（武汉）	总建筑面积30万㎡，建筑高度636m，地上125层，地下6层	（1）引入1根DN150市政给水管；（2）地下室设有消防、生活合用水箱120m³，分为75m³和45m³的2座，均为临时水箱	（1）设有地下室消防水箱附近；（2）消防、生活独立设置，均为为临时水泵	（1）屋顶设有高位消防、生活合用水箱12m³，分为3m³和9m³的2座；（2）设备层设有消防、生活合用转输水箱18m³；（3）均为为临时水箱	沿建筑周围设置4座，给水管为临时支状管道，市政引入管1条	（1）每层设有3套，箱体为临时用，给水管部分为永久管道，部分为临时管道；（2）消防、生活独立设置	无	每层设有一定数量	（1）市政给水引入管仅1条，停水率大；（2）临时消防水池（箱）容积过小，补水量为支状，水量供应不足；（3）消防停水均为支状，消防停水几率较大；（4）灭火器数量偏少
3月6日	武汉中心（武汉）	用地面积约2.81万㎡，总建筑面积359270.94㎡，建筑高度428m，地上88层，地下4层	原设计地下室设有消防水池600m³，分为2格，每格300m³，尚未施工，引入1根市政给水管；在B3层利用冷冻蓄水池做临时消防用水池，储水量200m³	设于B3层临时消防水池附近；消防和生活独立设置，均为临时水泵	在18F、31F、47F、63F、83F设备层每层设置1个18m³的临时消防、生活合用转输水箱；无高位消防水箱	沿裙房周围设置8座，给水管为临时HDPE环状管道，管径DN125，市政引入管1条	塔楼每层设有2套，均为临时管道，消防、生活合用管道独立设置	无	每层设有一定数量	（1）市政给水引入管仅1条，停水率大；（2）临时消防水池（箱）容积过小，补水量为支状，水量供应不足；（3）无高位消防水箱，可靠性不足；（4）消防停水均为支状，故障停水几率较大；（5）灭火器数量偏少
7月26日	中国尊（北京）	用地面积11478㎡，总建筑面积43.7万㎡，其中地下8.7万㎡，建筑高度528m，地上108层，地下7层（不含夹层）	原设计设于M8层的永久高位消防水箱690m³，尚未施工，引入1根市政给水管；地下室设有临时消防、生活合用消防水箱60m³（2个30m³）	消防和生活独立设置，均为临时水泵	在B1、M2、M4、M6层各设有转输水箱60m³（2个18m³），在B1层只设有转输水箱；在屋面设有高位消防水箱（6m³）为临时水箱	沿建筑周围设置4座，给水管为临时支状管道，市政引入管为1条	每层设有4套，箱体为临时用，消防时为临时管道，给水管为永久给水管为临时管道	无	每层设有一定数量	（1）市政给水引入管仅1条，停水率大；（2）临时消防水池（箱）容积过小，补水量为支状，水量供应不足；（3）转输泵至输水的管道停水几率较大；（4）屋面高位水箱容积和压力均不能满足临时用水要求；（5）灭火器数量偏少

续表

调研时间:2017年	项目名称(地点)	基本情况								存在问题
		项目概况	消防水源	消防水泵	消防水箱	室外消火栓	室内消火栓	自喷	灭火器	
7月27日	宝能中心(沈阳)	用地面积约9.2万m²,总建筑面积107.5万m²,超高层主楼T1和副楼T2分别为办公和酒店,建筑高度分别为565m和328m;还包括五栋豪华住宅楼T3~T7;主楼T1共111层	(1) T1塔楼采用1路DN100的市政给水管为水源;在B005层设24m³低位消防、生活合用水箱;(2) T2~T7塔楼采用降水井作为消防水源,降水主环网DN400~DN800;(3) T2~T7塔楼:在B5层设3个水泵房,每个泵房内设2个11m³的消防、生活合用水箱;(4) 水箱均为临时水箱	消防和生活水泵合用,均为临时泵	(1) 在T1塔楼B002层、F017层、F042层、F060层、F085层,集成平台上钢桁架夹层各设1个12m³临时消防、生活合用水箱;(2) 在47层等T2塔楼避难层设12m³住宅楼避难层消防、生活合用转输水箱;(3) 在T3~T7住宅楼34(33)层设24m³消防、生活合用转输水箱	沿建筑周围设置,间距50m,给水管为临时管道,市政引入管为1条	(1) T1、T2塔楼每层6套,T3~T7塔楼每层2套;(2) 箱体、给水管均为临时用	无	每层设有一定数量	(1) 市政给水引入管仅1条,停水几率大;(2) 临时消防水池(箱)容积过小,补水管为支状,水量供应不足;(3) 水泵为消防、生活合用,无法保证消防用水量;(4) 无高位消防水箱,可靠性不足;(5) 消防给水管均为支状,故障停水几率较大;(6) 灭火器数量偏少
7月28日	周大福中心(天津)	总建筑面积39万m²,办公塔楼建筑面积约25.2万m²,裙房地上部分建筑面积约5.3万m²;建筑高度530m;地上100层,地下4层,裙房5层	(1) 引入1根市政给水管;(2) 在地下一层设有1座临时消防、生活合用水箱	消防利用生活水泵合用,均为临时泵	在21层、46层、73层、88层分别设置1座临时转输、生活合用水箱	沿建筑周围设置7座,给水管为临时环状管道,市政引入管为1条	(1) 地下室每层设10套,裙房每层设5套,塔楼每层设2套;(2) 箱体、给水管均为临时用	无	每层设有一定数量	(1) 市政给水引入管仅1条,停水几率大;(2) 临时消防水池(箱)容积过小,生活供应不足;(3) 水泵为消防、生活合用,无法保证消防用水量;(4) 无高位消防水箱,可靠性不足;(5) 消防给水管均为支状,故障停水几率较大;(6) 灭火器数量偏少
11月30日	寰宇汇金中心(东莞)	总建筑面积约54.7万m²;由六栋塔楼、商业裙楼及三层地下室组成;其中凯旋大厦(T1)高度245.95m,地下3层,地上58层	(1) 引入1根市政给水管;(2) 地下室设临时消防、生活合用水箱	(1) 设于地下室消防水箱附近;(2) 消防、生活独立设置,为临时水泵	(1) 屋顶设有高位消防、生活合用水箱;(2) 设备层设有消防、生活合用转输水箱;(3) 均为临时水箱	沿施工道路每隔50m设置1个消火栓,给水管为临时支状管道,市政引入管为1条	(1) 每层设有1套,箱体、给水管为永临合用,分为永久管道;(2) 消防、生活管道独立设置	无	每层设有一定数量	(1) 市政给水引入管仅1条,停水几率大;(2) 临时消防水池(箱)容积过小,水量供应不足;(3) 消防给水管均为支状,故障停水几率较大;(4) 灭火器数量偏少

（2）临时供配电系统

高层建筑施工期临时消防供配电系统的设计及施工，需执行的规范主要有《建设工程施工现场消防安全技术规范》GB 50720—2011、《建设工程施工现场供用电安全规范》GB 50194—2014、《施工现场临时用电安全技术规范》JGJ 46—2005。已调研的超高层建筑，其施工期临时用电系统（以下简称"临电系统"）的市电均由所在城市电网由一路10kV线路供电，并根据施工场地负荷分布设置2～4台预装式变电站作为临电系统的电力系统电源。

临电的低压配电系统配电级数为三级。第一级为预装式变电站低压配电柜，第二级为地下或地上楼层设置的分区配电箱，第三级为由分区配电箱供电的移动式配电箱。

对塔式起重机、施工电梯、地下室消防泵等大功率重要负荷采用放射式供电方式，其中塔式起重机、施工电梯一般采用引自两台不同预装式变电站的专线在最末一级配电箱切换后供电。

除塔式起重机、施工电梯的供电电缆采用沿设备钢结构支架明敷设供电的方式外，给一般设备供电的竖向干线采用穿塑料管保护在建筑核心筒电梯厅或核心筒外靠核心筒的外墙敷设。由第二级配电箱（楼层配电箱）至末端配电箱的线路直接明敷设。

施工期竖向楼梯间、地上楼层以及地下室施工走道的照明采用LED灯带。灯带直接悬挂在公共走道及楼梯间。设有应急照明的楼梯间，其应急照明灯具采用持续供电时间90min的自带蓄电池双头应急灯，疏散楼梯间未安装疏散标识灯。LED灯带及应急照明灯具均由就近的楼层配电箱配电，线路架空或在楼板上直接明敷设引来。

超高层施工期尚未在避难层安装消防防排烟风机，故无消防防排烟供电设施。

消防泵、消防转输泵、应急照明配电箱及配电线路均为施工临时使用。

根据《建设工程施工现场消防安全技术规范》GB 50720—2011第5.1.4条"施工现场的消火栓泵应采用专用消防配电线路。专用消防配电线路应自施工现场总配电箱的总断路器上端接入，且应保持不间断供电。"的规定，超高层建筑施工期临电系统应保持消火栓泵不间断供电，但采取何种措施保证不间断供电并无具体规定。超高层施工现场普遍未设置柴油发电机做自备电源。

现行规范对施工期临时消防负荷的负荷等级、供电线路的阻燃耐火等级、线路敷设位置及设备安装也未给出明确的规定。因此，施工单位设置的临时供电系统普遍按照最低标准选择电缆及配电设备。如消防负荷供电电缆普遍采用不具备耐火阻燃性的VV或YJV型电力电缆，电缆竖向敷设的路径选择在电缆容易安装但精装修时火灾荷载大的区域，导致火灾时电缆容易被烧毁而失去供电能力。

18.1.2.2 永临消防结合的意义

（1）完善施工期消防供水及消火栓系统。在消防给水及消火栓系统方面，施工期一般采用临时消防给水及消火栓系统，合用泵组、管道。但管道多为支状，水泵未采用消防专用泵，水量水压不能满足消防灭火要求，使得施工期的超高层建筑消防安全隐患更大。而永久消防给水及消火栓系统比较完善，永临结合，对消防安全更有保障。

（2）完善施工期消防供配电技术。消防动力设备在施工期受制于现场条件，均使用一路临时供电线路，且供电干线及支线在施工场地明敷设时，电缆本身不具备阻燃耐火性能，一旦发生火灾，容易发生供电中断，导致消防动力设备不能工作。永临结合供配电技术，可保障施工期火灾时的消防供电安全。

（3）完善施工期消防疏散照明与疏散指示。超高层建筑施工期为人员疏散安装的疏散照明及指示灯具，其供电线路直接明敷设在施工现场，且配电线路与临时施工用电设备共用配电箱。一旦发生火灾极易断电，导致疏散路径的疏散照明照度不足，且无法指示疏散路径，严重影响人员快速、安全疏散。永临结合技术，可确保消防疏散照明与疏散指示的可靠供电，为安全疏散创造条件。

（4）保障施工人员安全疏散。超高层建筑施工期发生火灾后，火灾蔓延较快，而通向室外或避难层（避难间）的疏散楼梯间或安全通道尚不封闭，也无防排烟设备，导致疏散通道被烟雾弥漫，无法发挥疏散功能。保护人员暂时安全的避难层（避难间）在装修施工阶段，防排烟风机尚未运行，无法确保避难层（避难间）的避难安全。永临结合技术，可使"安全疏散通道"随着超高层建筑的建设逐步形成，保障施工人员安全疏散。

（5）节约建设成本、绿色环保。超高层建筑临时消防设施耗费不少财力，二次施工不仅耗费人工也浪费资源，同时也不符合绿色建设方针。如果采用永临结合技术，不但可节约投资成本，同时绿色环保。

18.1.3　技术成果

长期以来超高层建筑施工期火灾的防范缺乏系统的技术和管理措施，将建筑防火设计的理念引入施工期火灾的防范中，并将防火设计与施工技术相融合，提出临时与永久消防设施相结合施工技术，是一种理念上的创新，不但节能环保，而且具有实际可操作性，同时，可实现安全性与经济性的有机结合。"超高层建筑施工期防火设计与消防设施临永结合技术研究与应用"研究成果经第三方机构评审，达到"国内领先"水平。其包含如下主要成果：

1. 施工期临时消防供配电设计技术

在超高层建筑的传统施工方法中，竖向敷设的供电干线往往穿越多个楼层或避难层，且布设位置以方便使用为主。这种布置方式在楼层火灾时易于烧断供电电缆，导致消防用电失效。本研究分析了施工期消防用电总需求，以楼层火灾时消防用电安全及有效性为原则，提出了在火灾荷载小且发生火灾可能性低的疏散楼梯间前室布设竖向配电干线的系列技术，即供配电设计技术。

2. 施工期永临消防给水及消火栓系统技术

超高层建筑施工期，传统消防给水系统一般采用临时低位消防水池、临时水泵、临时管道、临时水箱，且这些设施均为消防、生产合用，无法保证消防水量不被他用，无法满足消防灭火水量要求。鉴于此，本研究提出将永久消防给水设施随着土建施工阶段，逐步安装，以部分替代临时消防给水设施，主要体现在：消防水池采用永久水池，其补水采用市政自来水；消防水泵采用临时消防专用泵；消防转输水箱、减压水箱采用永久水箱；消防给水立管至少永临合用2根以在每个分区的顶层形成环网；消防管网和生产、生活管网独立设置，避免消防自动连锁系统误动作。

3. 施工期永临结合安全疏散通道综合技术

超高层建筑施工阶段，建筑内的功能分区还未形成，灭火系统无法使用。一旦失火，确保施工人员安全疏散至关重要。传统超高层建筑施工中，对如何疏散考虑甚少，有些项目策划将楼梯作为安全疏散通道，但因为楼梯间不能形成封闭导致烟气容易进入，实质上不能形成有效的安全疏散通道。本研究调整了楼梯间的施工顺序，形成了具有实质功能的安全疏散通道。

4. 施工期永临结合避难层技术

超高层建筑精装施工期，存在一定量的可燃物，发生火灾的概率存在。一旦发生火灾，就不得不考虑逃生。避难层既为逃生人员的中途临时避难或暂时歇息提供保证，又为消防救援提供补给。超高层建筑专门设置供人们疏散避难的楼层，简称避难层。精装修施工期将永久避难层中的一些功能提前实现，使其具有防火避难功能，也就实现了永临结合，也可称之为"临时避难层"。为防止施工期间火灾沿竖向井道向上蔓延，应及时完成临时避难层范围内的所有电梯井道及管井的竖向隔墙，并对预留门洞及其他洞口采取临时封堵措施。避难层与其他施工作业区分隔的墙体，其耐火时限不应在 3h 以上，隔墙上的门应采用甲级防火门。通往临时避难层的通道，应设置标识和照明设施，通道保持畅通，不得随意占用。

5. 施工期永临结合消防应急照明与疏散指示技术

超高层建筑施工期，传统上疏散楼梯间的应急照明以灯带形式解决，基本不考虑疏散指示。发生火灾后，对是否能通过疏散楼梯疏散及其疏散的安全性思考得甚少。本研究提出了永临结合消防应急照明与疏散指示技术，在避难层疏散楼梯前室安装消防应急照明配电箱，向本避难层及以上楼层的疏散楼梯提供应急照明配电；配电箱配电线路与疏散楼梯间永久应配电管线连通，配电管线实现永临结合。

6. 施工期永临结合楼梯间正压送风技术

传统上超高层建筑施工期不涉及楼梯间正压送风系统，因为此阶段不要求形成封闭楼梯间，本研究从确保安全疏散通道的要求出发，提出楼梯间永临结合楼梯间正压送风技术。具体是，楼梯间加压送风采用分段送风，加压送风系统分段安装，风机设于避难层。加压送风机启动方式宜为自动启动。当火灾发生时，启动楼梯间的防火隔烟装置和楼梯间加压送风机，对此段楼梯间进行加压送风，以保证竖向逃生通道的通畅。

18.2 研究内容

18.2.1 永临消防给水及消火栓系统

1. 临时消防给水系统

超高层建筑临时消防给水系统由临时水池、转输水箱、水泵、管网、消火栓组成。一般为临时高压供水方式，消防、生产合用系统，在消火栓支管处设有生产取水龙头。水池补水采用市政自来水、雨水回用水或场地降水。在设备转输层，设有临时转输水箱、水泵。结构未封顶前，高位水箱不便设置，因此不设高位水箱及稳压设备。管道为支状，管径 DN100，消火栓布置满足同一平面有 1 支水枪的充实水柱保护。

2. 永久消防给水系统

超高层建筑永久消防给水系统一般由低位水池、高位水池、转输水箱、高位水箱、减压水箱、消防水泵、管网、消火栓组成。一般为重力供水为主，顶部水压不足的楼层采用临时高压供水方式。消防、生活系统完全独立，在消防泵出水管上设有压力开关，自动启动消防泵。消防水池保证消防水量不被他用，水池补水采用市政自来水。在设备转输层，设有转输水箱、转输水泵。在屋面设有高位水箱及稳压设备。管道为环状，管径不小于 DN100。消火栓布置满足同一平面有 2 支水枪的充实水柱保护。

超高层建筑消防供水有两种方式：一是采用临时高压供水；二是采用常高压重力供水结合临时高压供水，即：高位水箱静水压力能满足消防要求的楼层采用重力供水，不能满足的楼层采用临时高压供水。

3. 永临结合消防给水及消火栓系统

消防给水设施永临合用的前提是：消防给水临时系统的供水方式和永久系统相一致。如两者的相同给水分区均采用临时高压给水系统或者均采用常高压重力给水系统。在此前提下，根据施工阶段分阶段研究消防给水设施永临结合的具体方式。

（1）地下室结构施工阶段

1）室外部分：室外消防水量一般由市政自来水提供，从项目周边引入市政自来水管，在建筑周围布设环状管网并设置室外消火栓。满足保护半径的市政消火栓可以计入。如果没有市政自来水，场地降水和雨水回用可作为临时消防水源。但水质须满足消火栓系统水质要求。施工时临时道路和永久道路差别较大，故管道和消火栓均为临时。

地下室结构施工后期，设有室内消火栓系统时，室外应设置消防水泵接合器，数量不少于 2 座。水泵接合器管道需要进入地下室，与消防环管连接，应利用永久水泵接合器的外墙预埋管穿越外墙。管道和水泵接合器均为临时设施，水泵接合器距室外消火栓 15～40m。

2）室内部分：地下室结构施工初期，火灾危险性较小，且不便设置消防水池和泵房，消防给水可由市政自来水直供，管道和消火栓均为临时。

地下室结构施工后期，一般地下一层设有永久消防水池和消防泵房，且主体结构施工时一次施工到位，故考虑将消防水池、泵房永临合用。为了便于消防用水循环利用，保证水质，消防和生产合用水池、泵房。

建筑施工期消防水池补水并不可靠。一般仅从市政给水管引入 1 根管道至水池，甚至采用场地降水或雨水回用作为消防水池补水，停水几率很大。故消防水池须储存火灾延续时间内的全部消防水量。

消防和生产水泵如果合用，每台泵仅设 1 根吸水管从合用的水池内吸水时，无法保证消防水量不被动用。如果每台泵设 2 根吸水管，1 根通过在其顶端开设真空破坏孔，保证取用消防水位以上的生产储水（简称"生产吸水管"），1 根取用消防水位以下的消防储水（简称消防吸水管）。平时打开生产吸水管，关闭消防吸水管，保证消防水量不被动用；火灾时打开消防吸水管，关闭生产吸水管，保证全部消防储水可被利用，且生产取水管顶端的真空破坏孔不会破坏消防泵的真空度，使得消防泵安全运行。由于未设火灾自动报警系统，这 2 根吸水管上的阀门无法根据火灾情况自动连锁阀门开关，须有专人手动开关阀门。火灾时会导致时机延误，耽误出水灭火。故消防和生产水泵应独立设置。

消防和生产如果合用管网，由于生产用水随时随量取用，导致用于实现消防泵自动启动的压力开关和流量开关无法在消防时才动作，无法实现自动连锁启动消防泵，须有专人在泵房内现场手动启动。火灾时会导致时机延误，耽误出水灭火。另外，施工期水质往往很差，对管网腐蚀、磨损严重，如果消防和生产合用永久消防管网，导致正式交付业主时易起纠纷，故消防和生产管网应独立设置，并设 2 台消防供水泵，1 用 1 备，水泵出水总管设置压力开关，自动启动消防泵。

超高层建筑的施工期一般较长，水质较差，为了避免对永久消防泵的磨损，导致正式交付业主时起纠纷，水泵采用临时泵。为了以后方便水泵的永临转换，临时泵设在永久泵旁边，不占用永久泵的位置。永久消防水池临时不用的洞口，可先设短管加阀门，防止漏水。

消防主立管至少合用 2 根，管径不小于 DN100。立管一般为核心筒处的消防立管。立管上阀门应为永久阀门。连接消火栓的支管为永久设施，消火栓栓口及消火栓箱均采用临时设施，以防施工时污染、破坏永久栓口和箱体。横干管与后期管线综合关系较大，可采用临时管道。

由于生产养护排水、雨水渗入等原因，地下室常有积水。再加上发生火灾时水枪喷水量较大，导致地下室积水严重，影响人员通行及疏散。应在地下室集水坑内安装排水泵。为了避免对永久排水泵的磨损，导致正式交付业主时起纠纷，水泵采用临时泵。

综上所述，永临合用消火栓系统，消防与生产的水泵及管网完全独立，设 2 台临时消防供水泵，1 用 1 备，水泵出水总管设置压力开关，自动启动消防泵。消防主立管至少合用 2 根。

结合《建设工程施工现场消防安全技术规范》GB 50720—2011、《消防给水及消火栓系统技术规范》GB 50974—2014 的规定，永临合用消火栓系统的室内、室外设计流量分别不应小于 20L/s、20L/s，室内、室外火灾延续时间按 2h，一次灭火室内、室外用水量分别为 144m³、144m³，总用水量为 288m³。对于重力供水系统，临时室内消火栓转输泵及最高区供水泵的性能应满足 $Q = 20L/s$，$H = 160m$。对于临时高压供水系统，临时室内考虑临时供水泵和转输泵合并设置，可以减少水泵台数，供水泵性能应同时满足供水和转输的要求，应为 $Q = 40L/s$，$H = 160m$。消防水池专用有效储水量不应小于 288m³。

（2）地上结构施工阶段

超高层建筑在竖向分段设有避难层，以利人员疏散避难。一般第一个避难层的楼地面至灭火救援场地地面的高度不大于 50m，两个避难层之间的高度不大于 50m。超高层结构施工时，消防给水设备转输层可设于避难层或其相邻楼层。

1）第 1 个转输设备层（标高一般在 100m 以内）结构完工前。该阶段仅有一个地下室的消防水池、水泵设备层，只能采用临时高压供水系统。整个系统由 1 套消防泵组供水，满足最不利消火栓流量和水压要求。用减压阀分为 2 个区，防止消火栓口静压超过 1.0MPa，分区楼层与永久系统一致。消火栓布置间距不应大于 30m，保证任意一点均有 1 支水枪的充实水柱保护。立管至少永临合用 2 根。一般应为核心筒处立管（图 18.2-1）。

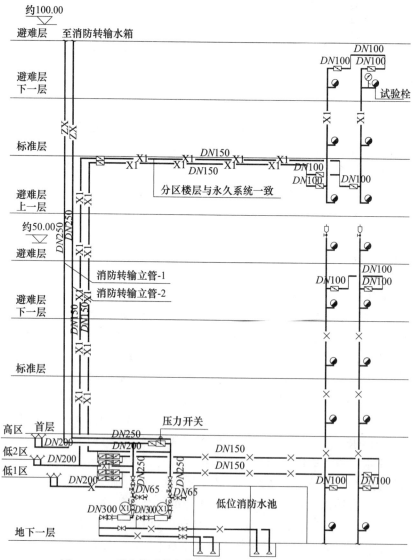

图 18.2-1 消火栓系统永临结合低区临时高压供水示意图

消防管网和生产、生活管网独立设置，为了防止消防自动连锁系统误动作，不应在消火栓管道上设置生产、生活取水口。

2）第1个转输设备层（标高一般在100m以内）结构已完工。永久系统层设有消防转输水箱，一般为30m³的2座。施工期室内消火栓设计流量为20L/s，如果转输水箱完全利用永久水箱做60m³，可以保证室内栓50min的持续灭火效果，提高了消防安全性。可以在永久水箱的位置，设置2座30m³的永临合用水箱，水箱配件均安装完毕。敷设永临合用的消防转输立管，接入转输水箱。同时安装临时高区供水、转输合用泵，性能满足 $Q = 40L/s$，$H = 160m$。在出水总管上设置压力开关，自动启动消防泵。

永久系统为重力供水系统：一般在转输层设有18m³减压水箱，由于高位消防水池（非高位水箱）未施工到位，减压水箱不能发挥作用，故暂不施工。重力供水水源暂由转输水箱提供，将转输层楼地面标高以下35m以下的楼层（应与永久系统的分区楼层一致）转换为重力供水，满足最不利消火栓栓口压力不低于0.35MPa的要求，管道在该区域顶层连为环网，管道永临合用。由于高区供水泵已安装完毕，其他楼层依然采用临时高压供水（图18.2-2）。为了保证转换期每层有消火栓可以正常使用，转换时关闭的立管不得大于1根。

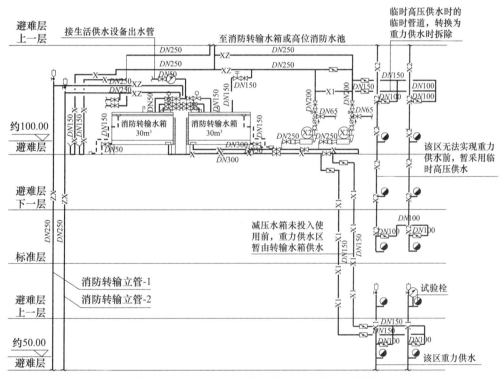

图 18.2-2　消火栓系统永临结合重力供水示意图

永久系统为临时高压供水系统，此时对转输设备层以下的管道不必转换，转输层底板下管道连为环状，管道永临合用。

3）第2个转输设备层（标高一般在200m以内）结构完工前。除低区采用重力供水的楼层，以上楼层均采用临时高压供水系统。高区消防泵组大供水区通过减压阀分为2个小供水区，满足最不利处的消火栓流量、水压要求。消火栓布置间距不应大于30m，立管至少永临合用2根，一般应为核心筒处立管。

消防管网和生产、生活管网独立设置，为了防止消防自动连锁系统误动作，不应在消火栓管道上设置生产、生活取水口。

4）第 2 个转输设备层（标高一般在 200m 以内）结构完工后。基本工序与第 1 个转输设备层完工后类似。

5）以此类推，其他转输设备层的永临结合工序均与前述类似。当高位水池、水箱的结构层完工，高位水池、水箱永临合用后，对于永久系统为重力供水系统的，再逐步安装各转输层的减压水箱、各层减压管道，至此，消防给水设施永临结合已完成。

（3）地上装修阶段

超高层建筑一般在主体结构施工至一定高度时，底层开始设备安装与装修作业。此时消火栓箱可以结合装修，逐步更换为永久消火栓箱，支管及其附件更换为永久设施。

各层经过管道综合后，横管及其附件逐步更换为永久设施。更换时保证每段内同时关闭的消火栓不超过 5 个。

18.2.2 永临消防供配电技术

1. 临时消防供配电技术

超高层建筑施工期，竖向敷设的供电干线往往穿越多个楼层或避难层，为避免火灾时烧断供电电缆、导致消防泵无法运行的窘状，消防竖向电力干线应使用 A 级耐火等级的电缆，并敷设在受火灾影响较小的部位。分析表明，若施工期临时消防电缆在电井敷设，一方面施工期各类管道井尚不能封闭，火灾容易通过管道井蔓延从而烧毁电缆；另一方面，临时电缆后期需要拆除，因此影响永久线路敷设。而疏散楼梯间前室往往火灾荷载很小、发生火灾的可能性很低，且安装在此处不影响永久电井的施工及永久电缆、配电设备的安装。因此，消防竖向配电干线宜穿钢管安装在疏散楼梯间前室，以确保火灾时电缆持续不间断供电。

避难层本身发生火灾的风险以及受火灾影响较小，楼层消防配电箱至消防泵的供电线路可使用阻燃耐火等级 B1 级的电缆。

2. 永久消防供配电技术

超高层建筑永久消防供电系统的电力系统电源一般为公用电力系统电网引来的两路或多路高压电力线路。地下泵房、消防风机、消防应急照明等消防负荷由地下室变电所一组分别由不同高压母线段供电的变压器消防专用母线段供电。地下室消防泵、消防转输泵、消防风机由工作电源（变压器消防专用母线段）、备用电源（柴油发电机）分别引来一回供电线路在设备用房做自动切换后供电。

地上用电负荷根据负荷分布及设备容量在避难层或设备层设置若干分变电所。避难层消防风机、消防转输泵、消防应急照明由避难层设置的变电所内一组变压器消防专用母线段供电。

超高层建筑设置有自备柴油发电机组时，柴油发电机组同时作为消防负荷的备用电源。

竖向高压供电线路在高压专用电井内敷设；低压配电线路按照变电所的供电范围对消防设备供电，其中消防电力线路一般不跨越避难层，且安装在消防专用电井内。

消防应急照明采用集中控制型应急照明系统，在避难层的消防电力井内设置带集中蓄电池的消防应急照明配电箱，为避难层应急照明、竖向疏散楼梯应急照明配电。除避难层外，每层消防电井设置的消防电井设置带集中蓄电池的消防应急照明配电箱为本层消防应急照明供电。

永久系统的消防动力配电线路在消防专用电井敷设时采用 A 级阻燃耐火电缆，楼梯间、避难层应急照明线路采用低烟无卤阻燃耐火 A 类电线在不燃性结构内穿管暗敷设。

消防泵、消防转输泵、消防风机由火灾自动报警系统进行消防联动控制或联动控制盘的手动远程控制线路控制。消防应急照明由智能型消防应急照明控制系统控制。

3. 永临结合消防供配电技术

在超高层建筑的室外施工场地适宜位置设置临时消防双电源切换箱（柜），由不同预装式变电站引来的临电系统低压线路引至消防双电源切换箱（柜）后，以单回路放射式方式通过布设在疏散楼梯间前室的竖向配电干线向地下室临时消防泵、避难层临时消防转输泵、消防风机及消防应急照明、防火隔烟装置等消防负荷供电；竖向供电干线采用 A 类阻燃耐火电缆穿钢管在疏散楼梯前室明敷设；每个避难层疏散楼梯前室安装消防应急照明配电箱，向本避难层及以上楼层的疏散楼梯应急照明配电；消防应急照明线路安装在竖向疏散楼梯间，为保证疏散人员安全，照明线路应使用低烟无卤阻燃耐火型线缆。因施工期的竖向疏散楼梯疏散照明及疏散指示灯具设置要求与永久系统一致，为降低工程造价同时保证电缆可靠性，宜采用永久的消防应急照明管线对施工期消防应急照明灯具配电。应急照明的备用电源根据楼层高度可选择应急照明配电箱集中设置的 EPS 电源或灯具自带蓄电池的形式；避难层通向疏散楼梯间的永久疏散指示灯安装位置设置临时接线盒，临时应急照明配电箱配电线路引至接线盒内与疏散楼梯间消防应急照明的永久应配电管线连通，配电管线实现永临结合。超高层建筑施工期消防配电永临结合示意图（图 18.2-3）。

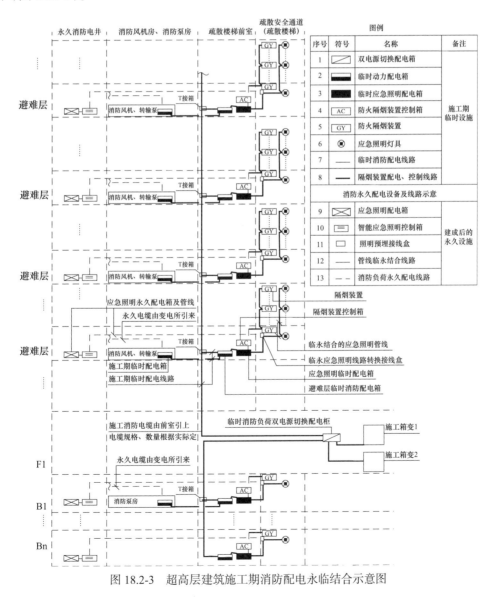

图 18.2-3　超高层建筑施工期消防配电永临结合示意图

18.2.3　永临结合安全疏散通道系统

在超高层建筑施工阶段，安全疏散关系到施工人员的生命安全，因此非常重要。主要包括永临结合避难层技术、疏散楼梯间（安全通道）、防烟送风、疏散照明与疏散指示等。

1. 永临结合避难层技术

（1）临时避难层设置的目的

避难层是超高层建筑中用作消防避难的楼层。一般高度超过100m的超高层建筑，专门设置供人们疏散避难的楼层（永久避难层）以确保正常使用中的消防安全。装饰装修施工阶段，将永久避难层中的一些功能提前实现，使其具有防火避难功能，实现了永临结合，也可称之为"临时避难层"。

临时避难层（或掩蔽室）的设置，一般而言其范围与永久范围一致，应能满足容纳5人/m²（正常使用阶段）的空间要求。但永久避难层的部分用作临时避难层时，其设置范围可以通过避难层服务楼层避难人员数量计算确定。为保证施工期间火灾发生时人员的及时疏散，在每个避难层内设置一处临时安全疏散通道，通道应设置标识和照明设施，保持畅通，不得随意占用。同时，应设置对外的可开启窗口或独立的正压送风系统，外窗应采用乙级防火窗。

（2）避难层消防设施的配置

临时避难层中需配置临时灭火设施，如手提式灭火器、临时消火栓和消防软管卷盘。

临时避难层中需配置临时防火设施，如防护呼吸器、防烟面罩等。

临时避难层中需设置送风机房，其风机可分别为楼梯间和临时避难层送风。

2. 永临结合疏散楼梯间（安全通道）

在建筑装饰装修施工阶段，结构工程已经完成，可完全使用建筑内楼梯疏散，疏散路径清晰。但从过去习惯性施工工序讲，一是此时的楼梯周边墙体部分可能没有砌筑，致使楼梯不能形成封闭楼梯；二是此时的楼梯没有安装防火门及不能正压送风，致使楼梯不能形成防烟楼梯间。楼梯防烟是安全疏散楼梯的条件，而楼梯防烟的前提是楼梯间有正压条件。砌筑墙体使楼梯间封闭可通过改变施工工序和增加防火门得以解决；正压送风问题也可以通过改变施工顺序并结合避难层及其新风机房的设置得以解决。至于防火门，不论从施工顺序，还是从成品保护上讲，基本在装修收尾阶段安装。为了实现安全疏散楼梯的基本功能，有必要探讨在防火门位置设置临时防火、防烟装置以代替防火门的问题。

3. 永临结合防烟送风

超高层建筑施工期发生火灾时，燃烧物多为安装和装修阶段施工材料中的可燃物，这些可燃物在燃烧过程中会产生大量的热和有毒烟气，烟气中含有一氧化碳、二氧化碳、氟化氢、氯化氢等多种有毒有害成分，对人体伤害极大、致死率高，高温缺氧也会对人体造成很大危害；烟气有遮光作用，使能见度下降，超高层中、高区竖向高度大，疏散时间长，导致疏散和救援困难更大。对施工期的超高层来说，火灾发生时人员主要的逃生通道是已建好的竖向疏散楼梯。对竖向疏散楼梯，在主体结构施工阶段完全依靠自然排烟。装饰装修施工阶段的楼梯间采用加压送风以防烟气侵入，加压送风系统分段安装，分段送风，风机设于避难层。加压送风机启动方式宜为自动启动。

封闭式避难层在其所在分区外围护结构已经安装到位的情况下需提前安装本避难层的加压送风系统。确保避难层在火灾发生时相对其他区域保持正压状态，为楼内无法及时疏散的人员提供一个安全的无烟躲避空间。

由于在施工期施工人员较为分散，吊顶安装情况和分区往往滞后，储烟、隔烟措施无法保证，故在施工期不考虑施工区域的排烟永临结合措施。

4. 永临结合疏散照明与疏散指示

超高层建筑施工期发生火灾时，疏散楼梯是人员疏散的安全通道，避难层或避难间是施工人员临时避难的安全场所。疏散通道与避难区或避难间应设置火灾时持续点亮的应急照明，以利于人员疏散和避难。

对楼梯间的应急照明供电，永久系统一般采用集中蓄电池供电的集中控制智能型应急照明系统，其应急照明控制箱安装在永久的消防电井内。灯具的连接线路有 DC24（或 DC36V）电源线及控制总线。线路穿线金属管及永久灯具的安装接线盒在土建施工时已预埋到位。

因施工期消防电井无法封闭，尚不能安装电缆及配电设备，故要考虑施工期消防供配电系统方式。超高层建筑的疏散楼梯间前室，因其位置特点，不论在施工的什么阶段，一般来说可燃物少，火灾荷载小。鉴于上述原因，课题组认为，在各避难层疏散楼梯间前室设置临时消防应急照明配电箱向疏散走道应急照明灯具配电是施工期楼层火灾时应急照明配电的最佳选择。做法如下：临时应急照明的疏散照明灯具及疏散指示安装位置及照度要求与永久系统一致，但临时系统无消防应急照明集中控制要求，仅需市电断电后，灯具自带蓄电池或集中蓄电池继续供电即可。

为减少临时应急照明配电管线敷设，合理利用永久管线，施工期临时应急照明可利用楼梯间永久应急照明灯具的配电线路及预埋金属管，并将临时应急照明灯具安装在永久灯具的预埋线盒。

临时应急照明配电线路与永久配电线路的转换点设置在避难层疏散楼梯口的疏散标识灯接线盒处。临时应急照明系统向永久系统转换时，拆除临时照明配电箱的配电线路，由永临的转换点接入永久应急照明配电线路即可。

5. 应用前景及经济社会效益

（1）推广应用

随着我国城市化进程的推进，安全意识的提高，安全文化理念的增强，设计施工主体责任意识的落实及总包政策的实施落地，超高层建筑施工期的消防安全问题将会越来越受到重视。施工人员中对新技术的接受程度和依赖程度也将不断增加。永临结合消防设施成套技术填补了我国超高层建筑施工期火灾研究的空白，在超高层建筑施工期消防安全中将有广阔的应用，对超高层消防安全管理具有很好的指导意义。本成套技术已在64层、322.9m高的长沙金融大厦T1塔楼和42层、199.9m的长沙华融湘江银行示范应用。

（2）经济和社会效益

研究目的是针对我国超高层建筑工程施工过程中急需解决的消防安全问题，研究形成的施工期临时消防供配电设计技术、消防给水系统及消火栓永临结合技术、永临结合安全疏散通道综合技术（疏散通道、应急照明、应急疏散指示、避难层及其临时防烟系统）及施工期防火隔烟装置等符合新发展理念、绿色节能、经济性好。成果可应用于我国超高层建筑施工期的施工项目，将大大提高超高层建筑施工过程中的火灾防控能力，降低人员伤亡和财产损失，预期具有很好的经济效益。

同时，还将极大促进我国超高层建筑防火设计与施工安全技术的融合发展，提高我国超高层建筑的整体消防安全水平，完善我国超高层建筑火灾防控技术标准体系，本研究成果已应用于正在局部修订的国家标准《建筑工程施工现场消防安全技术规范》GB 50720—2011 中。

第 19 章　施工期防火、灭火装置

19.1　施工期楼梯间门洞智能识别防火隔烟装置

19.1.1　技术特点

超高层建筑装修施工期是建安工程和装修工程同步进行，该阶段具有焊接工作频繁、装修材料包装垃圾繁多等特点。由于此阶段主动防火的防火设施尚未建成投入使用，被动防火的防火分区等没有完全形成，一旦起火，容易形成立体火灾，威胁各楼层施工人员的生命安全。此时，如果能借助楼梯间形成一个"生命安全通道"，就可保证人员安全逃生。楼梯间门洞处安装防火门是传统做法，但防火门具有价格高、施工期反复开关影响施工、成品保护难等问题。课题组研究的楼梯间门洞智能识别防火隔烟装置（以下简称"防火隔烟装置"）价格低于防火门，置于门顶，具有不影响施工、无施工剐蹭且可重复使用等优点。一旦发生火灾，防火隔烟装置可将帘布迅速放下，对蔓延的火势形成阻挡和分隔，为施工人员撤离现场争取宝贵时间。

1. 技术特点

防火隔烟装置系统由控制器、防火隔烟装置、手动报警按钮组成，控制器与防火隔烟装置采用并联（手拉手）方式连接，系统中的防火隔烟装置有任意一台火灾探测器发生报警时，系统内的所有装置都可以联动释放（图 19.1-1）。

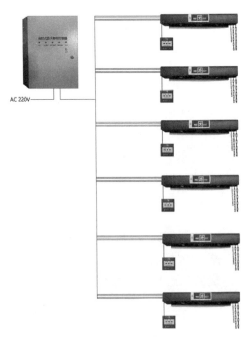

图 19.1-1　防火隔烟装置系统图

防火隔烟装置控制器的作用是把所有的防火隔烟装置均连接在一起，由控制器进行联动控制。在其面板上，绿灯为通信指示灯，当通信正常时，通信指示灯均匀闪动；黄灯为备电故障灯，当控制器的备电发生故障时，此灯亮。面板上还有通信线故障灯、电源线故障灯，当通信线或电源线发生故障时，对应的指示灯亮。同时，面板上还有一个"复位"按钮，其作用是，当"应急"状态过后，系统重新工作之前，应按下"复位"按钮，使整个系统复位。

防火隔烟装置在工作状态时，任意一台装置的感烟火灾探测器、感温火灾探测器或手动报警按钮报警，帘布均会自动落下，形成对火势及烟气的阻挡。此时在防火隔烟装置上的应急照明灯及疏散指示标志灯会迅速点亮，同时发出"这里是安全出口！"的语音提示，给需要疏散的人员提供声音和灯光指示。

2. 防火隔烟装置组成

防火隔烟装置集烟感火灾探测器、温感火灾探测器、应急照明灯、疏散指示标志灯和安全出口指示语音播报于一体，防火隔烟装置分设在不同楼层的楼梯间门洞处，一个避难区段的多个防火隔烟装置可以组成一个系统，系统中的防火隔烟装置有任意一台火灾探测器发生报警时，系统内的所有装置都会联动释放帘布，形成可靠的"生命安全通道"来保障人员安全疏散。

防火隔烟装置如图 19.1-2 所示。

图 19.1-2　防火隔烟装置全貌

针对研发的防火隔烟装置的耐火性能，课题组委托国家建筑工程质量监督检验中心进行了耐火性能检测，检测结果显示本装置帘布的耐火完整性 ≥ 61min。该装置通过第三方机构的科学技术成果评价，获得国内领先的技术评价结论。

19.1.2　研究内容

课题组先后调研了北京中国尊等国内有代表性的超高层建筑 13 座。调研中发现，超高层建筑施工中施工单位均采取了大量的防火技术措施。但因其建筑高度导致疏散时间较长，特别是精装修阶段大量设备管线铺设、装饰材料进场、交叉作业施工，一旦不慎失火，火势容易迅速蔓延扩大，从而酿成较大事故。发生火灾后，施工人员一般不允许通过平时使用的施工电梯进行疏散，只能通过楼梯进行疏散，而通向室外或避难层（避难间）的疏散楼梯间或安全通道此时尚未完全封闭，一旦烟气进入楼梯间，将会严重影响人员疏散。

19.1.2.1　超高层建筑施工现场火灾特点

1. 建设周期长，施工期火灾概率高

超高层建筑体量巨大，施工难度高，建设周期远远长于一般建筑。超高层建筑火灾风险最高点集中在装修阶段和分段验收环节，分段验收造成边施工、边营业，火灾风险最大。因此应制订更严格的超高层建筑施工组织方案，加强施工期间的监督检查。

2. 装修阶段火势蔓延途径多，速度快，火情控制难度大

超高层建筑装修阶段，尤其是外部敷设的外墙保温系统、玻璃幕墙系统等，着火后易产生火灾外部蔓延；内部风道及机电设备等各类竖向管井未封堵或封堵失效，防火门、防火卷帘关闭失效等，为火势的内部蔓延扩散提供了途径；再加上高空气压和风速的影响，使得扩散蔓延在发生火灾后更为迅速，且易形成"烟囱效应"，甚至呈现出由上而下、由外向内的"非常规"火势蔓延，火情控制难度大。

3. 临时疏散通道不畅，人员疏散时间长

超高层建筑一般集商场、超市、餐饮、娱乐、办公、酒店、公寓或住宅等功能于一体，用途广泛，结构复杂，人员众多，如同"垂直城市"，火灾时主要依靠有限的疏散楼梯逃生，疏散距离长，数万人要从危险区域撤离出来，需要较长时间，且高度越高，人员越多，疏散时间就越长。

同时，火灾时人的求生本能及恐惧心理强烈暴露，大量人流的汇集，极易发生拥挤堵塞，难免发生踩踏、摔伤等惨剧，严重影响疏散安全。经调研，建成的上海中心（118层）疏散时间约为2小时18分，北京中国尊（108层）疏散时间约为2小时12分。

4. 消防系统尚未投入使用，一旦着火扑救难度大

超高层建筑施工期，永久消防设施未投入使用，仅设有临时消防设施。针对临时消防设施的设置，不同项目之间差异较大，且由于是临时消防设施，很难保证其像永久消防设施发挥有效性，因此一旦发生火灾，很难及时扑救。同时，建筑高度越高，其消防系统就越庞大，控制逻辑越复杂，隐患节点就越多，一旦发生火灾，任何一个节点失效，都可能导致严重的后果。例如，重庆环球金融中心高338.9m、地下6层、地上72层，火灾探测器达21000个，自动喷水灭火系统分成12个区，其消防系统的数量和复杂程度远超一般建筑。阿联酋迪拜火炬大厦是世界上最高的公寓楼之一，其硬件设备完善，管理水平一流，但2015年2月21日发生火灾时，大楼内火灾探测报警系统失灵，自动喷水灭火系统未及时响应，酿成大火。

5. 救援难度大

超高层建筑多建在城市繁华地段，这些区域往往用地局促，消防道路、扑救场地等消防救援基本条件在城市规划中难以保证。尤其是在施工期，根据施工需要，很难保证现场消防扑救场地及消防车道不被占用。同时，由于超高层建筑高度不断攀升，远远高于现有消防车可触及的高度（目前最高为101m），一旦发生火灾，救援难度极大。如重庆市因道路、桥梁、隧道的宽幅、承载力不足，消防部队配备的101m举高车在全市三分之一的区域无法通行；深圳前海片区城市规划中建筑场地多为"零退距"，紧贴市政道路建设，无法满足大型消防车停靠作业。

19.1.2.2 施工期火灾案例及分析

1. 国内外火灾案例

一直以来，建筑消防安全都得到社会的普遍关注，针对既有建筑的消防统计分析和相关技术的研究已比较成熟。但在2009年2月发生了央视新址北配楼工地火灾之后，由于造成了强烈的社会影响，在建工程火灾安全也得到了前所未有的关注和重视，但是由于缺乏针对性的统计分析，人们对在建工程火灾的特点仍然缺乏足够的认识。

不仅我国如此，即使是在房地产业空前发展、摩天大楼林立的超现代化大都市——迪拜，施工期间发生的超高层建筑火灾也往往需要数个小时才能扑灭，损失惨重。例如，2007年1月18日发生的迪拜"财富塔"火灾。该建筑是一座正在建设的豪华公寓，计划建造40层，火灾发生时已经建到37层，整体施工接近尾声。大火发生在大楼的第31~34层，最早是从大楼第31层沿着电路和下水道开始燃烧起来的，当时共有280名各国工人在大楼中作业。因为浓烟弥漫救援直升机无法停靠，消防队员耽搁很久才开始疏散受困工人。最终火灾造成4人死亡、57人受伤，伤者中包括9名中国工人。

又如2016年8月6日，迪拜朱美拉棕榈岛的一栋在建高层建筑发生火灾，火灾发生了5个小时以后，火势才得到控制，所幸没有造成人员伤亡。2017 年 4 月 2 日，哈利法塔附近一栋 72 层的名为"喷泉景观大楼"的在建建筑发生火灾，起火点位于建筑的停车场，消防人员从建筑中救出了 3 个人，火灾随后受到控制。2017 年 8 月 20 日，迪拜朱美拉一处购物中心工地发生大火，由于工地建造层数不高，消防队迅速控制火势，火灾没有人员伤亡。2017 年 10 月 25 日，迪拜朱美拉一栋正在建设的 24 层高大楼突然失火，消防人员在开发商的配合下采取了紧急措施，最终控制住火情并对大楼实施降温处理。

俄罗斯首都莫斯科市一座由数个高层塔楼组成的、名为"联邦塔"的大型摩天楼建筑群在建设过程中也先后两次发生了火灾，2012 年 4 月 2 日，"联邦塔"中名为"东方"的塔楼发生火灾，据判断，大楼顶层的建筑材料被强风吹落，并撞击到大楼的探照灯，从而引发了火灾，主要燃烧物质为塔楼 66 层和 67 层的垃圾和帆布；2013 年 1 月 25 日，"联邦塔"中名为"欧卡"的塔楼再次发生火灾，火灾系施工过程中不慎引燃保温材料造成。

2014 年 2 月 16 日凌晨，韩国首尔第二乐天世界大楼在建大楼发生火灾，初步判断是施工人员进行焊接工作时，迸溅的火星引发了火灾。但火灾中没有人员伤亡。

2016 年 2 月 13 日，哈萨克斯坦在建中亚第一高楼爆炸起火，在建的"阿布扎比大厦"计划建设高度超过 320m，建成后将成为中亚地区第一摩天大楼。调查显示"阿布扎比大厦"25 层中的一些施工用燃气罐发生了爆炸。

课题组通过文献检索调研对几十起例典型的火灾案例进行了统计分析。表 19.1-1 及 19.1-2 列举了近年来国内外超高层建筑施工期几起典型火灾。

国外的超高层建筑施工期火灾案例　　　　表 19.1-1

序号	时间	建筑	火灾原因
1	2007.1.18	迪拜财富塔	电线短路，从第 31 层沿着电路和下水道开始燃烧
2	2012.4.2	莫斯科"联邦塔"的东方塔楼	大楼顶层的建筑材料被强风吹落，撞击到大楼探照灯引发火灾，主要燃烧物为 66 层和 67 层的垃圾和帆布
3	2013.1.25	莫斯科"联邦塔"的欧卡塔楼	施工不慎引燃保温材料
4	2014.2.16	韩国首尔第二乐天世界	焊接火星引燃集装箱以及箱内的建筑材料
5	2016.2.13	哈萨克斯坦阿布扎比大厦	施工用燃气罐爆炸，顶层内部及外墙被严重烧毁
6	2016.8.6	迪拜朱美拉棕榈岛一在建工程	火灾由电焊引发，5 个小时以后才得到控制
7	2017.4.2	迪拜喷泉景观大楼在建工程	施工作业引发火灾，并造成工地内的燃气罐爆炸

国内典型超高层建筑施工期火灾案例　　　　表 19.1-2

序号	时间	建筑	高度（m）	火灾原因
1	2010.4.24	重庆赛博数码广场	144.5	焊渣引燃可燃物
2	2010.5.31	南通汇泉国际广场	278	切割火花引燃幕墙保温层
3	2011.10.6	宁波环球航运广场二期	256.8	气割火花引燃脚手架
4	2012.9.1	郑东新区绿地广场	280	电焊引燃广告布
5	2013.10.11	深圳正顺广场	180	冷却塔短路引燃平台堆积的建筑材料
6	2014.1.3	深圳太平金融大厦	228	电焊引燃冷却塔内的塑料材料
7	2014.8.3	襄阳环城金融城	168	烟头引燃木质模板
8	2014.12.17	南京中航科技大厦	150	电焊引燃楼顶物品
9	2014.12.23	成都领地中心	180	焊渣引燃地下二层的防寒板

序号	时间	建筑	高度（m）	火灾原因
10	2015.8.13	长春金座大厦	146	电焊引燃竹制跳板
11	2015.8.20	苏悦商贸中心	167	屋顶防水施工作业引燃保温材料
12	2015.12.1	武汉泛海城市广场	139	电焊引燃楼顶保温材料
13	2016.2.28	西安财富中心三期	140	电焊引燃外围防护网和脚手架
14	2016.5.31	沈阳裕景中心	170	外挂空调机燃烧，竖向烧毁外部空调机井道铝扣板
15	2016.9.3	腾讯滨海大厦	244.1	加热器明火引燃屋顶防水材料
16	2016.11.1	深圳天鹅湖花园一期	150	电焊引燃可燃包装材料
17	2016.11.26	济南绿城中心	188	焊渣引燃冷却塔内的填充料
18	2017.11.6	四川出版传媒中心	176	焊渣引燃地下室的施工材料
19	2017.12.1	天津泰禾金尊府项目	138	烟头引燃电梯间存放的杂物和废弃装修材料等可燃物
20	2018.4.13	兰州红楼时代广场	246	焊渣点燃冷却塔
21	2018.9.13	台湾新北市中央路一在建超高层建筑	—	施工作业引燃混凝土模板和脚手架板，进而引燃工地内堆放的模板、电线材料，并使乙炔气瓶爆炸

2. 火灾案例分析

为了尽可能全面地分析超高层建筑施工期的火灾问题，有的放矢地预防类似火灾，课题组通过文献检索，调研收集了自 2008 年以来我国发生的、起火原因明确的高层和超高层工地火灾案例 110 例，其中超高层建筑火灾案例 34 例，高层建筑火灾案例 76 例。将其中典型的 100 例火灾案例按照起火原因和火灾发生时所对应的施工阶段进行分类，详见表 19.1-3，其中地下土建施工阶段 6 例，地上土建施工阶段 9 例，而装修施工阶段 85 例，占比高达 85%。由此可以看出，装修施工阶段发生火灾的概率相对较大，应为施工期防控重点。

100 例火灾的起火原因及所处施工阶段 表 19.1-3

起火原因	地下土建施工阶段（例）	地上土建施工阶段（例）	装修施工阶段（例）	总比例（%）
电焊作业	5	4	49	58
切割作业	0	1	12	13
明火烘烤作业	0	0	6	6
电路故障	1	1	7	9
烟头	0	1	7	8
明火保温	0	2	1	3
燃放烟花	0	0	1	1
遗弃火源不当	0	0	1	1
用火不慎及飞火	0	0	1	1
各施工阶段比例（%）	6.00	9.00	85.00	—

表 19.1-3 给出了各施工阶段的起火原因分析。为了直观表达各种起火原因致灾因素在火灾总起数中所占的比例，以及各施工阶段的火灾比例，图 19.1-3、图 19.1-4 给出了各因素致灾的

比例分析图。由图可见,施工电焊作业及切割作业、电路故障在建筑施工期的火灾致灾因素中占有极高的比例,尤其是电焊作业不慎往往能引起严重的火灾。

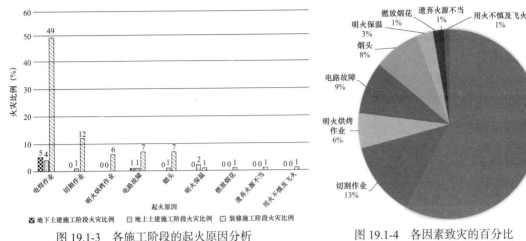

图 19.1-3 各施工阶段的起火原因分析　　　　图 19.1-4 各因素致灾的百分比

综上所述,超高层建筑装修阶段,由于大量的可燃、易燃材料及可燃成品包装纸箱、木保护支架、保护膜等装修材料进入建筑内,加之手持电动工具、电焊机、临时配电箱、临时卷盘线、临时插座、施工动火、电焊、气焊等大量使用,增加了火灾荷载;同时通过现场调研及火灾案例分析,多数火灾均发生在超高层建筑主体施工阶段及装修阶段。通过现场调研访问及火灾案例分析得出,由于工人动火操作不当引发的火灾占据了总数将近80%,是造成火灾最主要的直接原因。

19.1.2.3 防火隔烟装置的研发

根据课题组对超高层建筑现场调研、火灾特点分析及火灾案例分析,提出超高层建筑施工期火灾发生后,主要遵循"自防自救"原则,因此施工人员通过疏散通道安全疏散至安全区域显得尤为重要。经过多方论证,课题组基于超高层建筑施工期楼梯间门洞敞开的现状,提出研发施工期楼梯间门洞智能识别防火隔烟装置。该装置安装在楼梯间门洞处,一旦发生火灾,帘布可迅速下垂,对正在蔓延的烟气形成阻挡和分隔,为施工人员疏散争取宝贵的时间。

1. 外形尺寸

防火隔烟装置通过壁挂形式安装固定于门洞上方墙体,装置箱体底边距地面2.2m,外形及安装尺寸如图19.1-5所示。

2. 供电及通信方式

防火隔烟装置采用24V供电、二总线通信,连接方式为并联(手拉手),电源线采用RV 2×2.5;通信线采用RVS 2×1.5(图19.1-6)。

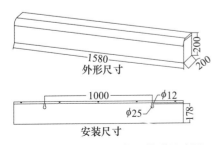

图 19.1-5 防火隔烟装置外形尺寸图

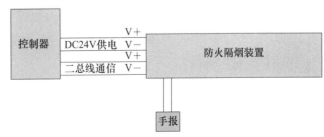

图 19.1-6 防火隔烟装置接线图

3. 构造方式

防火隔烟装置主要由烟感火灾探测器、温感火灾探测器、应急照明灯、疏散指示标志灯和安全出口指示语音播报器等部件组成（图19.1-7）。

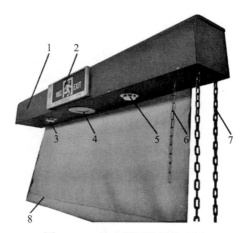

图 19.1-7　防火隔烟装置构造图

1—箱体；2—疏散指示标志灯；3—烟感火灾探测器；4—应急照明灯；
5—温感火灾探测器；6—释放机构；7—复位机构；8—防火帘布

19.1.3　工程应用

防火隔烟装置研发成功后，已在长沙华融湘江银行开展示范应用，并取得良好的应用效果。该装置可应用于我国超高层建筑施工期的楼梯门洞隔烟防火，可有效提高超高层建筑施工过程中人员疏散的安全性，降低人员伤亡，预期具有很好的社会效益。

在该工程中，从首层起，每六层疏散楼梯前室设置一台防火隔烟装置专用控制箱，每台专用控制箱可控制6台防火隔烟装置。控制箱由消防应急照明配电箱引专线为防火隔烟装置专用控制箱供电（电线型号：WDZN（A）-BYJ-3X2.5 JDG16 WE）。防火隔烟装置动作前、后施工现场如图 19.1-8、图 19.1-9 所示。

图 19.1-8　防火隔烟装置动作前

图 19.1-9　防火隔烟装置动作后

防火隔烟装置的控制方式主要有三种：

（1）方式一：通过安装在楼梯间内侧的手动火灾报警按钮直接控制。手动火灾报警按钮距地 1.3m 明装。

（2）方式二：由防火隔烟装置专用控制器引出控制总线直接联动控制。

（3）方式三：由防火隔烟装置自带的火灾探测器触发动作。

施工期楼梯间门洞智能防火隔烟装置填补了施工期楼梯间门洞处无临时防火措施的空白，保障了超高层建筑施工期人员疏散生命通道的安全性。防火隔烟装置不仅能在各楼层楼梯间门洞处释放防火卷帘，阻挡、分隔火势和烟气的扩散蔓延，还能实现探测火灾、报警、消防应急照明、疏散指示标识和语音提示等一系列联动措施，保障楼梯间内人员的疏散安全。在此前提下，既不影响建筑施工，还可重复利用，取得了良好的经济效益与社会效益。

19.1.4 我国高层及超高层建筑施工期火灾案例

表19.1-4列举了课题组收集的110起火灾案例，包括超高层建筑的火灾案例、高层建筑的火灾案例、裙房的火灾案例以及超高层和高层建筑施工工地职工宿舍的火灾案例。

高层及超高层建筑施工期火灾案例 表19.1-4

序号	发生时间	发生地点	起火原因	火灾蔓延情况	灾害情况
1	2008.1.1	河北邯郸康奈大厦建筑工地火灾	烤火保温，残火引燃桶外没有清理的可燃材料引起火灾	过火面积3700m²	无人员伤亡
2	2008.3.10	北京丰台印铁制罐厂住宅小区在建高楼火灾	烟头引起外墙保温材料	一侧立面有过火痕迹，连烧18层	无人员伤亡
3	2008.4.30	东直门附近当代MOMA工地火灾	短路引起外墙保温材料	从一侧外墙的6层烧到20多层	无人员伤亡
4	2008.5.7	北师大在建办公楼起火	电焊火花引燃外墙保温材料	楼东侧的防护网从12层直至楼顶全部被烧毁	无人员伤亡
5	2008.5.31	北京莲宝路科研楼装修火灾	电焊火花引燃外墙保温材料和防护网	3楼到顶层19楼被大火垂直烧出一道宽约4m的痕迹	无人员伤亡
6	2008.6.2	海淀区学院南路在建的北京师范大学科技园孵化大厦火灾	电焊引起墙体保温材料及铝塑板燃烧	大楼西面墙体1~13层外装饰全部烧坏，过火面积300m²	无人员伤亡
7	2008.10.9	哈尔滨经纬360大厦装修阶段火灾	电焊引燃顶棚上的装修材料	过火面积约2000m²	6人受伤
8	2009.2.9	央视新址元宵节火灾	燃放烟花引起建筑外墙装饰、保温及防水材料和楼内部分装饰和设备不同程度过火	工程主体建筑的外墙装饰、保温材料及楼内的部分装饰和设备不同程度过火	1名消防员牺牲，6名消防员受伤
9	2009.2.20	广州富力盈泰广场在建工地起火	电焊火花引燃楼顶空调冷却塔	过火面积约20m²	无人员伤亡
10	2010.5.31	南通中南汇泉国际广场装修阶段火灾	电焊火花引燃幕墙保温层	过火面积约370m²	无人员伤亡
11	2010.9.9	长春佳泰帝景城工地突发大火	电焊火花引燃外墙保温材料	两栋楼的10多层以上部分，都被烧得漆黑	1人受伤
12	2010.11.15	上海静安胶州路外墙改造项目火灾	电焊火星引燃脚手架及其上可燃物	整栋楼蔓延	58人遇难，70余人受伤
13	2010.12.1	郑州市升龙凤凰城在建大楼发生火灾	电焊火花点燃了泡沫建筑材料	—	无人员伤亡

序号	发生时间	发生地点	起火原因	火灾蔓延情况	灾害情况
14	2010.12.6	成都上海东韵在建楼房火灾	电焊切割钢筋,火花溅落引燃了防护网	至少3层楼的外墙防护网被烧毁	无人员伤亡
15	2010.12.12	西安空军医院在建大楼着火	防水施工喷枪误操作引燃外墙保温材料	—	2人受伤
16	2010.12.15	昆明正大紫都城高层工地火灾	电焊熔珠引燃低层防护网	过火面积40余平方米	无人员伤亡
17	2011.3.16	北京石景山万达广场南侧在建高楼火灾	烟头引发楼下堆积的墙体保温板燃烧	—	无人员伤亡
18	2011.3.24	北京呼家楼地区工地板房火灾	电路故障	过火面积500m²	无人员伤亡
19	2011.10.6	宁波环球航运广场二期发生火灾	气割火花掉落引起脚手架	—	无人员伤亡
20	2011.11.5	北京远洋地产万和城工地工棚起火	电路故障	—	无人员伤亡
21	2011.11.8	北京万国城小区在建工地火灾	电焊引燃保温材料、防水材料以及建筑用的木板	—	无人员伤亡
22	2011.12.24	沈阳万科柏翠园在建工地火灾	焊接一楼消防管道坠落火星引起火灾	整栋楼蔓延	2人受伤
23	2012.2.20	广州财富世纪广场大厦在建火灾事故	电焊火花引燃地面堆放的塑料板材	过火面积几十平方米	无人员伤亡
24	2012.5.14	石家庄华域城在建楼盘火灾	电焊火星引燃外墙保温材料	蔓延墙面达1000m²	无人员伤亡
25	2012.5.27	上海中海紫御豪庭工地工棚起火	电线老化	一幢两层楼工棚	无人员受伤
26	2012.6.15	石家庄科技中心二期项目在建楼盘着火	火花引燃防护网和竹制脚手架(建到22层,共25层)	东北角约4层脚手架	无人员伤亡
27	2012.7.11	上海中海紫御豪庭在建大楼火灾	电焊火花引燃底楼的可燃塑料滤水板和建筑外层的绿色保护网	自该楼脚手架底层一直延伸至顶层	无人员伤亡
28	2012.9.1	郑东新区绿地广场大厦装修阶段火灾	电焊火花引燃广告布	—	无人员伤亡
29	2013.1.9	广东佛山南海·创鸿城工地宿舍火灾	电线线路故障	过火面积约1000m²	无人员伤亡
30	2013.7.2	南京龙江郑和国际广场工地连发火灾	用火不慎引燃简易板房,由于风大,可能是飞火引燃了邻近建筑5楼平台上堆放的木材	过火面积约800m²	无人员伤亡
31	2013.7.14	唐山新世界中心项目在建工地火灾	电缆线路起火	一侧外墙	无人员伤亡
32	2013.8.19	四平市铁西区鑫宇国际小区在建的11号楼火灾	电焊火花点燃外墙保温板	10楼以上保温层基本烧毁	无人员伤亡
33	2013.8.28	哈尔滨玉龙湾小区在建工地火灾	电焊引燃保温材料	整栋楼蔓延	5人死亡,8人受伤
34	2013.10.11	深圳正顺广场装修火灾	冷却塔短路引燃平台堆积的建筑材料	裙楼顶14座冷却塔全部烧毁	无人员伤亡
35	2013.10.14	中国尊工地宿舍着火	吸烟引发火灾	过火面积80m²	无人员伤亡

续表

序号	发生时间	发生地点	起火原因	火灾蔓延情况	灾害情况
36	2013.12.16	西安富尔顿国际财富中心在建高层突发大火	工人在建筑高层内生火取暖，不小心点燃防护网，引发火灾	高层外围的绿色防护网，起火面积有1万多平方米	无人员伤亡
37	2013.12.22	潍坊四平路联通大厦火灾施工火灾	电焊广告牌引起火灾	—	无人员伤亡
38	2014.1.3	西安东方绿洲小区在建工地火灾	混凝土施工取火保暖时发生意外将30～33层的防护网和木材引燃	过火面积100余平方米	无人员伤亡
39	2014.1.3	深圳太平金融大厦装修施工火灾	46楼电焊作业施工产生的熔珠顺风坠落到大楼西侧五楼一座冷却塔内的PVC（塑料散热材料）燃烧	过火面积约8m²	无人员伤亡
40	2014.3.23	沈阳市新湖御和园高层装修火灾	装修工人把室内起火物体扔出窗外引发火灾	火苗沿外墙保温和内部烟道双管齐下蔓延至31层	无人员伤亡
41	2014.4.16	海口港航大厦装修火灾	电焊引燃中央空调冷却塔	过火面积约5m²	无人员伤亡
42	2014.4.22	西安中海城在建项目火灾	电焊火花引燃楼顶堆放的垃圾	过火面积约30m²	无人员伤亡
43	2014.5.6	武汉融众国际一在建高楼起火	电路故障引燃中央空调冷却塔及附近易燃物	过火面积35m²	无人员伤亡
44	2014.5.7	杭州香江国际大厦在建工地起火	电焊火星引燃脚手架	整幢楼北侧防护网和防护栏烧光	无人员伤亡
45	2014.7.20	南京莱蒙水榭春天花园楼盘的建设工地发生火灾	电焊引燃防护网	1～13层楼的户外施工防护网都被烧	无人员伤亡
46	2014.8.3	湖北襄阳环城金融城在建工地火灾	烟头引燃木质模板	过火面积15m²	无人员伤亡
47	2014.9.15	西安长和国际写字楼工地火灾	电焊引燃保温材料		无人员伤亡
48	2014.10.28	济南连城国际在建工地火灾	电焊火花引燃外墙隔板		无人员伤亡
49	2014.11.20	广州番禺活力花园在建高楼起火	烟头引燃泡沫板等建筑材料	过火面积约60m²	无人员伤亡
50	2014.12.17	南京中航科技大厦工地楼顶发生火灾	电焊引燃楼顶的木板等物品		无人员伤亡
51	2014.12.23	成都领地中心在建商业楼火灾	焊渣掉落至负2楼引燃防寒板	现场烧毁防水板三块	无人员伤亡
52	2015.3.27	唐山新世界中心建筑工地起火	电焊火花引燃楼顶保温材料	一侧外墙	无人员伤亡
53	2015.4.6	石家庄中国大酒店改造工程火灾	电焊渣引燃地板包装废料、挤塑板边角料以及通风管道保温材料等	过火面积90多平方米	无人员伤亡
54	2015.4.16	石家庄上东城小区在建楼盘失火	烟蒂引燃了几包易燃的塑料建材		无人员伤亡
55	2015.6.7	新疆阿克苏兴隆花园高层建筑工地外墙保温材料火灾	电焊火星引燃保温材料		无人员伤亡
56	2015.6.15	天津汤臣一品连廊火灾	电焊火星引燃保温材料	过火面积50m²	无人员伤亡
57	2015.8.13	长春金座大厦A座工地火灾	电焊熔珠引燃竹制跳板	—	无人员伤亡
58	2015.8.20	苏悦商贸中心在建火灾	屋顶防水施工违规明火作业引燃保温材料	过火面积2m²	无人员伤亡
59	2015.12.1	武汉泛海城市广场46层在建大楼顶层失火	电焊引燃楼顶保温材料	过火面积20m²	无人员伤亡

序号	发生时间	发生地点	起火原因	火灾蔓延情况	灾害情况
60	2016.1.3	珠海金湾东方润园二期工地工棚火灾	电饭锅电器故障引发火灾	过火面积约500m²	无人员伤亡
61	2016.2.17	北京阿玛尼公寓工地起火	电线短路	简易厕所泡沫塑料	无人员伤亡
62	2016.2.28	西安财富中心三期在建高层突发大火	焊工施工不当引燃外围防护网和脚手架发生大火	—	无人员伤亡
63	2016.5.26	广州钟村在建楼盘顶层防水火灾	熔化沥青时不慎引燃沥青和泡沫隔膜	过火面积约30m²	1人受伤
64	2016.5.31	沈阳裕景中心建筑工地一高层建筑发生火灾	空调外挂机电气故障	燃烧物为外挂空调机可燃构件,竖向烧毁外部空调机井道铝扣板面积380m²	无人员伤亡
65	2016.6.1	沈阳中海和平之门在建工地火灾	气焊切割火花引燃屋顶保温的挤塑板	过火面积5m²	无人员伤亡
66	2016.9.3	腾讯滨海大厦在建火灾	加热器明火引燃屋顶沥青防水材料	—	无人员伤亡
67	2016.9.23	济南花园路华夏海龙在建高层楼顶火灾	烤火引燃防水材料	过火面积约30m²	无人员伤亡
68	2016.11.1	深圳天鹅湖花园一期在建工程火灾	违章电焊施工引燃可燃装修材料	过火范围为B2栋外立面22~42层	疏散转移了135人,无人员伤亡
69	2016.11.26	绿城·济南中心在建项目火灾	焊渣引燃冷却塔内的PVC填充料	过火面积约20m²	无人员伤亡
70	2016.11.30	济南天泰中心项目工地板房发生火灾	电线老化短路起火	过火面积约40m²	无人员伤亡
71	2016.12.19	哈尔滨外滩首府工地火灾	电焊火花将楼下堆放的苯板和木料引燃导致	—	无人员伤亡
72	2017.2.25	南昌海航白金汇酒店唱天下KTV火灾	切割装修材料引起火灾(改造装修施工工地)	过火面积约1500m²	致10死,13伤
73	2017.3.18	郑州正商善水上境工地火灾	电焊引燃地下保温材料	—	无人员伤亡
74	2017.4.5	沈阳新世界工地火灾	电路故障引燃冷却塔	过火面积约25m²	无人员伤亡
75	2017.4.8	呼和浩特中海蓝湾在建工程火灾	电焊引燃外墙保温	过火面积约1000m²	无人员伤亡
76	2017.4.23	北京建材城西路16号工地宿舍火灾	短路引燃工人工棚起火	过火面积200m²	无人员伤亡
77	2017.4.23	惠州碧桂园太东公园上城工地火灾	工人违规操作,电焊烧着安全网引发火灾	—	无人员伤亡
78	2017.4.24	南昌建设大厦施工火灾	电切割高温熔渣坠落到一楼引燃建筑垃圾	—	无人员伤亡
79	2017.5.29	沈阳保利紫荆公馆在建居民楼火灾	电焊引燃地下外墙防水保温材料起火	过火面积约200m²	无人员伤亡
80	2017.6.11	兰州大厦外墙装修火灾	电气火灾	—	无人员伤亡

续表

序号	发生时间	发生地点	起火原因	火灾蔓延情况	灾害情况
81	2017.9.18	赣州中创国际城裙楼建设火灾	电焊引燃周围保温材料	1号楼东侧附楼楼顶部分保温材料及1号楼部分外墙玻璃等设施受损	无人员伤亡
82	2017.11.6	四川出版传媒中心项目部工地地下室火灾	焊渣引燃地下室内的施工材料	—	无人员伤亡
83	2017.11.9	长春万科柏翠园在建工地楼顶火灾	电焊引燃彩钢苯板	过火面积100多平方米	无人员伤亡
84	2017.11.21	成都南城都汇八期在建工地火灾	电焊火花引燃防水材料	—	无人员伤亡
85	2017.12.1	天津泰禾金尊府项目装修工地生火灾	工人遗留的烟蒂等火源引燃电梯间存放的杂物和废弃装修材料等可燃物	过火面积约300 m^2	10死5伤
86	2017.12.17	深圳华润城市更新项目工棚火灾	电缆老化短路所致	过火面积约700 m^2	无人员伤亡
87	2017.12.18	河北白沟富民路购隆商厦着火	电焊施工不慎引发可燃物导致火灾	过火面积350m^2	无人员伤亡
88	2017.12.22	合肥东方汇工地火灾	电焊引燃裙楼顶部的保温材料	过火面积70m^2	无人员伤亡
89	2018.1.3	东莞保利都汇大厦在建工地火灾	电焊引燃顶楼隔热泡沫	过火面积约15m^2	无人员伤亡
90	2018.1.14	济南碧桂园工人宿舍板房起火	电线短路引起	过火面积400m^2	无人员伤亡
91	2018.3.10	郑州卫华工程机械研究院科研楼建筑工地屋顶平台火灾	烟头引燃空调外机和空调外机外包装材料（泡沫、包装木板）	过火面积约20m^2	无人员伤亡
92	2018.3.28	武汉万达1号楼施工火灾	氧焊切割火星溅落在大楼外墙上引燃铝型材（拆除广告牌）	外墙过火从15~25楼	无人员伤亡
93	2018.4.6	江苏省宿迁市碧桂园在建工地突发大火	电缆线摩擦导致火苗，燃烧到木质建筑模板引发火灾	过火面积约180m^2	无人员伤亡
94	2018.4.12	北京石景山泰禾长安中心在建工地火灾	电焊火花掉在易燃物上引发火灾（工地杂物垃圾起火，物质为木头纸壳等）	—	无人员伤亡
95	2018.4.13	兰州红楼时代广场在建大厦发生火灾	电焊熔渣点燃该楼11层冷却塔顶	过火面积大约200m^2	无人员伤亡
96	2018.5.6	新疆库尔勒芳香美居在建商住楼火灾	焊割引燃外墙	过火面积500m^2	1人死亡
97	2018.6.8	石家庄赫石府在建工地高层建筑起火	烟头引燃防护网着火	建筑一角由1楼燃烧至顶层	无人员伤亡
98	2018.7.19	河南郑州绿地原盛国际3号写字楼C座着火	电焊火花引燃材料	—	无人员伤亡
99	2018.7.20	广东云浮益华国际广场商场火灾	装修不慎引发气体爆炸（切割和焊接管道引燃泄露的燃气）	直接经济损失约820万元人民币	2人死亡，11人受伤
100	2018.8.1	江苏启东碧桂园中邦上海城二期工地火灾	电焊引燃防水保温材料	过火面积50m^2左右	无人员伤亡

序号	发生时间	发生地点	起火原因	火灾蔓延情况	灾害情况
101	2018.9.18	哈尔滨恒大时代广场 4 号楼在建工地火灾	焊接引燃 SBS 防水卷材板等可燃物	过火面积 200m²	1 人死亡
102	2018.10.9	广州番禺亚运城天成楼盘工地起火	楼上电焊火花引燃二层露台上的泡沫隔热层	过火面积几十平方米，另有 40 余层阳台塑料膜被熏黑	无人员伤亡
103	2018.10.13	海口龙昆悦城工地火灾	电焊火花引燃脚手架和防护网	—	无人员伤亡
104	2018.10.23	宝鸡吾悦广场在建楼盘火灾	工人用焊枪（燃料为液化气）烘烤 SBS 防水卷材时不慎烤燃了堆放在一旁的泡沫保温板引发火灾	过火面积约 30m²	无人员伤亡
105	2018.10.23	西安龙湖香醍 5 期工地火灾	焊渣掉到了地面保温材料上引发火灾	过火面积 200m² 左右	无人员伤亡
106	2018.10.23	北京颐源居小区住宅楼施工火灾	拆除广告牌时焊点掉落引燃防水层	—	无人员伤亡
107	2018.10.29	宁波富茂大厦附楼装修火灾	气割作业遗留的火星，引燃了周边的可燃物	—	无人员伤亡
108	2018.10.30	武汉梅花苑小区火灾	氧割火星溅到安全网引发火灾	两户阳台被烧	无人员伤亡
109	2018.12.12	中关村融科资讯中心火灾	检修误操作，造成电加热棒干烧引燃可燃物	—	无人员伤亡
110	2019.1.23	长沙芙蓉中路碧云天大厦裙楼火灾	更换广告牌过程中，工具与广告牌碰撞出现火星	过火面积 60m²	无人员伤亡

19.2 可移动智能灭火装置

19.2.1 技术特点

"可移动智能灭火装置"具有不间断火情扫描巡视、自动定位及灭火、多种报警提示和可扩展功能，装置结构设计简单、制作工艺成熟、制造成本和使用成本较低，可有效减少施工现场火灾发生，经济与社会效益显著，具有良好的应用前景，经第三方评价成果总体达到国内领先水平。主要应用于高层、超高层建筑施工阶段，尤其对处于装饰装修的工程，可燃材料堆放随意，点多面广，管理难度很大，而此时主体施工的临时消防设施已经拆除，其消防措施是在每一楼层放置一些手持灭火器，完全处于无人看管的火灾隐患真空时段，也可以用于环境较恶劣的无人值班室、机房、发电站、隧道等场合的消防管理，具有广阔的应用前景。

可移动智能灭火装置主要由消防控制模块、移动机构和控制系统等组成，装置开启后，一直处于监控状态，监测消防水泵、步进电机驱动电路和总线通信等，等待上位机指令或者火灾信号。其在行走机构上设置消防装置架，在消防装置架上设有控制器、蓄电装置、消防水箱和消防增压泵，消防装置架的顶部设有可伸缩的支撑臂杆组件、驱动支撑臂杆组件伸缩动作的驱动机构、沿支撑臂杆组件布设的消防水管，以及设在支撑臂杆组件末端的传感器模块和消防水喷射头。火灾发生时，该装置通过控制系统启动，对火焰传感器进行分析后启动驱动控制系统，定位寻找火源，找到火源后打开继电器阀门，使用消防水泵灭火，灭火完毕后关闭水泵，重新回到监测状态。实现的主要技术指标如下：

（1）监控半径：5m。

（2）监控高度：2m。

（3）电压功耗：DC24V/ 监控 1W，扫描 5W。

（4）通信方式：RS232、TTL、蓝牙 4.0 等。

（5）响应时间：< 20s。

（6）水平旋转角度：140°。

（7）垂直旋转角度俯角：70°。

（8）喷水方式：直射后往复摆动。

可移动智能灭火装置可避免火灾发生造成严重的后果，可以不间断对现场进行监测，发现火情或烟雾后，立即向外报警，同时对现场火焰位置进行探测，并自动对着火点进行喷水灭火，快速控制火情，极大减小火灾损失。灭火同时也实现声光报警以及能给值班人员拨打电话和发送提示短信，多种报警提示方式方便值班人员快速了解现场环境（图 19.2-1）。

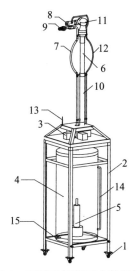

图 19.2-1　可移动智能灭火装置构造图

1—行走装置；2—消防装置支架；3—蓄电装置；4—消防水箱；5—增压泵；6—支撑臂杆组件；7—消防水管；
8—末端传感器模块；9—消防水喷射头；10—可伸缩高度臂杆；11—机器人手臂；12—电气线路；13—通信模块；
14—水位器；15—进出水口

19.2.2　技术内容

1. 总体设计方案

可移动智能灭火装置总体设计方案如图 19.2-2 所示。

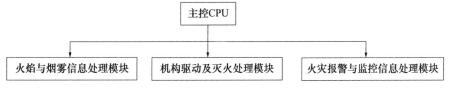

图 19.2-2　可移动智能灭火装置总体设计方案图

主控 CPU 控制系统可以分为以下三个功能模块：

（1）火焰与烟雾信息处理模块

火焰与烟雾信息处理模块的作用主要对烟雾、紫外和红外火焰探测器的信号进行处理，寻找和定位火源。

（2）机构驱动及灭火处理模块

机构驱动控制模块的作用主要对灭火装置提供动力，以步进电机作为执行元件，采用步进电机驱动器控制水平回转步进电机和垂直俯仰步进电机。

（3）火灾报警与监控信息处理模块

火灾报警与监控信息处理模块的作用在于发现火情后能及时对外报警，以及具有现场监控功能。

2. 主控 CPU 设计

（1）主控 CPU 结构设计

主控 CPU 采用 STM32F407 单片机开发板作为主控制器进行设计。STM32F407 系列是基于 ARM 的高性能，低功耗的控制器，适用于工业通信、仪器仪表、电机控制等领域，芯片工作频率高达 168MHz。配有外设组建：192KB 的 SRAM，EEPROM，1M 的 Flash 程序存储器，12 个 16 位定时器，2 个 32 位定时器，1 个随机生成器，1 个独立供电的 RTC；同时还集成了大量通信接口：2 个 CAN 和 USB 接口；6 个串口，3 个 SPI 接口，1 个以太网接口，2 个 IIC 接口，2 个 I2C 接口，可同时工作的蓝牙与 WiFi 接口；2 个音频模块接口。

可以支持开发板长时间工作，也可以提高电源利用率，节省电量。引出 DC 电压的目的是适应工业模块供电为 12V 或者 24V 的电压。通过将开发板自带的 KEIL5（MDK5）作为开发环境，算法编程导入主控制器 STM32F407 开发板，实现以下功能：

1）接收来自火灾现场的防爆型紫外红外火焰探测器的火焰参数信号，处理信号。

2）产生脉冲信号传递给 DM542 步进电机驱动器，通过步进电机驱动器来控制水平和俯仰步进电机转动，寻找火源。

3）找到火源后，通过继电器控制喷水泵喷水灭火。

4）自带蓝牙接口，可以与 App 连接，实现设置房间号和值班人员电话信息等功能（图 19.2-3）。

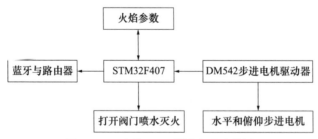

图 19.2-3　主控 CPU 设计实现功能图

（2）主控 CPU 控制系统设计

主控 CPU 控制系统工作流程如图 19.2-4 所示。

控制系统平时一直处于监控状态，监测消防水泵、步进电机驱动电路、总线通信等情况，等待上位机指令或者火灾信号。

3. 火焰及烟雾信息处理模块设计

火焰及烟雾信息处理模块主要包括了火焰探测传感器、火焰定位传感器、烟雾信息处理、火焰及烟雾信息控制系统。

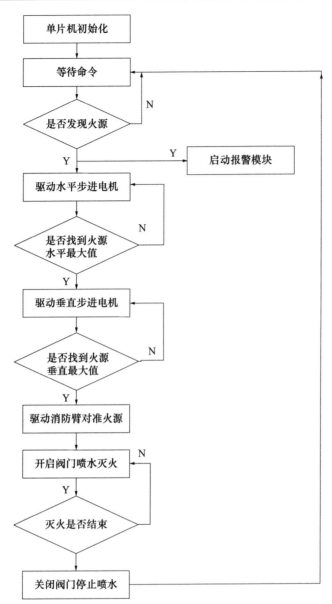

图 19.2-4　主控 CPU 控制系统工作流程图

（1）火焰探测传感器

根据火源辐射原理，在火灾发生时火焰会辐射出红外及紫外线，且各种材料辐射出的红外及紫外线在一定波长范围内，因此根据火焰辐射光谱图，通过对特定波长辐射的电磁波采集测量，就可以测到是否存在火灾。该设计采取 A715/IR2，A715/UV 的防爆型紫外红外火焰探测器。

（2）火焰定位传感器

当火焰探测传感器检测到火焰后，采用一款成本低廉、灵敏度可调的火焰传感器进行火焰定位。该传感器对火焰特别灵敏。对打火机测试火焰距离为 80cm，检测精度约为 5mm，测量精度对两只蜡烛测试火焰距离可达 3m，检测精度约为 3cm。火焰传感器外加特有的 $\phi 12 \times 2$mm 滤光片，仅允许火焰辐射的特定电磁波波长段进入传感单元，其余波段的辐射将会一律被吸收。将检测到的火焰参数转化为电信号通过主控 CPU 进行比较、分析、运算处理。辐射响应曲线如图 19.2-5 所示。

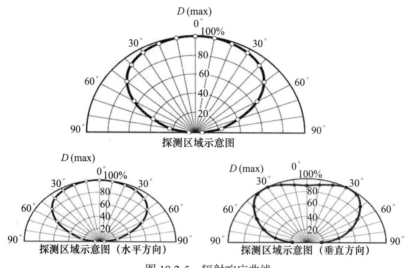

图 19.2-5　辐射响应曲线

由图 19.2-5 可知，当辐射源正对传感器时，辐射响应度是最强的，由此产生以下算法思路：第一步通过单片机发送脉冲信号不断控制水平回转步进电机来回移动，使得火焰传感器在水平方向上找到辐射响应度最大值；第二步，单片机发送脉冲信号不断控制垂直俯仰步进电机转动，使得火焰传感器在垂直方向上找到最大值即为火源位置。

（3）烟雾信息处理

在火情刚发生时，会产生一定的烟雾，根据这一现象，采用高性能的烟雾传感器对烟雾进行检测，该烟雾传感器探测灵敏，对烟雾可在 3s 内快速响应，烟雾传感器设有金属屏蔽罩，可以有效对抗各种射频信号干扰，拒绝干扰引起的误报。

（4）火焰及烟雾信息控制系统

包括系统初始化、监控火情是否发生和采集火焰烟雾数据模块。

4. 机构驱动及灭火处理模块设计

（1）步进电机选型

本方案采用步进电机来驱动灭火装置，利用输入脉冲频率高低来控制步进电机转速，利用脉冲个数来控制步进电机转动角度。驱动部分包括水平和俯仰步进电机，STM32F407 单片机开发板给步进电机驱动芯片发出信号来控制电机运转。步进电机不能直接接到工频交流或直流电源上工作，而必须使用专用的 DM542 步进电机驱动器。

PLS＋为正向步进脉冲信号输入正端，PLS－为正向步进脉冲信号输入负端，DIR＋为步进方向信号输入正端或反向步进方向信号输入正端，DIR－为步进方向信号输入负端或反向步进方向信号输入负端。

（2）水平驱动部分

通过单片机发送脉冲信号不断控制水平步进电机转动，使得电机运行在零位、火源探测、水平扫描开始、水平扫描结束这 4 个位置，火焰传感器在水平扫描开始至结束的移动过程中，主控 CPU 通过比较、分析、运算处理找到火焰辐射响应度的最大值，并驱动电机运行至最大值位置，即为火源位置。水平方向扫描角度范围见表 19.2-1。

水平方向扫描角度范围　　　　　　　　　　　　　　　　　表 19.2-1

零位	火源探测位置	水平扫描开始	水平扫描结束	火焰辐射最大值
0°	＋45°	－90°	＋10°	火源位置

（3）垂直驱动部分

垂直方向扫描角度范围见表 19.2-2。

垂直方向扫描角度范围　　　　　　　　　　　　　表 19.2-2

零位	火源探测位置	垂直扫描开始	垂直扫描结束	火焰辐射最大值
0°	＋30°	＋3°	＋250°	火源位置

（4）机构驱动及灭火处理系统

包括驱动水平电机定位火源位置、驱动垂直电机定位火源位置、开启水泵驱动电机来回喷水灭火、关闭水泵停止灭火和水平垂直步进电机回监控位置等。

5. 报警与监控信息处理模块

（1）电话短信报警设计

当发现火情后，采用 SIM800C 模块内部电话卡向值班人员拨打电话和发送短信，提示火源位置等信息；值班人员接收到灭火器拨出的电话和短信内容如图 19.2-6 所示。

因值班人员并非长期固定，特定制一款基于蓝牙通信的手机 App，可通过 App 与灭火器内部蓝牙连接后，对该灭火装置进行房间号以及手机号码的设置并存储，可设置多达六个值班人员的手机号码，也可读取该灭火装置内部存储的房间号和手机号。

图 19.2-6　接收电话和短信

（2）无线声光扬声器报警设计

当发现火情后，还可通过防雨型无线声光警笛器发出最高可达 120dB 的报警声和眩晕的红色灯光，以提示附近人员有火情发生。

（3）监视系统设计

监控系统主要是方便使用者实施监控现场情况。

本次设计的灭火机器人配有智能摄像头，分辨率达到 1080P，采用 WDR 技术，即使逆光也可以让画面保留更多细节。同时采用 F2.1 大光圈，拥有 8 颗 940nm 红外补光灯。通过优化补光灯的排布和光学结构，使补光亮度更均匀，夜视通透性更强，确保夜间无红曝，无视觉污染。采用微光全彩技术，即使在微弱的光线下，也能看到彩色图像。此外，摄像头采用双电机双轴旋转云台，可控制设备上下左右自由旋转，水平可视角度 360°，垂直可视角度 96°。相对于卡片式摄像头，能够有效解决监控死角问题。支持人形侦测功能，通过对人形进行识别，能自动过滤掉普通摄像机因风吹草动、光线变化、宠物乱跑等画面变动引起的信息误报，可有效提高报警精度，减少信息的推送频次。开启看家模式后可自定义看护时间、看护灵敏度和报警时间段等个性化设置，减少误报频率。使用者手机上可以打开专门软件看见现场画面。

（4）报警与监控信息处理系统开发

包括 GPRS 模块拨打电话、GPRS 模块发送短信、蓝牙模块接收 App 指令、App 搜索灭火装置、App 设置房间号和电话号码、App 获取房间号和电话号码等。

6. 控制机箱设计及组装

控制机箱设计及组装主要遵循以下几个原则：

（1）利于技术指标的实现。设计机箱时，必须考虑机箱内部元器件相互间电磁干扰和热的影响，以提高电性能的稳定性；必须注意机箱的刚度和强度问题，避免产生变形，引起电气接触不良，甚至损坏元器件；按实际工作环境情况，提高设备的可靠性和寿命。

（2）便于设备操作使用与安装维修。为了能有效地操作和使用设备，必须保证结构设计符合人的心理和生理特点，还要求结构简单，装拆方便。面板上的控制器、显示装置必须进行合理选择和布局，以及考虑操作人员的人身安全。

（3）良好的结构工艺性。结构与工艺性是密切相关的，采用不同的结构就相应有不同的工艺，而且机箱结构设计的质量必须要有良好的工艺措施保证。因此必须结合生产实际考虑其结构工艺性。

控制机箱的设计如图 19.2-7 所示。

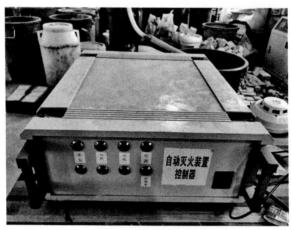

图 19.2-7　控制机箱设计

7. 火源探测及灭火试验

经多次试验测试，可移动智能灭火装置烟雾和火焰探测功能、火焰定位功能、自动喷水灭火功能、报警功能均稳定、可控。烟雾报警响应时间＜3s、火焰报警响应时间＜20s，灭火距离为 1～3m，火源定位精度为一支蜡烛的火焰至传感器距离 1m 时，精度约为 5mm，三只蜡烛的火焰至传感器距离 3m 时，精度约为 3cm。

19.2.3　应用前景

1. 经济效益分析

可移动智能灭火装置采用常见材料和探测器搭建，构造简单，单套成本不超过 5000 元，可持续不间断工作，有效减少施工现场材料堆放点消防安全人工值守和人工巡视，大幅度减少人工用工成本，同时可以有限降低火灾发生概率和火灾造成的损失，具有重大的经济效益。

可移动式智能灭火装置针对建筑工程施工过程中，施工现场材料堆放分散且可燃材料较多的现状，特别是主体结构施工完后拆除了临时消防设施，存在永久消防设施与装饰同步施工的消防盲区，可实现火情早发现、早预警、早灭火目的，减少火灾发生及造成的后果，保护生命财产安全，具有巨大的经济社会效益。

2. 改进与提升

（1）通过火源到灭火装置的距离以及火源的大小进行多次试验，结果发现当距离 3m 之内，灭火装置的工作状态良好，而火源的大小对试验的结果影响无太大差异。

（2）该装置启动迅速，工作性能稳定，且喷射角度误差很小适合放置在无人值守机房内对重要精密仪器进行消防防护，以便快速、有效地扑灭火源。

（3）该装置体积小，安装卸载方便，可用于空间较小的房间。该装置在施工现场可燃材料堆放点、无人值守仓储单位，以及机房、变电所等重点防火单位具有较大的使用价值和参考意义。但经过反复试验可知本装置在某些方面尚需进一步改进，例如水泵喷水距离有限，故目前仅适用于中近距离灭火，对较远距离的火源无法达到喷水射程。针对该问题，可进一步定制大功率的水泵提升喷水射程方式等。

第6篇
安全逃生技术与装置

第 20 章　磁力缓降安全逃生装置

20.1　概述

20.1.1　磁力缓降安全逃生装置简介

　　磁力缓降安全逃生装置是一款高楼逃生器，该装置利用楞次定律原理，装置中的磁铁沿着非导磁性管道相对运动，会产生与逃生人员反向作用的安培力，下落速度越快，反向作用的安培力越大，最终与逃生人员自重相当，实现匀速下落。该装置操作简便，无需专门培训，适用高度不受限制，可重复使用，能适用于高层、超高层建筑建造过程或正常运营过程中的安全逃生，可以在短时间内安全、平稳、可靠地疏散涉险人员。

　　人的生命是无价的，如果能利用磁力缓降安全逃生装置，实现超高层建筑在施工过程中人员的安全逃生，其意义重大，也将为超高层建筑领域安全逃生装置及逃生方法方面的技术革新起到巨大的社会效应，将具有显著的推广应用前景。

20.1.2　国外逃生装置研究现状

　　在日本、英国、德国等发达国家也只是少量应用螺旋形室外滑梯，充气尼龙膜槽型倾斜滑道，以及通过齿轮、齿轨运动实现逃生的运载器等逃生设施，较国内现有逃生设施虽有一定的改进，但结构相对复杂，逃生效率较低，突发灾害来临之时，不能在短时间内转移大量涉险人员。在建的高层、超高层建筑安全逃生装置更为简陋，有很多工程甚至没有设置，存在着很大的安全隐患（图 20.1-1）。

(a)　　　　　　　　　　　(b)　　　　　　　　(c)

图 20.1-1　国外超高层建筑逃生常见的技术手段

(a) 逐层螺旋滑梯；(b) 袖珍降落伞；(c) 螺旋逃生轨道

　　在国外建筑中配备较多的逃生避难器材主要有：逃生梯、逃生滑道、逃生舱以及楼梯转运椅等。

1. 逃生梯

逃生梯主要包括固定式和悬挂式。固定式逃生梯布置在外墙，在国外建筑中有一定的配置，一般安装在靠近窗口位置，固定式逃生梯一般适用于多层结构；悬挂式逃生梯一般安装在房屋内部或是使用时钩挂在阳台、窗台边缘，一般适用于较低楼层（图 20.1-2）。

图 20.1-2　固定式逃生梯

2. 逃生滑道

目前，逃生滑道在国外高层建筑中应用较多，一般安装在建筑物内部或是阳台、屋顶，最高使用高度可达 600m。

逃生滑道是一种快速高效的高层建筑逃生设施。逃生滑道安装所需空间小，只需要 $1\sim2m^2$ 的面积就能设置逃生滑道。当逃生滑道安装好后，可以在数秒钟内展开。不论建筑物有多高，都能以每分钟 20 人的速度迅速逃离火场和危险区域。逃生者可自主控制下滑速度。一般的下滑速度为 $1\sim3m/s$。逃生滑道安装占地面积小，使用方便，逃生速度快，不需要特殊培训，对逃生者的体力、臂力和心理素质没有要求。尤其是在救助伤病员方面有绝对的优势。逃生滑道有单入口型和多入口型两种（图 20.1-3）。

图 20.1-3　单入口型逃生滑道

多入口型逃生滑道可以镶嵌在每层楼的楼板之间，每层楼都可以有入口。上面的一段逃生滑道会深入到下面一段内约 50cm，保证逃生者能平稳地下降（图 20.1-4）。另外，多入口逃生滑道的空间要求相对密封，并保持正压力。这是为了防止在火灾发生时浓烟的进入。另外滑道所占空间的墙体和门都要求有 120min 的耐火作用。每层楼的逃生滑道间之间都应该保持通信的畅通。而且，建筑内有明显的逃生指示标识，指导逃生者顺着逃生滑道安全逃生。

3. 逃生舱

以色列研制的逃生舱用防火布做四面墙体，用玻璃纤维和树脂做成复合底板，形成一个五层的折叠逃生舱，每层可容纳 30 人，如图 20.1-5 所示，动力来源于两台安装在避难层或顶层的柴油发动机，逃生舱逐层下降打开，当五层折叠逃生舱都打开后逃生舱缓缓降落地面，逃生者一层一层地离开。该技术已获得美国消防协会认证，主要针对百米以上超高层建筑。该装置疏散效率高，运行平稳，但昂贵的造价和复杂的保养维护措施成为其推广的障碍。

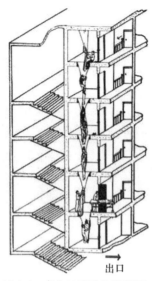

图 20.1-4　多入口型逃生滑道图

图 20.1-5　逃生舱

4. 楼梯转运椅

西班牙研究人员发明了一种安装在楼梯间的逃生装置，如图 20.1-6 所示。该设备为单人输运装置，沿建筑物顶棚安装导轨，该装置以可控的滑行运动将人员安全地运送到紧急出口。该装置装卸方便，使用者还可使用手刹来控制滑行速度，避免使用时出现碰撞事故。但是该装置会破坏楼梯间的外观；对滑轨精度的要求很高，增加了安装施工难度；一旦烟气窜入楼梯间，该装置将无法使用；目前该装置尚处研发阶段，有些技术尚不成熟，如在手刹制动方面还有待改进。

日本研制出一种不锈钢螺旋形室外楼梯，人员可通过楼梯滑下，该装置结构简单，但占用过多室外空间，影响建筑物美观，一旦房间内着火，该装置不能防烟防热，无法保证逃生人员的安全，且因长久置于室外，室外环境为其维护和保养带来很大困难。由于上述局限，该装置仅适于较低的楼层，不适于高层建筑的逃生。

5. 其他装置

美国凯文·斯通（Kevin Stone）发明了一种摩天大楼逃生轮，该逃生轮结构与渔线轮相似，由坚固的长绳和一套离心制动系统组成，如图 20.1-7 所示，其中离心制动系统是该发明的核心，可自动控制下降的速度和频率。该救生轮的工作原理为：逃生轮的绳索自一个线轴内伸出，然后缠在一个与制动装置相连的轴上，随着线轴转动，一组制动块会对制动盒内缘施加压力，平稳、缓慢地将使用者放下。若这套自动制动系统失灵，逃生轮上还配有手动的备用制动杆。该逃生轮的平均速度为 1 层 /s，即从 100 层高的大楼到地面，耗时不到 4min。该项发明也被美刊评为 2009 年十大发明之首。然而，在使用该项逃生装置时，使用者不仅要克服心理恐惧，还要经过专门培训，对逃生姿势、臂力均有较为严格的要求。

美国技术人员还研制了一种依靠摩擦阻力制动的缓降救生器，如图 20.1-8 所示，该缓降救生器能自动控制缓降的速度并使其在一个安全的范围内，它可以安装在天花板上，阳台上或外墙上，使用者只要穿戴上安全带便可立即使用。同样，该缓降救生器对使用者要求较高，需要进行专门培训。

图 20.1-6　逃生滑轨图

图 20.1-7　摩天大楼逃生轮

英国研究出了一种特殊材料制成的尼龙膜充气袋，该尼龙气袋可以耐高温、防火，摩擦阻力较大，并且能够在极短时间内完成充气，如图 20.1-9 所示，尼龙膜袋充气后就成为一个倾斜槽形的滑道，逃生者可迅速缓降滑行逃生。该逃生滑道由于刚度不够等原因仅适用于低层或多层结构，难以用于高层或超高层结构。

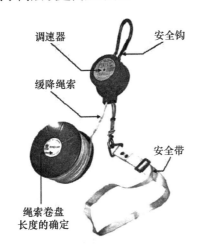

图 20.1-8　缓降救生器

图 20.1-9　逃生滑道

德国研制出一种由运载器、载人舱和齿轮导轨 3 部分组成的救生装置，齿轮导轨固定在高楼的外部墙体上面，对于一栋 35 层的高楼而言，救援能力可达每小时 250 人次。这种设备逃生效率较高且适于高层建筑内紧急疏散，但安装复杂，有些只能在有电的情况下才能运行，断电则无法启用。

20.1.3　国内逃生装置研究现状

随着高层建筑在中国的蓬勃发展，高层建筑火灾等事故频发，给社会带来巨大的生命和财产损失，人们对安全逃生装置有着较高的期望，然而，国内在逃生避难装置方面的研究起步晚，当前的逃生装置品种单一，作业能力远达不到人们在高层建筑火灾等重大事故下的逃生需求，因此，对高层逃生装置的研究具有广泛的实用价值。

目前，我国的逃生装置主要有两大类，一类是用于公共建筑的大型逃生设备，如逃生舱、柔性滑道、救生气垫等；另一类是家用的小型逃生设备，如逃生软梯、缓降器、逃生绳等。下面将简要介绍这些逃生装置。

1. 逃生舱

高楼逃生舱采用两个箱体疏散逃生人员，每个箱体内最多可运送6人，两个箱体上下往复运行，逃生效率可达300人/h，该装置采用的是空气阻尼技术，可在无电情况下使用。2014年5月14日，北京启用了首个高楼逃生舱，如图20.1-10所示。目前，该装置在医院和其他办公场所均有应用。该装置的优点是可在无电情况下使用，但也有较大缺陷，高楼逃生舱的安装位置固定，不能自由移动，且工作中不能停靠，只能从顶层直降第一层，工作状态缺乏灵活性。同时，该逃生装置仅适用于150m高度以下的高层楼宇。对于超高层则不太适用。

图 20.1-10　高楼逃生舱

2. 柔性滑道

柔性滑道是一种能使多人顺序地从高处在其内部缓慢滑降的逃生用具，滑道采用摩擦限速原理，达到缓降的目的，如图20.1-11所示。目前，柔性滑道根据限速方式可分为三类：

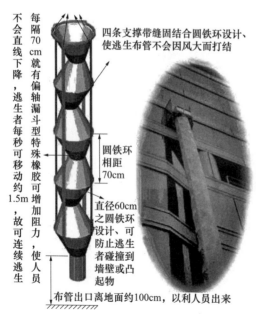

不会直线下降，逃生者每秒可移动约1.5m，故可连续逃生

每隔70cm就有偏轴漏斗型特殊橡胶可增加阻力，使人员

四条支撑带缝固结合圆铁环设计、使逃生布管不会因风大而打结

圆铁环相距70cm

直径60cm之圆铁环设计、可防止逃生者碰撞到墙壁或凸起物

布管出口离地面约100cm，以利人员出来

图 20.1-11　柔性滑道

一是采用粗的橡胶环进行分段限速；

二是采用布置紧密的细的橡胶绳圈全程限速；

三是采用高分子弹性纤维制成的弹性良好的布套进行全程紧密包裹限速。

逃生滑道使用简单，无需培训，老弱病残孕人士和小孩均可使用，可用在学校、医院、写字楼、宾馆等公共场所，实现人员集体快速逃生。

3. 救生气垫

救生气垫是一种利用气体产生缓冲效果的高空救生设备，如图 20.1-12 所示。它具有充气时间短、缓冲效果显著、操作方便等特点。同时，由于其采用阻燃的高强纤维材料制成，因此，具有阻燃、耐磨、耐老化、折叠方便、使用寿命长等特点。

图 20.1-12　救生气垫

需要注意的是，火灾发生时要慎用救生气垫。因为在火场铺设气垫等于变相鼓励受困人员跳楼，这会衍生三个很严重的问题：一是受困人员可能在气垫尚未完成充气前就向下跳而造成伤亡；二是受困人员看到气垫后争先向下跳，先跳的人来不及离开气垫，后跳的人已跳下来发生碰撞；三是根据测试，距地面 15～20m 是气垫逃生的极限（约六层楼以下），而火场设气垫后，无法要求只有六楼以下的人才可以跳。此外，充气完成后的气垫太轻，容易飘动。救生气垫还应符合现行行业标准《消防救生气垫》XF 631 要求，尤其要注意救生气垫的保养。

4. 链式逃生器

链式逃生器是一种轻型群体逃生器，根据不同需求可配备不同型号，该产品主要由承载链和多个减速器组成，承载链安装快捷、承载能力大、具有较强的耐火耐高温能力；减速器具有下降速度稳定、可靠性高等优点；每套装置可供多人同时逃生（图 20.1-13）。

图 20.1-13　链式逃生器

5. 高楼逃生梯

高楼逃生梯的工作高度为 50 m，如果建筑物高度超过 45m 时，一个安装点可采用连接式安装多个逃生梯，可达 100、150、200m 任一高度。逃生梯不需要电源驱动，靠逃生者的重力驱动，以 0.10～0.60m/s 的速率匀速下降，脚踏板从 50 m 高度降至地面只需 98s。当逃生者踏上脚踏板时，其自重可使逃生梯匀速运转，逃生梯自身质量为 35kg。逃生梯设有限速刹车控制系统，并且针对残疾人的轮车和老、幼人员上下梯安装了刹车机构。

6. 移动式救生装置

移动式救生装置具有灵活机动、简单便捷的特点，该种装置可自由移动，便于安装在不同位置，在着火点不确定的情况下，对安全疏散逃生较为有利。该装置采用空气阻尼技术和液压驱动技术，可上下往复输送逃生人员，但一次下降只能疏散 1～2 人，疏散效率较低，不适于人员较多场所的集体逃生。考虑人员心理因素和该设备自身的特点，该装置不适于安装在 30m 以上的楼层，通常用于人员密度不是很大的公共场所的辅助逃生。由于该产品价格较高，因此并不适于普通家庭。

7. 单人或家用的小型逃生装置

单人或家用的小型逃生装置体积较小，通常一次仅能供一人使用，目前这样的产品种类较多，如逃生软梯、缓降器、逃生绳等。该装置机动灵活，可直接挂在窗台或阳台上即可使用。然而，根据《建筑火灾逃生避难器材 第 1 部分：配备指南》GB/T 21976.1—2008 的要求，缓降器仅能在低于 30m 的楼层使用，逃生软梯使用高度不超过 15m，逃生绳仅能用于 6m 以下的楼层。

8. 其他缓降器类型逃生装置

在国内，市场上有很多缓降绳、缓降器等安全逃生产品在售，但此类产品的使用限制条件较多，仅能在十几米或者几十米范围内使用，且在使用过程中存在一定的安全隐患。在高层、超高层建筑物中，当发生火灾、地震，以及外力撞击等突发灾害时涉险人员需要逃生，楼层较矮多通过缓降器、缓降绳等逃离；当楼层较高时，多先到达避难层等待救援，或由避难层通往疏散楼梯，从上至下沿楼梯进行逃离（图 20.1-14）。

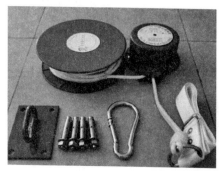

图 20.1-14 缓降绳、缓降袋空气阻力缓降

单人或家用逃生缓降器越来越多地受到专家学者的青睐，而且，目前已有较多关于缓降器的研究，因此，将缓降器单独列出介绍。按照缓降器制动原理，将其分为三类：摩擦制动式、流体阻尼式、电磁阻尼式。

（1）摩擦制动式

摩擦制动式缓降器是利用制动元件和传动、转动或滑动元件间相互运动产生摩擦阻力，降低下降速度，这类救生器具有自我调节的能力，下降速度越大，则阻尼力矩也越大。但现有的摩擦制动式缓降救生器都是依靠机械摩擦力产生阻尼来制动缓降的装置，在多次重复使用或长时间存放于户外时都易发生摩擦制动零件的磨损使其疲劳强度减弱或塑性变形、老化等问题，这些问题都严重影响缓降救生的安全性。特别是由于摩擦阻力的大小很难控制，因此很难实现匀速缓降。

（2）流体阻尼式

流体阻尼式缓降器是利用流体流动时的阻尼将负载势能转化为热能以达到缓降的目的，按照流体介质的不同，可分为液压阻尼系统和空气阻尼系统。这类缓降器有一定的自我调节的能力，随着负载在重力作用下，缓降速度的增加，流体的阻尼也随之增大，始终保持负载匀速缓降。但液压阻尼系统和空气阻尼系统都存在泄漏以及不适应寒冷气候的缺点，加工制造精度比较高，需要额外的压力源，对环境条件比较敏感。

（3）电磁阻尼式

电磁阻尼式是目前公认的最先进的方式之一，由于电磁阻尼式是采用楞次定律产生阻力的原理，所以可以利用电磁技术对磁阻尼的大小进行控制，从而实现缓降器的自动控制。其特点是实现了自救设备无源化；缓降速度稳定、易控制、质轻体积小；通过安装应急刹车装置，实现控制缓降速度不超限，保证使用者安全的作用；理论使用高度可以没有限制。然而，电磁阻尼式缓降器在市场上的应用较少，尚处于研发阶段。

9. 部分逃生设备和装置使用效率及优缺点

根据以上各种公用建筑的大型救生设备的简要介绍，统计部分设备和装置使用情况见表 20.1-1。

公用建筑大型救生设备使用情况表　　　　　表 20.1-1

分类	产品名称	负荷（人/次）	最大（小）使用高度（m）	操作是否受训	缺点
公用建筑的大型救生设备	逃生舱	6	—	是	安装复杂，影响建筑物外观
	链式逃生器	3～5	—	是	需要逃生者具有一定的技巧，克服心理恐惧
	柔性滑道	1	15	否	材料寿命短，下滑过程中逃生者的身体易被擦伤
	移动式救生装置	1～2	30	否	产品价格较高，不适于普通家庭
	高楼逃生梯	—	—	否	安装和维护费用高，安装在建筑物外面，影响外观

单人或家用的小型逃生装置体积较小，在未来也将成为建筑房屋的标配，现有家用小型逃生设备使用情况见表 20.1-2。

家用小型逃生设备使用情况表　　　　　表 20.1-2

分类	产品名称	负荷（人/次）	最大（小）使用高度（m）	操作是否受训	缺点
家用的小型逃生设备	降落伞	1	40	是	有最低使用高度的限制，且要受专业训练
	充气垫	1	10	否	使用高度有限，危险系数大
	逃生绳	1	6	否	使用高度有限
	软梯	1	15	否	使用高度有限
	缓降器	1	30	是	使用高度有限

20.1.4　高层逃生装置的发展

随着城市化进程的加速发展，高层、超高层建筑已成为城市新建建筑的主要结构形式，高层建筑能在有限的空间内承载更多的人群，节省土地空间，然而，高层建筑的垂直运输是一个极大的考验，当发生高层建筑事故时，人员逃生问题显得尤为突出。

根据逃生装置国内外研究现状，可发现，当前逃生器材种类繁多，但真正能用于高层或超高层建筑集体逃生且技术比较成熟的设备并不多，而且，高层建筑中火灾的危害最大，其蔓延速度快，易形成烟囱效应，有毒的烟气易蔓延至楼梯间等疏散通道，严重影响人们的疏散速度和生命安全，因此，尽快开发一套新型、安全、高效的逃生装置是目前亟须解决的难题。然而，当前的逃生装置发展受到较大的限制，主要的问题有如下三点：

1）标准规范对配置的逃生避难器材缺乏明确的技术规定。2012年颁布的《建筑火灾逃生避难器材》系列国家标准，只针对逃生装置的配置做了一定的规定，但在具体建筑设计以及施工中，对逃生装置的安放位置、布置方式、使用原则等的规定还不明确，因此，对于设计院和使用单位来说，逃生装置的操作性不强；另一方面，标准中梯道的逃生缓降器、逃生梯、逃生滑道等多种逃生装置，对于不同场合、不同建筑形式，如何有效合理地使用及配置，尚缺乏明确的规定，因此，对每种疏散逃生的装置的配置高度、密度等相关问题还须进一步开展科学研究及论证。

2）配套的法规支持力度不够。广东省是全国为数不多出台了相关法规的省份，要求在部分人员密集场所配备消防过滤式呼吸器，对于其他逃生装置并没有规定。然而，在其他省份均没有制订相应的法规，因此，建筑火灾逃生装置的推广应用受到了较大的制约。

3）逃生装置的使用高度受限。目前逃生装置虽然种类繁多，但真正能用于高层或超高层建筑集体逃生且技术比较成熟的产品并不多，按照当前标准规范规定，使用高度最高的固定式逃生梯和逃生滑道的最大使用高度仅为60m。

本课题提出一种可在短时间内疏散涉险人员的逃生装置，该装置具有安全、可靠等特点，为高层、超高层安全逃生提供了一种新思路。

20.2 技术内容

高楼逃生装置是高楼发生意外情况时，保证人员生命安全的有力保障措施，也是最后一道措施。因此，装置的性能与安全直接关系到人民的生命安全，但是目前市场上高楼逃生装置存在着很多缺点和局限性，尤其是应用于建筑施工过程中的超高层项目安全逃生更为少见。本技术主要包括以下研究内容：

1. 磁力缓降逃生系统载重效率研究

装置利用磁铁和管路相对运动时产生的电磁力提供人员逃生时的阻力，为了保证装置的可行性和效率，需要利用尽可能轻的磁铁提供最大的下落阻力。因此，课题研究的一个重点是如何保证磁铁载重效率最大化。课题通过试验和有限元模拟，研究磁场强度等参数对下落阻力和下落速度的影响，在研究的基础上，设计出载重比满足要求的磁铁、组合和管路形式。

2. 磁力缓降逃生系统附属装置的研究与试制

为了保证装置的正常使用和舒适性，需配备附属装置，包括磁铁固定装置、载人装置、管路附着装置、释放平台装置以及底部缓冲装置。该装置是人进入轨道的平台，要求易于操作，并且不使用电能；底部缓冲装置：提供一个缓冲空间，保证在着陆时，速度较慢，减缓地面对人体的冲击力。附属装置研制成功与否直接关系到产品的推广和使用。

3. 足尺模型试验及工程产品试制

开展足尺模型试验，现场安装加工好的装置并进行载人试验，根据现场装置的安装情况和载人试验结果，对磁铁的布置形式和附属装置进行优化，形成比较完善的磁铁布置方案和附属装置设计方案。同时，针对不同超高层结构形式的特点，设计出不同的装置布置方案。

20.2.1　磁力缓降逃生系统载重效率研究

依据前述研究基础及试验结果可知，只要逃生装置中配备数量充分、磁力强度相当的高强永磁体，并使高强永磁体与非铁磁材料保持合理适当的间距，则逃生装置在下落过程中，非铁磁材料与高强永磁体之间相对运动而切割磁感线，会产生阻碍装置下落的阻力，该阻力与逃生装置的下落速度成正比，并最终与逃生人员和装置的重力达到平衡状态，使得人员匀速下落（图 20.2-1）。

图 20.2-1　磁力缓降安全逃生的主要原理

f—电磁力；F—电磁合力；G—重力

磁力缓降逃生装置的核心技术是高强磁铁与非铁磁性材料之间的相对运动而产生的供逃生人员匀速下落的阻力，该阻力的大小影响逃生装置的可行性和载重效率，其中，载重效率指逃生装置在极限下落速度的条件下，高强磁铁的重量与载重的重量比，逃生装置的载重效率影响装置保证逃生对象与装置安全的条件下，用尽可能少的磁铁产生尽可能大的阻力，这样可极大地提高装置的使用性与安全性，因此，探讨逃生装置的载重效率是研究重点之一。

1. 逃生系统基本原理及研究思路

逃生系统的载人装置和下滑管路的组合以及磁铁的组合可以采用多种形式：采用大管径圆管作为轨道，逃生人员在圆管内部下滑的方式，也可采用小管径圆管作为轨道，载人装置套在轨道上下滑的方式，由于大管径加工难度大，且容易造成逃生人员的不舒适感，因此采用小管径大壁厚的管材；可以采用载人装置上固定磁铁，轨道采用非铁磁性材料的形式，也可采用轨道上固定磁铁，载人装置上固定非铁磁性材料的方式，但是采用轨道固定磁铁的方式所需磁铁的数量较大，建造成本高，因此采用载人装置上固定磁铁的方式；磁铁可以采用整块也可采用分块组合的方式，但采用整块的磁铁加工难度较大，因此采用分块组合的方式。综合比较，逃生装置采用如图 20.2-2 所示的组合基本形式，磁铁采用如图 20.2-3 所示的布置形式。

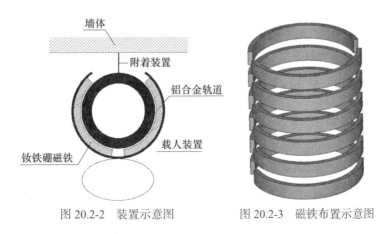

图 20.2-2　装置示意图　　　图 20.2-3　磁铁布置示意图

载人装置进入下滑管路后，磁铁会在管路上形成磁场，载人装置在重力作用下下落，两者产生相对位移，导致管路内部的磁通量变化，根据电磁感应定律，管路内部会产生电动势，在电动势的驱动下管路内部会产生电流。根据楞次定律，感应电流在磁铁管路上产生的磁场会产生电磁阻力，电磁力作用的方向与载人装置下落的方向相反，并且速度越快，电磁力越大，当电磁阻力等于重力时，逃生装置匀速下降，当速度控制在安全范围内，即可实现逃生人员的安全逃生。

2. 原理性验证试验

根据楞次定律可知，对逃生装置的载重效率（即最大载重情况下的载重比）影响较大的因素有以下几个方面：

①管壁的厚度；

②管壁的磁导率；

③下滑管路的电阻率管壁的磁导率；

④管壁与磁铁之间的净距；

⑤磁铁的宽度、高度以及厚度；

⑥磁铁的牌号；

⑦磁铁组合的方式；

⑧磁铁之间的净距；

⑨磁铁磁极的分布；

⑩磁铁的屏蔽措施等。

主要参数和试验计划分布见表20.2-1。

载重效率主要参数和试验分布　　　　　表 20.2-1

序号	材质	管壁厚度	管壁磁铁净距	磁铁长宽高	磁铁组合方式	磁铁净距	磁极分布	磁铁形状	磁铁屏蔽措施
1	不锈钢	○	○	○	○	○	○	○	○
2	铝材	●	●	●	●	●	●	●	●
3	铜材	○	○	○	○	○	○	○	○

注：●必做，○部分选做。

研究过程中，依据试验和相关原理对部分材料和参数进行了设定，主要有以下内容：

（1）管路材质选取：铝材磁导率低，型材获取较为方便，加工性能好，因此采用铝型材作为轨道的主要材料；铜材磁导率较高，对装置阻力有增大效果，但铜材获取较复杂，加工性能不佳，因此，铜材仅作为关键位置的轨道材料。

（2）磁铁选取：磁铁的牌号越高，其剩磁越高，从而载重效率越高，因此采用目前市场上牌号最高的N52。

（3）安装参数选取：考虑到加工及安装误差以及磁铁下滑的顺畅，管壁和磁铁之间的净距控制在 5mm 以下。由于磁铁牌号较高，磁铁之间相互作用力较大，考虑到安装的安全，因此磁铁之间的间距暂定为 3cm 以下，后期可以根据安装工艺对间距加以调整。

除以上材料和参数之外，对逃生系统载重效率影响因素主要还有磁铁的形状尺寸、磁极分布及其组合方式，这些参数需要根据现场试验和有限元模拟结果进行确定。

磁铁的形状尺寸、磁极分布，以及其组合方式对载重效率影响的研究方法采用有限元和试验相结合的方法，以有限元为主，试验加以验证，最后通过有限元确定最佳磁铁组合方式。有限元分析时，通过电磁分析计算出轨道内的磁场分布，然后根据安培定律，计算出不同速度对应的安培力，从而确定磁铁最佳形式（图 20.2-4）。

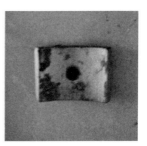

图 20.2-4　不同形状尺寸高强磁铁

3. 载重效率分析与试验

由于下滑管路内磁感应强度的分布较为复杂，我们无法通过理论计算直接获得，本课题通过建立有限元模型，对下滑管路内部的电磁场分布进行分析，获得单元内部的磁感应强度，计算出电磁阻力。设计了系列试验对有限计算结果进行验证。

采用如图 20.2-5、图 20.2-6 所示的试验方式。磁体固定在套管上，套管负重，测试整个试验装置下落一段距离的平均速度，计算磁铁的载重效率。同时对试验模型建模，计算其理论计算结果。计算载重效率时允许的最大下落速度暂定为 1.5m/s。

图 20.2-5　载重效率试验

图 20.2-6　载重下滑试验

理论计算结果和试验结果见表 20.2-2。计算结果和试验结果较为接近，误差在 20% 左右，考虑到试验过程中，物体下落有一个加速的过程，平均速度较匀速运动更大，计算的载重比更高，同时物体下落过程中，还受到摩擦力的作用，会提高载重效率。综合考虑以上两个因素，理论计算结果和试验结果是比较接近的。

有限元计算结果和试验结果对比　　　　　　　　表 20.2-2

编号	磁铁尺寸（mm）	磁铁方向	间距（mm）	计算结果		试验结果	
				系数 P	载重比 K	系数 P	载重比 K
1	60×60×8	径向	5	11.1	0.85	11.65	0.94
2	60×45×8	轴向	5	12.3	1.74	13.96	2.11
3	60×60×8	径向	2.5	16	1.67	20.90	2.34
4	60×45×8	轴向	2.5	18.6	3.14	29.26	5.27
5	60×60×8	轴向	2	24.3	4.97	8.40	6.24

4. 研究结论

通过理论分析和试验研究，得出以下结论：

（1）磁铁环向尺寸越大，其载重效率越高，因此可以根据载人装置的形式，尽可能使用宽度大的磁铁；

（2）磁铁轴向尺寸越小，载重效率越高，但是磁铁安装的载人装置高度和磁铁间净距是有限制的，高度过小会影响磁铁安装的数量，综合两方面因素，高度定为 3cm；

（3）磁铁径向尺寸越大，其载重效率越高，但是随着厚度增加，载重效率增加的趋势减小，加工成本也大大增加，因此厚度定为 1cm；

（4）磁铁组合方式，相邻磁铁相互排斥组合方式可以大大提高磁铁的载重效率，且磁极分布方向与管路相互平行时，磁铁效率发挥最大，因此采用相邻磁铁相互排斥的安装方式；

（5）进一步研究发现，可以通过在磁铁背面加薄铁片类的铁磁性材料的方式，提高磁铁的载重效率。

经过一系列的优化，通过在现场的足尺试验发现，平均速度控制在 2.0m/s 的情况下，载重效率可以达到磁铁自重和负载之比可以达到 1：15，可以满足要求。

20.2.2　磁力缓降逃生系统附属装置的研究与试制

附属装置研制成功与否直接关系到产品的推广和使用。课题重点对载人装置与附着装置进行了研究，其他几部分相对简单，实际应用时加以考虑。整体示意图如图 20.2-7 所示。

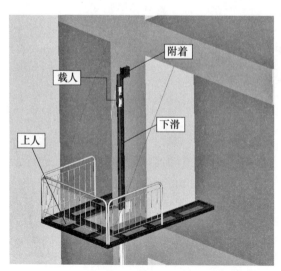

图 20.2-7　磁力缓降安全逃生系统整体示意图

20.2.2.1　载人装置研究与试制

载人装置是整个课题研究中最关键的装置，它的设计水平及加工质量决定了课题的成败。在装置的前期设计、样品加工、核心组件安装、试验验证等环节，课题组花费了大量精力。载人装置主要设计流程如图 20.2-8 所示。

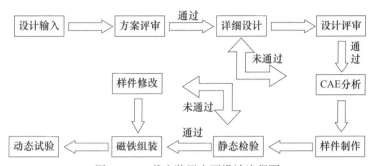

图 20.2-8　载人装置主要设计流程图

前期完成了 6 款载人装置加工制作，近期完成了两款加工制作。目前，课题组还在进行载人装置的优化设计，主要考虑四个方面：一是受力问题（要保证结构安全），二是制造问题（要方便加工制作、考虑批量生产），三是使用问题（能够工适应大多数环境，结构简单、快速），四是美观问题（通过结构的简化，做到美观大气、有设计感），具体设计要求如下：

①结构安全：150kg 负重不损坏（考虑冲击力）；

②装置总重量（含磁铁）小于 15kg，力争控制在 12kg 以下；

③装置下降速度：中间段下降速度小于 2m/s，出入口段小于 1.5m/s；

④两点锁紧，自动锁紧、手动打开锁紧，锁紧打开时间小于 10s；

⑤保证套管磁铁与铝管间隙为 1mm，最大不大于 2mm，有一定的适应管路安装精度偏差和像电梯一样倾斜度的能力；

⑥结构简单，使用可靠，安全，美观，与人连接便捷舒适。

载人装置设计前后基本经历了五个阶段，主要研究内容及装置形式如下：

1. 基于功能实现的基础设计

第一阶段，主要是基于功能实现的基础设计，能够将磁铁有效地安装在载人装置上，载人装置能够和人体连接。前期更多考虑了结构自身的强度、载重能力等，关于装置的自重、操作便捷性、人体工学等考虑较少，基于装置的设计和加工，完成了高载重比试验，进一步验证了相关原理的可行性。装置基本形式如图 20.2-9、图 20.2-10 所示。

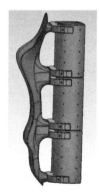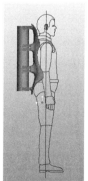

图 20.2-9　背包式载人装置设计及加工

图 20.2-10　磁铁固定装置

2. 结合人体工学的优化设计

第二阶段，进一步考虑人体工学，考虑载人装置与人体结合时的舒适度，进一步减轻装置的重量。人体工学是诞生于第二次世界大战后的一种技术，除了常见的造型设计外，人体工学实际上还包括了如按钮的位置安排、说明文字的设计等多种方面。概括来说，所谓人体工学，在本质上就是使工具的使用方式尽量适合人体的自然形态，这样就可以在使用工具的人工作时，身体和精神不需要任何主动适应，从而尽量减少使用工具造成的疲劳。第二阶段主要结合人体工学的优化设计，在实现功能的基础上，减重、增加使用者的体验感、舒适度（图 20.2-11）。

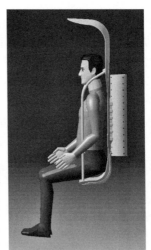

图 20.2-11　背包式及座椅式载人装置设计

3. 考虑现场使用的优化设计

第三阶段，充分考虑载人装置的使用性能，能够自动开合，实现从任意位置进入逃生管路，便捷性和舒适度进一步改进。考虑到不同的使用场景、不同的使用人群，初步设计了三种形式的载人装置。

站立式载人装置进入管路时，可利用下部磁铁套筒限位，上部磁铁套旋转锁紧的方式，实现载人装置从管路任意位置进入，使用场景如图 20.2-12 所示。

骑乘式载人装置进入管路时，磁铁套筒为张开状态起到导向作用，用脚踏下磁铁套筒后自动锁紧，实现载人装置从管路任意位置进入（图 20.2-13）。

图 20.2-12 站立式载人装置使用场景

图 20.2-13 骑乘式载人装置使用场景

悬挂式载人装置进入管路时，磁铁套筒为张开状态起到导向作用，当腰部支撑下拉和顶部旋钮旋紧后磁铁套筒将自动紧固，实现载人装置从管路任意位置进入，使用场景如图 20.2-14 所示。

图 20.2-14 悬挂式载人装置使用场景

站立式载人装置通过上套筒的旋转操作，可以巧妙地实现装置从任意位置进入管路后锁死，当需要打开时操作上部套筒的锁舌机构快速打开并旋转套筒使装置与铝管脱离，实现自动锁死，手动开合的操作模式（图 20.2-15）。

骑乘式载人装置通过上部的弹簧顶杆及底部的脚踏实现两点锁紧，当人站在脚踏上时在重力作用下自动锁死，当人脱离脚踏时，底部锁死装置打开，同样实现了自动锁死，手动开合的操作模式，杜绝了误操作引起的安全事故（图 20.2-16）。

图 20.2-15 站立式载人装置操作示意　　　　图 20.2-16 骑乘式载人装置操作示意

4. 用于现场使用的改进设计

第四阶段，前期研发的站立式、骑乘式及悬挂式等几款载人装置基本上能够满足现场使用的要求，也相继完成了功能验证及系统的载重试验，但在试验中也发现一些问题，主要表现为装置体积和重量稍大，不便于现场存放和操作者使用效率低。对此，我们提出了统一平台的改进优化理念，即关键组件使用相同平台，在平台的基础上延伸其各自的功能（图 20.2-17）。

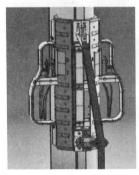

图 20.2-17　基于统一平台打造的悬挂式和站立式改进版

其套筒、高强磁铁安装方式、磁场增强背板、连接销轴、快速锁紧机构等基于统一平台设计和加工。

5. 载人装置 CAE 分析及定型改进

第五阶段，悬挂式和站立式改进版较之前设计加工载人装置有较大提升，但仍存在改进空间，通过 CAE 分析和试验情况，进行载人装置定型设计与加工（图 20.2-18）。

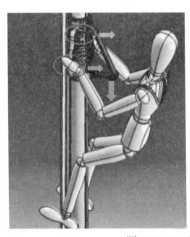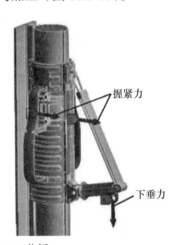

图 20.2-18　悬挂式载人装置 CAE 分析

载人装置主体结构由尼龙、铝合金、钢材等多重材料复合，由 3D 打印、CNC 等多重工艺组合加工而成。

载人装置核心组件都有相应调整，扶手、磁铁总用量、套筒形式、组件材质等，优化完成后装置总重量约 9kg，自动锁死、张开时间可在 2s 内完成，载重比 1∶15 时下落速度约为 1.4m/s，基本满足定型要求，后期会组织小批量生产，用于现场试验及小范围试应用。

五个阶段的载人装置在试验室和现场组织了多次载物、载人试验，一些关键参数得到了确认，载重比和下落速度远超出预期，效果良好。

20.2.2.2　磁力缓降逃生系统组件

1. 下滑管路附着装置

下滑管路依附墙体而设，将随着建筑高度的增加而加高，因其材质为铝质，且高度可达

200～300m 甚至更高。按照以往将竖向力均传至管路底部基础的做法会导致底部管路尺寸增大，因此有必要将每段管路及在其上运行的载人装置的荷载通过附着装置传递至建筑物墙体或其他支点上，同时应满足安装精度可调及中间换管的要求，主要设计要求如下：

① 分段承载：将每段管路及在其上的运行装置的载人荷载通过附着装置传至墙体；

② 三向可调：实现上下、前后、左右可调；

③ 中间可换：当中间某段管路出现问题时，在不拆上下管路情况下直接更换；

④ 外径一致：外径与管路一致，保证载人装置顺利、平稳通过。

第一代附着采用一段转换节将相邻的上下两根导轨固定，并将上方一段导轨的荷载传递至建筑物。转换节通过台阶式设计，紧密套设在导轨内径，保证上下两根导轨同轴安装固定。同时不会影响导轨的连续性，从而不会妨碍载人装置沿着导轨运动。附着结构简单，安装方便，缺点是导轨内径属于非加工面，无法保证上下导轨的安装精度即同轴度，同时分段导轨无法在不拆卸其他导轨的情况下从中间取出，替换性不足。

在第一代附着装置的基础上，为了提高导轨安装同轴度，克服导轨不能直接分段拆除的缺点，进行了第二代附着装置的开发。采用转换节的方式将上下相邻两根导轨连接，但是将转换节设计成内外两圈，外圈通过支撑件与建筑物结构固定。内圈可以绕外圈转动，并在外圈上开设滑动槽，当要将导轨取出时，转动内外圈，使固定用铁棒取出，即可取出导轨。第二代附着装置基本能实现同轴度好与分段可拆，但是操作复杂。

在前期工作基础上，为了进一步提高导轨安装同轴度，简化导轨分段拆除的过程，进行了第三代附着装置的开发（图 20.2-19）。采用上下两个分段卡套分别将上下导轨固定，分段卡套再与中间连接块通过螺栓连接，连接块直接通过支撑架与建筑物连接固定。当需要拆除末端导轨时，松开导轨两端分段卡套与相应连接块之间螺栓，即可取出导轨。同时，分段卡套能紧密固定住上下导轨，提高了导轨安装精度。第三代附着装置有如下缺点：管壁需要开设螺纹孔削弱导轨；连接块上开设螺纹孔后对连接块有削弱。

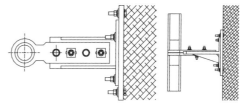

图 20.2-19　第三代附着装置

综合以上存在的问题，为了进一步提高导轨安装同轴度，简化导轨分段拆除的过程，提高连接处强度，进行了第四代附着装置的开发。通过在导轨的底部、中部、上部或其他需要连接导轨及卸力的部位设置三向可调式附着装置，可以使得每段分段导轨及在其上的载人装置的荷载通过导轨连接块传递到附墙架，最后传递至建筑物墙体或其他支点上，避免导轨底部受力过大。本附着通过将分段导轨紧密套设在导轨连接块外，不会影响导轨的连续性，从而不会影响载人装置沿着导轨运动。该装置由若干个部件组成，并通过各腰孔实现该装置沿建筑物墙体上下、左右、前后的微调，实现三向可调，提高导轨安装精度，还可以进行拆卸及重复使用。

2. 逃生下滑管路

下滑管路必须为非导磁性材料，给载人装置提供作用反力，因此必须在保证其尺寸重量一定的条件下，通过相应设计使其有一定强度，并将载人装置与其上载荷传递至建筑物。最初导轨采用铝合金圆管型材，外径 110mm，通过附着将载荷传递至建筑物。其结构形式如图 20.2-20所示。

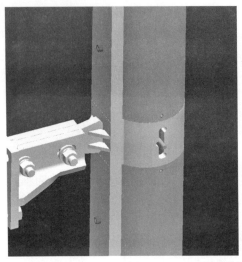

图 20.2-20　下滑管路及限位示意图

其缺点是，载人装置在沿导轨下滑时，由于导轨对载人装置没有圆周向约束，载人装置下滑同时会产生绕环向旋转的运动，同时对防止载人装置套筒张开没有明显优势。鉴于此，课题组进行了导轨的定型设计与试制。

逃生轨道由附着装置与铝合金管路组成，铝管通过附着装置与建筑物连接，附着装置通过膨胀螺钉与墙体固定。铝管规格为每根 4.5m，重 70kg（图 20.2-21）。

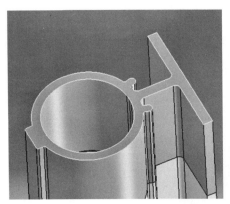

图 20.2-21　集限位防脱于一体的铝制下滑管路

3. 释放平台

顶部释放平台 2.5m×2m，平台及附属设施总重 500kg，采用支点与钢丝绳共同受力。由支撑架（3.8m×2.5m，重 350kg）悬挑于外墙，近墙端与该层楼板固定，另一端通过钢丝绳与上一层楼板相连（图 20.2-22）。

图 20.2-22　释放平台现场安装

除了上述介绍的附着装置，还对底部缓冲装置进行了研究，主要通过增设电阻率更小的材料来替代铝制管路（如黄铜、紫铜等材料制成的下滑管路），并在底部安装缓冲垫；安全围护结构如释放平台、底部出口等，将根据实际需求和应用场景进行改进和完善。

20.2.3　磁力缓降逃生系统足尺模型试验及工程应用

20.2.3.1　磁力缓降逃生系统足尺模型试验及载人试验

1. 足尺模型试验

开展足尺模型试验，验证装置安全性，并对未来应用做相应的技术储备。本课题在推进过程中依托目前在建的武汉中心、武汉绿地中心项目开展了多次现场试验，通过试验对磁铁的布置形式和附属装置进行了优化，形成比较完善的磁铁布置方案和附属装置设计方案。同时，针对不同高层结构形式的特点，针对性地制订了储备方案。

进行了 1∶15～1∶5 载重比的系统载重试验，其中载重比 1∶15 时，下落速度仅为 1.4m/s，满足目标要求。同时，组织开展了模拟载人逃生试验，对如何进入管路、载人装置相关的尺寸、安全防护方式等有了直观的认识，并提出了后续改进方向（图 20.2-23）。

图 20.2-23　模拟载人和现场载人试验

完成了第二阶段载人装置的设计，并在武汉中心项目完成了两款不同装置的载人下落试验。更加真切地体会到，现有装置在下落过程中人体的感受。作为紧急逃生装置，若要加以应用还需对相关细节问题进行优化。

在前两阶段的基础上，完成了第三阶段载人装置的设计加工，并在武汉中心项目完成下落试验。对两款装置进入管路的方式，锁紧的形式，以及装置的便捷性、舒适性等进行了全方位的验证。基本具备了载人逃生应用的条件，但在结构重量、操作的便捷性上需要更进一步的优化和改进（图 20.2-24、图 20.2-25）。

2. 载人试验

在载重试验和模拟载人的试验过程中总结发现问题，并对载人装置进行满足现场使用的优化改进，同时通过开展重复载重和极限载重试验的为开展现场载人试验积累数据。

先后开展了 1∶10～1∶20 载重试验，并持续进行了载重比为 1∶15 的重复性试验（图 20.2-26），主要试验内容如下：

图 20.2-24　站立式载人逃生装置载重试验　　　图 20.2-25　骑乘式载人逃生装置载重试验

图 20.2-26　现场载重试验（不同载重比配重试验）

1）极限载重比：通过不同配重设定不同载重比，确定平均下落速度控制在 2m/s 内的最大载重比。

2）负载往复下落试验：固定载重量为 70～90kg，开展 20～30 次往复下落试验，采集相应数据，并结合前期试验结果，对载人装置形式、管路及附着装置的安装精度对试验的影响进行评估，对存在的其他问题进行汇总分析（表 20.2-3）。

不同载重比下落试验　　　　　　　　　　　　表 20.2-3

序号	载重比（$m_磁$：$m_重$）	磁铁重（kg）	附属装置重（kg）	载物重（kg）	下落时间（s）	下落速度（m/s）	备注
1	1：10	6.0	6.0	60	17.9	1.12	20m
2	1：11	6.0	6.0	66	16.9	1.18	20m
3	1：12	6.0	6.0	72	15.9	1.26	20m
4	1：13	6.0	6.0	78	15.3	1.31	20m
5	1：14	6.0	6.0	84	14.4	1.39	20m
6	1：15	6.0	6.0	90	14.1	1.42	20m
7	1：16	6.0	6.0	96	13.5	1.48	20m
8	1：17	6.0	6.0	102	12.9	1.55	20m
9	1：18	6.0	6.0	108	11.8	1.69	20m
10	1：19	6.0	6.0	114	11.5	1.74	20m
11	1：20	6.0	6.0	120	10.6	1.89	20m

通过试验可以得出改进后的载人装置，载重比为 1∶15 时，平均下落速度为 1.42m/s，当载重比变化不大时，下落速度相近（即重量越大磁铁提供的反作用力越大，所以当配重相近时，下落速度差异不大），大量重复试验为载人试验奠定了基础，随即开展了模拟载人试验，进一步明确了装置、下滑管路及人体间的相对位置关系。

在极限载重、重复载重及模拟载人等系统试验的基础上，先后开展了多次载人试验。载人装置安全可靠，锁紧与打开符合设计要求，下落过程平稳，平均下落速度均在 1.5m/s 以内，试验数据为后续装置优化、工程应用提供了宝贵的经验（图 20.2-27～图 20.2-29）。

图 20.2-27　悬挂式载人装置模拟载人试验　　图 20.2-28　站立式载人装置模拟载人试验

图 20.2-29　现场载人试验

20.2.3.2　磁力缓降逃生系统工程应用研究

1. 逃生管路安装技术要求

逃生管路由附着装置与铝合金管路组成，常规情况下铝管规格为每根 4.5m（可根据要求加工），重 70kg，可借助卷扬机、滑轮或其他起吊设备安装管路。附着装置设计为三向可调，通过附着装置附着板调整实现铝管位置微调。铝管与铝管之间通过限位条限位。

主要步骤分为附着装置与墙体连接，铝管与附着装置连接，示意如图 20.2-30、图 20.2-31 所示，主要流程如下：

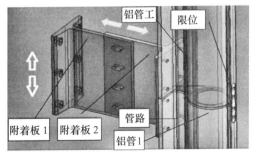

图 20.2-30　下滑管路三维图　　　　图 20.2-31　铝管与附着装置连接示意图

1）附着板 1 与建筑物固定。将附着板 1 通过六组膨胀螺钉与建筑物连接，螺钉拧紧至工作状态，膨胀螺钉规格为 M10×60。

2）附着板 2 与铝管 1 连接。在附着板 2 与铝管 1 贴合面塞入调整板，并通过四组螺栓连接附着板 2 与铝管 1。将螺栓预紧，待调整铝管垂直度至满足要求后，再将螺栓拧紧至工作状态，六角头螺栓规格为 M8×50。

3）附着板 2 与附着板 1 连接。将附着板 2 与铝管 1 整体起吊，附着板 2 与附着板 1 腰圆孔完全对齐，依次穿入四组螺栓，螺栓安装在腰圆孔正中间部位。将螺栓预紧，再将螺钉拧紧至工作状态，六角螺栓规格为 M10×50。

4）铝管 2 安装。将铝管 2 起吊至下端面与铝管 1 上端面贴合，在铝管 1 竖直状态下，安装限位条并拧紧螺栓。安装铝管 2 与附着板 2 之间四组六角头螺栓，并预紧。六角头螺栓规格为 M10×50，限位条螺栓规格为 M5×15 内六角螺栓。

5）安装调整与螺栓紧固。通过水平尺或水准仪调整铝管 1 垂直度满足要求，依次拧紧附着板 1 与附着板 2 之间螺栓、铝管 1 与附着板 2 之间螺栓至工作状态。待下一道附着安装完毕，再调整铝管 2 垂直度，并拧紧相应螺栓至工作状态。

安装质量基本要求如下：

1）安装时应充分保证铝管与铝管的同轴度，防止接头处出现错台。

2）导轨整体垂直度不低于 2‰。

3）膨胀螺钉安装应符合规范要求，保证安装强度，如避开墙体钢筋等。

4）所选螺钉规格等级不低于 8.8 级。

2. 载人装置操作流程

载人装置配合逃生管路、上人平台使用，下面以悬挂式为例演示载人装置使用过程，如图 20.2-32 所示。

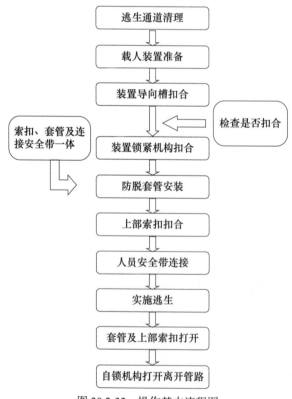

图 20.2-32 操作基本流程图

载人装置在使用时，保证人手一个，注意逃生次序，提前规划疏散路线，主要使用步骤如图 20.2-33 所示。

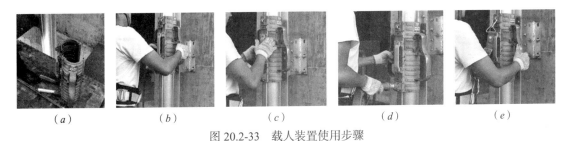

(a)　　　　　(b)　　　　　(c)　　　　　(d)　　　　　(e)

图 20.2-33　载人装置使用步骤

(a) 安装准备；(b) 装置扣合；(c) 搭扣按合；(d) 套管安装；(e) 索扣和安全带扣合

20.3　工程应用

超高层结构的施工分为两部分：核心筒结构和水平结构。在突发情况下，水平结构上的施工人员可通过楼梯等安全通道逃生，而核心筒结构上的施工人员仅能通过施工电梯逃生，然而，在突发情况下施工现场往往会发生停电现象，施工电梯不能正常使用。因此磁力缓降安全逃生装首要考虑的使用场景，是高层施工模架核心筒内外作业人员突遇紧急情况下的应急疏散和逃生，后期将进行其他方向和领域的相关拓展研究。

因此，磁力缓降安全逃生装置已先后在武汉绿地中心、长江航运中心、广州恒基中心、成都绿地中心和沈阳宝能金融中心等项目进行了试验应用（图 20.3-1、图 20.3-2），研究数据收集的同时，持续对系统进行优化改进，为后续推广应用积累经验，为解决现有疏散手段不足问题提供了解决方案。

图 20.3-1　广州恒基中心、长江航运中心逃生装置功能展示

图 20.3-2　成都绿地中心安全逃生演示